FORMELN + HILFEN
HÖHERE MATHEMATIK

8. Auflage

Alle Rechte vorbehalten.

Binomi Verlag	**Schützenstr. 9, 30890 Barsinghausen**
	Internet **www.binomi.de**
	E–Mail **verlag@binomi.de**
	Telefon **05105 6624000**
	Telefax **05105 515798**
Druck	QUBUS media GmbH, www.qubus.media

Zu beziehen beim Verlag oder im Buchhandel

ISBN   978–3–923 923–36–6

Hannover 10/21

FORMELN + HILFEN
HÖHERE MATHEMATIK

Gerhard Merziger

Günter Mühlbach

Detlef Wille

Thomas Wirth

Griechisches Alphabet

A	α	alpha	I	ι	iota	P	ρ	rho
B	β	beta	K	κ	kappa	Σ	σ	sigma
Γ	γ	gamma	Λ	λ	lambda	T	τ	tau
Δ	δ	delta	M	μ	mü	Υ	υ	üpsilon
E	ϵ	epsilon	N	ν	nü	Φ	φ	phi
Z	ζ	zeta	Ξ	ξ	xi	X	χ	chi
H	η	eta	O	o	omicron	Ψ	ψ	psi
Θ	θ	theta	Π	π	pi	Ω	ω	omega

Deutsches Alphabet

𝔄	𝔞	a	𝔍	𝔧	j	𝔖	𝔰	s
𝔅	𝔟	b	𝔎	𝔨	k	𝔗	𝔱	t
ℭ	𝔠	c	𝔏	𝔩	l	𝔘	𝔲	u
𝔇	𝔡	d	𝔐	𝔪	m	𝔙	𝔳	v
𝔈	𝔢	e	𝔑	𝔫	n	𝔚	𝔴	w
𝔉	𝔣	f	𝔒	𝔬	o	𝔛	𝔵	x
𝔊	𝔤	g	𝔓	𝔭	p	𝔜	𝔶	y
ℌ	𝔥	h	𝔔	𝔮	q	ℨ	𝔷	z
ℑ	𝔦	i	ℜ	𝔯	r			

Vorwort

Diese beliebte Formelsammlung enthält die wichtigen Formeln zur Höheren Mathematik. Zahlreiche Beispiele erleichtern das Verständnis und sind so eine wesentliche **Hilfe** beim:

- **Anfertigen von Übungen**
- **Bewältigen von Klausuren**
- **Vorbereiten auf Prüfungen**

Die Seiten von **FORMELN + HILFEN** sind kompakt gestaltet. Wir haben uns bemüht, auf jeder Seite möglichst viele Informationen unterzubringen. Wesentliche Zusammenhänge werden optisch herausgestellt und durch zahlreiche **Beispiele** und **Skizzen** verdeutlicht.

Ein besonderes Problem bei Formelsammlungen ist das schnelle Auffinden des Gesuchten. Neben der **Griffleiste** wird vor allem der ausführlich angelegte **Index** nützlich sein.

Häufig benötigte Formeln stehen auch auf den Seiten **F1** vorne und **F2, F3, F4** hinten.

Natürlich können wir bei aller verwendeten Sorgfalt Fehler nicht ausschließen. Für etwaige Hinweise und Anregungen sind wir dankbar. Fehlerverzeichnis auf **www.binomi.de**

Wir sind überzeugt, dass **F+H** ein nützlicher und hilfreicher Begleiter auch über Ihr Studium hinaus ist.

F+H ist als Übersetzung auch in **Japan** erhältlich (ISBN 978-4-254-11138-5).

Die Verfasser

Zitierte Literatur, Probeseiten auf www.binomi.de

HM	*Merziger/Wirth*	**Repetitorium Höhere Mathematik**
EM	*Merziger/Holz Timmann/Wille*	**Repetitorium Elementare Mathematik 1, 2**
LA	*Holz/Wille*	**Repetitorium Lineare Algebra 1, 2**
ALG	*Holz*	**Repetitorium Algebra**
ANA	*Timmann*	**Repetitorium Analysis 1, 2**
DGL	*Timmann*	**Repetitorium gewöhnliche Differentialgleichungen**
FU	*Timmann*	**Repetitorium Funktionentheorie**
TOP	*Timmann*	**Repetitorium Topologie und Funktionalanalysis**
NU	*Feldmann*	**Repetitorium Numerische Mathematik**
STO	*Mühlbach*	**Repetitorium Stochastik**

Alle Bücher portofrei zum Ladenpreis direkt beim **Binomi Verlag**

www.binomi.de   Tel: 05105 6624000   30890 Barsinghausen
verlag@binomi.de   Schützenstr. 9

1 Arithmetik und Algebra

1.1 Reelle Zahlen

Potenzen, Wurzeln

Für beliebige $u, v \in \mathbb{R}$ gelten (falls die entsprechenden Ausdrücke definiert sind, z.B. ist $\sqrt{x}$ in $\mathbb{R}$ nur für $x \geq 0$ definiert) folgende Regeln ($x^0 = 1$ für $x \neq 0$):

Zahlenbeispiele

Zahlenbeispiele

$x^u \cdot x^v = x^{u+v}$	$2^3 \cdot 2^5 = 2^{3+5} = 2^8$	$\left(x^u\right)^v = x^{u \cdot v}$	$(2^2)^3 = 2^{2 \cdot 3} = 2^6$
$\dfrac{x^u}{x^v} = x^{u-v}$	$\dfrac{2^3}{2^2} = 2^{3-2} = 2$	$\sqrt[v]{x} = x^{1/v}$	$\sqrt[2]{9} = \sqrt{9} = 9^{1/2} = 3$
$x^{-v} = \dfrac{1}{x^v}$	$2^{-3} = \dfrac{1}{2^3} = \dfrac{1}{8}$	$\sqrt[v]{x^u} = x^{u/v}$	$\sqrt[2]{3^6} = 3^{6/2} = 3^3$
$(xy)^u = x^u y^u$	$(2 \cdot 3)^4 = 2^4 \cdot 3^4$	$\sqrt[v]{xy} = \sqrt[v]{x}\,\sqrt[v]{y}$	$\sqrt[3]{8\pi} = 2\sqrt[3]{\pi}$
$\left(\dfrac{x}{y}\right)^u = \dfrac{x^u}{y^u}$	$\left(\dfrac{2}{3}\right)^{-2} = \dfrac{2^{-2}}{3^{-2}} = \dfrac{9}{4}$	$\sqrt[v]{\dfrac{x}{y}} = \dfrac{\sqrt[v]{x}}{\sqrt[v]{y}}$	$\sqrt[3]{\dfrac{9}{8}} = \dfrac{\sqrt[3]{9}}{\sqrt[3]{8}} = \dfrac{3}{2\sqrt[3]{3}}$

Es ist $2^{2^3} := 2^{(2^3)} = 2^8 = 256,$ aber $(2^2)^3 = 2^{2 \cdot 3} = 2^6 = 64.$

Logarithmen

a: allgemeine Basis, mit $0 < a \neq 1$. $\log_a x$ ist def. für $x > 0$.

$e = 2,718281\ldots$: Basis der natürl. Logarithmen. $\ln x := \log_e x$, für $x > 0$.

$$b = \log_a c \iff a^b = c \qquad\qquad a^b = e^{b \ln a}$$

$$\log_a xy = \log_a x + \log_a y \qquad \log_a x^r = r \log_a x \qquad a^{\log_a x} = x$$
$$\log_a \frac{x}{y} = \log_a x - \log_a y \qquad \log_a \sqrt[r]{x} = \frac{1}{r} \log_a x \qquad e^{\ln x} = x \quad \text{, für } x > 0$$

$$\log_a a = \ln e = 1 \quad\Big|\quad \log_a 1 = \ln 1 = 0 \quad\Big|\quad \log_a \frac{1}{a} = \ln \frac{1}{e} = -1 \quad\Big|\quad \log_{a^n} x = \frac{1}{n} \log_a x$$

Logarithmen zu verschiedenen Basen

$$\log_a x = \frac{\log_b x}{\log_b a} \qquad \text{speziell:} \qquad \log_a b = \frac{1}{\log_b a} \qquad \text{und} \qquad \log_a x = \frac{\ln x}{\ln a}$$

Fakultät $n!$

Das Produkt der natürlichen Zahlen von 1 bis n bezeichnet man mit $\boldsymbol{n!}$

Lies: $\boldsymbol{n}$–**Fakultät**. Aus Zweckmäßigkeitsgründen setzt man zusätzlich $\boldsymbol{0! = 1}$.

n–Fakultät	Beispiele		Stirlingsche Formel
$n! = 1 \cdot 2 \cdot 3 \cdots n$	$0! = 1$	$5! = 120$	zur näherungsweisen Berechnung von $n!$
$(n+1)! = n! \cdot (n+1)$	$1! = 1$	$6! = 720$	
	$2! = 2$	$7! = 5\,040$	$n! \approx \left(\dfrac{n}{e}\right)^n \sqrt{2\pi n}$
$0! = 1$	$3! = 6$	$8! = 40\,320$	
	$4! = 24$	$9! = 362\,880$	$9! \approx 359\,537$

Binomialkoeffizienten $\binom{n}{k}$

Die als Faktoren der Potenzen des Binoms $(a+b)$ auftretenden Koeffizienten heißen **Binomialkoeffizienten**. Man schreibt für sie: $\binom{n}{k}$, lies: "n **über** k".

Für $n = 0, 1, 2, \ldots$ und $k = 0, \ldots, n$ ist

n über k
$\binom{n}{k} = \dfrac{n!}{(n-k)! \cdot k!}$
$\binom{n}{0} = \binom{n}{n} = 1$
$\binom{n}{1} = \binom{n}{n-1} = n$
$\binom{n}{2} = \binom{n}{n-2} = \dfrac{n(n-1)}{2}$
$\binom{n}{k} = \dfrac{n(n-1)\cdots(n-k+1)}{k!}$

z.B.:

$$\binom{4}{0} = \frac{4!}{4! \cdot 0!} = 1$$

$$\binom{4}{1} = \frac{4!}{3! \cdot 1!} = 4$$

$$\binom{4}{2} = \frac{4!}{2! \cdot 2!} = 6$$

$$\binom{4}{3} = \frac{4!}{1! \cdot 3!} = 4$$

$$\binom{4}{4} = \frac{4!}{0! \cdot 4!} = 1$$

$$\binom{49}{6} = \frac{49!}{43! \cdot 6!}$$
$$= \frac{49 \cdot 48 \cdot 47 \cdot 46 \cdot 45 \cdot 44}{1 \cdot 2 \cdot 3 \cdot 4 \cdot 5 \cdot 6} = 13\,983\,816$$

$$\binom{n}{k} + \binom{n}{k+1} = \binom{n+1}{k+1}$$

$$\binom{4}{2} + \binom{4}{3} = \binom{5}{3}$$
$$6 + 4 = 10$$

Bildungsgesetz des Pascalschen Dreiecks

$$\binom{n}{k} = \binom{n}{n-k}$$

$$\binom{5}{3} = \frac{5 \cdot 4 \cdot 3}{1 \cdot 2 \cdot 3} = \frac{5 \cdot 4}{1 \cdot 2} = \binom{5}{2}$$

Symmetrie des Pascalschen Dreiecks

$$\sum_{k=0}^{n} \binom{n}{k} = 2^n$$

$$\binom{3}{0} + \binom{3}{1} + \binom{3}{2} + \binom{3}{3} = 2^3$$
$$1 + 3 + 3 + 1 = 8$$

Zeilensumme des Pascalschen Dreiecks

$$\sum_{k=0}^{n} (-1)^k \binom{n}{k} = 0$$

$$\binom{3}{0} - \binom{3}{1} + \binom{3}{2} - \binom{3}{3} = 0$$
$$1 - 3 + 3 - 1 = 0$$

alternierende Zeilensumme des Pascalschen Dreiecks

Pascalsches Dreieck zur Berechnung der Binomialkoeffizienten $\binom{n}{k}$

n	Binomialkoeffizienten $\binom{n}{k}$							Zeilen-Summe
0	Jede Zahl ist Summe der zwei		1					$2^0 = 1$
1	links und rechts über ihr	1		1				$2^1 = 2$
2	stehenden Zahlen. z.B.: $6 + 4 = 10$	1	2		1			$2^2 = 4$
3		1	3		3	1		$2^3 = 8$
4	1	4	**6**	$+$	**4**	1		$2^4 = 16$
5	1	5	10	**10**	5	1		$2^5 = 32$
6	1	6	15	20	15	6	1	$2^6 = 64$

$$\binom{6}{0} \quad \binom{6}{1} \quad \binom{6}{2} \quad \binom{6}{3} \quad \binom{6}{4} \quad \binom{6}{5} \quad \binom{6}{6} \qquad 2^6 = \sum_{k=0}^{6}\binom{6}{k}$$

binomische Formel $\qquad (a+b)^n = \sum_{k=0}^{n}\binom{n}{k}a^{n-k}b^k, \quad n \in \mathbb{N}$

$$(a+b)^n = \binom{n}{0}a^n + \binom{n}{1}a^{n-1}b^1 + \binom{n}{2}a^{n-2}b^2 + \cdots + \binom{n}{k}a^{n-k}b^k + \cdots + \binom{n}{n}b^n$$

$$(a+b)^2 = a^2 + 2ab + b^2 = \binom{2}{0}a^2 + \binom{2}{1}ab + \binom{2}{2}b^2$$

$$(a+b)^3 = a^3 + 3a^2b + 3ab^2 + b^3 = \binom{3}{0}a^3 + \binom{3}{1}a^2b + \binom{3}{2}ab^2 + \binom{3}{3}b^3$$

$$\cdots \qquad \cdots$$

$$(a+b)^6 = \binom{6}{0}a^6 + \binom{6}{1}a^5b^1 + \binom{6}{2}a^4b^2 + \binom{6}{3}a^3b^3 + \binom{6}{4}a^2b^4 + \binom{6}{5}a^1b^5 + \binom{6}{6}b^6$$

$$= 1\,a^6 + 6\,a^5b + 15\,a^4b^2 + 20\,a^3b^3 + 15\,a^2b^4 + 6\,ab^5 + 1\,b^6$$

Speziell:

$$(1+x)^n = \binom{n}{0} + \binom{n}{1}x + \binom{n}{2}x^2 + \cdots + \binom{n}{k}x^k + \cdots + \binom{n}{n-1}x^{n-1} + \binom{n}{n}x^n$$

$$= 1 + nx + \frac{n(n-1)}{2}x^2 + \qquad \cdots \qquad + nx^{n-1} + x^n$$

$(1+x)^2 = 1 + 2x + x^2$

$(1+x)^3 = 1 + 3x + 3x^2 + x^3$

$(1+x)^4 = 1 + 4x + 6x^2 + 4x^3 + x^4$

$(1+x)^5 = 1 + 5x + 10x^2 + 10x^3 + 5x^4 + x^5$

$(1+x)^6 = 1 + 6x + 15x^2 + 20x^3 + 15x^4 + 6x^5 + x^6$

$$(a+b)^2 = a^2 + 2ab + b^2$$
$$(a-b)^2 = a^2 - 2ab + b^2$$
$$(a+b)(a-b) = a^2 - b^2$$

Ersetzt man x durch $-x$, so alternieren die Vorzeichen, z.B.:

$(1-x)^6 = 1 - 6x + 15x^2 - 20x^3 + 15x^4 - 6x^5 + x^6$

$$(a+b+c)^2 = a^2 + b^2 + c^2 + 2ab + 2ac + 2bc$$

$$(a+b+c)^3 = a^3 + b^3 + c^3 + 3a^2b + 3ab^2 + 3a^2c + 3ac^2 + 3b^2c + 3bc^2 + 6abc$$

$\binom{r}{k}$ – zunächst nur für $r \in \mathbb{N}$ erklärt – wird folgendermaßen für alle $r \in \mathbb{R}$ definiert:

---

allgemeine Binomialkoeffizienten $\binom{r}{k}$

Für $r \in \mathbb{R}$ und $k = 1, 2, \ldots$ ist

r über k

$$\binom{r}{k} = \frac{r(r-1)\cdots(r-k+1)}{k!}$$

$$\binom{r}{0} = 1 \qquad \binom{r}{1} = r$$

$$\binom{1/2}{n} = \frac{(-1)^{n+1}(2n)!}{2^{2n}(n!)^2(2n-1)}$$

$$\binom{-1/2}{n} = \frac{(-1)^n(2n)!}{2^{2n}(n!)^2}$$

z.B.:

$$\binom{5}{3} = \frac{5\cdot4\cdot3}{3!} = 10$$

$$\binom{1.4}{3} = \frac{1.4\cdot0.4\cdot(-0.6)}{3!} = -0.056$$

$$\binom{-2}{3} = \frac{(-2)\cdot(-3)\cdot(-4)}{3!} = -4$$

$$\binom{\pi}{2} = \frac{\pi\cdot(\pi-1)}{2!} \approx 3.364$$

$$\binom{1/2}{2} = \frac{\frac{1}{2}\cdot(-\frac{1}{2})}{2!} = -\frac{1}{8}$$

$$\binom{-1/2}{2} = \frac{(-\frac{1}{2})\cdot(-\frac{3}{2})}{2!} = \frac{3}{8}$$

---

allgemeine binomische Formel, binomische Reihe

$$(1+x)^r = \sum_{k=0}^{\infty} \binom{r}{k} x^k = \binom{r}{0} + \binom{r}{1} x + \binom{r}{2} x^2 + \binom{r}{3} x^3 + \cdots \qquad \text{für } |x| < 1$$

$$= 1 + rx + \frac{r(r-1)}{1\cdot2} x^2 + \frac{r(r-1)(r-2)}{1\cdot2\cdot3} x^3 + \cdots$$

$$\frac{1}{1+x} = \sum_{k=0}^{\infty} \binom{-1}{k} x^k = 1 - x + x^2 - x^3 + x^4 - x^5 + - \cdots \qquad \text{für } |x| < 1$$

$$\sqrt{1+x} = \sum_{k=0}^{\infty} \binom{1/2}{k} x^k = \binom{1/2}{0} + \binom{1/2}{1}x + \binom{1/2}{2}x^2 + \binom{1/2}{3}x^3 + \cdots$$

$$= 1 + \frac{1}{2}x - \frac{1}{8}x^2 + \frac{1}{16}x^3 - \frac{5}{128}x^4 + - \cdots \qquad \text{für } |x| < 1$$

$$\frac{1}{\sqrt{1+x}} = \sum_{k=0}^{\infty} \binom{-1/2}{k} x^k = \binom{-1/2}{0} + \binom{-1/2}{1}x + \binom{-1/2}{2}x^2 + \binom{-1/2}{3}x^3 + \cdots$$

$$= 1 - \frac{1}{2}x + \frac{3}{8}x^2 - \frac{5}{16}x^3 + \frac{35}{128}x^4 - + \cdots \qquad \text{für } |x| < 1$$

Siehe auch **Potenzreihen**, Seiten 79–83 und **geometrische Reihe**, Seite 80

Γ–Funktion $\Gamma(x)$

$$\Gamma(x) = \begin{cases} \displaystyle\int_0^{\infty} e^{-t} t^{x-1}\, dt & , x > 0 \\[2ex] \displaystyle\lim_{n\to\infty} \frac{n!\, n^{x-1}}{x(x+1)(x+2)\cdots(x+n-1)}, & x \neq 0, -1, -2, \cdots \\ & (\text{Polstellen}) \end{cases}$$

$y = \Gamma(x)$

Eigenschaften:

$$\Gamma(x+1) = x \cdot \Gamma(x) \quad , x \in \mathbb{R}$$

$$\Gamma(n) = (n-1)! \quad , n \in \mathbb{N}$$

$$\Gamma(x) \cdot \Gamma(1-x) = \frac{\pi}{\sin \pi x}$$

$$\Gamma(x) \cdot \Gamma(x+\tfrac{1}{2}) = \frac{\sqrt{\pi}}{2^{2x-1}} \Gamma(2x)$$

$$\Gamma(\tfrac{1}{2}) = \sqrt{\pi}$$

$$\Gamma(-\tfrac{1}{2}) = -2\sqrt{\pi}$$

$$\Gamma(\tfrac{3}{2}) = \tfrac{1}{2}\sqrt{\pi}$$

Rechnen mit Ungleichungen

$$a < b \Longrightarrow \begin{cases} a + c \; < \; b + c \;, \text{ für alle } c \in \mathbb{R} \\[4pt] a \cdot c \; \lessgtr \; b \cdot c \;\;, \text{ für } c \gtrless 0 \\[4pt] \dfrac{1}{a} \; \gtrless \; \dfrac{1}{b} \;\;, \text{ für } ab \gtrless 0 \end{cases}$$

Addition einer Zahl

Multiplikation mit $\begin{smallmatrix}\text{pos.}\\\text{neg.}\end{smallmatrix}$ Zahl

Kehrwert: a, b $\begin{smallmatrix}\text{gleiches}\\\text{ungleiches}\end{smallmatrix}$ Vorzeichen

$$\begin{array}{l} a < b \,, \; c < d \quad \Longrightarrow a + c < b + d \\ 0 < a < b \,, \; 0 < c < d \Longrightarrow \; a \cdot c < b \cdot d \end{array}$$

Addition / Multiplikation
gleichgerichteter Ungleichungen

für alle $n \in \mathbb{N}$ gilt: $\quad \begin{array}{l} 0 \le a < b \;\; \Longrightarrow \;\; a^n \; < \; b^n \\ \phantom{0 \le a < b} \Longrightarrow \;\; \sqrt[n]{a} \; < \; \sqrt[n]{b} \end{array}$

Monotonie von $\begin{smallmatrix}\text{Potenz}\\\text{Wurzel}\end{smallmatrix}$

Diese Regeln gelten auch, wenn ">" durch "$\le$" ersetzt wird!

Wichtige Ungleichungen

harmonisches $\le$ geometrisches $\le$ arithmetisches   Mittel

$$\underbrace{\frac{n}{\frac{1}{x_1} + \cdots + \frac{1}{x_n}}}_{\text{harmon. Mittel}} \le \underbrace{\sqrt[n]{x_1 \cdots x_n}}_{\text{geometr. Mittel}} \le \underbrace{\frac{x_1 + \cdots + x_n}{n}}_{\text{arithm. Mittel}}, \quad x_i > 0$$

speziell für $a, b > 0$:

$$\frac{2}{\frac{1}{a} + \frac{1}{b}} \le \sqrt{ab} \le \frac{a+b}{2}$$

Das Gleichheitszeichen gilt genau dann, wenn $x_1 = x_2 = \cdots = x_n$ bzw. $a = b$ ist.

Bernoullische Ungleichung $\qquad \boxed{(1 + x)^n \ge 1 + nx \,, \text{ für } n \in \mathbb{N}, \; x \ge -2}$

Cauchy–Schwarzsche Ungleichung

$$\left(\sum_{k=1}^{n} x_k \cdot y_k \right)^2 \le \sum_{k=1}^{n} x_k^2 \cdot \sum_{k=1}^{n} y_k^2 \,, \text{ für } x_k, y_k \in \mathbb{R}$$

$$(\vec{x} \cdot \vec{y})^2 \le \vec{x}^2 \cdot \vec{y}^2 \qquad\qquad , \text{ für } \vec{x}, \vec{y} \in \mathbb{R}^n$$

$$|\vec{x} \cdot \vec{y}| \le |\vec{x}| \cdot |\vec{y}|$$

Minkowskische Ungleichung

$$\sqrt{\sum_{k=1}^{n} (x_k + y_k)^2} \le \sqrt{\sum_{k=1}^{n} x_k^2} + \sqrt{\sum_{k=1}^{n} y_k^2} \,, \text{ für } x_k, y_k \in \mathbb{R}$$

$$\big|\,|\vec{x}| - |\vec{y}|\,\big| \le |\vec{x} \pm \vec{y}| \le |\vec{x}| + |\vec{y}| \quad \textbf{Dreiecksungleich., } \vec{x}, \vec{y} \in \mathbb{R}^n$$

Wichtige Ungleichungen für Exponentialfunktion e^x und Logarithmus $\ln x$

$$x + 1 \; \le \; e^x \; \le \; \frac{1}{1-x} \quad , \text{ für } x < 1,$$

$$\frac{x-1}{x} \; \le \; \ln x \; \le \; x - 1 \quad , \text{ für } x > 0.$$

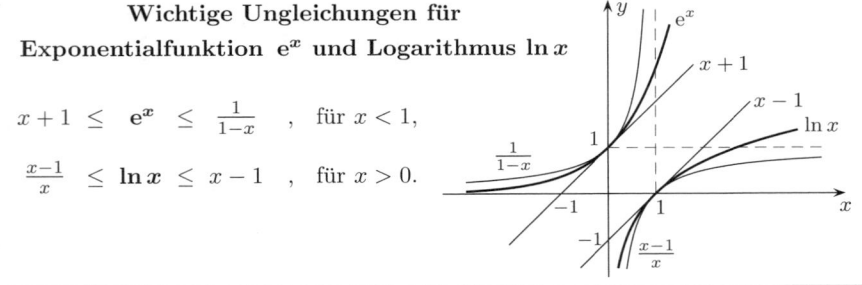

$$\boxed{\textbf{Betrag}}$$

$$|x| := \begin{cases} x & \text{, für } x \geq 0 \\ -x & \text{, für } x < 0 \end{cases}$$

$$|x| = |-x| = \sqrt{x^2}$$

$$|x \cdot y| = |x| \cdot |y| \text{ und } \left|\frac{x}{y}\right| = \frac{|x|}{|y|}, \text{ für } y \neq 0.$$

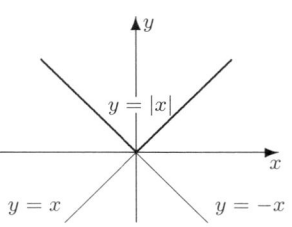

$$\big||x| - |y|\big| \leq |x \pm y| \leq |x| + |y| \quad \textbf{Dreiecksungleichung}$$

$\quad |x| \quad$ ist der **Abstand** der Zahl x vom Nullpunkt und

$\quad |x - a| \quad$ ist der **Abstand** der Zahl x von der Zahl a.

$$\boxed{\textbf{quadratische Gleichung}}$$

Diskriminante:

$$\boxed{\begin{array}{c} \boldsymbol{p, q}\textbf{-Formel} \\ x^2 + px + q = 0 \iff x_{1,2} = -\frac{p}{2} \pm \sqrt{\frac{p^2}{4} - q} \end{array}}$$

$$D = \frac{p^2}{4} - q$$

Diskriminante:

$$\boxed{ax^2 + bx + c = 0 \iff x_{1,2} = \frac{-b \pm \sqrt{b^2 - 4ac}}{2a}}$$

$$D = b^2 - 4ac$$

Die quadratische Gleichung

$$\boxed{x^2 + px + q = 0}$$

hat

zwei verschiedene
Lösungen $\qquad \iff D > 0$

eine doppelte Lösung $\quad \iff D = 0$

keine (reelle) Lösung
zwei konjugiert $\qquad \iff D < 0$
komplexe Lösungen

Beispiele

$x^2 + 2x - 1 = 0$
$D = 2 > 0$
$x_{1,2} = -1 \pm \sqrt{2}$

$x^2 + 2x + 1 = 0$
$D = 0$
$x_{1,2} = -1$

$x^2 + 2x + 2 = 0$
$D = -1 < 0$
$x_{1,2} = -1 \pm i$

Parabel

$y = x^2 + px + q$

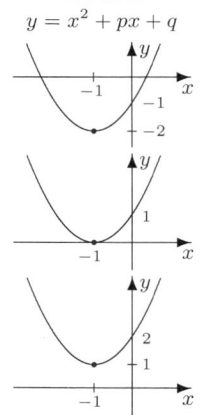

Sind x_1, x_2 die Lösungen der quadratischen Gleichung $x^2 + px + q = 0$, so gilt:

$$\boxed{x^2 + px + q = (x - x_1)(x - x_2) = x^2 - (x_1 + x_2)x + x_1 x_2}$$

Vietascher Wurzelsatz: $\quad \begin{aligned} x_1 + x_2 &= -p &= \textbf{Summe} &\quad \text{der Nullstellen} \\ x_1 \cdot x_2 &= q &= \textbf{Produkt} &\quad \text{der Nullstellen} \end{aligned}$

Heronsches Wurzelziehen: Näherungsweise Berechnung von $\sqrt{a}$ für $a > 0$:

Die rekursive Folge $a_0 = 1$, $a_{n+1} = \frac{1}{2}(a_n + \frac{a}{a_n})$ konvergiert gegen $\sqrt{a}$.

Allgemein: $a_0 = 1$, $a_{n+1} = \frac{1}{k}\big((k-1)a_n + \frac{a}{a_n^{k-1}}\big)$ konvergiert gegen $\sqrt[k]{a}$.

kubische Gleichung

$$x^3 + ax^2 + bx + c = 0 \quad \textbf{Normalform}$$

Subst.: $x = y - \frac{a}{3}$ ergibt $\quad \boxed{y^3 + py + q = 0} \quad$ **reduzierte Form**

dabei ist $\quad p = \dfrac{3b-a^2}{3} \quad$ und $\quad q = \dfrac{2a^3}{27} - \dfrac{ab}{3} + c.$

Diskriminante:

	Lösungen der kubischen Gleichung
$D > 0$	eine reelle, zwei konjugiert komplexe Lösungen
$D = 0$	drei reelle Lösungen, mindest. zwei gleiche Lösungen
$D < 0$	drei paarweise verschiedene reelle Lösungen

$$D = \left(\tfrac{p}{3}\right)^3 + \left(\tfrac{q}{2}\right)^2$$

Cardanosche Formeln : Man berechnet (u reell wählen, falls möglich!)

$$u := \sqrt[3]{-\tfrac{1}{2}q + \sqrt{D}}$$
$$v := -\frac{p}{3u} \quad (v = 0 \text{ , falls } u = 0)$$

, setzt $\varrho_{1,2} := -\tfrac{1}{2} \pm \tfrac{1}{2}\sqrt{3}\, i$ und erhält die

Lösungen der
reduzierten Form:
$$\left\{ \begin{array}{lll} y_1 &=& u + v \\ y_2 &=& -\tfrac{1}{2}(u+v) + \tfrac{1}{2}(u-v)\sqrt{3}\,i &=& \varrho_1 u + \varrho_2 v \\ y_3 &=& -\tfrac{1}{2}(u+v) - \tfrac{1}{2}(u-v)\sqrt{3}\,i &=& \varrho_2 u + \varrho_1 v \end{array} \right.$$

Die Lösungen der **Normalform** sind dann ($k = 1, 2, 3$): $\boxed{x_k = y_k - \frac{a}{3}}$

Ist $D < 0$, so hat die kubische Gleichung drei reelle Lösungen. Benutzt man obige Formeln, muß man komplex rechnen, da $\sqrt{D}$ nicht reell ist. Dies läßt sich wie folgt vermeiden:

Man berechnet
(falls $D < 0$)
(siehe Beispiel 2)
$$r := \sqrt{-(\tfrac{p}{3})^3}$$
$$\cos\varphi := -\frac{q}{2r}$$
und erhält:
$$\left\{ \begin{array}{l} y_1 = 2\sqrt[3]{r}\,\cos\frac{\varphi}{3} \\ y_2 = 2\sqrt[3]{r}\,\cos(\frac{\varphi}{3} + \frac{2\pi}{3}) \\ y_3 = 2\sqrt[3]{r}\,\cos(\frac{\varphi}{3} + \frac{4\pi}{3}) \end{array} \right.$$

Die Lösungen der **Normalform** sind wieder ($k = 1, 2, 3$): $\boxed{x_k = y_k - \frac{a}{3}}$

Beispiel 1 *Man löse die kubische Gleichung* $3x^3 + 16.3594x^2 + 82.9241x - 1.2997 = 0.$

$x^3 + 5.4531x^2 + 27.6414x - 0.4332 = 0 \quad$ Normalform, Subst.: $x = y - \frac{5.4531}{3}$
$y^3 + 17.7292y - 38.6655 = 0 \quad$ reduzierte Form

Diskriminante $D = 580.1516 > 0$ (also 1 reelle, 2 konjugiert komplexe Lösungen)

$$\begin{array}{l} u = 3.5147 \\ v = -1.6814 \end{array} \implies \begin{array}{l} y_1 = 1.8333 \\ y_2 = -0.9167 - 4.5i \\ y_3 = -0.9167 + 4.5i \end{array} \implies \boxed{\begin{array}{l} x_1 = 0.0156 \\ x_2 = -2.7344 - 4.5i \\ x_3 = -2.7344 + 4.5i \end{array}}$$

Beispiel 2 *Man löse die kubische Gleichung* $18x^3 + 9x^2 - 17x + 4 = 0.$

$x^3 + 0.5x^2 - 0.9444x + 0.2222 = 0 \quad$ Normalform, Subst.: $x = y - \frac{0.5}{3} = y - 0.1667$
$y^3 - 1.0278y + 0.3889 = 0 \quad$ reduzierte Form

Diskriminante $D = -0.0024 < 0$ (also drei verschiedene reelle Lös.) reelle Rechnung:

$$\begin{array}{lll} r &= \sqrt{-(\tfrac{p}{3})^3} &= 0.2005 \\ \cos\varphi &= -\frac{q}{2r} &= -0.9697 \\ \varphi &= \arccos(-\frac{q}{2r}) &= 2.8947 \end{array} \implies \begin{array}{l} y_1 = 0.6667 \\ y_2 = -1.1667 \\ y_3 = 0.5 \end{array} \implies \boxed{\begin{array}{lll} x_1 = 0.5 &=& 1/2 \\ x_2 = -1.3333 &=& -4/3 \\ x_3 = 0.3333 &=& 1/3 \end{array}}$$

Gleichung vierten Grades

$$x^4 + ax^3 + bx^2 + cx + d = 0 \qquad \textbf{Normalform}$$

Subst.: $x = y - \dfrac{a}{4}$ $\qquad y^4 + py^2 + qy + r = 0 \qquad$ **reduzierte Form**

$$z^3 + 2pz^2 + (p^2 - 4r)z - q^2 = 0 \qquad \textbf{kubische Resolvente}$$

dabei ist $\quad p = b - \dfrac{3}{8}a^2, \quad q = c - \dfrac{ab}{2} + \dfrac{a^3}{8}, \quad r = d - \dfrac{ac}{4} + \dfrac{a^2 b}{16} - \dfrac{3a^4}{256}.$

Das Lösungsverhalten der Gleichung vierten Grades hängt
vom Lösungsverhalten ihrer *kubischen Resolventen* ab,
deren Lösungen man zunächst berechnet (siehe kubische Gleichung, Seite 12):

kubische Resolvente	Gleichung vierten Grades
alle Lösungen reell und positiv*)	vier reelle Lösungen
alle Lösungen reell, eine positiv, zwei negativ*)	zwei Paare konjugiert komplexer Lösungen
eine Lösung reell, zwei konjugiert komplex	zwei reelle, zwei konj. komplexe Lösungen

Sind z_1, z_2, z_3 die Lösungen der kubischen Resolvente (Seite 12), berechnet man

$\qquad w_1 \quad$ als *eine* Lösung von $\quad w^2 = z_1$

$\qquad w_2 \quad$ als *eine* Lösung von $\quad w^2 = z_2 \quad$ und setzt

$\qquad w_3 = -\dfrac{q}{w_1 \cdot w_2} \quad \left(\begin{array}{l} \text{dann ist } w_3 \text{ eine Lösung von } w^2 = z_3. \\ w_3 = 0, \text{ falls } w_1 \cdot w_2 = 0. \end{array} \right)$

Die Lösungen der reduzierten Form
erhält man dann in der Form:
$\qquad \left\{ \begin{array}{l} y_1 = (+w_1 + w_2 + w_3)/2 \\ y_2 = (+w_1 - w_2 - w_3)/2 \\ y_3 = (-w_1 + w_2 - w_3)/2 \\ y_4 = (-w_1 - w_2 + w_3)/2 \end{array} \right.$

Die Lösungen der **Normalform** sind dann für $k = 1, 2, 3, 4$: $\qquad \boxed{x_k = y_k - \dfrac{a}{4}}$

Beispiel   *Man löse die Gleichung vierten Grades* $4x^4 + 15x^3 + 32x^2 + 31x - 10 = 0.$

$x^4 + 3.75x^3 + 8x^2 + 7.75x - 2.5 = 0 \qquad$ Normalform, Subst.: $x = y - \dfrac{3.75}{4} = y - 0.9375$

$y^4 + 2.7266y^2 - 0.6582y - 5.0518 = 0 \qquad$ reduzierte Form

$z^3 + 5.4531z^2 + 27.6414z - 0.4332 = 0 \qquad$ kubische Resolvente, (siehe vorige Seite!)

$z_1 = 0.0156$	$w_1 = 0.125$	$y_1 = -1.0625$	$x_1 = -2$
$z_2 = -2.7344 - 4.5i \implies$	$w_2 = -1.125 + 2i \implies$	$y_2 = -1.1875$	$x_2 = 0.25$
$z_3 = -2.7344 + 4.5i$	$w_3 = -1.125 - 2i$	$y_3 = -0.0625 + 2i \implies$	$x_3 = -1 + 2i$
		$y_4 = -0.0625 - 2i$	$x_4 = -1 - 2i$

*)Nach **Vieta** ist das Produkt der Lösungen positiv: $\quad z_1 z_2 z_3 = q^2 > 0.$

**Für Gleichungen höheren als vierten Grades gibt es
keine allgemeinen Auflösungsformeln
siehe Holz, Repetitorium Algebra, Seite 512 ff.**

Nullstellen von Polynomen mit ganzen Koeffizienten

$$f(x) = a_n x^n + a_{n-1} x^{n-1} + \cdots + a_1 x + a_0$$

Ist $f(x)$ ein Polynom mit ganzzahligen Koeffizienten (alle $a_i \in \mathbb{Z}$), dann gilt:

(1)   Jede ganzzahlige Nullstelle ist ein Teiler von a_0.
   $f(x_0) = 0$ und $x_0 \in \mathbb{Z} \implies x_0 \mid a_0$.

Ist außerdem der Hauptkoeffizient $a_n = 1$, so gilt:

(2)   Jede rationale Nullstelle ist eine ganze Zahl und zwar ein Teiler von a_0.
   $f(x_0) = 0$ und $x_0 \in \mathbb{Q} \implies x_0 \in \mathbb{Z}$ und $x_0 \mid a_0$.

Ist $f(x) = x^n + a_{n-1} x^{n-1} + \cdots + a_1 x + a_0$ ein Polynom mit ganzen Koeffizienten (alle $a_i \in \mathbb{Z}$, $a_n = 1$), so probiert man – z.B. mit HORNER – alle Teiler von a_0 und findet so alle rationalen Nullstellen. Bleibt nach dem Abspalten der zugehörigen Linearfaktoren (HORNER Seite 15, Schulmethode, Polynomdivision) ein Polynom höheren als 2–ten Grades, wählt man Näherungsverfahren, um evtl. weitere reelle (irrationale) Nullstellen zu bestimmen.

Ist f ein Polynom mit ganzen Koeffizienten, aber $a_n \neq 1$, siehe zweites Beispiel.

Beispiel

Man rate Nullstellen des Polynoms $x^3 - 3x^2 + x - 3$.

Die Teiler von -3 sind: $\pm 1, \pm 3$.

Probieren (HORNER) zeigt: $x_1 = 3$ ist eine Nullstelle von $x^3 - 3x^2 + x - 3$.
Division (HORNER) liefert: $(x^3 - 3x^2 + x - 3) : (x - 3) = x^2 + 1$.

Da $x^2 + 1$ keine reellen Nullstellen hat, ist $\underline{x_1 = 3}$ die einzige reelle Nullstelle von $x^3 - 3x^2 + x - 3$ und es gilt: $x^3 - 3x^2 + x - 3 = (x - 3)(x^2 + 1)$.

Beispiel

Man rate alle Nullstellen des Polynoms $6x^4 + 7x^3 - 13x^2 - 4x + 4$.

Die Teiler von 4 sind: ± 1, ± 2, ± 4. Die Teiler von 6 sind: ± 1, ± 2, ± 3, ± 6.

> Ist die (gekürzte!) rationale Zahl $\dfrac{p}{q}$ eine Nullstelle des Polynoms
> $$f(x) = a_n x^n + a_{n-1} x^{n-1} + \cdots + a_1 x + a_0,$$
> so muß p ein Teiler von a_0 $(= 4)$ und q ein Teiler von a_n $(= 6)$ sein.

Es kommen also als rationale Nullstellen nur folgende Brüche $\dfrac{p}{q}$ in Frage:

$$\frac{p}{q} = \pm 1, \ \pm \tfrac{1}{2}, \ \pm \tfrac{1}{3}, \ \pm \tfrac{1}{6}, \ \pm 2, \ \pm \tfrac{2}{3}, \ \pm 4, \ \pm \tfrac{4}{3}.$$

Einsetzen (HORNER) liefert alle Nullstellen: $1, \ \dfrac{1}{2}, \ -2, \ -\dfrac{2}{3}$.

Es gilt $6x^4 + 7x^3 - 13x^2 - 4x + 4 = 6(x - 1)(x - \tfrac{1}{2})(x + 2)(x + \tfrac{2}{3})$
$$= (x - 1)(2x - 1)(x + 2)(3x + 2).$$

Das HORNER–Schema ist ein Rechenverfahren, mit dem man für ein Polynom
$$f(x) = a_n x^n + a_{n-1} x^{n-1} + \cdots + a_1 x + a_0$$
an der Stelle x_0 mit minimalem Rechenaufwand folgendes berechnet:

(1)   Funktionswert $f(x_0)$

(2)   Division von $f(x)$ durch den Linearfaktor $x - x_0$, also $\dfrac{f(x)}{x-x_0}$

(3)   Ableitungen $f'(x_0), f''(x_0), \ldots, f^{(n)}(x_0)$

(4)   Taylorentwicklung von f an der Stelle x_0

Man schreibt die Koeffizienten des Polynoms $f(x)$ in absteigender Reihenfolge
$a_n, a_{n-1}, \ldots, a_0$ hintereinander ($a_k = 0$ nicht vergessen, falls die Potenz x^k fehlt!), schreibt
dann x_0 vor die zweite Zeile, beginnt die dritte Zeile mit a_n und geht jeweils mit x_0 mul-
tiplizierend in der durch die Pfeile (siehe Beispiel) angedeuteten Weise vor. Die über dem
waagerechten Strich untereinanderstehenden Zahlen sind zu addieren, die Summe ist mit x_0
zu multiplizieren, usw.

Beispiel   *Für $f(x) = x^3 - x^2 - 9x + 13$ berechne man $f(3)$ und $\dfrac{f(x)}{x-3}$.*

$$\boxed{\text{HORNER–Schema}}$$

$$f(x) = x^3 - x^2 - 9x + 13, \quad x_0 = 3$$

$$
\begin{array}{r|rrrr}
 & 1 & -1 & -9 & 13 \;\; + \\
x_0 = 3 & & 3 & 6 & -9 \;\; + \\
\hline
 & 1 & 2 & -3 & \boxed{4} \;\; = \;\; f(3)
\end{array}
$$

Man liest ab:

(1)   Schlußzahl der dritten Zeile ist der Funktionswert $f(x_0)$ hier: $f(3) = 4$.

(2)   Die übrigen Zahlen der dritten Zeile sind die Koeffizienten des Polynoms
$g(x)$, das man bei Division von $f(x)$ durch den Linearfaktor $x - x_0$ erhält

$$\frac{f(x)}{x-x_0} = g(x) + \frac{f(x_0)}{x-x_0} \quad \text{hier:} \quad \frac{x^3 - x^2 - 9x + 13}{x-3} = \mathbf{1}x^2 + \mathbf{2}x - \mathbf{3} + \frac{\mathbf{4}}{x-3}.$$

$$\boxed{\,f(x) \text{ ist genau dann ohne Rest durch } x - x_0 \text{ teilbar, wenn } f(x_0) = 0 \text{ ist.}\,}$$

Das HORNER–Schema läßt sich auch im Komplexen verwenden:

Beispiel

Für das Polynom $f(z) = z^3 - (1+i)z^2 - (2-i)z + 2i$ berechne man $f(i)$ und $\dfrac{f(z)}{z-i}$.

$$\boxed{\text{HORNER–Schema im Komplexen}}$$

$$
\begin{array}{r|rrrr}
 & 1 & -1-i & -2+i & 2i \\
z_0 = i & & i & -i & -2i \\
\hline
 & 1 & -1 & -2 & 0 = f(i)
\end{array}
\qquad \text{und} \qquad \frac{f(z)}{z-i} = z^2 - z - 2.
$$

Beispiel

Für das Polynom $f(x) = 2x^4 - x^3 - x - 18$ berechne man

$f(2), f'(2), f''(2), f^{(3)}(2), f^{(4)}(2)$, *sowie* $\dfrac{f(x)}{x-2}$ *und die* **Taylorentwicklung** *von f an der Stelle $x_0 = 2$ (Umordnung von f nach Potenzen von $x - 2$).*

$$\boxed{\text{Vollständiges HORNER–Schema}}$$

$$
\begin{array}{r|rrrrr}
 & 2 & -1 & 0 & -1 & -18 \; + \\
x_0 = 2 & & {}^{\nearrow}4 & {}^{\nearrow}6 & 12 & 22 \; + \\
 & {}_{2\cdot 2}\; {}^{\,2\cdot 3} & & & & \\
\hline
 & 2^{\nearrow} & 3^{\nearrow} & 6 & 11 & \boxed{4} = \frac{f(2)}{0!} \\
\end{array}
$$

$x_0 = 2$ $\boxed{4} = \dfrac{f(2)}{0!} \implies f(2) = 4$

$\qquad\qquad 2 \quad 7 \quad 20 \quad \boxed{51} = \dfrac{f'(2)}{1!} \implies f'(2) = 51$

$\qquad\qquad 2 \quad 11 \quad \boxed{42} = \dfrac{f''(2)}{2!} \implies f''(2) = 42 \cdot 2! = 84$

$\qquad\qquad 2 \quad \boxed{15} = \dfrac{f^{(3)}(2)}{3!} \implies f^{(3)}(2) = 15 \cdot 3! = 90$

$\qquad\qquad \boxed{2} = \dfrac{f^{(4)}(2)}{4!} \implies f^{(4)}(2) = 2 \cdot 4! = 48$

Man liest ab:

(1) Schlußzahl der dritten Zeile ist der Funktionswert $f(x_0)$ hier $f(2) = 4$.

(2) Die übrigen Zahlen der dritten Zeile sind die Koeffizienten des Polynoms $g(x)$, das man bei Division von $f(x)$ durch den Linearfakt. $x - x_0$ erhält:

$$\frac{f(x)}{x - x_0} = g(x) + \frac{f(x_0)}{x - x_0} \quad \text{hier} \quad \frac{2x^4 - x^3 - x - 18}{x - 2} = 2x^3 + 3x^2 + 6x + 11 + \frac{4}{x - 2}.$$

(3) Ableitungen: $f'(2) = 51$, $f''(2) = 84$, $f'''(2) = 90$, $f''''(2) = 48$.

(4) Die Koeffizienten der Taylorentwicklung sind die umrahmten Zahlen des Horner–Schemas:

$$f(x) = \underbrace{2x^4 - x^3 - x - 18}_{\substack{f \text{ geordnet nach} \\ \text{Potenzen von } x.}} = \underbrace{\boxed{2}(x-2)^4 + \boxed{15}(x-2)^3 + \boxed{42}(x-2)^2 + \boxed{51}(x-2) + \boxed{4}}_{\substack{\text{Taylorentwicklung} \\ \text{von } f \text{ an der Stelle } 2.}} \underset{=}{} \substack{f \text{ umgeordnet nach} \\ \text{Potenzen von } (x-2).}$$

(5) Alle Koeffizienten der Umordnung nach Potenzen von $(x - 2)$ sind ≥ 0, also: Keine Nullstelle von f ist > 2.

Beispiel (Euklidischer Algorithmus): *Man bestimme den größten gemeinsamen Teiler* ggT $(42, 9)$ *von 42 und 9, und löse die diophantische Gleichung* $42x + 9y =$ ggT $(42, 9)$.

Division mit Rest:	Einsetzen liefert:	alle Lösungen der diophantischen
$42 = 4 \cdot 9 + 6$	$3 = 9 - 1 \cdot 6$	Gleichung [**EM 1**, Seite 49–52.]
$9 = 1 \cdot 6 + \underline{3}$	$3 = 9 - 1 \cdot (42 - 4 \cdot 9)$	$42x + 9y = 3$ bzw. $14x + 3y = 1$ sind:
$6 = 2 \cdot 3$	$3 = -1 \cdot 42 + 5 \cdot 9$	$(x, y) = (-1, 5) + m(3, -14), \; m \in \mathbb{Z}.$
$\Rightarrow \underline{3} = $ ggT$(42, 9)$.	ggT als Vielfachsumme.	

2 Geometrie

2.1 Winkel, Dreieck, Viereck, n–Eck

Winkel

Umrechnung: Gradmaß – Bogenmaß

Es besteht folgender Zusammenhang zwischen dem

- **Winkel** α in Grad und der
- **Länge** b des zugehörigen Kreisbogens am **Einheitskreis**:

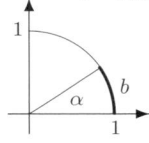

$$\boxed{\frac{\alpha}{180°} = \frac{b}{\pi}}$$

$$\alpha = \frac{b}{\pi}180°\,,\quad b = 1 \implies \alpha = \frac{180°}{\pi} \approx 57.296°$$

$$b = \frac{\alpha}{180°}\pi\,,\quad \alpha = 1° \implies b = \frac{1°}{180°}\pi \approx 0.017$$

Benutzt man einen Taschenrechner, vergewissere man sich, ob er auf Winkel im Gradmaß (DEG) oder im Bogenmaß (RAD) eingestellt ist.

Werden **Parallelen** von einer Geraden geschnitten, so sind je zwei der Winkel gleich oder ergänzen sich zu $180°$.

$$\alpha_1 + \beta_1 = 180° \quad \text{Nebenwinkel}$$
$$\alpha_1 = \alpha_2 \quad \text{Scheitelwinkel}$$
$$\beta_1 = \beta_3 \quad \text{Stufenwinkel}$$
$$\alpha_1 = \alpha_4 \quad \text{Wechselwinkel}$$

Strahlensatz

$$\overline{SA} : \overline{SC} = \overline{SB} : \overline{SD} = \overline{AB} : \overline{CD}$$

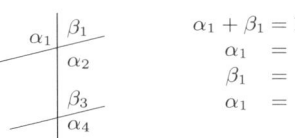

Dreieck

Kongruenzsätze

Zwei Dreiecke sind **kongruent**, wenn sie übereinstimmen in:	Symbol	Berechnung der fehlenden Seiten/Winkel
(1) drei Seiten	(sss)	Kosinussatz
(2) zwei Seiten und dem eingeschlossenen Winkel	(sws)	Kosinussatz
(3) einer Seite und zwei Winkeln	(wsw) (sww)	Sinussatz
(4) zwei Seiten und dem Gegenwinkel der größeren Seite	(SsW)	Sinussatz

Ähnlichkeitssätze:

Zwei Dreiecke sind **ähnlich**, wenn sie übereinstimmen

(1) im Verhältnis dreier Seiten,
(2) im Verhältnis zweier Seiten und dem eingeschlossenen Winkel,
(3) in zwei Winkeln,
(4) im Verhältnis zweier Seiten und dem Gegenwinkel der größeren Seite.

rechtwinkliges Dreieck

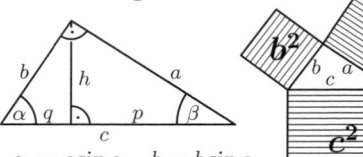
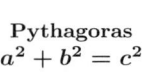
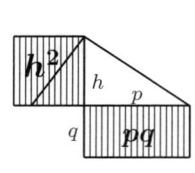

$a = c\sin\alpha, \quad h = b\sin\alpha$

$b = c\cos\alpha$

$F = \frac{1}{2}a^2\tan\beta = \frac{1}{2}ab$

$\quad = \frac{1}{2}a^2\cot\alpha$

$r_i = \frac{1}{2}(a+b-c)$

Pythagoras
$a^2 + b^2 = c^2$

Höhensatz
Euklid
$h^2 = pq$

Kathetensatz
$a^2 = cp \ , \ b^2 = cq$

gleichseitiges Dreieck

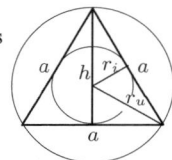

Fläche $\quad F = \frac{\sqrt{3}}{4}a^2 \qquad$ **Höhe** $\quad h = \frac{\sqrt{3}}{2}a$

Radius
$\begin{cases} \text{Inkreis} \quad r_i = \frac{\sqrt{3}}{6}a \ , \ r_i = \frac{1}{2}r_u \\[2mm] \text{Umkreis} \quad r_u = \frac{\sqrt{3}}{3}a \ , \ r_i + r_u = h \end{cases}$

---

allgemeines Dreieck

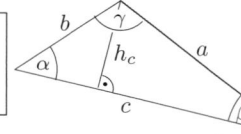

Kosinussatz

$c^2 = a^2 + b^2 - 2ab\cos\gamma$

Sinussatz

$$\frac{a}{\sin\alpha} = \frac{b}{\sin\beta} = \frac{c}{\sin\gamma} = 2r_u$$

Fläche $\quad F = \frac{1}{2}ch_c = \frac{1}{2}ab\sin\gamma = r_i s = \frac{abc}{4r_u}$

$\quad\quad\quad\quad = \sqrt{s(s-a)(s-b)(s-c)}$

$\quad\quad\quad\quad = a^2\frac{\sin\beta\sin\gamma}{2\sin\alpha}$

$\quad\quad\quad\quad = 2r_u\sin\alpha\sin\beta\sin\gamma$

$h_c =$ **Höhe**

$s = \frac{1}{2}(a+b+c)$

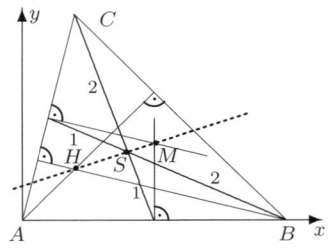

Umfang $\quad U = a+b+c = 2s = 8r_u\cos\frac{\alpha}{2}\cos\frac{\beta}{2}\cos\frac{\gamma}{2}$

Winkelsumme $\quad \alpha+\beta+\gamma = 180^0$

Radius
$\begin{cases} \text{Inkreis} \quad r_i = 4r_u\sin\frac{\alpha}{2}\sin\frac{\beta}{2}\sin\frac{\gamma}{2} \\[2mm] \text{Umkreis} \quad r_u = \frac{abc}{4F} = \frac{a}{2\sin\alpha} = \frac{b}{2\sin\beta} = \frac{c}{2\sin\gamma} \end{cases}$

Schnittpunkt der

Höhen $\quad\quad\quad\quad = H$

Seitenhalbierenden $\ = S \ =$ Schwerpunkt

Winkelhalbierenden $= W =$ Mittelpkt. des Inkreises

Mittelsenkrechten $\ = M =$ Mittelpkt. des Umkreises

S teilt jede Seitenhalbierende im Verhältnis $2:1$.

H, S, M liegen auf einer Geraden (**Eulersche Gerade**).

Es ist $\overline{HS} : \overline{SM} = 2:1$.

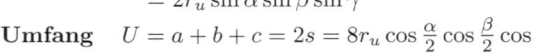

Länge der

Winkelhalbierenden: $\quad W_\alpha = \frac{1}{b+c}\sqrt{bc((b+c)^2 - a^2)}$

Seitenhalbierenden: $\quad S_a = \frac{1}{2}\sqrt{2(b^2 + c^2) - a^2}$

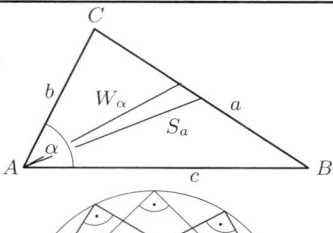

THALES – Satz
Jeder Winkel im Halbkreis ist ein rechter Winkel.

Viereck

allgemeines Viereck

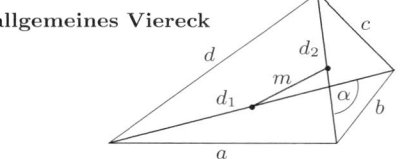

Winkelsumme	$= 360^0$
Fläche	$F = \frac{1}{2}d_1 d_2 \sin\alpha$
$a^2 + b^2 + c^2 + d^2$	$= d_1^2 + d_2^2 + 4m^2$

m: Länge der Verbindungslinie der Mittelpunkte der Diagonalen

---

Parallelogramm

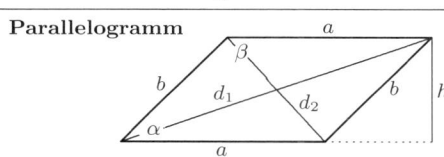

Winkel	$\alpha + \beta = 180^0$
Höhe	$h = b\sin\alpha = b\sin\beta$
Diagonalen	$d_1^2 + d_2^2 = 2(a^2 + b^2)$
Fläche	$F = ah = ab\sin\alpha$

Ein **Viereck** ist ein **Parallelogramm** $\Longleftrightarrow$

$\Longleftrightarrow$ je zwei gegenüberliegende Seiten sind gleich lang $\Longleftrightarrow$ je zwei gegenüberliegende Seiten sind parallel $\Longleftrightarrow$ je zwei gegenüberliegende Winkel sind gleich $\Longleftrightarrow$ zwei gegenüberliegende Seiten sind parallel und gleich lang $\Longleftrightarrow$ die Diagonalen halbieren sich.

Rhombus (Raute)

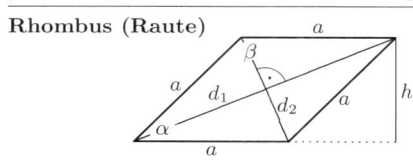

Höhe	$h = a\sin\alpha = a\sin\beta$
Diagonalen	$d_1^2 + d_2^2 = 4a^2$
	$d_1 = 2a\cos\frac{\alpha}{2}$
	$d_2 = 2a\sin\frac{\alpha}{2}$
Fläche	$F = ah = a^2\sin\alpha = \frac{1}{2}d_1 d_2$

Ein **Parallelogramm** ist ein **Rhombus** $\Longleftrightarrow$

$\Longleftrightarrow$ alle Seiten sind gleich lang
$\Longleftrightarrow$ die Diagonalen sind die Winkelhalbierenden
$\Longleftrightarrow$ die Diagonalen stehen senkrecht aufeinander.

Trapez

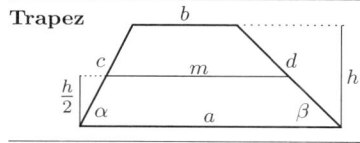

$m = \frac{a+b}{2}$

Ein Viereck ist ein **Trapez**, wenn zwei Seiten parallel sind.

Höhe $\quad h = c\sin\alpha = d\sin\beta$,

Fläche $\quad F = mh = \frac{1}{2}(a+b)h$

Quadrat

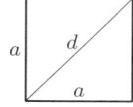

Diagonale	$d = a\sqrt{2}$
Seite	$a = \frac{1}{2}\sqrt{2}\,d = \sqrt{F}$
Fläche	$F = a^2$

Sehnenviereck

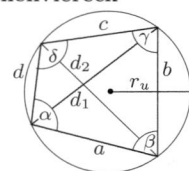

Einem Viereck lässt sich ein Kreis **umbeschreiben**
$$\Longleftrightarrow \quad \alpha + \gamma = \beta + \delta$$

Umkreisradius $\quad r_u \;=\; \dfrac{1}{4F}\sqrt{(ab+cd)(ac+bd)(ad+bc)}$

Fläche $\qquad\quad F \;=\; \sqrt{(s-a)(s-b)(s-c)(s-d)}$
$$\text{mit}\quad s = \tfrac{1}{2}(a+b+c+d)$$

Satz des Ptolemäus: $\qquad$ Das Produkt der Diagonalen ist gleich der
$d_1 d_2 = ac + bd$ $\qquad\qquad$ Summe aus den Produkten der Gegenseiten.

Tangentenviereck

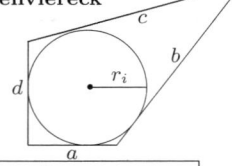

Einem Viereck lässt sich ein Kreis **einbeschreiben**
$$\Longleftrightarrow \quad a + c = b + d$$

Umfang $\qquad\quad U = 2(a+c) = 2(b+d)$

Inkreisradius $\quad r_i = \dfrac{2F}{U}$

Fläche $\qquad\quad F = \dfrac{1}{2}U r_i$

regelmäßiges n–Eck

Ein Vieleck heißt ein **regelmäßiges n–Eck**, wenn
seine n Seiten und seine n Winkel gleich sind.

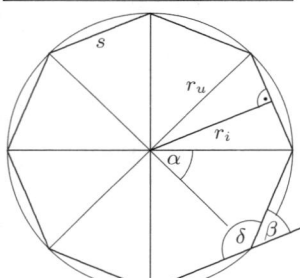

regelmäßiges 8-Eck

Zentriwinkel $\qquad \alpha = \dfrac{1}{n}360^0$

Außenwinkel $\qquad \beta = \dfrac{1}{n}360^0$ $\qquad \alpha = \beta$

Innenwinkel $\qquad \delta = 180^0 - \alpha = \dfrac{n-2}{n}180^0$

Innenw.–Summe $\quad = (n-2)180^0$

Seite $\qquad\quad s = 2\sqrt{r_u^2 - r_i^2} = 2r_u \sin\dfrac{\alpha}{2} = 2r_i \tan\dfrac{\alpha}{2}$

Inkreisradius $\quad r_i = \dfrac{s}{2}\cot\dfrac{180^0}{n} = r_u\cos\dfrac{180^0}{n} = r_u\cos\dfrac{\alpha}{2}$

Umkreisradius $\quad r_u = \dfrac{s}{2\sin\dfrac{180^0}{n}}, \qquad r_u^2 = r_i^2 + \dfrac{1}{4}s^2$

Fläche $\quad F = \dfrac{1}{2}nsr_i = nr_i^2\tan\dfrac{\alpha}{2} = \dfrac{1}{2}nr_u^2\sin\alpha = \dfrac{1}{4}ns^2\cot\dfrac{\alpha}{2}$

n	Seitenlänge s	Umkreisradius r	Fläche F
5	$\frac{1}{2}\sqrt{10-2\sqrt{5}}\,r$	$\frac{1}{10}\sqrt{50+10\sqrt{5}}\,s$	$\frac{5}{8}\sqrt{10+2\sqrt{5}}\,r^2 \;=\; \frac{1}{4}\sqrt{25+10\sqrt{5}}\,s^2$
6	r	s	$\frac{3}{2}\sqrt{3}\,r^2 = \frac{3}{2}\sqrt{3}\,s^2$
8	$\sqrt{2-\sqrt{2}}\,r$	$\frac{1}{2}\sqrt{4+2\sqrt{2}}\,s$	$2\sqrt{2}\,r^2 = 2(\sqrt{2}+1)\,s^2$
10	$\frac{1}{2}(\sqrt{5}-1)\,r$	$\frac{1}{2}(\sqrt{5}+1)\,s$	$\frac{5}{4}\sqrt{10-2\sqrt{5}}\,r^2 \;=\; \frac{5}{2}\sqrt{5+2\sqrt{5}}\,s^2$
$2n$	$s_{2n} = \sqrt{2r^2 - r\sqrt{4r^2 - s_n^{\,2}}}$		

2.2   Goldener Schnitt

Goldener Schnitt (siehe auch Fibonaccifolge Seite 74)

Eine Strecke ist **im goldenen Schnitt** geteilt, wenn sich
die ganze Strecke zum größeren Abschnitt wie dieser zum
kleineren Abschnitt verhält:

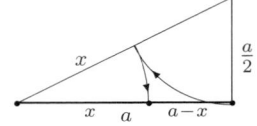

$$\dfrac{\text{ganze Strecke}}{\text{größerer Abschnitt}} = \dfrac{\text{größerer Abschnitt}}{\text{kleinerer Abschnitt}}$$

Teilungsverhältnis $\approx$ **61.8 % = 0.618**

goldener Schnitt: $\dfrac{a}{x} = \dfrac{x}{a-x}$

$$x = \dfrac{\sqrt{5}-1}{2}a \;\approx\; 0.618\,a$$

2.3   Kreis, Ellipse, Hyperbel, Parabel

Kreis Ein Kreis ist die Menge aller Punkte, die von einem festen Punkt M (**Mittelpunkt**) gleichen Abstand (**Radius**) haben.

Bezeichnungen:

r	Radius
d	Durchmesser $= 2r$
U	Umfang $= 2\pi r$
α	Mittelpunktswinkel
β	Umfangswinkel, $2\beta = \alpha$
γ	Tangentenwinkel, $\gamma = \beta$
b	zu α gehörender Bogen
s	zu α gehörende Sehne
M	$= (x_m, y_m)$ Kreismittelpunkt

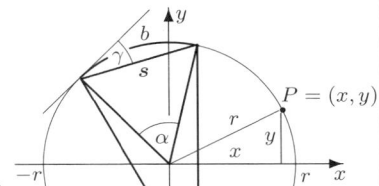

Kreis

$$x^2 + y^2 = r^2$$

Parameterdarst.

$$\vec{x}(t) = \begin{pmatrix} r\cos t \\ r\sin t \end{pmatrix}$$

$$0 \le t \le 2\pi$$

Mittelpunktsformel

$$M = (x_m, y_m)$$

$$(x - x_m)^2 + (y - y_m)^2 = r^2$$

	Kreis	Kreisbogen	Kreisausschnitt	Kreisabschnitt
	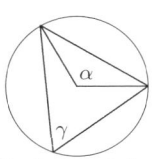	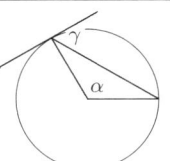	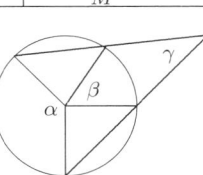	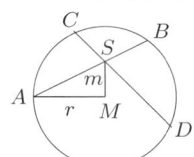
Länge	$U = 2\pi r$ $U = \pi d$	$b = \frac{\pi r}{180}\alpha$ $s = 2r\sin\frac{\alpha}{2}$ $h = r\cos\frac{\alpha}{2}$ $h = \frac{1}{2}\sqrt{4r^2 - s^2}$		
			$F = \frac{1}{2}br$	$F = \frac{1}{2}(br - sh)$
Fläche	$F = \pi r^2$		$F = \frac{\pi\alpha}{360}r^2$	$F = \frac{r^2}{2}\left(\frac{\pi\alpha}{180} - \sin\alpha\right)$
Schwerpunkt S auf der Winkelhalbierenden im **Abstand** a vom Mittelpunkt M:		 $a = \frac{rs}{b}$	$a = \frac{2}{3}\frac{rs}{b}$	$a = \frac{1}{12}\frac{s^3}{F}$ $= \frac{2}{3}\frac{r^3}{F}\sin^3\frac{\alpha}{2}$

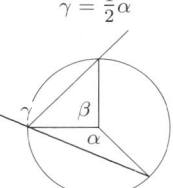

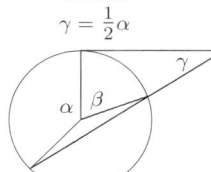

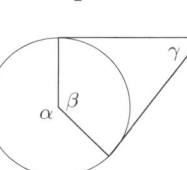

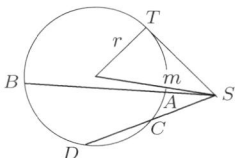

Umfangswinkel
$\gamma = \frac{1}{2}\alpha$

Sehnentangenten–winkel
$\gamma = \frac{1}{2}\alpha$

Sekantenwinkel
$\gamma = \frac{1}{2}(\alpha - \beta)$

Sehnensatz
$\overline{SA} \cdot \overline{SB} = \overline{SC} \cdot \overline{SD}$
$= r^2 - m^2$

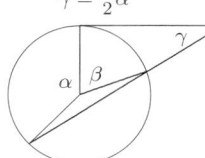

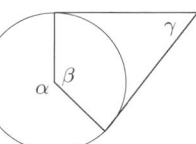

Sehnenwinkel
$\gamma = \frac{1}{2}(\alpha + \beta)$

Sekantentangenten–winkel
$\gamma = \frac{1}{2}(\alpha - \beta)$

Tangentenwinkel
$\gamma = \frac{1}{2}(\alpha - \beta)$

Sekantentangentensatz
$\overline{SA} \cdot \overline{SB} = \overline{SC} \cdot \overline{SD} = \overline{ST}^2$
$= m^2 - r^2$

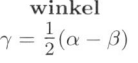

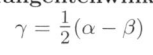

Kreis   (*siehe auch Seite 21*)

Ein Kreis ist die Menge aller Punkte P in einer Ebene,
die von einem festen Punkt M (**Mittelpunkt**)
gleichen Abstand r (**Radius**) haben.

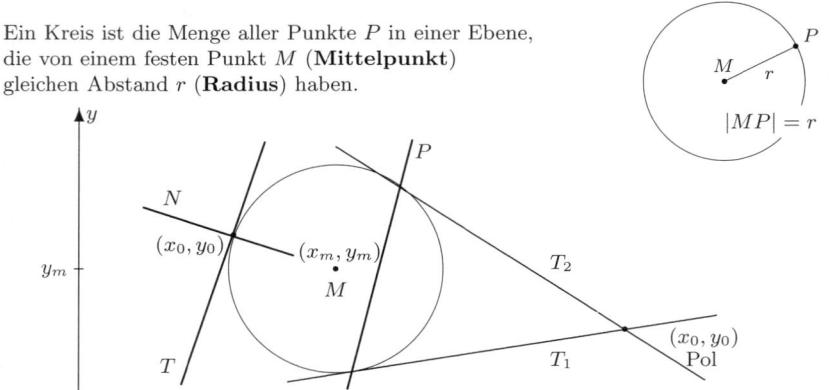

Die von einem Pol (x_0, y_0) außerhalb eines Kreises an ihn gelegten beiden Tangenten berühren
ihn in den beiden Schnittpunkten der zu (x_0, y_0) gehörenden Polaren P.

Kreis	Ursprungsform	Verschiebungsform
	Kreis mit $M = (0,0)$	Kreis mit Mittelpunkt $M = (x_m, y_m)$
Kreisgleichung	$x^2 + y^2 = r^2$	$(x - x_m)^2 + (y - y_m)^2 = r^2$
Tangente T	$x_0 x + y_0 y = r^2$	$(x_0 - x_m)(x - x_m) + (y_0 - y_m)(y - y_m) = r^2$
Normale N	$-y_0 x + x_0 y = 0$	$-(y_0 - y_m)(x - x_m) + (x_0 - x_m)(y - y_m) = 0$
Polare P	$x_0 x + y_0 y = r^2$	$(x_0 - x_m)(x - x_m) + (y_0 - y_m)(y - y_m) = r^2$

Tangente T und Normale N durch einen Punkt (x_0, y_0), der auf dem Kreis liegt,
Polare P von einem Pol (x_0, y_0) aus, der außerhalb des Kreises liegt!

Beispiel: $x^2 - 2x + y^2 + 4y - 20 = 0$ ist die Gleichung eines Kreises. Man bestimme:

(a) Die Mittelpunktsform, sowie den Mittelpunkt M und den Radius r des Kreises.

(b) Die Tangente T mit Berührpunkt $(-3, 1)$.

(c) Die beiden Tangenten vom Pol $(8, -3)$.

(a) quadratische Ergänzung liefert:
$(x - 1)^2 + (y + 2)^2 = 25$, also $M = (1, -2)$, $\underline{r = 5}$.

(b) $T: (-3 - 1)(x - 1) + (1 + 2)(y + 2) = 25$,
also Tangente: $\underline{y = \frac{4}{3}x + 5}$.

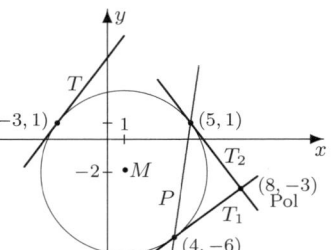

(c) $P: (8 - 1)(x - 1) + (-3 + 2)(y + 2) = 25$,
also Polare: $\underline{y = 7x - 34}$.

Die Schnittpunkte der Polaren mit dem Kreis sind
die Berührpunkte der beiden Tangenten:
$x^2 - 2x + y^2 + 4y - 20 = 0$ und $y = 7x - 34$ führt auf die quadratische Gleichung $x^2 - 9x + 20 = 0$
mit den beiden Lösungen $x_1 = 4$, $x_2 = 5$ und zugehörigen $y_1 = -6$, $y_2 = 1$.
Die beiden Berührpunkte $(4, -6)$ und $(5, 1)$ ergeben wie unter (b) oder mittels Zweipunkte-
Form die beiden Tangenten $T_1: \underline{y = \frac{3}{4}x - 9}$ und $T_2: \underline{y = -\frac{4}{3}x + \frac{23}{3}}$.

Ellipse   *(siehe auch Seite 28)*

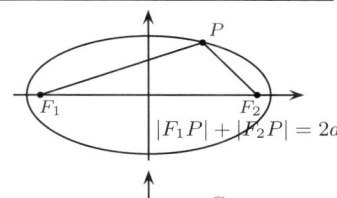

Eine Ellipse ist die Menge aller Punkte P
in einer Ebene, die von zwei gegebenen
Punkten F_1, F_2 (Brennpunkte)
eine konstante Abstandssumme $(= 2a)$ haben.

Der Abstand der Brennpunkte beträgt $2e$.

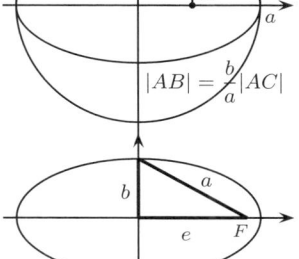

Eine Ellipse ist das orthogonal–affine Bild eines
Kreises vom Radius a. Die Ordinaten des Kreises
werden im Verhältnis $\frac{b}{a}$ gestreckt bzw. gestaucht.
Halbmesser in x-Richtung: a
Halbmesser in y-Richtung: b

Es gilt $\boxed{a^2 = e^2 + b^2}$

Scheitel der Ellipse: $(\pm a, 0)$ und $(0, \pm b)$.
Brennpunkte der Ellipse: $(-e, 0)$ und $(e, 0)$.
lineare Exzentrizität: $e = \sqrt{a^2 - b^2}$
numerische Exzentrizität: $\varepsilon = \frac{\sqrt{a^2 - b^2}}{a} = \frac{e}{a} < 1$.

Ein von einem Brennpunkt der Ellipse ausgehender
Strahl wird an der Ellipse derart reflektiert,
dass er durch den anderen Brennpunkt verläuft.
(Normale N senkrecht zur Tangente)

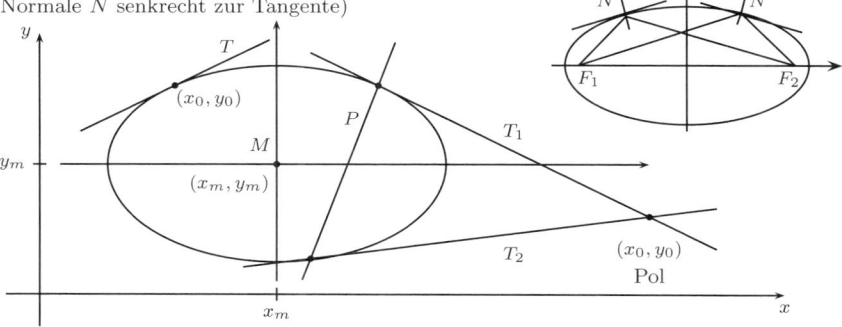

Ellipse	Ursprungsform Ellipse mit $M = (0,0)$	Verschiebungsform Ellipse mit Mittelpunkt $M = (x_m, y_m)$
Ellipsengleichung	$\dfrac{x^2}{a^2} + \dfrac{y^2}{b^2} = 1$	$\dfrac{(x-x_m)^2}{a^2} + \dfrac{(y-y_m)^2}{b^2} = 1$
Tangente $\boldsymbol{T}$	$\dfrac{x_0 x}{a^2} + \dfrac{y_0 y}{b^2} = 1$	$\dfrac{(x_0-x_m)(x-x_m)}{a^2} + \dfrac{(y_0-y_m)(y-y_m)}{b^2} = 1$
Polare $\boldsymbol{P}$	$\dfrac{x_0 x}{a^2} + \dfrac{y_0 y}{b^2} = 1$	$\dfrac{(x_0-x_m)(x-x_m)}{a^2} + \dfrac{(y_0-y_m)(y-y_m)}{b^2} = 1$

Tangente $\boldsymbol{T}$ durch einen Punkt (x_0, y_0), der auf der Ellipse liegt,
Polare $\boldsymbol{P}$ von einem Pol (x_0, y_0) aus, der außerhalb der Ellipse liegt!

Hyperbel nach rechts/links geöffnet   (*siehe auch Seite 29*)

Eine Hyperbel ist die Menge aller Punkte P in einer Ebene,
die zu zwei gegebenen Punkten F_1, F_2 (Brennpunkte)
eine konstante Abstandsdifferenz ($= 2a$) haben:
$||PF_1| - |PF_2|| = 2a$.

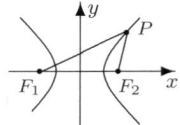

Der Abstand der Brennpunkte beträgt $2e$.

Es gilt $\boxed{e^2 = a^2 + b^2}$

Scheitel der Hyperbel: $(\pm a, 0)$.
lineare Exzentrizität: $e = \sqrt{a^2 + b^2}$
numerische Exzentrizität: $\varepsilon = \frac{\sqrt{a^2 + b^2}}{a} > 1$.

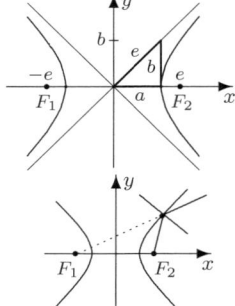

Ein von F_2 ausgehender Strahl wird an der Hyperbel
derart reflektiert, dass der rückwärts verlängerte
reflektierte Strahl durch F_1 verläuft.

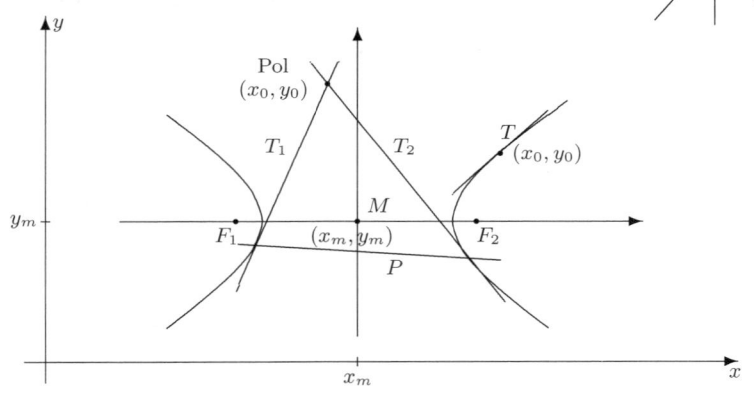

Hyperbel nach rechts/links geöffnet	Ursprungsform Hyperbel mit $M = (0,0)$	Verschiebungsform Hyperbel mit Mittelpunkt $M = (x_m, y_m)$
Hyperbelgleichung	$\frac{x^2}{a^2} - \frac{y^2}{b^2} = 1$	$\frac{(x-x_m)^2}{a^2} - \frac{(y-y_m)^2}{b^2} = 1$
Tangente T	$\frac{x_0 x}{a^2} - \frac{y_0 y}{b^2} = 1$	$\frac{(x_0-x_m)(x-x_m)}{a^2} - \frac{(y_0-y_m)(y-y_m)}{b^2} = 1$
Polare P	$\frac{x_0 x}{a^2} - \frac{y_0 y}{b^2} = 1$	$\frac{(x_0-x_m)(x-x_m)}{a^2} - \frac{(y_0-y_m)(y-y_m)}{b^2} = 1$
Asymptoten	$y = \pm \frac{b}{a} x$	$y - y_m = \pm \frac{b}{a}(x - x_m)$

Tangente T durch einen Punkt (x_0, y_0), der auf der Hyperbel liegt,
Polare P von einem Pol (x_0, y_0) aus, der zwischen den Hyperbelästen liegt!

Hyperbel nach oben/unten geöffnet   (*siehe auch Seite 29*)

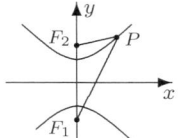

Eine Hyperbel ist die Menge aller Punkte P in einer Ebene,
die zu zwei gegebenen Punkten F_1, F_2 (Brennpunkte)
eine konstante Abstandsdifferenz ($= 2a$) haben:
$\big||PF_1| - |PF_2|\big| = 2a$.

Der Abstand der Brennpunkte beträgt $2e$.

Es gilt $\boxed{e^2 = a^2 + b^2}$

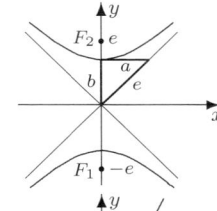

Scheitel der Hyperbel: $(0, \pm b)$.
lineare Exzentrizität: $e = \sqrt{a^2 + b^2}$
numerische Exzentrizität: $\varepsilon = \dfrac{\sqrt{a^2+b^2}}{a} > 1$.

Ein von F_2 ausgehender Strahl wird an der Hyperbel
derart reflektiert, dass der rückwärts verlängerte
reflektierte Strahl durch F_1 verläuft.

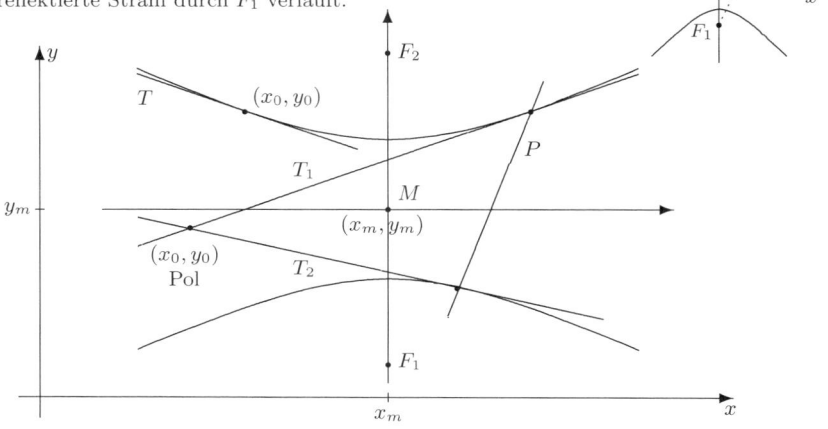

Hyperbel nach oben/unten geöffnet	Ursprungsform Hyperbel mit $M = (0,0)$	Verschiebungsform Hyperbel mit Mittelpunkt $M = (x_m, y_m)$
Hyperbelgleichung	$-\dfrac{x^2}{a^2} + \dfrac{y^2}{b^2} = 1$	$-\dfrac{(x-x_m)^2}{a^2} + \dfrac{(y-y_m)^2}{b^2} = 1$
Tangente $\boldsymbol{T}$	$-\dfrac{x_0 x}{a^2} + \dfrac{y_0 y}{b^2} = 1$	$-\dfrac{(x_0-x_m)(x-x_m)}{a^2} + \dfrac{(y_0-y_m)(y-y_m)}{b^2} = 1$
Polare $\boldsymbol{P}$	$-\dfrac{x_0 x}{a^2} + \dfrac{y_0 y}{b^2} = 1$	$-\dfrac{(x_0-x_m)(x-x_m)}{a^2} + \dfrac{(y_0-y_m)(y-y_m)}{b^2} = 1$
Asymptoten	$y = \pm\dfrac{b}{a}x$	$y - y_m = \pm\dfrac{b}{a}(x - x_m)$

Tangente $\boldsymbol{T}$ durch einen Punkt (x_0, y_0), der auf der Hyperbel liegt,
Polare $\boldsymbol{P}$ von einem Pol (x_0, y_0) aus, der zwischen den Hyperbelästen liegt!

Parabel nach oben/unten geöffnet   (*siehe auch Seite 30*)

Eine Parabel ist die Menge aller Punkte P
in einer Ebene,
die zu einer gegebenen Geraden L (Leitlinie)
und einem im Abstand $p > 0$ (Halbparameter)
zu ihr liegenden Punkt F (Brennpunkt)
gleichen Abstand haben.

Zur Symmetrieachse parallele Strahlen
werden an der Parabel derart reflektiert,
dass sie durch den Brennpunkt F verlaufen.

Parabel nach oben geöffnet	Ursprungsform Parabel mit $S = (0,0)$	Verschiebungsform Parabel mit Scheitelpunkt $S = (x_s, y_s)$
Parabelgleichung	$x^2 \;=\; 2py$	$(x - x_s)^2 \;=\; 2p(y - y_s)$
Tangente $\boldsymbol{T}$	$x_0 x - py \;=\; py_0$	$(x_0 - x_s)(x - x_s) - p(y - y_s) \;=\; p(y_0 - y_s)$
Polare $\boldsymbol{P}$	$x_0 x - py \;=\; py_0$	$(x_0 - x_s)(x - x_s) - p(y - y_s) \;=\; p(y_0 - y_s)$
Brennpunkt $\boldsymbol{F}$	$F = (0, \tfrac{1}{2}p)$	$F = (x_s, \tfrac{1}{2}p + y_s)$

Tangente $\boldsymbol{T}$ durch einen Punkt (x_0, y_0), der auf der Parabel liegt,
Polare $\boldsymbol{P}$ von einem Pol (x_0, y_0) aus, der außerhalb der Parabel liegt!

Die entsprechenden Formeln einer nach **unten geöffneten Parabel** erhält man, indem man
p durch $-p$ ersetzt!

Parabel nach rechts/links geöffnet   (*siehe auch Seite 30*)

Eine Parabel ist die Menge aller Punkte P
in einer Ebene,
die zu einer gegebenen Geraden L (Leitlinie)
und einem im Abstand $p > 0$ (Halbparameter)
zu ihr liegenden Punkt F (Brennpunkt)
gleichen Abstand haben.

p ist die Ordinate im Brennpunkt.

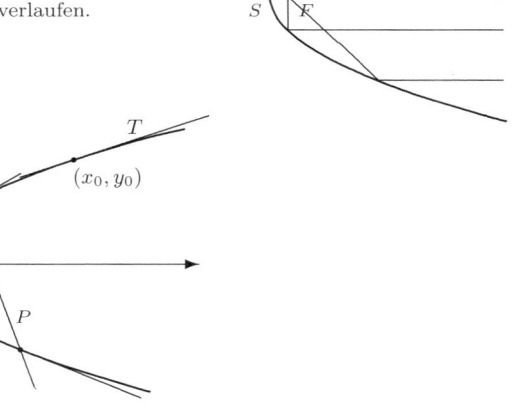

Zur Symmetrieachse parallele Strahlen
werden an der Parabel derart reflektiert,
dass sie durch den Brennpunkt F verlaufen.

Parabel nach rechts geöffnet	Ursprungsform Parabel mit $S = (0,0)$	Verschiebungsform Parabel mit Scheitelpunkt $S = (x_s, y_s)$
Parabelgleichung	$y^2 = 2px$	$(y - y_s)^2 = 2p(x - x_s)$
Tangente $\boldsymbol{T}$	$-px + y_0 y = p x_0$	$-p(x - x_s) + (y_0 - y_s)(y - y_s) = p(x_0 - x_s)$
Polare $\boldsymbol{P}$	$-px + y_0 y = p x_0$	$-p(x - x_s) + (y_0 - y_s)(y - y_s) = p(x_0 - x_s)$
Brennpunkt $\boldsymbol{F}$	$F = (\tfrac{1}{2}p, 0)$	$F = (\tfrac{1}{2}p + x_s, y_s)$

Tangente $\boldsymbol{T}$ durch einen Punkt (x_0, y_0), der auf der Parabel liegt,
Polare $\boldsymbol{P}$ von einem Pol (x_0, y_0) aus, der außerhalb der Parabel liegt!

Die entsprechenden Formeln einer nach **links geöffneten Parabel** erhält man, indem man
p durch $-p$ ersetzt!

Ellipse   Eine Ellipse ist die Menge aller Punkte, für die die Summe der Abstände von zwei festen Punkten (Brennpunkten F_1, F_2) konstant ($= 2a$) ist.

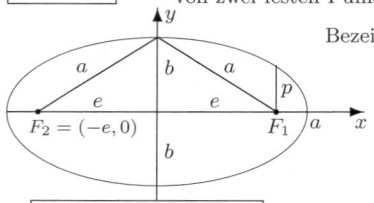

Bezeichnungen: a große Halbachse ($a \geq b$)
              b kleine Halbachse

$e = \sqrt{a^2 - b^2} = \varepsilon a$ $\left(\begin{array}{l}\text{lineare} \\ \text{Exzentrizität}\end{array}\right)$

$F_{1,2} = (\pm e, 0)$ Brennpunkte

$p = \dfrac{b^2}{a}$ Halbparameter $\left(\begin{array}{l}\text{Ordinate im} \\ \text{Brennpunkt}\end{array}\right)$

$\varepsilon = \dfrac{\sqrt{a^2 - b^2}}{a} = \dfrac{e}{a} < 1$ $\left(\begin{array}{l}\text{numerische} \\ \text{Exzentrizität}\end{array}\right)$

Ellipse $\dfrac{x^2}{a^2} + \dfrac{y^2}{b^2} = 1$

Darstellungen der Ellipse (Mittelpunkt im Ursprung O)

  kartesische Darstellung: $\dfrac{x^2}{a^2} + \dfrac{y^2}{b^2} = 1$

  Parameterdarstellung: $\vec{x}(t) = \begin{pmatrix} a\cos t \\ b\sin t \end{pmatrix}$, $0 \leq t \leq 2\pi$

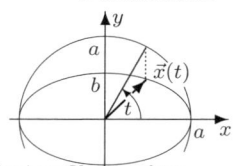

Parameter t ist der Winkel des zugehörigen Kreispunktes.

  polare Darstellungen:

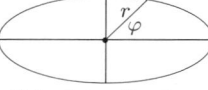 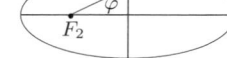 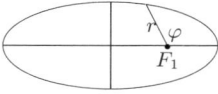

Polarkoordinaten	**Pol im linken Brennpunkt**	**Pol im rechten Brennpunkt**
$r = \dfrac{b}{\sqrt{1 - \varepsilon^2 \cos^2 \varphi}}$	$r = \dfrac{p}{1 - \varepsilon \cos \varphi}$	$r = \dfrac{p}{1 + \varepsilon \cos \varphi}$

Flächen

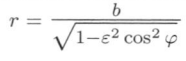 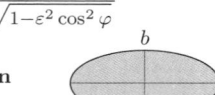 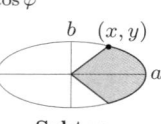 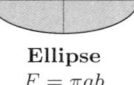

Ellipse	**Sektor**	**Abschnitt**
$F = \pi ab$	$F = ab \arccos \dfrac{x}{a}$	$F = ab \arccos \dfrac{x}{a} - xy$

Umfang $U \approx \pi(3\dfrac{a+b}{2} - \sqrt{ab})$, $U = 4a \displaystyle\int_0^{\pi/2} \sqrt{1 - \varepsilon^2 \sin^2 t}\, dt = 4a E(\varepsilon, \dfrac{\pi}{2})$ $\begin{array}{l}\text{ellipt. Integral} \\ \text{2. Art, S. 124.}\end{array}$

Tangente, Normale

$T: \dfrac{xx_0}{a^2} + \dfrac{yy_0}{b^2} = 1$

Die Gerade $Ax + By = C$ ist Tangente an die Ellipse
$\iff A^2 a^2 + B^2 b^2 = C^2$

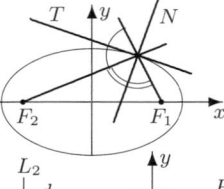

Normale N bzw. Tangente T ist Winkelhalbierende des inneren bzw. äußeren Winkels zwischen den Brennpunkt–Radiusvektoren des Berührpunktes.

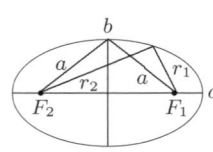 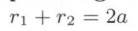 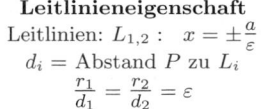 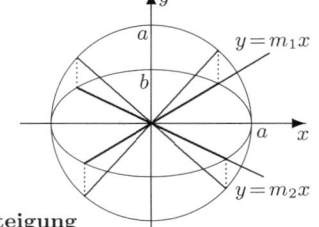

Brennpunkteigenschaft
$r_1 + r_2 = 2a$

Leitlinieneigenschaft
Leitlinien: $L_{1,2}: \quad x = \pm\dfrac{a}{\varepsilon}$
$d_i = $ Abstand P zu L_i
$\dfrac{r_1}{d_1} = \dfrac{r_2}{d_2} = \varepsilon$

Steigung konjugierter Durchmesser
$m_1 \cdot m_2 = -\dfrac{b^2}{a^2}$

| **Hyperbel** | Eine Hyperbel ist die Menge aller Punkte, für die die Differenz der Abstände von zwei festen Punkten (Brennpunkten F_1, F_2) konstant ($= 2a$) ist. |

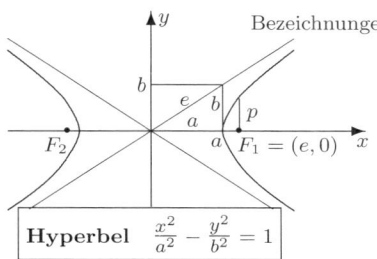

Bezeichnungen:

$S_{1,2} = (\pm a, 0)$ Scheitelpunkte

$e = \sqrt{a^2 + b^2} = \varepsilon a$ lineare Exzentrizität

$F_{1,2} = (\pm e, 0)$ Brennpunkte

$p = \dfrac{b^2}{a}$ Halbparameter $\left(\begin{array}{c}\text{Ordinate im}\\\text{Brennpunkt}\end{array}\right)$

$\varepsilon = \dfrac{\sqrt{a^2+b^2}}{a} = \dfrac{e}{a} > 1$ numerische Exzentrizität

$y = \pm\dfrac{b}{a}x$ Asymptoten

Hyperbel $\dfrac{x^2}{a^2} - \dfrac{y^2}{b^2} = 1$

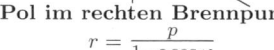

Parameter $t : |t| = \dfrac{F}{ab}$

F ist die skizzierte Fläche.

Darstellungen der Hyperbel (Mittelpunkt im Ursprung)

kartesische Darstellung: $\dfrac{x^2}{a^2} - \dfrac{y^2}{b^2} = 1$

Parameterdarstellung: (nur der rechte Ast) $\vec{x}(t) = \begin{pmatrix} a\cosh t \\ b\sinh t \end{pmatrix}, \quad -\infty < t < \infty$

polare Darstellungen:

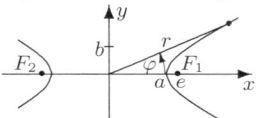

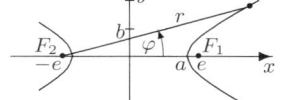

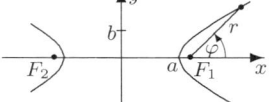

Polarkoordinaten

$r = \dfrac{b}{\sqrt{\varepsilon^2 \cos^2 \varphi - 1}}$

Pol im linken Brennpunkt

$r = \dfrac{p}{\varepsilon \cos \varphi - 1}$

Pol im rechten Brennpunkt

$r = \dfrac{p}{1 - \varepsilon \cos \varphi}$

Flächen

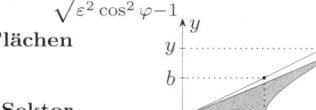

Sektor

$F = ab \operatorname{arcosh} \dfrac{x}{a}$

Abschnitt

$F = xy - ab \operatorname{arcosh} \dfrac{x}{a}$

$\quad = xy - ab \ln(\dfrac{x}{a} + \dfrac{y}{b})$

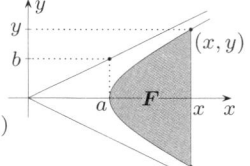

Tangente, Normale

$T : \quad \dfrac{xx_0}{a^2} - \dfrac{yy_0}{b^2} = 1$

Die Gerade

$\quad Ax + By = C$

ist Tangente an die Hyperbel

$\Longleftrightarrow \quad A^2 a^2 - B^2 b^2 = C^2$

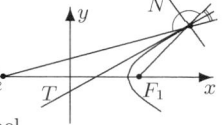

Tangente bzw. Normale ist Winkelhalbierende des inneren bzw. äußeren Winkels zwischen den Brennpunkt–Radiusvektoren des Berührungspunktes.

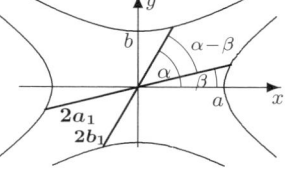

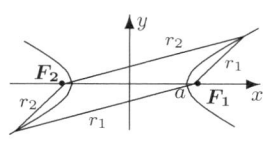

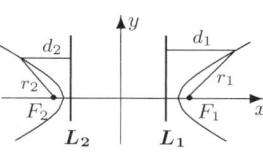

konjugierte Hyperbeln

$\dfrac{x^2}{a^2} - \dfrac{y^2}{b^2} = \pm 1$

Steigung konjug. Durchmesser:

$m_1 \cdot m_2 = \dfrac{b^2}{a^2}$

Leitlinieneigenschaft

Leitlinien $L_{1,2} : \quad x = \pm\dfrac{a}{\varepsilon}$

$(d_i = \text{Abstand } P \text{ zu } L_i)$

$\dfrac{r_1}{d_1} = \dfrac{r_2}{d_2} = \varepsilon$

$a_1^2 - b_1^2 = a^2 - b^2, \quad ab = a_1 b_1 \sin(\alpha - \beta)$

Brennpunkteigenschaft

linker Ast: $\quad r_1 - r_2 = 2a$

rechter Ast: $\quad r_2 - r_1 = 2a$

Parabel

Eine Parabel ist die Menge aller Punkte $P = (x,y)$, die von einem festen Punkt (Brennpunkt $F = (\frac{p}{2},0)$) und einer festen Geraden (Leitlinie $L: \ x = -\frac{p}{2}$) gleichen Abstand $(= x + \frac{p}{2})$ haben.

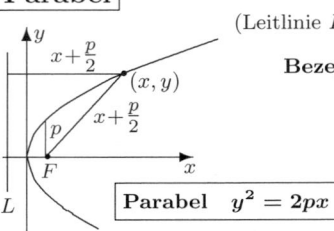

Bezeichnungen: $S = (0,0)$ Scheitelpunkt
$F = (\frac{p}{2}, 0)$ Brennpunkt

p Halbparameter $\begin{pmatrix} \text{Ordinate im Brennpunkt} \\ \text{Entfernung} \\ \text{Brennpunkt zur Leitlinie} \end{pmatrix}$

$\varepsilon = 1$ numerische Exzentrizität

Parabel $y^2 = 2px$

Darstellungen der Parabel (Scheitelpunkt im Ursprung, nach rechts geöffnet)

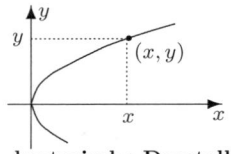

kartesische Darstellung
$$y^2 = 2px$$

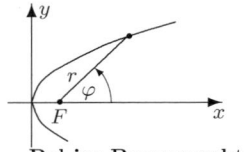

Pol im Brennpunkt
$$r = \frac{p}{1-\cos\varphi}$$

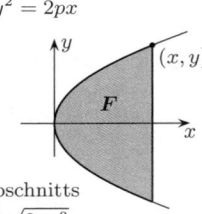

Fläche F
des Parabelabschnitts
$$F = \tfrac{4}{3}xy = \tfrac{4}{3}\sqrt{2px^3}$$

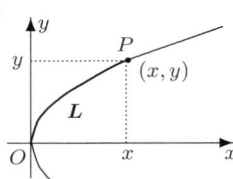

Länge L
des Parabelbogens OP
$$L = \frac{p}{2}\left(\sqrt{\frac{2x}{p}\left(1+\frac{2x}{p}\right)} + \ln\left(\sqrt{\frac{2x}{p}} + \sqrt{1+\frac{2x}{p}}\right)\right)$$
$$= \sqrt{x\left(x+\frac{p}{2}\right)} + \frac{p}{2}\operatorname{arsinh}\sqrt{\frac{2x}{p}}$$

Tangente T, Normale N

$T: \quad yy_0 = p(x + x_0)$

Die Gerade $y = mx + n$
ist Tangente an die Parabel
$\iff \quad p = 2mn$

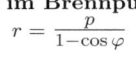

Tangente $\boldsymbol{T}$ und Normale $\boldsymbol{N}$ im Parabelpunkt $\boldsymbol{P = (x_0, y_0)}$ sind Winkelhalbierende der Winkel zwischen dem Brennpunktradiusvektor und der Geraden $\boldsymbol{y = y_0}$.

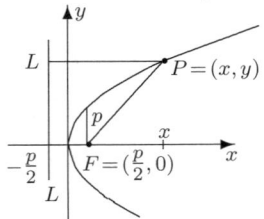

Leitlinieneigenschaft
Leitlinie $L: \ x = -\frac{p}{2}$
Abstand P zu L $=$ Abstand P zu F

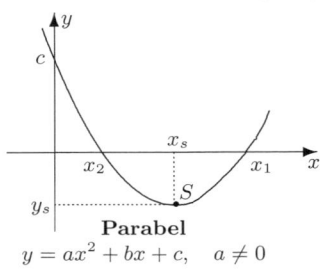

Parabel
$$y = ax^2 + bx + c, \quad a \neq 0$$

Scheitel $S = (x_s, y_s) = (\frac{-b}{2a}, \frac{4ac-b^2}{4a})$

$p = \dfrac{1}{2|a|}$ und $x_s = \dfrac{x_1 + x_2}{2}$

Nullstellen $x_{1,2} = \dfrac{-b \pm \sqrt{b^2 - 4ac}}{2a}$

2.4 Die 5 regulären Polyeder (Platonische Körper)

Platonische Körper werden durch kongruente regelmäßige Vielecke begrenzt so, dass in jedem Eckpunkt dieselbe Kantenzahl auftritt. Es gibt nur **5 Platonische Körper**:

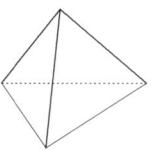 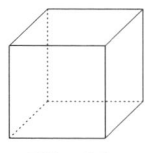 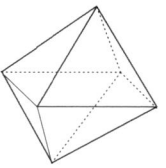 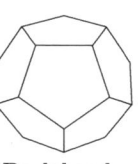 

| Tetraeder | Würfel | Oktaeder | Dodekaeder | Ikosaeder |

Elemente der 5 regulären Polyeder (a = Kantenlänge)

		Tetraeder	Würfel	Oktaeder	Dodekaeder	Ikosaeder
Anzahl/Form Seitenflächen		4 Dreiecke	6 Quadrate	8 Dreiecke	12 Fünfecke	20 Dreiecke
Anzahl	Ecken e	4	8	6	20	12
	Kanten k	6	12	12	30	30
	Flächen f	4	6	8	12	20
Oberfläche F		$\sqrt{3}\,a^2$	$6a^2$	$2\sqrt{3}\,a^2$	$3\sqrt{5(5+2\sqrt{5})}\,a^2$	$5\sqrt{3}\,a^2$
Volumen V		$\frac{\sqrt{2}}{12}a^3$	a^3	$\frac{\sqrt{2}}{3}a^3$	$\frac{15+7\sqrt{5}}{4}a^3$	$\frac{5(3+\sqrt{5})}{12}a^3$
Radius	einbe– schriebene Kugel r_i	$\frac{\sqrt{6}}{12}a$	$\frac{1}{2}a$	$\frac{\sqrt{6}}{6}a$	$\frac{\sqrt{10+22\sqrt{0.2}}}{4}a$	$\frac{\sqrt{3}(3+\sqrt{5})}{12}a$
	umbe– schriebene Kugel r_u	$\frac{\sqrt{6}}{4}a$	$\frac{\sqrt{3}}{2}a$	$\frac{\sqrt{2}}{2}a$	$\frac{\sqrt{3}(1+\sqrt{5})}{4}a$	$\frac{\sqrt{2(5+\sqrt{5})}}{4}a$

Eulerscher Polyedersatz

Ist e die Anzahl der **E**cken, k die Anzahl der **K**anten und f die Anzahl der **F**lächen eines konvexen Polyeders (oder eines Polyeders, das sich durch stetige Deformation in ein konvexes Polyeder überführen lässt), so ist $\boxed{e - k + f = 2}$

Verbindet man die Flächenmittelpunkte eines
Würfels , so erhält man ein Oktaeder
Dodekaeders , so erhält man ein Ikosaeder
Tetraeders , so erhält man ein Tetraeder

und umgekehrt (vgl. oben: Ecken ◄· · · · · ► Flächen).

Würfel und Oktaeder sind dual, ebenso Dodekaeder und Ikosaeder.
Tetraeder sind selbstdual.

Faltpläne

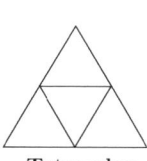 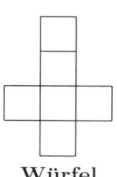 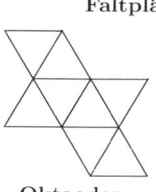 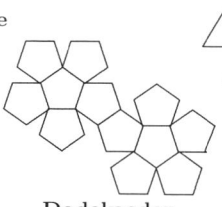 

| Tetraeder | Würfel | Oktaeder | Dodekaeder | Ikosaeder |

2.5 Körper

Satz von Cavalieri

Körper, deren Querschnittsflächen in jeweils gleicher Höhe den gleichen Flächeninhalt besitzen, haben das gleiche Volumen und die gleiche Schwerpunkthöhe.

Bezeichnungen: Volumen V, Oberfläche F, Mantelfläche M,
Grundfläche G, Höhe h, Radius r, Mantellinie s

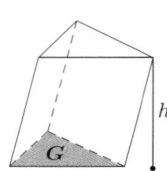 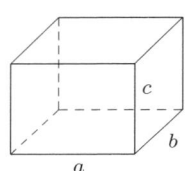 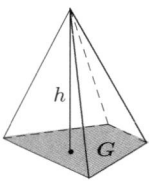 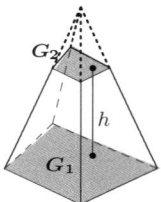

	Prisma	**Quader**	**Pyramide**	**Pyramidenstumpf**
V	$G \cdot h$	$a \cdot b \cdot c$	$\frac{1}{3}\, G \cdot h$	$\frac{h}{3}(G_1 + \sqrt{G_1 G_2} + G_2)$
F	$2G + M$	$2(ab + ac + bc)$	$G + M$	$G_1 + G_2 + M$

(Ein allgemeines Prisma wird von 2 kongruenten n-Ecken, die in parallelen Ebenen liegen, und von n Parallelogrammen begrenzt.)

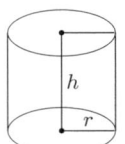 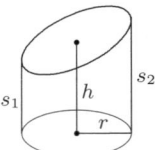 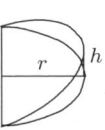 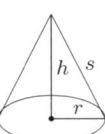 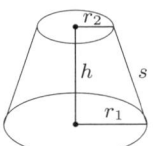

	gerader **Kreiszylinder**	schiefabgeschn. **Kreiszylinder**	**Zylinderhuf**	gerader **Kreiskegel**	gerader **Kreiskegelstumpf**
V	$\pi r^2 h$	$\pi r^2 h = \frac{\pi}{2}r^2(s_1 + s_2)$	$\frac{2}{3}r^2 h$	$\frac{1}{3}\pi r^2 h$	$\frac{1}{3}\pi h(r_1^2 + r_1 r_2 + r_2^2)$
F	$2\pi r(r + h)$	(*)	(**)	$\pi r(r + s)$	$\pi(r_1^2 + r_2^2 + s(r_1 + r_2))$
M	$2\pi r h$	$\pi r(s_1 + s_2)$	$2rh$	$\pi r s$	$\pi s(r_1 + r_2)$
s				$\sqrt{r^2 + h^2}$	$\sqrt{h^2 + (r_1 - r_2)^2}$

(*) $\pi r\left(s_1 + s_2 + r + \sqrt{r^2 + (\frac{s_1 - s_2}{2})^2}\right)$ (**) $2rh + \frac{\pi}{2}r(r + \sqrt{r^2 + h^2})$

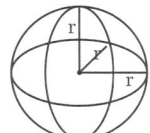 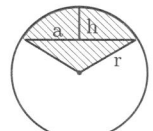 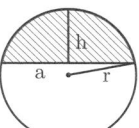 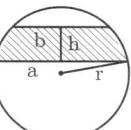

	Kugel	Kugelausschnitt	Kugelabschnitt	Kugelschicht
V	$\frac{4}{3}\pi r^3$	$\frac{2}{3}\pi r^2 h$	$\frac{1}{3}\pi h^2(3r-h)$ $\frac{1}{6}\pi h(3a^2+h^2)$	$\frac{1}{6}\pi h(3a^2+3b^2+h^2)$
F	$4\pi r^2$	$\pi r(2h+a)$	$\pi(4rh-h^2)$ $\pi(2rh+a^2)$	$\pi(2rh+a^2+b^2)$
M			$2\pi rh$ $\pi(h^2+a^2)$	$2\pi rh$

Spat (Parallelepiped)   ist ein Prisma, dessen Grundflächen Parallelogramme sind.

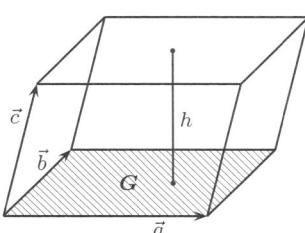

$$V = Gh$$
$$V = |\langle \vec{a}, \vec{b}, \vec{c}\rangle|$$ (Spatprodukt siehe Seite 53)
$$G = |\vec{a} \times \vec{b}|$$ (Vektorprodukt siehe Seite 52)

Tetraeder   ist eine dreiseitige Pyramide.

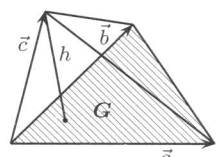

$$V = \tfrac{1}{3}Gh$$
$$V = \tfrac{1}{6}|\langle \vec{a}, \vec{b}, \vec{c}\rangle|$$ (Spatprodukt siehe Seite 53)
$$G = \tfrac{1}{2}|\vec{a} \times \vec{b}|$$ (Vektorprodukt siehe Seite 52)

Torus   ist der **Rotationskörper**, der bei Rotation eines Kreises um eine in der Kreisebene außerhalb des Kreises liegende Achse entsteht.

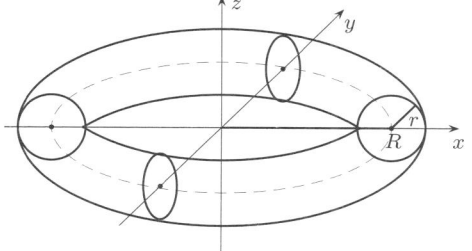

R Radius des großen Kreises
r Radius des kleinen Kreises

Oberfläche $F = 4\pi^2 Rr = (2\pi R)(2\pi r)$
Volumen $V = 2\pi^2 Rr^2 = (2\pi R)(\pi r^2)$

(siehe **Guldinsche Regel**, Seite 152)

2.6   Flächen zweiter Ordnung

gerader Kreiskegel

Volumen	$V = \frac{1}{3}\pi r^2 h$
Mantelfläche	$F_M = \pi r s$
Oberfläche	$F = \pi r(r + s)$
Mantellinie	$s = \sqrt{r^2 + h^2}$
Öffnungswinkel	$\alpha = 2\arctan\frac{r}{h}$

Schwerpunkt S   auf der Symmetrieachse im Abstand $\frac{h}{4}$ von der Grundfläche

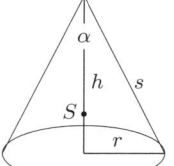

gerader Kreiszylinder

Volumen	$V = \pi r^2 h$
Mantelfläche	$F_M = 2\pi r h$
Oberfläche	$F = 2\pi r(h + r)$

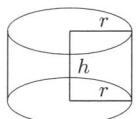

Kugel

$$x^2 + y^2 + z^2 = r^2$$

$$V = \frac{4}{3}\pi r^3$$

$$F = 4\pi r^2$$

Ellipsoid

$$\frac{x^2}{a^2} + \frac{y^2}{b^2} + \frac{z^2}{c^2} = 1$$

$$V = \frac{4}{3}\pi abc$$

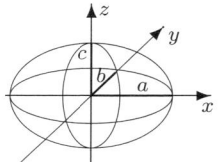

Paraboloid

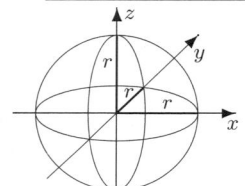

elliptisches Paraboloid

$$z = \frac{x^2}{a^2} + \frac{y^2}{b^2}$$

$$V = \frac{1}{2}\pi abh^2$$

Rotationsparaboloid $(a = b)$

$$z = \frac{x^2}{a^2} + \frac{y^2}{a^2}$$

$$V = \frac{1}{2}\pi a^2 h^2$$

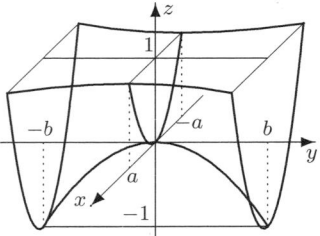

hyperbolisches Paraboloid
Sattelfläche

$$z = \frac{x^2}{a^2} - \frac{y^2}{b^2}$$

Hyperboloid

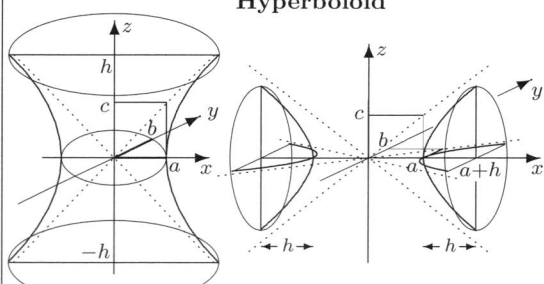

einschalig

$$\frac{x^2}{a^2} + \frac{y^2}{b^2} - \frac{z^2}{c^2} = 1$$

Volumen $(-h \le z \le h)$

$$V = \frac{2\pi}{3}\frac{abh}{c^2}(3c^2 + h^2)$$

zweischalig

$$\frac{x^2}{a^2} - \frac{y^2}{b^2} - \frac{z^2}{c^2} = 1$$

Volumen $(a \le x \le a + h)$

$$V = \frac{\pi}{3}\frac{bch^2}{a^2}(3a + h)$$

Mantelflächen von Rotationskörpern

Rotationsellipsoid $\dfrac{x^2}{a^2} + \dfrac{y^2}{a^2} + \dfrac{z^2}{c^2} = 1$

$$F_M = 2\pi a\left(a + \frac{c^2}{\sqrt{a^2-c^2}}\arcsin\frac{\sqrt{a^2-c^2}}{c}\right) \quad \text{für } a > c$$

$$F_M = 2\pi a\left(a + \frac{c^2}{\sqrt{c^2-a^2}}\operatorname{arsinh}\frac{\sqrt{c^2-a^2}}{c}\right) \quad \text{für } a < c$$

Rotationparaboloid $z = \dfrac{x^2}{a^2} + \dfrac{y^2}{a^2}$, $0 \le z \le h$

$$F_M = \frac{4\pi a}{3}\left(\left(h + \frac{a^2}{4}\right)^{3/2} - \frac{a^3}{8}\right)$$

2.7   Klassifizierung der Kurven und Flächen zweiter Ordnung nach ihren Invarianten

Invarianten der allgemeinen Gleichung der **Kurven zweiter Ordnung**:

$$ax^2 + by^2 + 2cxy + 2dx + 2ey + f = 0$$

$$\Delta = \begin{vmatrix} a & c & d \\ c & b & e \\ d & e & f \end{vmatrix}, \qquad \delta = \begin{vmatrix} a & c \\ c & b \end{vmatrix} = ab - c^2, \qquad \begin{aligned} S &= a + b \\ T &= d^2 - af \end{aligned}$$

Diese vier Größen heißen **Invarianten** der Kurve, weil sie sich bei Verschiebung oder Drehung des Koordinatensystems nicht ändern.

Kurven zweiter Ordnung (Kegelschnitte)

$\boxed{\delta \neq 0}$ **Mittelpunktskurven**

δ	Δ	Kegelschnitt	Normalform
$\delta > 0$	$\Delta \neq 0$	**Ellipse** $\Delta \cdot S < 0$ reell $\Delta \cdot S > 0$ imaginär	$Ax^2 + By^2 + \dfrac{\Delta}{\delta} = 0$ dabei sind
	$\Delta = 0$	Imaginäres Geradenpaar mit reellem Schnittpunkt	A, B Lösungen (Eigenwerte) der charakteristischen Gleichung
$\delta < 0$	$\Delta \neq 0$	**Hyperbel**	$u^2 - Su + \delta = 0$
	$\Delta = 0$	Zwei sich schneidende Geraden	der symmetr. Matrix $\begin{pmatrix} a & c \\ c & b \end{pmatrix}$.

$\boxed{\delta = 0}$ **Parabolische Kurven**

$\delta = 0$	$\Delta \neq 0$	**Parabel**	$y^2 = 2px, \;\; p = \dfrac{ae - cd}{S\sqrt{a^2 + c^2}}$
	$\Delta = 0$	Geradenpaar $\begin{cases} T > 0 & \text{parallele Geraden} \\ T = 0 & \text{Doppelgerade} \\ T < 0 & \text{Imaginäre Geraden} \end{cases}$	

Invarianten der allgemeinen Gleichung der **Flächen zweiter Ordnung**:

$$ax^2 + by^2 + cz^2 + 2dxy + 2exz + 2fyz + 2gx + 2hy + 2kz + l = 0$$

$$\Delta = \begin{vmatrix} a & d & e & g \\ d & b & f & h \\ e & f & c & k \\ g & h & k & l \end{vmatrix}, \quad \delta = \begin{vmatrix} a & d & e \\ d & b & f \\ e & f & c \end{vmatrix}, \quad \begin{aligned} S &= a + b + c \\ T &= d^2 + e^2 + f^2 - ab - ac - bc \end{aligned}$$

Flächen zweiter Ordnung (Quadriken)

$\boxed{\delta \neq 0}$ **Mittelpunktsflächen**

	$S\delta > 0$ und $T < 0$	$S\delta < 0$ oder $T > 0$
$\Delta > 0$	Imaginäres Ellipsoid $\dfrac{x^2}{A^2} + \dfrac{y^2}{B^2} + \dfrac{z^2}{C^2} = -1$	**einschaliges Hyperboloid** $\dfrac{x^2}{A^2} + \dfrac{y^2}{B^2} - \dfrac{z^2}{C^2} = 1$
$\Delta = 0$	Imaginärer Kegel mit reeller Spitze $\dfrac{x^2}{A^2} + \dfrac{y^2}{B^2} + \dfrac{z^2}{C^2} = 0$	Doppelkegel $\dfrac{x^2}{A^2} + \dfrac{y^2}{B^2} - \dfrac{z^2}{C^2} = 0$
$\Delta < 0$	**Ellipsoid** $\dfrac{x^2}{A^2} + \dfrac{y^2}{B^2} + \dfrac{z^2}{C^2} = 1$	**zweischaliges Hyperboloid** $\dfrac{x^2}{A^2} + \dfrac{y^2}{B^2} - \dfrac{z^2}{C^2} = -1$

$\boxed{\delta = 0}$ **Paraboloide, Zylinder, Ebenenpaare**

	$\Delta < 0$ $(T < 0)$	$\Delta > 0$ $(T > 0)$
$\Delta \neq 0$	**Elliptisches Paraboloid** $\dfrac{x^2}{A^2} + \dfrac{y^2}{B^2} = \pm z$	**Hyperbolisches Paraboloid** $\dfrac{x^2}{A^2} - \dfrac{y^2}{B^2} = \pm z$
$\Delta = 0$	$\begin{cases} T > 0 \\ T = 0 \\ T < 0 \end{cases}$	hyperbolischer Zylinder parabolischer Zylinder reeller oder imaginärer elliptischer Zylinder

Dies gilt nur, falls die Fläche nicht in zwei reelle oder imaginäre Ebenen zerfällt!
Die Fläche zweiter Ordnung zerfällt genau dann, wenn gilt:

$$\begin{vmatrix} b & f & h \\ f & c & k \\ h & k & l \end{vmatrix} + \begin{vmatrix} a & e & g \\ e & c & k \\ g & k & l \end{vmatrix} + \begin{vmatrix} a & d & g \\ d & b & h \\ g & h & l \end{vmatrix} = 0$$

2.8 Hauptachsentransformation

Gleichung der Fläche: $\boxed{ax^2+by^2+cz^2+2dxy+2exz+2fyz+2gx+2hy+2kz+l = 0}$

$$\vec{x} = \begin{pmatrix} x \\ y \\ z \end{pmatrix}, \ \ \vec{x}^{\top} = (x,y,z), \ \ M = \begin{pmatrix} a & d & e \\ d & b & f \\ e & f & c \end{pmatrix}, \ \ \vec{m} = \begin{pmatrix} g \\ h \\ k \end{pmatrix}, \ \ \vec{m}^{\top} = (g,h,k), \ \ m = l$$

Gleichung der Fläche in **Matrizenschreibweise**: $\boxed{\vec{x}^{\top} M \vec{x} + 2\vec{m}^{\top} \vec{x} + m = 0}$

Analog für den Kegelschnitt $\boxed{ax^2 + by^2 + 2cxy + 2dx + 2ey + f = 0}$

> $\vec{s}$ heißt **Symmetriepunkt** der Kurve/Fläche, wenn $M\vec{s} = -\vec{m}$ ist.
> Hat das LGS $M\vec{s} = -\vec{m}$ genau eine Lösung ($\iff \delta = |M| \neq 0$), so heißt der Symmetriepunkt **Mittelpunkt** und die Kurve/Fläche heißt **Mittelpunktskurve/Fläche**.

$$\boxed{\text{Kurve/Fläche:} \quad \vec{x}^{\top} M \vec{x} + 2\vec{m}^{\top} \vec{x} + m = 0}$$

$\boxed{A}$ **mit Symmetriepunkt $\vec{s}$** $\boxed{B}$ **ohne Symmetriepunkt**

$\boxed{1}$ **Verschiebung** des Koordinatensystems
zur Beseitigung der linearen Glieder
$\boxed{\vec{x} = \vec{r} + \vec{s}}$ führt auf
$\vec{r}^{\top} M \vec{r} + g = 0 \quad \text{mit} \quad g = \vec{m}^{\top} \vec{s} + m$

Hauptachsentransformation
Diagonalisierung der symmetrischen zwei/dreireihigen Matrix M : $A^{\top} M A = D$

(1) Die symmetrische Matrix M hat zwei/drei reelle **Eigenwerte**: $\lambda_1, \lambda_2, \lambda_3$, $\lambda_1 \neq 0$.

(2) Aus zugehörigen **Eigenvektoren** bilde man eine **Drehmatrix** $A = (\vec{a}_1, \vec{a}_2, \vec{a}_3)$.
(Achtung: Ist $\lambda_{2,3} = 0$, so wähle man $\vec{a}_2$ senkrecht zu $\vec{m}$, also $\vec{a}_2 \cdot \vec{m} = 0$)
Drehmatrix, sowie Drehachse und Drehwinkel auf Seite 70, 71.

$\boxed{2}$ **Drehung** des Koordinatensystems
zur Beseitigung der gemischten Glieder
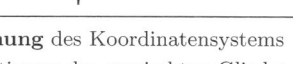
$\vec{u}^{\top} D \vec{u} + g = 0$, mit $D = \begin{pmatrix} \lambda_1 & 0 & 0 \\ 0 & \lambda_2 & 0 \\ 0 & 0 & \lambda_3 \end{pmatrix}$

Normalform
Kurve: $\lambda_1 u^2 + \lambda_2 v^2 + g = 0$
Fläche: $\lambda_1 u^2 + \lambda_2 v^2 + \lambda_3 w^2 + g = 0$

Merke: Um die Normalform eines Kegelschnitts/Quadrik mit Symmetriepunkt zu bestimmen, benötigt man lediglich:

1.) Einen Symmetriepkt, für $g = \vec{m}^{\top} \vec{s} + m$
2.) Die Eigenwerte $\lambda_1, \lambda_2, \lambda_3$ von M.

$\boxed{1}$ **Drehung** des Koordinatensystems
zur Beseitigung der gemischten Glieder
$\boxed{\vec{x} = A\vec{r}}$
und evtl. quadratische Ergänzung führt auf:
Kurve: $\lambda_1(r - r_0)^2 + p(s - s_0) = 0$
Fläche: $\lambda_1(r - r_0)^2 + \lambda_2(s - s_0)^2 + p(t - t_0) = 0$

$\boxed{2}$ **Verschiebung** des Koordinatensystems
zur Beseitigung linearer Glieder
$\boxed{\vec{r} = \vec{u} + \vec{r}_0}$, $\ \vec{r}_0^{\top} = (r_0, s_0, t_0) \ $ führt auf

Normalform
Kurve: $\lambda_1 u^2 + pv = 0 \qquad , \ p = 2\vec{m}^{\top} \vec{a}_2$
Fläche: $\lambda_1 u^2 + \lambda_2 v^2 + pw = 0 \ , \ p = 2\vec{m}^{\top} \vec{a}_3$

A Klassifizierung der Kurven/Flächen zweiter Ordnung mit Symmetriepunkt

Kurve	Fläche
$\lambda_1 u^2 + \lambda_2 v^2 + g = 0$	$\lambda_1 u^2 + \lambda_2 v^2 + \lambda_3 w^2 + g = 0$

Wenn M nicht die Nullmatrix ist, muss ein Eigenwert (λ_1) ungleich Null sein!
Durch evtl. Multiplikation der Gleichung mit -1 erreicht man, dass $\lambda_1 > 0$ ist:

λ_1	λ_2	g	Typ der Kurve
+	+	+	leere Menge, $\emptyset$
+	+	0	Nullpunkt
+	+	−	Ellipse *)
+	−	±	Hyperbel *)
+	−	0	zwei Geraden durch O *)
+	0	+	leere Menge, $\emptyset$
+	0	0	Doppelgerade, v–Achse
+	0	−	zwei Geraden parallel zur v–Achse

Symbolik:

+	bedeutet	> 0
−	bedeutet	< 0
±	bedeutet	$\neq 0$
0	bedeutet	$= 0$

λ_1	λ_2	λ_3	g	Typ der Fläche
+	+	+	+	leere Menge, $\emptyset$
+	+	+	0	Nullpunkt
+	+	+	−	Ellipsoid *)
+	+	−	+	zweischaliges Hyperboloid *)
+	+	−	0	elliptischer Doppelkegel *) w–Achse ist Kegelachse
+	+	−	−	einschaliges Hyperboloid *)
+	+	0	+	leere Menge, $\emptyset$
+	+	0	0	w–Achse
+	+	0	−	elliptischer Zylinder
+	−	0	±	hyperbolischer Zylinder
+	−	0	0	zwei Ebenen durch die w–Achse
+	0	0	+	leere Menge, $\emptyset$
+	0	0	0	Doppelebene, v, w–Ebene
+	0	0	−	zwei Ebenen parallel zur v, w–Ebene

*) **Mittelpunktskurven/–flächen** mit genau einem Symmetriepunkt (= Mittelpunkt)

B Klassifizierung der Kurven/Flächen zweiter Ordnung ohne Symmetriepunkt

Kurve	Fläche
$\lambda_1 u^2 + pv = 0$	$\lambda_1 u^2 + \lambda_2 v^2 + pw = 0$

λ_1	p	Typ der Kurve
+	±	Parabel

λ_1	λ_2	p	Typ der Fläche
+	+	±	elliptisches Paraboloid
+	−	±	hyperbolisches Paraboloid, Sattelfläche
+	0	±	parabolischer Zylinder

Es gibt **8** Klassen affin–äquivalenter **Kurven (Kegelschnitte)** zweiter Ordnung.

Es gibt **15** Klassen affin–äquivalenter **Flächen (Quadriken)** zweiter Ordnung.

2.9 Achsenparallele Kegelschnitte

Durch eine Gleichung der Form $\qquad ax^2 + by^2 + 2cx + 2dy + e = 0$

können in der x, y–Ebene dargestellt sein: Eine **Ellipse** (insbesondere ein **Kreis**), eine **Hyperbel**, eine **Parabel** in achsenparalleler Lage und als sog. Entartungsfälle die leere Menge, eine Gerade, zwei Geraden oder die ganze Ebene.

Durch quadratische Ergänzung und Substitution wird eine Normalform

$$Au^2 + Bv^2 = 1 \quad \text{oder} \quad Au^2 + Bv^2 = 0 \quad \text{bzw.} \quad Au^2 + Bv = 0$$

hergeleitet, aus der der Typ des Kegelschnitts ablesbar ist:

Normalform	Koeffizienten		Typ des Kegelschnitts
$Au^2 + Bv^2 = 1$	$AB = 0$	$A^2 + B^2 = 0$	leere Menge
		$A^2 + B^2 \neq 0$	zwei parallele Geraden
	$AB > 0$	$A, B > 0$	**Ellipse**, (**Kreis**, falls $A = B$ ist)
		$A, B < 0$	leere Menge
	$AB < 0$		**Hyperbel**
$Au^2 + Bv^2 = 0$	$AB = 0$	$A^2 + B^2 = 0$	die ganze Ebene
		$A^2 + B^2 \neq 0$	eine Gerade
	$AB > 0$		ein Punkt
	$AB < 0$		zwei sich schneidende Geraden
$Au^2 + Bv = 0$	$A, B \neq 0$		**Parabel**

Allgemeine Kegelschnitte

Durch eine Gleichung der Form $\qquad ax^2 + by^2 + 2cxy + 2dx + 2ey + f = 0$

wird in der x, y–Ebene ein **gedrehter Kegelschnitt** (z.B. eine gedrehte Ellipse, gekennzeichnet durch das Auftreten "gemischter Glieder" xy, falls $c \neq 0$ ist) dargestellt. Systematisch wird das im Abschnitt 2.7 und 2.8 behandelt.

Für den **Drehwinkel** φ gilt: $\qquad \tan 2\varphi = \dfrac{2c}{a-b}$, für $a \neq b$ und $\varphi = \dfrac{\pi}{4}$, für $a = b$.

Die **Hauptachsen** sind dann: $\qquad \vec{a}_1 = \begin{pmatrix} \cos\varphi \\ \sin\varphi \end{pmatrix}$ und $\vec{a}_2 = \begin{pmatrix} -\sin\varphi \\ \cos\varphi \end{pmatrix}$.

Die Transformationsformeln für die **Drehung** des (x, y)–Systems um den Winkel φ lauten:

$$x = \cos\varphi \cdot \xi - \sin\varphi \cdot \eta \qquad \xi = \cos\varphi \cdot x + \sin\varphi \cdot y$$
$$y = \sin\varphi \cdot \xi + \cos\varphi \cdot \eta \qquad \eta = -\sin\varphi \cdot x + \cos\varphi \cdot y$$

In dem gedrehten (ξ, η)–System liegt der Kegelschnitt nun in achsenparalleler Lage (siehe oben)!

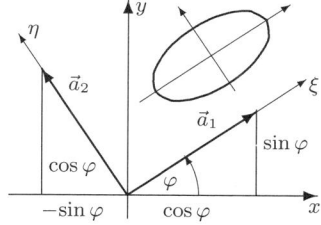

2.10   Sphärische Trigonometrie

Kugelzweieck gebildet von den Bogenstücken zweier Großkreise, Kugelradius $= r$.

$$F = 2r^2 A$$

Kugeldreieck

Sind a, b, c die Seiten und A, B, C die Winkel eines Kugeldreiecks (Kugelradius $r = 1$ und $a, b, c, A, B, C < \pi$), so gilt:

Seitensumme	$a + b + c < 2\pi$
Winkelsumme	$A + B + C > \pi$
sphärischer Exzeß	$\varepsilon = A + B + C - \pi$
Fläche (Radius $= r$)	$F = r^2 \varepsilon$

Rechtwinkliges Kugeldreieck $(C = 90^0)$

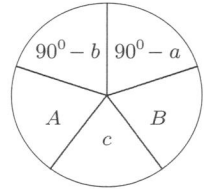

Sind von den 5 Größen (a, b, c, A, B) eines rechtwinkligen Kugeldreiecks $(C = 90^0)$ 2 Größen bekannt, so berechnet man die übrigen Größen mittels folgender Formeln:

Nepersche Gleichungen	
$\sin a = \sin c \sin A$	$\tan a = \tan c \cos B$
$\sin b = \sin c \sin B$	$\tan b = \tan c \cos A$
$\tan a = \sin b \tan A$	$\cos B = \cos b \sin A$
$\tan b = \sin a \tan B$	$\cos A = \cos a \sin B$
$\cos c = \cos a \cos b$	$\cos c = \cot A \cot B$

Merke: Die Gleichungen liest man (siehe Kreis) folgendermaßen ab:

Der Kosinus jeder Größe ist Produkt der

1. Kotangens der beiden anliegenden Größen.

    z.B.: $\cos A = \cot(90^0 - b) \cdot \cot c = \tan b \cdot \frac{1}{\tan c}$,   also $\tan b = \tan c \cos A$.

2. Sinus der beiden nicht anliegenden Größen.

    z.B.: $\cos(90^0 - b) = \sin c \cdot \sin B$,   also $\sin b = \sin c \sin B$

Schiefwinklige Kugeldreiecke $(A, B, C$ Winkel: a, b, c gegenüberliegende Seiten)

Ein Kugeldreieck ist bei gegebenem Radius bestimmt durch

$a,\ b,\ c,$	drei Seiten
$A,\ B,\ C,$	drei Winkel
$a,\ b,\ C,$	zwei Seiten und den eingeschlossenen Winkel
$A,\ B,\ c,$	zwei Winkel und die eingeschlossene Seite
$a,\ b,\ A,$	zwei Seiten und den der einen Seite gegenüberliegenden Winkel
$A,\ B,\ a,$	zwei Winkel und der dem einen Winkel gegenüberliegenden Seite

Die übrigen Größen berechnet man mit folgenden Formeln:

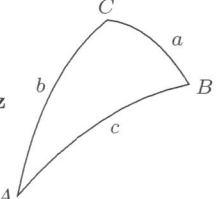

$$\frac{\sin a}{\sin A} = \frac{\sin b}{\sin B} = \frac{\sin c}{\sin C} \qquad \textbf{Sinussatz}$$

$$\left. \begin{array}{l} \cos a = \cos b \cos c + \sin b \sin c \cos A \\ \cos A = -\cos B \cos C + \sin B \sin C \cos a \end{array} \right\} \textbf{Kosinussatz}$$

$$\sin a \cot b = \cot B \sin C + \cos a \cos C$$
$$\sin A \cot B = \cot b \sin c - \cos A \cos c$$

3 Elementare Funktionen

3.1 Grundbegriffe

Funktionen (Abbildungen): $f, g, h, \ldots$ genauer: $f : \begin{cases} A & \longrightarrow & B \\ x & \longmapsto & f(x) \end{cases}$

$D(f) := A$ ist der **Definitionsbereich** von f

$W(f) := \{f(a) \mid a \in A\} \subseteq B$ ist der **Wertebereich** von f.

Funktionsgleichung: $y = f(x)$ \qquad **Funktionsterm**: $f(x)$

Graph von f: Menge der Punkte $(x, f(x))$ in der x, y−Ebene.

Reelle Funktionen: $f : A \longrightarrow B$ mit $A, B \subseteq \mathbb{R}$ \qquad Nur solche werden hier betrachtet.

Eigenschaften von Funktionen

Monotonie
auf Intervall

f monoton wachsend $\iff \left(x_1 < x_2 \implies f(x_1) \le f(x_2)\right)$

f streng mon. wachs. $\iff \left(x_1 < x_2 \implies f(x_1) < f(x_2)\right)$

f monoton fallend $\iff \left(x_1 < x_2 \implies f(x_1) \ge f(x_2)\right)$

f streng mon. fallend $\iff \left(x_1 < x_2 \implies f(x_1) > f(x_2)\right)$

(Monotonie und Krümmung siehe auch Seite 94.)

Periodizität

$f(x + p) = f(x)$ \qquad für ein $p \in \mathbb{R} \setminus \{0\}$ und alle $x \in \mathbb{R}$

Das kleinste positive solche p (falls vorhanden) heißt **Periode** von f. Siehe auch Fourierreihen, Seite $84, 86$ ff.

Symmetrie
des Graphen

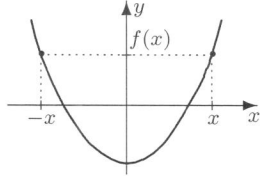

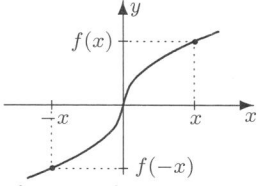

f **gerade Funktion**
$f(-x) = f(x)$
Symmetrie zur y–Achse

f **ungerade Funktion**
$f(-x) = -f(x)$
Symmetrie zum Nullpunkt

Umkehrbarkeit

Ist f streng monoton, so existiert die Umkehrfunktion g (auch f^{-1} genannt).

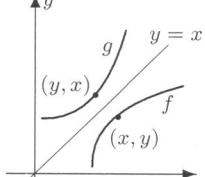

Die **Umkehrfunktion** g von f ergibt sich durch:

1.) Auflösung von $y = f(x)$ nach x, also $x = g(y)$,

2.) Vertauschen der Variablen x und y, also $y = g(x)$.

Umkehrfunktion, siehe auch Seite 92.

Das Vertauschen von x und y bewirkt, dass der Graph von g sich aus dem Graphen von f durch Spiegelung an der Winkelhalbierenden $y = x$ ergibt.

Grenzwert und Stetigkeit

$\lim\limits_{x \to a} f(x) = g \quad \Longleftrightarrow \quad$ Für jedes $\varepsilon > 0$ gibt es ein $\delta > 0$, so dass für alle
$x \in D(f) \setminus \{a\}$ mit $|x - a| < \delta$ gilt: $|f(x) - g| < \varepsilon$

f stetig in $x_0 \quad \Longleftrightarrow \quad \begin{cases} (1) & f(x_0) \text{ existiert} \\ (2) & \lim\limits_{x \to x_0} f(x) \text{ existiert} \\ (3) & \lim\limits_{x \to x_0} f(x) = f(x_0) \end{cases} \quad \Longleftrightarrow \quad \begin{array}{c} \text{kurz:} \\ \lim\limits_{x \to x_0} f(x) = f(x_0) \end{array}$

f stetig in x_0 wird häufig nachgewiesen durch:

$\Longleftrightarrow \quad \begin{cases} (1) & \lim\limits_{x \to x_0+} f(x) = f(x_0) \quad \text{(rechtsseitige Stetigkeit) und} \\ (2) & \lim\limits_{x \to x_0-} f(x) = f(x_0) \quad \text{(linksseitige Stetigkeit)} \end{cases}$

Sätze über stetige Funktionen

Zwischenwertsatz   Eine auf $[a, b]$ stetige Funktion f nimmt jede reelle
Zahl r zwischen $f(a)$ und $f(b)$ als Funktionswert an.

Satz von **Weierstraß**   Eine auf $[a, b]$ stetige Funktion f besitzt auf $[a, b]$ ein
absolutes Maximum und ein absolutes Minimum.

3.2   Algebraische Funktionen

Ganzrationale Funktionen

Funktionsterm ist ein $\boxed{f(x) = a_n x^n + \cdots + a_1 x + a_0 \ , \ a_n \neq 0}$
Polynom:
Verhält sich für betragsmäßig große x wie $a_n x^n$.

Spezialfälle

affine Funktionen: $f(x) = ax + b$
Graph: **Gerade** mit Steigung a und Schnittpunkt mit der y-Achse bei b.

quadratische Funktionen: $f(x) = ax^2 + bx + c, \quad a \neq 0$

Graph: **Parabel** (Seite 26) mit $\begin{cases} \text{Scheitelpunkt} \quad S = \left(-\dfrac{b}{2a} \ , \ c - \dfrac{b^2}{4a} \right) \\ \text{Nullstellen} \quad x_{1,2} = \dfrac{-b \pm \sqrt{b^2 - 4ac}}{2a} \end{cases}$

Potenzfunktionen: $f(x) = x^n \quad (n \in \mathbb{N})$

Graph: Symmetrisch
zur y-Achse,
falls n **gerade** ist.

f **gerade** Funktion
$f(-x) = f(x)$
$(-x)^2 = x^2$

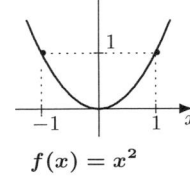

$f(x) = x^2$

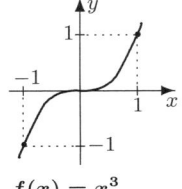

$f(x) = x^3$

Graph: Symmetrisch
zum Nullpunkt,
falls n **ungerade** ist.

f **ungerade** Funktion
$f(-x) = -f(x)$
$(-x)^3 = -x^3$

Gebrochen rationale Funktionen

Funktionsterm: $\qquad f(x) = \dfrac{a_n x^n + \ldots + a_1 x + a_0}{b_m x^m + \ldots + b_1 x + b_0} = \dfrac{p(x)}{q(x)} \qquad \left(\dfrac{\text{Polynom}}{\text{Polynom}}\right)$

echt gebrochen: $\quad n < m \qquad (x-\text{Achse ist \textbf{Asymptote} für } x \to \pm\infty)$

unecht gebrochen: $\quad n \geq m \qquad$ Polynomdivision liefert:

$$f(x) = \underbrace{a(x)}_{\substack{\text{Polynom} \\ \text{Asymptote}}} + \underbrace{\frac{r(x)}{q(x)}}_{\substack{\text{echt} \\ \text{gebrochen}}} \qquad (y = a(x) \text{ ist \textbf{Asymptote} für } x \to \pm\infty)$$

Ist $f(x) = \dfrac{p(x)}{q(x)}$ und sind $p(x)$ und $q(x)$ teilerfremd, so gilt:

Nullstellen von $f(x)$ sind genau die Nullstellen von $p(x)$
    Nullstelle mit Vorzeichenwechsel: Nullstelle ungerader Vielfachheit von $p(x)$
    Nullstelle ohne Vorzeichenwechsel: Nullstelle gerader Vielfachheit von $p(x)$

Pole von $f(x)$ sind genau die Nullstellen von $q(x)$
    Pol mit Vorzeichenwechsel: Nullstelle ungerader Vielfachheit von $q(x)$
    Pol ohne Vorzeichenwechsel: Nullstelle gerader Vielfachheit von $q(x)$

PBZ : Partialbruchzerlegung echt gebrochen rationaler Funktionen siehe
• **HM** ausführliche Erklärungen, viele Beispiele zur PBZ.

Wurzelfunktionen

$f(x) = \sqrt[n]{x}, \quad n > 1; \quad$ mit $D(f) = W(f) = \mathbb{R}_{\geq 0}$

$y = \sqrt[n]{x}$ ist Umkehrfunktion von $y = x^n, \quad x \geq 0$.

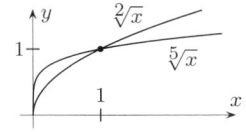

3.3 Exponential– und Logarithmusfunktionen

Exponential– und Logarithmusfunktionen

Exponentialfunktionen:
    $f(x) = a^x = e^{x \ln a} \quad (a > 0, a \neq 1)$
    $D(f) = \mathbb{R} \qquad W(f) = \mathbb{R}_{>0}$
monoton steigend   für $1 < a$
monoton fallend   für $0 < a < 1$
$a^{x+y} = a^x \cdot a^y, \; a^0 = 1$

Logarithmusfunktionen:
    $f(x) = \log_a x \quad (a > 0, a \neq 1)$
    $D(f) = \mathbb{R}_{>0} \qquad W(f) = \mathbb{R}$
monoton steigend   für $1 < a$
monoton fallend   für $0 < a < 1$
$\log_a(x \cdot y) = \log_a x + \log_a y, \; \log_a 1 = 0$

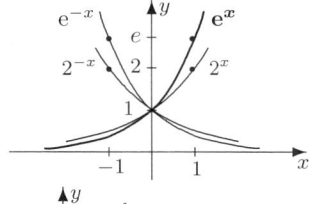

Exponential– und Logarithmusfunktionen sind Umkehrfunktionen voneinander.

Speziell für die Basis e$= 2,71828\ldots$: $\qquad f(x) = e^x \quad$ und $\quad f(x) = \log_e x = \ln x$

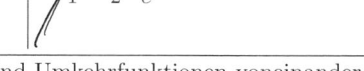

| $\log_{1/a} x = -\log_a x$ | $\log_a x = \dfrac{1}{\ln a} \ln x$ | $e^{\ln x} = x$ | $\ln e^x = x$ |

3.4   Kreisfunktionen (trigonometrische Funktionen)

Umrechnung: Gradmaß – Bogenmaß

Es besteht folgender Zusammenhang zwischen dem

- **Winkel** α in Grad und der
- **Länge** b des zugehörigen Kreisbogens am **Einheitskreis**:

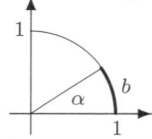

$$\boxed{\frac{\alpha}{180°} = \frac{b}{\pi}}$$

$$\alpha = \frac{b}{\pi}180° , \quad b = 1 \implies \alpha = \frac{180°}{\pi} \approx 57.296°$$

$$b = \frac{\alpha}{180°}\pi , \quad \alpha = 1° \implies b = \frac{1°}{180°}\pi \approx 0.017$$

Definitionen

$$\sin\alpha = \frac{\text{Gegenkathete}}{\text{Hypotenuse}} = \frac{G}{H}$$

$$\cos\alpha = \frac{\text{Ankathete}}{\text{Hypotenuse}} = \frac{A}{H}$$

$$\tan\alpha = \frac{\text{Gegenkathete}}{\text{Ankathete}} = \frac{G}{A} = \frac{\sin\alpha}{\cos\alpha} = \frac{1}{\cot\alpha}$$

$$\cot\alpha = \frac{\text{Ankathete}}{\text{Gegenkathete}} = \frac{A}{G} = \frac{\cos\alpha}{\sin\alpha} = \frac{1}{\tan\alpha}$$

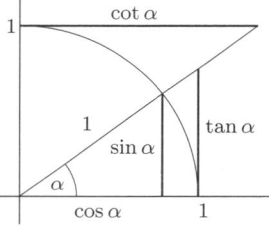

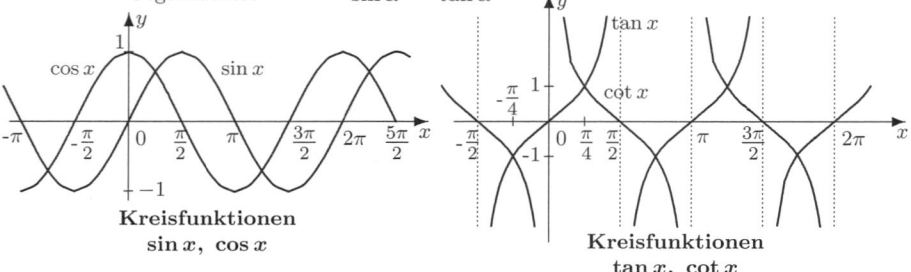

Kreisfunktionen
$\sin x$, $\cos x$

Kreisfunktionen
$\tan x$, $\cot x$

Grundformeln

$$\cos x = \sin(x + \tfrac{\pi}{2})$$
$$\sin x = \cos(x - \tfrac{\pi}{2})$$

$$\boxed{\cos^2 x + \sin^2 x = 1}$$

$$1 + \tan^2 x = \frac{1}{\cos^2 x}$$
$$1 + \cot^2 x = \frac{1}{\sin^2 x}$$

Wichtige Werte der Kreisfunktionen

	0	$\frac{1}{6}\pi$	$\frac{1}{4}\pi$	$\frac{1}{3}\pi$	$\frac{1}{2}\pi$	$\frac{2}{3}\pi$	$\frac{3}{4}\pi$	$\frac{5}{6}\pi$	π	$\frac{7}{6}\pi$	$\frac{5}{4}\pi$	$\frac{4}{3}\pi$	$\frac{3}{2}\pi$	$\frac{5}{3}\pi$	$\frac{7}{4}\pi$	$\frac{11}{6}\pi$	2π
	$0°$	$30°$	$45°$	$60°$	$90°$	$120°$	$135°$	$150°$	$180°$	$210°$	$225°$	$240°$	$270°$	$300°$	$315°$	$330°$	$360°$
$\sin x$	0	$\frac{1}{2}$	$\frac{\sqrt{2}}{2}$	$\frac{\sqrt{3}}{2}$	1	$\frac{\sqrt{3}}{2}$	$\frac{\sqrt{2}}{2}$	$\frac{1}{2}$	0	$-\frac{1}{2}$	$-\frac{\sqrt{2}}{2}$	$-\frac{\sqrt{3}}{2}$	-1	$-\frac{\sqrt{3}}{2}$	$-\frac{\sqrt{2}}{2}$	$-\frac{1}{2}$	0
$\cos x$	1	$\frac{\sqrt{3}}{2}$	$\frac{\sqrt{2}}{2}$	$\frac{1}{2}$	0	$-\frac{1}{2}$	$-\frac{\sqrt{2}}{2}$	$-\frac{\sqrt{3}}{2}$	-1	$-\frac{\sqrt{3}}{2}$	$-\frac{\sqrt{2}}{2}$	$-\frac{1}{2}$	0	$\frac{1}{2}$	$\frac{\sqrt{2}}{2}$	$\frac{\sqrt{3}}{2}$	1
$\tan x$	0	$\frac{\sqrt{3}}{3}$	1	$\sqrt{3}$	$\pm\infty$	$-\sqrt{3}$	-1	$-\frac{\sqrt{3}}{3}$	0	$\frac{\sqrt{3}}{3}$	1	$\sqrt{3}$	$\pm\infty$	$-\sqrt{3}$	-1	$-\frac{\sqrt{3}}{3}$	0
$\cot x$	$\pm\infty$	$\sqrt{3}$	1	$\frac{\sqrt{3}}{3}$	0	$-\frac{\sqrt{3}}{3}$	-1	$-\sqrt{3}$	$\pm\infty$	$\sqrt{3}$	1	$\frac{\sqrt{3}}{3}$	0	$-\frac{\sqrt{3}}{3}$	-1	$-\sqrt{3}$	$\pm\infty$

Beziehungen zwischen den Kreisfunktionen			$(\pm\sqrt{}$ je nach Quadranten$)$	
	$\sin x$	$\cos x$	$\tan x$	$\cot x$
$\sin x =$	$\sin x$	$\pm\sqrt{1-\cos^2 x}$	$\dfrac{\tan x}{\pm\sqrt{1+\tan^2 x}}$	$\dfrac{1}{\pm\sqrt{1+\cot^2 x}}$
$\cos x =$	$\pm\sqrt{1-\sin^2 x}$	$\cos x$	$\dfrac{1}{\pm\sqrt{1+\tan^2 x}}$	$\dfrac{\cot x}{\pm\sqrt{1+\cot^2 x}}$
$\tan x =$	$\dfrac{\sin x}{\pm\sqrt{1-\sin^2 x}}$	$\dfrac{\pm\sqrt{1-\cos^2 x}}{\cos x}$	$\tan x$	$\dfrac{1}{\cot x}$
$\cot x =$	$\dfrac{\pm\sqrt{1-\sin^2 x}}{\sin x}$	$\dfrac{\cos x}{\pm\sqrt{1-\cos^2 x}}$	$\dfrac{1}{\tan x}$	$\cot x$

Periodizität $(k \in \mathbb{Z})$:

$\sin x, \cos x$ (Periode 2π): $\sin(x + k \cdot 2\pi) = \sin x$ $\cos(x + k \cdot 2\pi) = \cos x$

$\tan x, \cot x$ (Periode π): $\tan(x + k \cdot \pi) = \tan x$ $\cot(x + k \cdot \pi) = \cot x$

<table>
<tr><th colspan="2">Symmetrie</th><th>Komplementbeziehungen</th></tr>
<tr><td>gerade Funktion</td><td>ungerade Funktionen</td><td>$\sin(\frac{\pi}{2} \pm x) = \cos x$</td></tr>
<tr><td>$\cos(-x) = \cos x$</td><td>$\sin(-x) = -\sin x$</td><td>$\cos(\frac{\pi}{2} - x) = \sin x$</td></tr>
<tr><td></td><td>$\tan(-x) = -\tan x$</td><td>$\tan(\frac{\pi}{2} - x) = \cot x$</td></tr>
<tr><td></td><td>$\cot(-x) = -\cot x$</td><td>$\cot(\frac{\pi}{2} - x) = \tan x$</td></tr>
</table>

Additionstheoreme

$\sin(x \pm y) = \sin x \cos y \pm \cos x \sin y$ $\tan(x \pm y) = \dfrac{\tan x \pm \tan y}{1 \mp \tan x \tan y}$

$\cos(x \pm y) = \cos x \cos y \mp \sin x \sin y$ $\cot(x \pm y) = \dfrac{\cot x \cot y \mp 1}{\cot y \pm \cot x}$

Mehrfache Winkel

$\sin 2x = 2 \sin x \cos x = \dfrac{2 \tan x}{1+\tan^2 x}$ $\tan 2x = \dfrac{2 \tan x}{1-\tan^2 x}$

$\cos 2x = \cos^2 x - \sin^2 x = \dfrac{1-\tan^2 x}{1+\tan^2 x}$ $\cot 2x = \dfrac{\cot^2 x-1}{2 \cot x}$

$\sin 3x = 3 \sin x - 4 \sin^3 x$ $\tan 3x = \dfrac{3 \tan x-\tan^3 x}{1-3 \tan^2 x}$

$\cos 3x = 4 \cos^3 x - 3 \cos x$ $\cot 3x = \dfrac{\cot^3 x-3 \cot x}{3 \cot^2 x-1}$

$\sin 4x = 8 \cos^3 x \sin x - 4 \cos x \sin x$ $\tan 4x = \dfrac{4 \tan x-4 \tan^3 x}{1-6 \tan^2 x+\tan^4 x}$

$\cos 4x = 8 \cos^4 x - 8 \cos^2 x + 1$ $\cot 4x = \dfrac{\cot^4 x-6 \cot^2 x+1}{4 \cot^3 x-4 \cot x}$

$\sin nx = n \cos^{n-1}x \sin x - \binom{n}{3}\cos^{n-3}x \sin^3 x + \binom{n}{5}\cos^{n-5}x \sin^5 x \mp \cdots$

$\cos nx = \cos^n x - \binom{n}{2}\cos^{n-2}x \sin^2 x + \binom{n}{4}\cos^{n-4}x \sin^4 x - \binom{n}{6}\cos^{n-6}x \sin^6 x \pm \cdots$

Halber Winkel $(\pm\sqrt{}$ je nach Quadranten$)$

$\sin \frac{x}{2} = \pm\sqrt{\frac{1}{2}(1 - \cos x)}$ $\tan \frac{x}{2} = \pm\sqrt{\frac{1-\cos x}{1+\cos x}} = \dfrac{1-\cos x}{\sin x} = \dfrac{\sin x}{1+\cos x}$

$\cos \frac{x}{2} = \pm\sqrt{\frac{1}{2}(1 + \cos x)}$ $\cot \frac{x}{2} = \pm\sqrt{\frac{1+\cos x}{1-\cos x}} = \dfrac{1+\cos x}{\sin x} = \dfrac{\sin x}{1-\cos x}$

Summe und Differenz zweier Funktionen

$$\sin x + \sin y = 2\sin\tfrac{x+y}{2}\cos\tfrac{x-y}{2} \qquad \tan x \pm \tan y = \frac{\sin(x\pm y)}{\cos x \cos y}$$

$$\sin x - \sin y = 2\cos\tfrac{x+y}{2}\sin\tfrac{x-y}{2} \qquad \cot x \pm \cot y = \pm\frac{\sin(x\pm y)}{\sin x \sin y}$$

$$\cos x + \cos y = 2\cos\tfrac{x+y}{2}\cos\tfrac{x-y}{2} \qquad \tan x + \cot y = \frac{\cos(x-y)}{\cos x \sin y}$$

$$\cos x - \cos y = -2\sin\tfrac{x+y}{2}\sin\tfrac{x-y}{2} \qquad \cot x - \tan y = \frac{\cos(x+y)}{\sin x \cos y}$$

Produkte von Funktionen

$$\sin x \sin y = \tfrac{1}{2}\big(\cos(x-y) - \cos(x+y)\big) \qquad \sin x \cos y = \tfrac{1}{2}\big(\sin(x-y) + \sin(x+y)\big)$$

$$\cos x \cos y = \tfrac{1}{2}\big(\cos(x-y) + \cos(x+y)\big)$$

Potenzen von Funktionen

$$\sin^2 x = \tfrac{1}{2}(1-\cos 2x) \quad\Big|\Big|\quad \sin^3 x = \tfrac{1}{4}(3\sin x - \sin 3x) \quad\Big|\Big|\Big|\quad \sin^4 x = \tfrac{1}{8}(\cos 4x - 4\cos 2x + 3)$$

$$\cos^2 x = \tfrac{1}{2}(1+\cos 2x) \quad\Big|\Big|\quad \cos^3 x = \tfrac{1}{4}(\cos 3x + 3\cos x) \quad\Big|\Big|\Big|\quad \cos^4 x = \tfrac{1}{8}(\cos 4x + 4\cos 2x + 3)$$

Trigonometrische Summen

$$\sum_{k=1}^{n}\sin kx = \sin x + \sin 2x + \cdots + \sin nx = \frac{\sin\frac{nx}{2}\sin\frac{(n+1)x}{2}}{\sin\frac{x}{2}}$$

$$\tfrac{1}{2} + \sum_{k=1}^{n}\cos kx = \tfrac{1}{2} + \cos x + \cos 2x + \cdots + \cos nx = \frac{\sin(n+\frac{1}{2})x}{2\sin\frac{x}{2}}$$

$$\sum_{k=1}^{n}\sin(2k-1)x = \sin x + \sin 3x + \cdots + \sin(2n-1)x = \frac{\sin^2 nx}{\sin x}$$

Arcusfunktionen (Umkehrfunktionen der Kreisfunktionen)

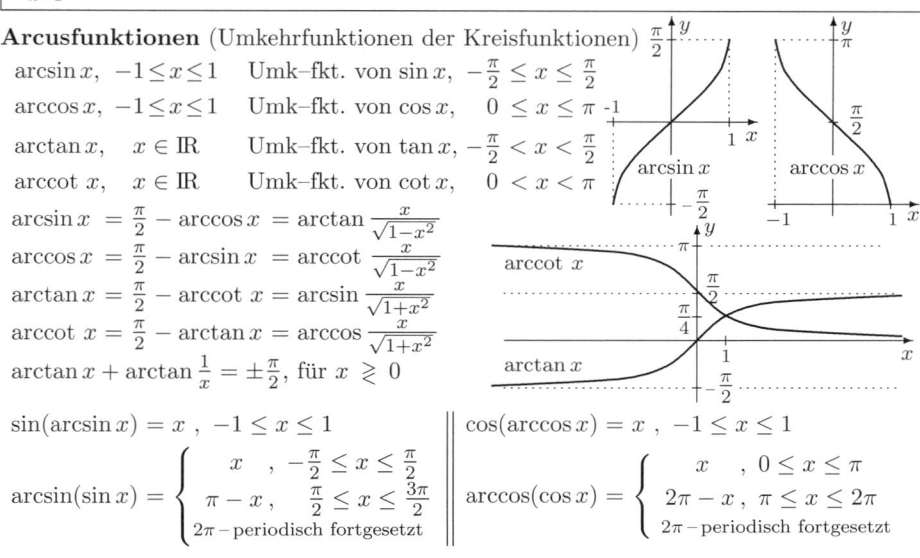

$\arcsin x, \; -1\le x\le 1 \qquad$ Umk–fkt. von $\sin x, \; -\tfrac{\pi}{2}\le x\le\tfrac{\pi}{2}$

$\arccos x, \; -1\le x\le 1 \qquad$ Umk–fkt. von $\cos x, \; 0\le x\le\pi$

$\arctan x, \; x\in\mathbb{R} \qquad$ Umk–fkt. von $\tan x, \; -\tfrac{\pi}{2}<x<\tfrac{\pi}{2}$

$\operatorname{arccot} x, \; x\in\mathbb{R} \qquad$ Umk–fkt. von $\cot x, \; 0<x<\pi$

$$\arcsin x = \tfrac{\pi}{2} - \arccos x = \arctan\tfrac{x}{\sqrt{1-x^2}}$$

$$\arccos x = \tfrac{\pi}{2} - \arcsin x = \operatorname{arccot}\tfrac{x}{\sqrt{1-x^2}}$$

$$\arctan x = \tfrac{\pi}{2} - \operatorname{arccot} x = \arcsin\tfrac{x}{\sqrt{1+x^2}}$$

$$\operatorname{arccot} x = \tfrac{\pi}{2} - \arctan x = \arccos\tfrac{x}{\sqrt{1+x^2}}$$

$$\arctan x + \arctan\tfrac{1}{x} = \pm\tfrac{\pi}{2}, \text{ für } x\gtrless 0$$

$$\sin(\arcsin x) = x, \; -1\le x\le 1 \qquad\qquad \cos(\arccos x) = x, \; -1\le x\le 1$$

$$\arcsin(\sin x) = \begin{cases} x, & -\tfrac{\pi}{2}\le x\le\tfrac{\pi}{2} \\ \pi - x, & \tfrac{\pi}{2}\le x\le\tfrac{3\pi}{2} \\ 2\pi-\text{periodisch fortgesetzt} \end{cases}$$

$$\arccos(\cos x) = \begin{cases} x, & 0\le x\le\pi \\ 2\pi - x, & \pi\le x\le 2\pi \\ 2\pi-\text{periodisch fortgesetzt} \end{cases}$$

Darstellungen der Kreisfunktionen durch
Exponentialfunktion bzw. Logarithmusfunktion siehe Seite 182, 183.

Arkusfunktionen

Spezielle Werte

x	$\arcsin x$	$\arccos x$
-1	$-\pi/2$	π
$-\sqrt{3}/2$	$-\pi/3$	$5\pi/6$
$-\sqrt{2}/2$	$-\pi/4$	$3\pi/4$
$-1/2$	$-\pi/6$	$2\pi/3$
0	0	$\pi/2$
$1/2$	$\pi/6$	$\pi/3$
$\sqrt{2}/2$	$\pi/4$	$\pi/4$
$\sqrt{3}/2$	$\pi/3$	$\pi/6$
1	$\pi/2$	0

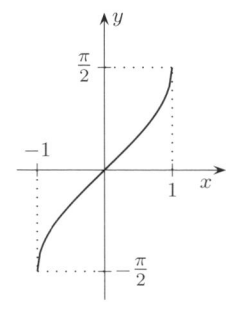

$$y = \arcsin x$$

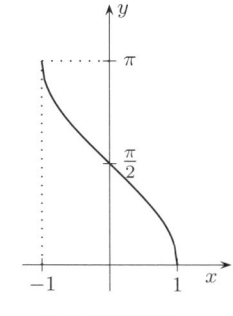

$$y = \arccos x$$

x	$\arctan x$	$\operatorname{arccot} x$
$-\sqrt{3}$	$-\pi/3$	$5\pi/6$
-1	$-\pi/4$	$3\pi/4$
$-\sqrt{3}/3$	$-\pi/6$	$2\pi/3$
0	0	$\pi/2$
$\sqrt{3}/3$	$\pi/6$	$\pi/3$
1	$\pi/4$	$\pi/4$
$\sqrt{3}$	$\pi/3$	$\pi/6$

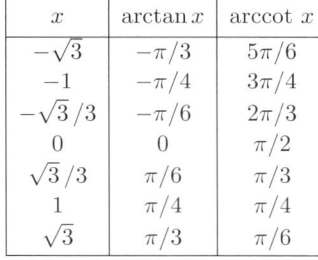

$$y = \arctan x$$

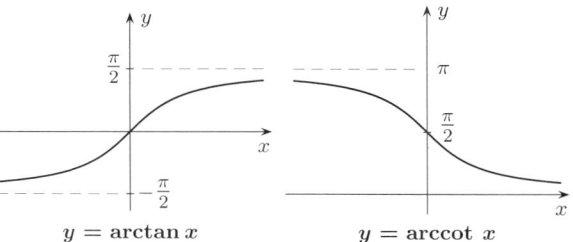

$$y = \operatorname{arccot} x$$

Vorzeichenverhalten in den 4 Quadranten

$$(0 \le \varphi \le 2\pi)$$

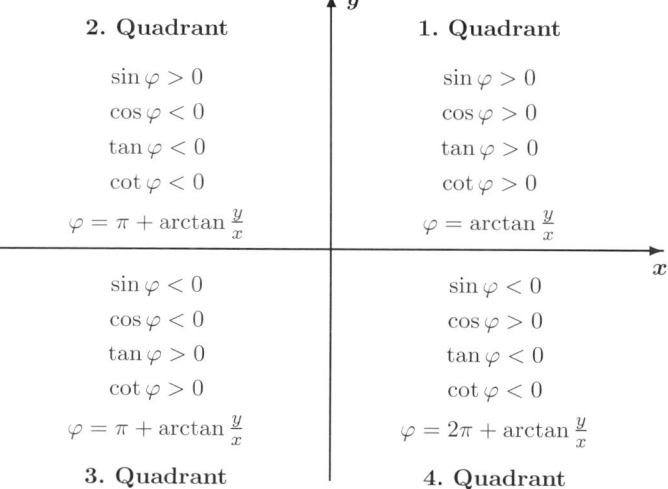

2. Quadrant

$\sin\varphi > 0$

$\cos\varphi < 0$

$\tan\varphi < 0$

$\cot\varphi < 0$

$\varphi = \pi + \arctan\frac{y}{x}$

1. Quadrant

$\sin\varphi > 0$

$\cos\varphi > 0$

$\tan\varphi > 0$

$\cot\varphi > 0$

$\varphi = \arctan\frac{y}{x}$

$\sin\varphi < 0$

$\cos\varphi < 0$

$\tan\varphi > 0$

$\cot\varphi > 0$

$\varphi = \pi + \arctan\frac{y}{x}$

3. Quadrant

$\sin\varphi < 0$

$\cos\varphi > 0$

$\tan\varphi < 0$

$\cot\varphi < 0$

$\varphi = 2\pi + \arctan\frac{y}{x}$

4. Quadrant

3.5 Hyperbelfunktionen

Definitionen

$$\cosh x = \frac{e^x + e^{-x}}{2} \ , \ \sinh x = \frac{e^x - e^{-x}}{2}$$

$$\tanh x = \frac{e^x - e^{-x}}{e^x + e^{-x}} = \frac{1 - e^{-2x}}{1 + e^{-2x}} = \frac{\sinh x}{\cosh x}$$

$$\coth x = \frac{e^x + e^{-x}}{e^x - e^{-x}} = \frac{1 + e^{-2x}}{1 - e^{-2x}} = \frac{\cosh x}{\sinh x}$$

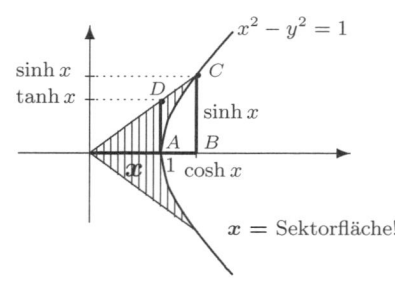

$x = $ Sektorfläche!

Grundformeln

$$\boxed{\cosh^2 x - \sinh^2 x = 1}$$

$$\tanh x \cdot \coth x = 1$$

$$\cosh x \pm \sinh x = e^{\pm x}$$

Definition von sinh und cosh
an der **Einheitshyperbel**
$$x^2 - y^2 = 1$$

$\sinh x = BC$
$\cosh x = OB$
$\tanh x = AD$

Beziehungen zwischen den Hyperbelfunktionen $(\pm\sqrt{\ }$ für $x \gtrless 0)$

	$\sinh x$	$\cosh x$	$\tanh x$	$\coth x$
$\sinh x =$	$\sinh x$	$\pm\sqrt{\cosh^2 x - 1}$	$\dfrac{\tanh x}{\sqrt{1-\tanh^2 x}}$	$\dfrac{1}{\pm\sqrt{\coth^2 x - 1}}$
$\cosh x =$	$\sqrt{\sinh^2 x + 1}$	$\cosh x$	$\dfrac{1}{\sqrt{1-\tanh^2 x}}$	$\dfrac{\coth x}{\pm\sqrt{\coth^2 x - 1}}$
$\tanh x =$	$\dfrac{\sinh x}{\sqrt{\sinh^2 x + 1}}$	$\dfrac{\pm\sqrt{\cosh^2 x - 1}}{\cosh x}$	$\tanh x$	$\dfrac{1}{\coth x}$
$\coth x =$	$\dfrac{\sqrt{\sinh^2 x + 1}}{\sinh x}$	$\dfrac{\cosh x}{\pm\sqrt{\cosh^2 x - 1}}$	$\dfrac{1}{\tanh x}$	$\coth x$

Additionstheoreme

$$\sinh(x \pm y) = \sinh x \cosh y \pm \cosh x \sinh y$$

$$\cosh(x \pm y) = \cosh x \cosh y \pm \sinh x \sinh y$$

$$\tanh(x \pm y) = \frac{\tanh x \pm \tanh y}{1 \pm \tanh x \tanh y}$$

$$\coth(x \pm y) = \frac{1 \pm \coth x \coth y}{\coth x \pm \coth y}$$

Mehrfache Winkel

$$\sinh 2x = 2 \sinh x \cosh x = \frac{2 \tanh x}{1 - \tanh^2 x}$$

$$\cosh 2x = \cosh^2 x + \sinh^2 x = \frac{1 + \tanh^2 x}{1 - \tanh^2 x}$$

$$\tanh 2x = \frac{2 \tanh x}{1 + \tanh^2 x}$$

$$\coth 2x = \frac{\coth^2 x + 1}{2 \coth x}$$

$$\sinh nx = \binom{n}{1}\cosh^{n-1} x \sinh x + \binom{n}{3}\cosh^{n-3} x \sinh^3 x + \binom{n}{5}\cosh^{n-5} x \sinh^5 x + \cdots$$

$$\cosh nx = \cosh^n x + \binom{n}{2}\cosh^{n-2} x \sinh^2 x + \binom{n}{4}\cosh^{n-4} x \sinh^4 x + \cdots$$

Halber Winkel $(\pm\sqrt{\ }$ je nachdem, ob $x \gtrless 0)$

$$\sinh \frac{x}{2} = \pm\sqrt{\tfrac{1}{2}(\cosh x - 1)}$$

$$\cosh \frac{x}{2} = \sqrt{\tfrac{1}{2}(\cosh x + 1)}$$

$$\tanh \frac{x}{2} = \pm\sqrt{\frac{\cosh x - 1}{\cosh x + 1}} = \frac{\sinh x}{\cosh x + 1} = \frac{\cosh x - 1}{\sinh x}$$

$$\coth \frac{x}{2} = \pm\sqrt{\frac{\cosh x + 1}{\cosh x - 1}} = \frac{\sinh x}{\cosh x - 1} = \frac{\cosh x + 1}{\sinh x}$$

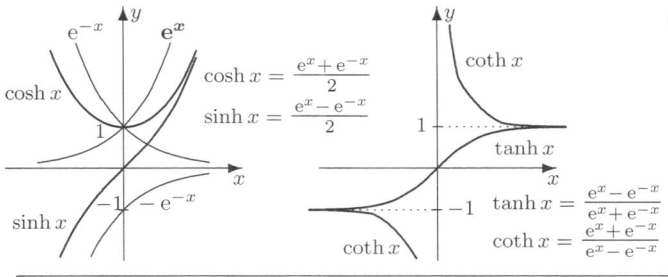

Symmetrie

gerade Funktion
$$\cosh(-x) = \cosh x$$

ungerade Funktionen
$$\sinh(-x) = -\sinh x$$
$$\tanh(-x) = -\tanh x$$
$$\coth(-x) = -\coth x$$

$$\cosh x = \frac{e^x + e^{-x}}{2}$$
$$\sinh x = \frac{e^x - e^{-x}}{2}$$
$$\tanh x = \frac{e^x - e^{-x}}{e^x + e^{-x}}$$
$$\coth x = \frac{e^x + e^{-x}}{e^x - e^{-x}}$$

Summe und Differenz zweier Funktionen

$$\sinh x + \sinh y = 2 \sinh \tfrac{x+y}{2} \cosh \tfrac{x-y}{2}$$

$$\sinh x - \sinh y = 2 \cosh \tfrac{x+y}{2} \sinh \tfrac{x-y}{2}$$

$$\cosh x + \cosh y = 2 \cosh \tfrac{x+y}{2} \cosh \tfrac{x-y}{2}$$

$$\cosh x - \cosh y = 2 \sinh \tfrac{x+y}{2} \sinh \tfrac{x-y}{2}$$

$$\tanh x \pm \tanh y = \frac{\sinh(x \pm y)}{\cosh x \cosh y}$$

$$\coth x \pm \coth y = \pm \frac{\sinh(x \pm y)}{\sinh x \sinh y}$$

$$\tanh x + \coth y = \frac{\cosh(x+y)}{\cosh x \sinh y}$$

$$\coth x - \tanh y = \frac{\cosh(x-y)}{\sinh x \cosh y}$$

Produkte von Funktionen

$$\sinh x \sinh y = \tfrac{1}{2}\big(\cosh(x+y) - \cosh(x-y)\big)$$

$$\cosh x \cosh y = \tfrac{1}{2}\big(\cosh(x+y) + \cosh(x-y)\big)$$

$$\sinh x \cosh y = \tfrac{1}{2}\big(\sinh(x+y) + \sinh(x-y)\big)$$

$$\tanh x \tanh y = \frac{\tanh x + \tanh y}{\coth x + \coth y}$$

$$\coth x \coth y = \frac{\coth x + \coth y}{\tanh x + \tanh y}$$

Quadrate von Funktionen

$$\sinh^2 x = \tfrac{1}{2}(\cosh 2x - 1) \quad \| \quad \cosh^2 x = \tfrac{1}{2}(\cosh 2x + 1) \quad \| \quad \cosh^2 x - \sinh^2 x = 1$$

Formel von Moivre $(\cosh x \pm \sinh x)^n = \cosh nx \pm \sinh nx$

Areafunktionen (Umkehrfunktionen der Hyperbelfunktionen)

$$\text{arsinh } x = \ln(x + \sqrt{x^2 + 1}\,)$$

$$\text{arcosh } x = \ln(x + \sqrt{x^2 - 1}\,), \quad x \geq 1$$

$$\text{artanh } x = \tfrac{1}{2} \ln \frac{1+x}{1-x}, \quad |x| < 1$$

$$\text{arcoth } x = \tfrac{1}{2} \ln \frac{x+1}{x-1}, \quad |x| > 1$$

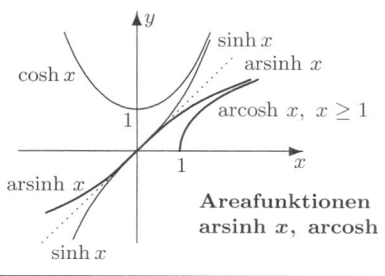

Areafunktionen
arsinh x, arcosh x

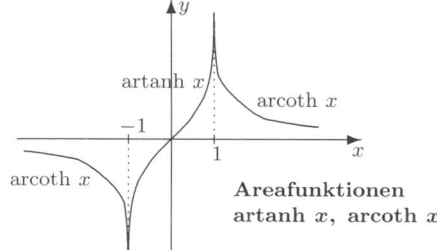

Areafunktionen
artanh x, arcoth x

---

trigonometrische Funktionen und Hyperbelfunktionen

Jede Formel, die **Hyperbelfunktionen** von x oder ax (nicht von $ax + b$) verknüpft, gewinnt man aus der entsprechenden Formel für die **trigonometrischen Funktionen**, indem man $\sin x$ durch $i \sinh x$, $\cos x$ durch $\cosh x$ und in Pot–Reihen x durch ix ersetzt.

• Beziehungen im Komplexen zwischen Kreis– und Hyperbelfunktionen siehe Seite 182.

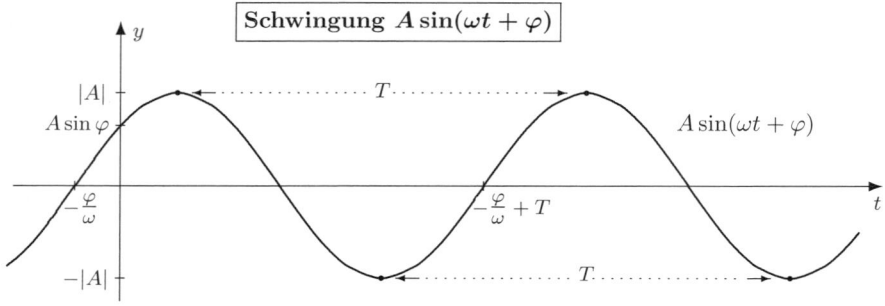

Die **charakteristischen Größen** der Schwingung $A\sin(\omega t + \varphi)$:

$|A|$ **Amplitude** (halber Wert der Schwingungsweite),

$T = \dfrac{2\pi}{\omega}$ **Periode** (Schwingungsdauer),

$\omega = \dfrac{2\pi}{T}$ **Kreisfrequenz** (Zahl der Schwingungen in 2π Sekunden),

$\dfrac{1}{T} = \dfrac{\omega}{2\pi}$ **Frequenz** (Zahl der Schwingungen in 1 Sekunde),

φ **Phasenwinkel** (Phasenverschiebung).

Umschreiben von Cosinusschwingungen in Sinusschwingungen:
$$A\cos(\omega t + \varphi) = A\sin(\omega t + \varphi + \tfrac{\pi}{2})$$

Überlagerung von Schwingungen

$$A_1\sin(\omega t + \varphi_1) + A_2\sin(\omega t + \varphi_2) = A\sin(\omega t + \varphi)$$

$$A = \sqrt{A_1^2 + A_2^2 + 2A_1A_2\cos(\varphi_1 - \varphi_2)}$$

$$\tan\varphi = \frac{A_1\sin\varphi_1 + A_2\sin\varphi_2}{A_1\cos\varphi_1 + A_2\cos\varphi_2}\quad \begin{array}{l}\text{Quadranten}\\ \text{beachten!}\end{array}$$

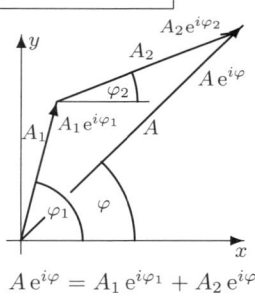

$$A\,\mathrm{e}^{i\varphi} = A_1\,\mathrm{e}^{i\varphi_1} + A_2\,\mathrm{e}^{i\varphi_2}$$

Addition
der komplexen Amplituden

Zeigerdiagramm

Spezialfall:
$$\boxed{B\cos\omega t + C\sin\omega t = A\sin(\omega t + \varphi)}$$

$B = A\sin\varphi$
$C = A\cos\varphi$

$A = \sqrt{B^2 + C^2}$

$\tan\varphi = \dfrac{B}{C}\quad \begin{array}{l}\text{Quadranten}\\ \text{beachten!}\end{array}$

Komplexe Darstellung

$$\begin{aligned}
A \cdot \mathrm{e}^{i(\omega t + \varphi)} &= A\Big(\cos(\omega t + \varphi) + i\sin(\omega t + \varphi)\Big)\\
&= A\mathrm{e}^{i\varphi} \cdot \mathrm{e}^{i\omega t}\\
&= A\mathrm{e}^{i\varphi}(\cos\omega t + i\sin\omega t)
\end{aligned}$$

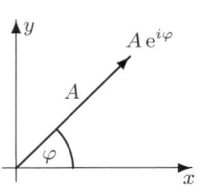

$A\mathrm{e}^{i\varphi}$ heißt **komplexe Amplitude**, siehe auch Zeigerdiagramm,
sie "enthält" die (reelle) Amplitude A und die Phase φ.

4 Vektorrechnung

4.1 Skalarprodukt, Vektorprodukt, Spatprodukt

Skalarprodukt

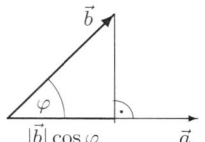

$$\vec{a} \cdot \vec{b} = \begin{pmatrix} a_1 \\ a_2 \\ a_3 \end{pmatrix} \cdot \begin{pmatrix} b_1 \\ b_2 \\ b_3 \end{pmatrix} = \left\{ \begin{array}{l} a_1 b_1 + a_2 b_2 + a_3 b_3 \\ \\ |\vec{a}| \cdot |\vec{b}| \cdot \cos \sphericalangle(\vec{a}, \vec{b}) \end{array} \right.$$

Eigenschaften des Skalarproduktes:

$$(1) \quad \vec{a} \cdot \vec{a} \geq 0$$
$$(2) \quad \vec{a} \cdot \vec{a} = 0 \iff \vec{a} = \vec{0} \left. \right\} \quad \text{positive Definitheit}$$
$$(3) \quad \vec{a} \cdot \vec{b} = \vec{b} \cdot \vec{a} \qquad \qquad \text{Kommutativgesetz}$$
$$(4) \quad \vec{a} \cdot (\vec{b} + \vec{c}) = \vec{a} \cdot \vec{b} + \vec{a} \cdot \vec{c} \qquad \text{Distributivgesetz}$$
$$(5) \quad (\lambda \vec{a}) \cdot \vec{b} = \lambda \, (\vec{a} \cdot \vec{b})$$

Länge von $\vec{a}$: $\qquad |\vec{a}| = \sqrt{\vec{a}^2} = \sqrt{\vec{a} \cdot \vec{a}} = \sqrt{a_1^2 + a_2^2 + a_3^2}$

$\qquad \qquad \qquad \qquad$ es ist $|\vec{a}|^2 = \vec{a}^2$ und $|\lambda \vec{a}| = |\lambda| \, |\vec{a}|$

Winkel[*] zwischen $\vec{a}, \vec{b}$: $\quad \cos \sphericalangle(\vec{a}, \vec{b}) = \dfrac{\vec{a} \cdot \vec{b}}{|\vec{a}| \cdot |\vec{b}|} = \dfrac{a_1 b_1 + a_2 b_2 + a_3 b_3}{\sqrt{a_1^2 + a_2^2 + a_3^2} \cdot \sqrt{b_1^2 + b_2^2 + b_3^2}}$

Senkrechtstehen[*]: $\qquad \vec{a} \perp \vec{b} \iff \vec{a} \cdot \vec{b} = 0$

[*] Winkel und Senkrechtstehen nur sinnvoll für $\vec{a}, \vec{b} \neq \vec{0}$.

Cauchy–Schwarzsche Ungleichung: $\qquad |\vec{a} \cdot \vec{b}| \leq |\vec{a}| \cdot |\vec{b}|$
Das Gleichheitszeichen gilt genau dann,
wenn $\vec{a}, \vec{b}$ linear abhängig sind!

Dreiecksungleichung: $\qquad \qquad |\vec{a} + \vec{b}| \leq |\vec{a}| + |\vec{b}|$

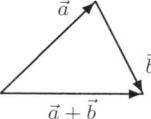

Kosinussatz $\qquad \qquad (\vec{a} - \vec{b})^2 = \vec{a}^2 - 2\vec{a}\vec{b} + \vec{b}^2$

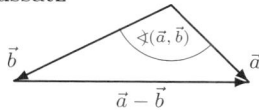

$|\vec{a} - \vec{b}|^2 = |\vec{a}|^2 + |\vec{b}|^2 - 2|\vec{a}| \cdot |\vec{b}| \cdot \cos \sphericalangle(\vec{a}, \vec{b})$

(Kosinussatz siehe
auch Seite 18)

Pythagoras $\left(\sphericalangle(\vec{a}, \vec{b}) = 90^0 \right) \qquad |\vec{a} - \vec{b}|^2 = |\vec{a}|^2 + |\vec{b}|^2$

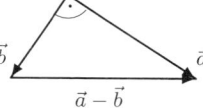

Das **Skalarprodukt** kann entsprechend in jedem $\mathbb{R}^n$ definiert werden!

Vektorprodukt

$$\vec{a} \times \vec{b} = \begin{pmatrix} a_1 \\ a_2 \\ a_3 \end{pmatrix} \times \begin{pmatrix} b_1 \\ b_2 \\ b_3 \end{pmatrix} = \begin{pmatrix} a_2 b_3 - a_3 b_2 \\ a_3 b_1 - a_1 b_3 \\ a_1 b_2 - a_2 b_1 \end{pmatrix}$$

$$|\vec{a} \times \vec{b}| = |\vec{a}| \cdot |\vec{b}| \cdot \sin \sphericalangle(\vec{a}, \vec{b})$$

Eigenschaften des Vektorproduktes:

(1) $\vec{a} \times \vec{b}$ steht **senkrecht** auf $\vec{a}$ und $\vec{b}$.

(2) $|\vec{a} \times \vec{b}| = |\vec{a}| \cdot |\vec{b}| \cdot \sin \sphericalangle(\vec{a}, \vec{b})$ = **Flächeninhalt F** des von $\vec{a}$ und $\vec{b}$ aufgespannten Parallelogramms.

(3) $\vec{a}$, $\vec{b}$, $\vec{a} \times \vec{b}$ bilden in dieser Reihenfolge ein **Rechtssystem**.

(4) $|\vec{a} \times \vec{b}|^2 = (\vec{a} \times \vec{b})^2 = \begin{vmatrix} \vec{a}\vec{a} & \vec{a}\vec{b} \\ \vec{a}\vec{b} & \vec{b}\vec{b} \end{vmatrix} = \det \begin{pmatrix} \vec{a}\vec{a} & \vec{a}\vec{b} \\ \vec{a}\vec{b} & \vec{b}\vec{b} \end{pmatrix}$

Rechenregeln

(5) $\vec{a} \times \vec{b} = -(\vec{b} \times \vec{a})$ (6) $(\lambda\vec{a}) \times \vec{b} = \vec{a} \times (\lambda\vec{b}) = \lambda(\vec{a} \times \vec{b})$

(7) $\vec{a} \times (\vec{b} + \vec{c}) = \vec{a} \times \vec{b} + \vec{a} \times \vec{c}$

(8) $\vec{a} \times \vec{b} = \vec{0} \iff \vec{a}, \vec{b}$ sind linear abhängig.

mehrfache Produkte

(9) $\vec{a} \cdot (\vec{b} \times \vec{c}) = (\vec{a} \times \vec{b}) \cdot \vec{c} = \langle \vec{a}, \vec{b}, \vec{c} \rangle$ **Spatprodukt (Determinante)**

(10) $\left. \begin{array}{l} \vec{a} \times (\vec{b} \times \vec{c}) = (\vec{a} \cdot \vec{c})\vec{b} - (\vec{a} \cdot \vec{b})\vec{c} \\ (\vec{a} \times \vec{b}) \times \vec{c} = (\vec{a} \cdot \vec{c})\vec{b} - (\vec{b} \cdot \vec{c})\vec{a} \end{array} \right\}$ **Entwicklungssatz**

(11) $\vec{a} \times (\vec{b} \times \vec{c}) + \vec{b} \times (\vec{c} \times \vec{a}) + \vec{c} \times (\vec{a} \times \vec{b}) = \vec{0}$ **Jacobi–Identität**

Skalarprodukt aus 2 Vektorprodukten

(12) $(\vec{a} \times \vec{b}) \cdot (\vec{c} \times \vec{d}) = (\vec{a} \cdot \vec{c})(\vec{b} \cdot \vec{d}) - (\vec{a} \cdot \vec{d})(\vec{b} \cdot \vec{c})$ **Lagrange–Identität**

speziell: $(\vec{a} \times \vec{b})^2 = \vec{a}^2 \vec{b}^2 - (\vec{a} \cdot \vec{b})^2$

Vektorprodukt aus 2 Vektorprodukten

(13) $(\vec{a} \times \vec{b}) \times (\vec{c} \times \vec{d}) = \langle \vec{a}, \vec{c}, \vec{d} \rangle \vec{b} - \langle \vec{b}, \vec{c}, \vec{d} \rangle \vec{a} = \langle \vec{a}, \vec{b}, \vec{d} \rangle \vec{c} - \langle \vec{a}, \vec{b}, \vec{c} \rangle \vec{d}$

speziell: $(\vec{a} \times \vec{b}) \times (\vec{b} \times \vec{c}) = \langle \vec{a}, \vec{b}, \vec{c} \rangle \vec{b}$

Beispiel

Man berechne Fläche F und Winkel φ des von $\vec{a} = (2, -1, 1)$ und $\vec{b} = (-1, 3, 2)$ aufgespannten Parallelogramms.

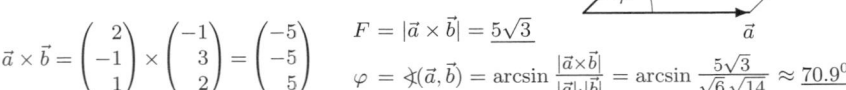

$\vec{a} \times \vec{b} = \begin{pmatrix} 2 \\ -1 \\ 1 \end{pmatrix} \times \begin{pmatrix} -1 \\ 3 \\ 2 \end{pmatrix} = \begin{pmatrix} -5 \\ -5 \\ 5 \end{pmatrix}$

$F = |\vec{a} \times \vec{b}| = \underline{5\sqrt{3}}$

$\varphi = \sphericalangle(\vec{a}, \vec{b}) = \arcsin \dfrac{|\vec{a} \times \vec{b}|}{|\vec{a}| \cdot |\vec{b}|} = \arcsin \dfrac{5\sqrt{3}}{\sqrt{6}\sqrt{14}} \approx \underline{70.9^0}$

Spatprodukt

$$\langle \vec{a}, \vec{b}, \vec{c} \rangle = \begin{vmatrix} a_1 & b_1 & c_1 \\ a_2 & b_2 & c_2 \\ a_3 & b_3 & c_3 \end{vmatrix} = \det(\vec{a}, \vec{b}, \vec{c})$$

$$= \vec{a} \cdot (\vec{b} \times \vec{c}) = \vec{c} \cdot (\vec{a} \times \vec{b}) = \vec{b} \cdot (\vec{c} \times \vec{a})$$

$$= \langle \vec{a}, \vec{b}, \vec{c} \rangle = \langle \vec{c}, \vec{a}, \vec{b} \rangle = \langle \vec{b}, \vec{c}, \vec{a} \rangle$$

zyklische Vertauschungen ändern das Spatprodukt nicht!

$$= a_1 b_2 c_3 + a_2 b_3 c_1 + a_3 b_1 c_2 - a_3 b_2 c_1 - a_2 b_1 c_3 - a_1 b_3 c_2$$

Regel von **Sarrus**, siehe Seite 63.

Eigenschaften des Spatproduktes:

(1) $\langle \vec{a}, \vec{b}, \vec{c} \rangle$
$\begin{cases} > 0 & \Longleftrightarrow \vec{a}, \vec{b}, \vec{c} \quad \text{bilden ein } \textbf{Rechtssystem.} \\ = 0 & \Longleftrightarrow \vec{a}, \vec{b}, \vec{c} \quad \text{sind } \textbf{lin. abhängig} \text{ (liegen in einer Ebene).} \\ < 0 & \Longleftrightarrow \vec{a}, \vec{b}, \vec{c} \quad \text{bilden ein } \textbf{Linkssystem.} \end{cases}$

(2) $\langle \vec{a}, \vec{b}, \vec{c} \rangle = -\langle \vec{b}, \vec{a}, \vec{c} \rangle = -\langle \vec{a}, \vec{c}, \vec{b} \rangle = -\langle \vec{c}, \vec{b}, \vec{a} \rangle$

(3) $\langle \vec{a}, \vec{b}, \vec{c} \rangle =$ **orientiertes Volumen** (= Volumen mit Vorzeichen) des von den drei Vektoren $\vec{a}, \vec{b}, \vec{c}$ aufgespannten **Spats**.

(4) $|\langle \vec{a}, \vec{b}, \vec{c} \rangle| =$ **Volumen** des von $\vec{a}, \vec{b}, \vec{c}$ aufgespannten **Spats**.

(5) $\frac{1}{6} |\langle \vec{a}, \vec{b}, \vec{c} \rangle| =$ **Volumen** des von $\vec{a}, \vec{b}, \vec{c}$ aufgespannten **Tetraeders**.

(6) $\langle \vec{a}, \vec{b}, \vec{c} \rangle^2 = \begin{vmatrix} \vec{a}\vec{a} & \vec{a}\vec{b} & \vec{a}\vec{c} \\ \vec{a}\vec{b} & \vec{b}\vec{b} & \vec{b}\vec{c} \\ \vec{a}\vec{c} & \vec{b}\vec{c} & \vec{c}\vec{c} \end{vmatrix} = \det \begin{pmatrix} \vec{a}\vec{a} & \vec{a}\vec{b} & \vec{a}\vec{c} \\ \vec{a}\vec{b} & \vec{b}\vec{b} & \vec{b}\vec{c} \\ \vec{a}\vec{c} & \vec{b}\vec{c} & \vec{c}\vec{c} \end{pmatrix}$

$\vec{a}, \vec{b}, \vec{c}$ linear abhängig $\Longleftrightarrow \quad \mathbf{\langle \vec{a}, \vec{b}, \vec{c} \rangle = 0} \quad \Longleftrightarrow \quad \vec{a}, \vec{b}, \vec{c}$ liegen in einer Ebene.

Die Geraden $\vec{x} = \vec{a}_1 + t\vec{b}_1$ und $\vec{x} = \vec{a}_2 + t\vec{b}_2$ sind **windschief** $\Longleftrightarrow \langle \vec{a}_1 - \vec{a}_2, \vec{b}_1, \vec{b}_2 \rangle \neq 0$.

Beispiel   Es seien $\vec{a} = \begin{pmatrix} 1 \\ 2 \\ -1 \end{pmatrix}$, $\vec{b} = \begin{pmatrix} 2 \\ 0 \\ -2 \end{pmatrix}$, $\vec{c} = \begin{pmatrix} 1 \\ 1 \\ 2 \end{pmatrix}$.

Man berechne das Volumen V_S des von $\vec{a}, \vec{b}, \vec{c}$ aufgespannten Spats, sowie das Volumen V_T des von $\vec{a}, \vec{b}, \vec{c}$ aufgespannten Tetraeders.

$$\langle \vec{a}, \vec{b}, \vec{c} \rangle = \det(\vec{a}, \vec{b}, \vec{c}) = \begin{vmatrix} 1 & 2 & 1 \\ 2 & 0 & 1 \\ -1 & -2 & 2 \end{vmatrix}$$

$$= 1 \cdot 0 \cdot 2 + 2 \cdot (-2) \cdot 1 + (-1) \cdot 2 \cdot 1 - 1 \cdot 0 \cdot (-1) - 1 \cdot (-2) \cdot 1 - 2 \cdot 2 \cdot 2 = \underline{-12}$$

Die Determinante ist negativ, die Vektoren $\vec{a}, \vec{b}, \vec{c}$ bilden also ein Linkssystem!

Für die Volumina erhält man (Tetraedervolumen $= \frac{1}{6}$ Spatvolumen):

Vol. des Spats: $V_S = |\langle \vec{a}, \vec{b}, \vec{c} \rangle| = |\det(\vec{a}, \vec{b}, \vec{c})| = \underline{12}$,   Vol. des Tetraeders: $V_T = \frac{1}{6} V_S = \underline{2}$.

4.2 Geraden in der Ebene, Geraden und Ebenen im Raum

$$\boxed{\text{Geraden im } \mathbb{R}^2}$$

kartesische Darstellung	vektorielle Darstellung

Koordinatenform

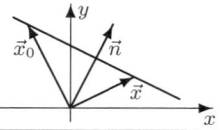

(Punkt–) Normalform

$$ax + by = c$$

$$\vec{n} \cdot \vec{x} = \vec{n} \cdot \vec{x}_0$$

$$\vec{n} = \begin{pmatrix} a \\ b \end{pmatrix}$$

Punktrichtungsform

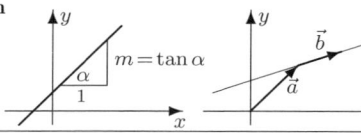

Parameterdarstellung

$$\frac{y-y_1}{x-x_1} = m$$

$$G: \quad \vec{x} = \vec{a} + t\,\vec{b}$$

$$t \in \mathbb{R}$$

Zwei–Punkte–Form

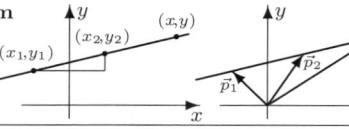

Zwei–Punkte–Form

$$\frac{y-y_1}{x-x_1} = \frac{y_2-y_1}{x_2-x_1}$$

$$G: \quad \vec{x} = \vec{p}_1 + t\,(\vec{p}_2 - \vec{p}_1)$$

$$t \in \mathbb{R}$$

Achsenabschnittsform

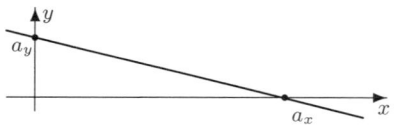

$$\frac{x}{a_x} + \frac{y}{a_y} = 1$$

Hessesche Normalform

$$\frac{a}{\sqrt{a^2+b^2}}x + \frac{b}{\sqrt{a^2+b^2}}y = d, \ d \geq 0$$

Hessesche Normalform

$$\vec{n} \cdot \vec{x} = d, \ |\vec{n}| = 1, \ d \geq 0$$

(d : ist der Abstand der Geraden vom Ursprung.)

$$\boxed{\text{Geraden im } \mathbb{R}^3}$$

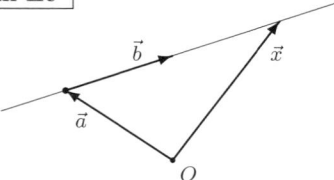

Punkt–Richtungs–Form

G : durch den Endpunkt von $\vec{a}$ und
        mit dem Richtungsvektor $\vec{b}$

G : $\vec{x} = \vec{a} + t\vec{b}, \ t \in \mathbb{R}$

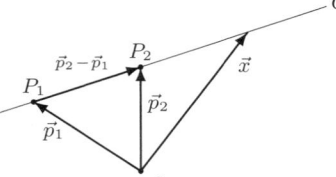

Zwei–Punkte–Form

G : durch zwei verschiedene Punkte P_1, P_2
        mit $\vec{p}_1 = \overrightarrow{OP_1}, \ \vec{p}_2 = \overrightarrow{OP_2}, \ \vec{p}_2 - \vec{p}_1 = \overrightarrow{P_1P_2}$:

G : $\vec{x} = \vec{p}_1 + t(\vec{p}_2 - \vec{p}_1), \ t \in \mathbb{R}$

$$\boxed{\textbf{Ebenen im } \mathbb{R}^3}$$

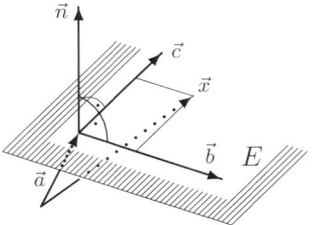

Parameterdarstellung

(1) $\boxed{\begin{array}{l} E \quad \text{durch den Endpunkt von } \vec{a} \text{ und} \\ \quad \text{mit den Richtungsvektoren } \vec{b}, \vec{c} \end{array}}$

$\boxed{E: \ \vec{x} = \vec{a} + r\vec{b} + s\vec{c}}$ Normalenvektor:
$\vec{n} = \vec{b} \times \vec{c}$

(2) $\boxed{E \text{ durch drei nicht auf einer Geraden liegende Punkte } P_1, P_2, P_3}$

$\boxed{E: \ \vec{x} = \vec{p}_1 + r(\vec{p}_2 - \vec{p}_1) + s(\vec{p}_3 - \vec{p}_1)}$ Normalenvektor:
$\vec{n} = (\vec{p}_2 - \vec{p}_1) \times (\vec{p}_3 - \vec{p}_1)$

Koordinatenform

$\boxed{E: \begin{array}{l} ax + by + cz = d \\ \vec{n} \cdot \vec{x} \qquad\ = d \end{array}}$ Normalenvektor:
$\vec{n} = (a, b, c)$

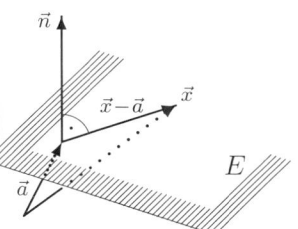

(3) $\boxed{E \text{ durch den Endpunkt von } \vec{a} \text{ mit Normalenvektor } \vec{n}}$

$\boxed{E: \ \vec{n} \cdot \vec{x} = \vec{n} \cdot \vec{a} \text{ oder } \vec{n} \cdot (\vec{x} - \vec{a}) = 0}$

Hessesche Normalform

$\boxed{E: \ \vec{n} \cdot \vec{x} = d \ , \text{ mit } \begin{array}{l} |\vec{n}| = 1 \\ d \geq 0 \end{array}}$ $\vec{n}$ ist ein Normaleneinheitsvektor
und zeigt vom Nullpunkt zur Ebene.
d ist Abstand von E zum Nullpunkt.

(4) $\boxed{E \text{ senkrecht zu } \vec{n} \text{ mit Abstand } d \text{ zum Nullpunkt}}$

Es gibt zwei derartige Ebenen $E_{1,2}$, falls $d > 0$ ist:

$\boxed{E_{1,2}: \ \pm\vec{n} \cdot \vec{x} = d}$

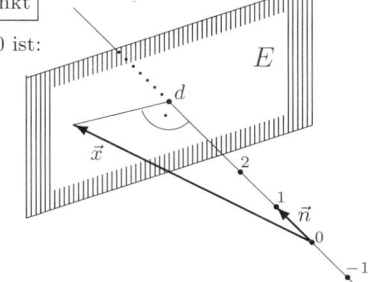

Achsenabschnittsform

(5) $\boxed{E \text{ mit Achsenabschnitten } a', b', c'}$

$\boxed{E: \ \dfrac{x}{a'} + \dfrac{y}{b'} + \dfrac{z}{c'} = 1}$ Normalenvektor:
$\vec{n} = (\frac{1}{a'}, \frac{1}{b'}, \frac{1}{c'})$

(6) $\boxed{E \text{ parallel zur } z\text{–Achse mit Achsenabschnitten } a', b'}$

$\boxed{E: \ \dfrac{x}{a'} + \dfrac{y}{b'} = 1}$ Normalenvektor:
$\vec{n} = (\frac{1}{a'}, \frac{1}{b'}, 0)$

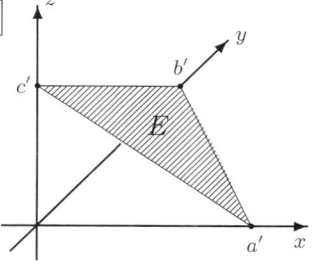

(7) $\boxed{E \text{ parallel zur } y, z\text{–Ebene mit Achsenabschnitt } a'}$

$\boxed{E: \ \dfrac{x}{a'} = 1}$ Normalenvektor:
$\vec{n} = (\frac{1}{a'}, 0, 0)$

Umformung von Ebenengleichungen

Parameterdarstellung in Koordinatenform

Parameterdarstellung
$$E: \ \vec{x} = \vec{a} + r\vec{b} + s\vec{c}$$

$\xrightarrow{\quad\quad}$

Multiplikation mit
$\vec{n} = \vec{b} \times \vec{c} = (a, b, c)$

Koordinatenform
$$E: \quad \begin{array}{l} \vec{n} \cdot \vec{x} \ = \vec{n} \cdot \vec{a} \\ ax + by + cz = \ d \end{array}$$

Man multipliziert die Parameterdarstellung mit einem Vektor $\vec{n}$, der auf den Richtungsvektoren $\vec{b}$ und $\vec{c}$ senkrecht steht (**Normalenvektor**), z.B. mit $\vec{n} = \vec{b} \times \vec{c}$.

Koordinatenform in Parameterdarstellung

Koordinatenform
$$E: \ ax + by + cz = d$$

$\xrightarrow{\quad\quad}$

Lösen des LGS

Parameterdarstellung
$$E: \ \vec{x} = \vec{a} + r\vec{b} + s\vec{c}$$

Man löst das LGS $ax + by + cz = d$:

Ist $a \neq 0$, so setzt man
$y = r$, $z = s$ und löst nach x auf.
Das Ergebnis schreibt man vektoriell:

$$E: \ \vec{x} = \begin{pmatrix} x \\ y \\ z \end{pmatrix} = \begin{pmatrix} \frac{d}{a} \\ 0 \\ 0 \end{pmatrix} + r \begin{pmatrix} -\frac{b}{a} \\ 1 \\ 0 \end{pmatrix} + s \begin{pmatrix} -\frac{c}{a} \\ 0 \\ 1 \end{pmatrix}$$

Ist $a = 0$, so ist $b \neq 0$ oder $c \neq 0$, und man geht entsprechend vor !

Koordinatenform in Hessesche Normalform

Man dividiert die Koordinatenform $ax + by + cz = d$ durch den Betrag $\sqrt{a^2 + b^2 + c^2}$ des Normalenvektors $\vec{n} = (a, b, c)$ und macht ggf. die rechte Seite durch Multiplikation der Gleichung mit -1 positiv.

Parameterdarstellung in Hessesche Normalform

1. Parameterdarstellung in Koordinatenform umformen.
2. Koordinatenform in Hessesche Normalform umformen.

Beispiel *Umformungen von Ebenengleichungen*

1.) Parameterdarstellung in Koordinatenform: $E: \ \vec{x} = \begin{pmatrix} 1 \\ -2 \\ 1 \end{pmatrix} + r \begin{pmatrix} 1 \\ 2 \\ 0 \end{pmatrix} + s \begin{pmatrix} 1 \\ 0 \\ -1 \end{pmatrix}$

$\vec{n} = \begin{pmatrix} 1 \\ 2 \\ 0 \end{pmatrix} \times \begin{pmatrix} 1 \\ 0 \\ -1 \end{pmatrix} = \begin{pmatrix} -2 \\ 1 \\ -2 \end{pmatrix}$, also $E: \ \vec{n} \cdot \begin{pmatrix} x \\ y \\ z \end{pmatrix} = \vec{n} \cdot \begin{pmatrix} 1 \\ -2 \\ 1 \end{pmatrix} \implies \underline{E: \ -2x + y - 2z = -6}.$

2.) Koordinatenform in Parameterdarstellung: $E: \ -2x + y - 2z = -6$
Lösen des LGS $-2x + y - 2z = -6$: z.B.: $x = r$, $z = s \implies y = -6 + 2r + 2s$

$\begin{array}{l} x = r \\ \implies \quad y = -6 + 2r + 2s \\ \quad\quad z = s \end{array}$, also (vektorielle Schreibweise) $E: \ \vec{x} = \begin{pmatrix} 0 \\ -6 \\ 0 \end{pmatrix} + r \begin{pmatrix} 1 \\ 2 \\ 0 \end{pmatrix} + s \begin{pmatrix} 0 \\ 2 \\ 1 \end{pmatrix}.$

4.3 Abstände, Winkel, Lote

Bezeichnungen:

Punkte bzw. Vektoren	Geraden	Ebenen
$P = (p_1, p_2, p_3)$	$G \; : \; \vec{x} = \vec{a} + t\vec{b}$	$E \; : \; ax + by + cz = d$
$Q = (q_1, q_2, q_3)$	$G_1 : \; \vec{x} = \vec{a}_1 + t\vec{b}_1$	$E \; : \; \vec{n} \cdot \vec{x} = d$
$\vec{p} = \overrightarrow{OP}, \; \vec{q} = \overrightarrow{OQ}$	$G_2 : \; \vec{x} = \vec{a}_2 + t\vec{b}_2$	$E_1 : \; \vec{n}_1 \cdot \vec{x} = d_1$
$\vec{n} = (a, b, c), \; \vec{x}_0 = \overrightarrow{OX_0}$		$E_2 : \; \vec{n}_2 \cdot \vec{x} = d_2$

Abstand d

Punkt – Punkt $\quad d(P, Q) \quad = |\vec{q} - \vec{p}| = \sqrt{(q_1 - p_1)^2 + (q_2 - p_2)^2 + (q_3 - p_3)^2}$

Punkt – Gerade $\quad d(P, G) \quad = \dfrac{|\vec{b} \times (\vec{p} - \vec{a})|}{|\vec{b}|}$

Punkt – Ebene $\quad d(P, E) \quad = \dfrac{|\vec{n} \cdot \vec{p} - d|}{|\vec{n}|} = \dfrac{|ap_1 + bp_2 + cp_3 - d|}{\sqrt{a^2 + b^2 + c^2}}$

Gerade – Gerade $\quad d(G_1, G_2) = \dfrac{|(\vec{a}_1 - \vec{a}_2) \cdot (\vec{b}_1 \times \vec{b}_2)|}{|\vec{b}_1 \times \vec{b}_2|}$

$\qquad\qquad\qquad G_1, \; G_2$ nicht parallel, also $\vec{b}_1 \times \vec{b}_2 \neq \vec{0}$

Schnittwinkel φ

Gerade – Gerade $\quad \varphi = \sphericalangle(G_1, G_2) = \sphericalangle(\vec{b}_1, \vec{b}_2) = \arccos \dfrac{\vec{b}_1 \cdot \vec{b}_2}{|\vec{b}_1| \, |\vec{b}_2|}$

Gerade – Ebene $\quad \varphi = \sphericalangle(G, E) = 90^0 - \sphericalangle(\vec{b}, \vec{n}) = 90^0 - \arccos \dfrac{\vec{b} \cdot \vec{n}}{|\vec{b}| \, |\vec{n}|}$

Ebene – Ebene $\quad \varphi = \sphericalangle(E_1, E_2) = \sphericalangle(\vec{n}_1, \vec{n}_2) = \arccos \dfrac{\vec{n}_1 \cdot \vec{n}_2}{|\vec{n}_1| \, |\vec{n}_2|}$

Lotfußpunkt X_0 von

Punkt P auf Gerade G $\quad \vec{x}_0 = \vec{a} + t_0 \vec{b} \, , \quad t_0 = \dfrac{(\vec{p} - \vec{a}) \cdot \vec{b}}{|\vec{b}|^2}$

Punkt P auf Ebene E $\quad \vec{x}_0 = \vec{p} + t_0 \vec{n} \, , \quad t_0 = \dfrac{d - \vec{n} \cdot \vec{p}}{|\vec{n}|^2}$

Spiegelpunkt P'

Für den **Spiegelpunkt** P' von P an
der Geraden G oder Ebene E gilt: $\vec{p}' = 2\vec{x}_0 - \vec{p}$,
dabei ist X_0 der **Lotfußpunkt** von P auf G bzw. E.

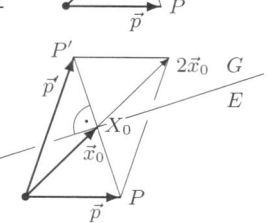

4.4   Lineare Abhängigkeit, Basis im Vektorraum $\mathbb{R}^n$

> $\vec{x} \in \mathbb{R}^n$ ist **Linearkombination** von $\vec{a}_1, \ldots, \vec{a}_k \in \mathbb{R}^n$
> $\Longleftrightarrow \vec{x} = x_1\vec{a}_1 + \cdots + x_k\vec{a}_k$ mit reellen Zahlen $x_i \in \mathbb{R}$.

Die **lineare Hülle** von $\vec{a}_1, \ldots, \vec{a}_k \in \mathbb{R}^n$ ist die Menge aller Linearkombinationen von $\vec{a}_1, \ldots, \vec{a}_k$, also die Menge $L(\vec{a}_1, \ldots, \vec{a}_k) := \{x_1\vec{a}_1 + \cdots + x_k\vec{a}_k \mid x_i \in \mathbb{R}\}$.

> Die Vektoren $\vec{a}_1, \ldots, \vec{a}_k \in \mathbb{R}^n$ sind **linear unabhängig**
>
> $\Longleftrightarrow$ der Nullvektor lässt sich nur trivial als Linearkombination der Vektoren $\vec{a}_1, \ldots, \vec{a}_k$ darstellen.
> $\Longleftrightarrow$ $x_1\vec{a}_1 + \cdots + x_k\vec{a}_k = \vec{o} \Longrightarrow x_1 = x_2 = \cdots = x_k = 0$.

> Die Menge $\{\vec{a}_1, \vec{a}_2, \ldots, \vec{a}_k\}$ ist **Basis** des $\mathbb{R}^n$
>
> $\Longleftrightarrow$ Jeder Vektor $\vec{b} \in \mathbb{R}^n$ lässt sich eindeutig als Linearkombination der Vektoren $\vec{a}_1, \ldots, \vec{a}_k$ darstellen.
> $\Longleftrightarrow$ das LGS $x_1\vec{a}_1 + \cdots + x_k\vec{a}_k = \vec{b}$ ist für alle $\vec{b} \in \mathbb{R}^n$ eindeutig lösbar.
> $\Longleftrightarrow$ $L(\vec{a}_1, \ldots, \vec{a}_k) = \mathbb{R}^n$, d.h. $\{\vec{a}_1, \ldots, \vec{a}_k\}$ ist ein Erzeugendensystem des $\mathbb{R}^n$ und $\vec{a}_1, \ldots, \vec{a}_k$ sind linear unabhängig.
> $\Longleftrightarrow$ $L(\vec{a}_1, \ldots, \vec{a}_k) = \mathbb{R}^n$ und $k = n$.
> $\Longleftrightarrow$ $\vec{a}_1, \ldots, \vec{a}_k$ sind linear unabhängig und $k = n$.
> $\Longleftrightarrow$ $k = n$ und $\det(\vec{a}_1, \ldots, \vec{a}_k) \neq 0$.

> ### Schmidtsches Orthogonalisierungsverfahren
>
> Ist $L = L(\vec{a}_1, \ldots, \vec{a}_m)$ die lineare Hülle der m Vektoren $\vec{a}_1, \ldots, \vec{a}_m \in \mathbb{R}^n$, so lässt sich schrittweise eine **orthogonale Basis** $(\vec{b}_1, \ldots, \vec{b}_k)$ von L gewinnen:
>
> Ist $\vec{a}_1 \neq \vec{0}$ (sonst nehme man einen anderen Vektor), so setzt man:
>
> $\vec{b}_1 := \vec{a}_1.$ Ist $\vec{a}_2 \notin L(\vec{a}_1) = L(\vec{b}_1)$, so setzt man:
>
> $\vec{b}_2 := \vec{a}_2 - \dfrac{\vec{a}_2 \cdot \vec{b}_1}{\vec{b}_1^2}\vec{b}_1.$ Ist $\vec{a}_3 \notin L(\vec{a}_1, \vec{a}_2) = L(\vec{b}_1, \vec{b}_2)$, so setzt man:
>
> $\vec{b}_3 := \vec{a}_3 - \dfrac{\vec{a}_3 \cdot \vec{b}_1}{\vec{b}_1^2}\vec{b}_1 - \dfrac{\vec{a}_3 \cdot \vec{b}_2}{\vec{b}_2^2}\vec{b}_2,$ usw.
>
> Allgemein setzt man: $\boxed{\vec{b}_{\ell+1} := \vec{a}_{\ell+1} - \dfrac{\vec{a}_{\ell+1} \cdot \vec{b}_1}{\vec{b}_1^2}\vec{b}_1 - \cdots - \dfrac{\vec{a}_{\ell+1} \cdot \vec{b}_\ell}{\vec{b}_\ell^2}\vec{b}_l}$
>
> Das Verfahren bricht ab, wenn $L(\vec{a}_1, \ldots, \vec{a}_m) = L(\vec{b}_1, \ldots, \vec{b}_k)$ ist, wenn man also keinen Vektor $\vec{a}_{k+1}$ mehr findet, der nicht in $L(\vec{b}_1, \ldots, \vec{b}_k)$ liegt.
>
> Aus der **Orthogonalbasis** $(\vec{b}_1, \ldots, \vec{b}_k)$ gewinnt man durch Normieren
>
>   eine **Orthonormalbasis** $\left(\dfrac{1}{|\vec{b}_1|}\vec{b}_1, \ldots, \dfrac{1}{|\vec{b}_k|}\vec{b}_k\right).$

5 Matrizen, Determinanten, Eigenwerte

5.1 Matrizen

Matrizen

(m,n)–Matrix

$A = (a_{ij})$

rechteckiges Schema, das aus $m \cdot n$ reellen oder komplexen Zahlen oder auch aus Funktionen (siehe z.B. Jakobi–Matrix) besteht, die in m *Zeilen* (Zeilenvektoren) und n *Spalten* (Spaltenvektoren) angeordnet sind: a_{ij} steht in der i–ten Zeile und in der j–ten Spalte. ($\overline{z}$ bezeichnet die zu z konjugiert komplexe Zahl.)

$A = (a_{ij})$

(m,n)–Matrix

$$A = \begin{pmatrix} a_{11} \cdots a_{1n} \\ \vdots \quad \vdots \\ a_{m1} \cdots a_{mn} \end{pmatrix}$$

$A^\top = (a_{ji})$

transponierte Matrix

(n,m)–Matrix

$$A^\top = \begin{pmatrix} a_{11} \cdots a_{m1} \\ \vdots \quad \vdots \\ a_{1n} \cdots a_{mn} \end{pmatrix}$$

$A^\star = (\overline{a_{ji}}) = \overline{A}^\top = \overline{A^\top}$

adjungierte Matrix

(n,m)–Matrix

$$A^\star = \begin{pmatrix} \overline{a_{11}} \cdots \overline{a_{m1}} \\ \vdots \quad \vdots \\ \overline{a_{1n}} \cdots \overline{a_{mn}} \end{pmatrix}$$

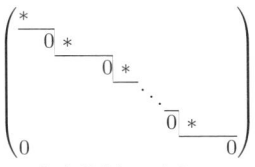

Nullmatrix

$$O = \begin{pmatrix} 0 & \cdots & 0 \\ \vdots & & \vdots \\ 0 & \cdots & 0 \end{pmatrix}$$

$a_{ij} = 0$ für alle i,j.

obere Dreiecksmatrix
$(m \le n)$

$$\begin{pmatrix} a_{11} & \cdots & a_{1n} \\ 0 & \ddots & \vdots \\ 0 & 0 & a_{mm} \cdots a_{mn} \end{pmatrix}$$

$a_{ij} = 0$ für $i > j$.

Zeilenstufenmatrix

$$\begin{pmatrix} * & & & & \\ \overline{0} & * & & & \\ & \overline{0} & * & & \\ & & & \ddots & \\ & & & \overline{0} & * \\ 0 & & & & 0 \end{pmatrix}$$

Stufenränder $\star$ sind Zahlen $\neq 0$, unter den Stufen nur Nullen, sonst beliebige Zahlen.

Spezielle quadratische Matrizen $(m = n)$

Diagonalmatrix

$D = \mathrm{diag}(d_1, \ldots, d_n) =$

$$\begin{pmatrix} d_1 & 0 & \cdots & 0 \\ 0 & d_2 & \cdots & 0 \\ \vdots & \vdots & & \vdots \\ 0 & 0 & \cdots & d_n \end{pmatrix} = (d_i \cdot \delta_{ij})$$

Einheitsmatrix

$E = \mathrm{diag}(1, \ldots, 1) =$

$$\begin{pmatrix} 1 & 0 & \cdots & 0 \\ 0 & 1 & \cdots & 0 \\ \vdots & \vdots & & \vdots \\ 0 & 0 & \cdots & 1 \end{pmatrix} = (\delta_{ij})$$

Kronecker–Symbol

$$\delta_{ij} = \begin{cases} 1 & , \quad i = j \\ 0 & , \quad \text{sonst} \end{cases}$$

Matrix			
symmetrisch	A	$=$	$A^\top$	$a_{ij} = a_{ji}$
schiefsymmetrisch	A	$=$	$-A^\top$	$a_{ij} = -a_{ji}$
hermitesch	A	$=$	$A^\star$	$a_{ij} = \overline{a_{ji}}$, ($\overline{a_{ji}}$ konj. komplex zu a_{ji})
orthogonal	A^{-1}	$=$	$A^\top$	Spalten $\vec{a}_j$ von A sind orthonormal (orthogonal und normiert): $\vec{a}_i^\top \cdot \vec{a}_j = \delta_{ij}$.
unitär	A^{-1}	$= A^\star = \overline{A}^\top$		
normal	$A \cdot A^\star$	$=$	$A^\star \cdot A$	

Rechnen mit Matrizen

Multiplikation einer Matrix mit
einem Skalar (reell oder komplex)

$$\lambda A = \lambda(a_{ij}) = (\lambda a_{ij})$$

A wird komponentenweise mit λ multipliziert

Addition
zweier Matrizen

$$A + B = (a_{ij}) + (b_{ij}) = (a_{ij} + b_{ij})$$

Zwei (m,n)–Matrizen werden komponentenweise addiert

Multiplikation
zweier Matrizen

(m,n)–Matrix $A = (a_{ij})$ multipliziert mit (n,l)–Matrix $B = (b_{jk})$
ergibt die (m,l)–Matrix $C = (c_{ik})$:

$$A \cdot B = (a_{ij}) \cdot (b_{jk}) = (c_{ik}) \quad \text{mit} \quad c_{ik} = \sum_{j=1}^{n} a_{ij} \cdot b_{jk} \qquad c_{ik} \text{ ist}$$

Skalarprodukt der i–ten Zeile von A mit der j–ten Spalte von B

Berechnung der **Produktmatrix $A \cdot B$**   (Im Allgemeinen ist $A \cdot B \neq B \cdot A$)

1.) Schreibe die 2. Matrix B nach oben
versetzt neben die 1. Matrix A.

	B
A	AB

2.) Berechne das **Skalarprodukt** $(i$–te Zeile von $A) \cdot (k$–te Spalte von $B) = c_{ik}$

für $i = 1, \ldots, m$ und $k = 1, \ldots, l$ und notiere das Ergebnis c_{ik} im Schnittpunkt
der Verlängerungen der i–ten Zeile von A und der k–ten Spalte von B.

Beispiel $A = \begin{pmatrix} 2 & 2 & 4 \\ 2 & 1 & 1 \end{pmatrix}$, $B = \begin{pmatrix} 6 & 1 \\ 4 & -1 \\ 7 & 2 \end{pmatrix}$.   Berechne AB und BA.

		6	1		
		4	−1	$= B$	
		7	2		
$A =$	2 2 4	48	8	$= AB$	
	2 1 1	**23**	3		

z.B. ist $c_{21} = 2 \cdot 6 + 1 \cdot 4 + 1 \cdot 7 = 23$

		2	2	4	
		2	1	1	$= A$
$B =$	6 1	14	13	25	
	4 −1	6	7	15	$= BA$
	7 2	18	**16**	30	

z.B. ist $c_{32} = 7 \cdot 2 + 2 \cdot 1 = 16$

Rechenregeln

$A + B = B + A$	$A(BC) = (AB)C$	$(AB)^{\top} = B^{\top}A^{\top}$
$\lambda(A + B) = \lambda A + \lambda B$	$(A + B)^{\top} = A^{\top} + B^{\top}$	$(AB)^{-1} = B^{-1}A^{-1}$
$A(B + C) = AB + AC$	$(\lambda(A + B))^{\star} = \overline{\lambda}(A^{\star} + B^{\star})$	$(AB)^{\star} = B^{\star}A^{\star}$

Rang einer Matrix

Der Zeilenrang (Spaltenrang) der Matrix A ist die **Dimension** des von den Zeilenvektoren (Spaltenvektoren) aufgespannten Raumes. Für jede Matrix A gilt:

Zeilenrang von A = Spaltenrang von A = **Rang** von A = rg A

Der Rang einer Matrix A ändert sich nicht bei **elementaren Umformungen**:

(1) Vertauschen zweier Zeilen (Spalten)

(2) Multiplikation einer Zeile (Spalte) mit einer Zahl $\neq 0$

(3) Addition eines Vielfachen einer Zeile (Spalte) zu einer anderen

Bestimmung des Ranges einer Matrix

Mit **elementaren Umformungen** bringt man die Matrix auf **Zeilenstufenform** und liest ihren Rang ab: rg A = Anzahl der Stufen

Eine (m, n)–Matrix hat vollen Rang $\qquad\Longleftrightarrow\ $ rg $A = \min(m, n)$

Eine quadratische (n, n)–Matrix hat vollen Rang $\Longleftrightarrow$ rg $A = n \Longleftrightarrow \det A \neq 0$.

Inverse einer quadratischen Matrix

Sind A, B quadratische (n, n)–Matrizen und ist $A \cdot B = E$, so heißen A und B **invers** zueinander. Man schreibt $B = A^{-1}$ und es gilt:

$$A \cdot A^{-1} = A^{-1} \cdot A = E$$

Existiert A^{-1}, heißt A **invertierbar** (**regulär**), sonst **singulär**.

$$
\begin{aligned}
A^{-1} \text{ existiert} \quad &\Longleftrightarrow \quad \det A = |A| \neq 0 \\
&\Longleftrightarrow \quad A \text{ hat vollen Rang } n, \\
&\Longleftrightarrow \quad \text{die Zeilenvektoren von } A \text{ sind linear unabhängig,} \\
&\Longleftrightarrow \quad \text{die Zeilenvektoren von } A \text{ bilden eine Basis des } \mathbb{R}^n.
\end{aligned}
$$

Rechenregeln

$$
\begin{aligned}
(A \cdot B)^{-1} &= B^{-1} \cdot A^{-1} & (A^\top)^{-1} &= (A^{-1})^\top \\
(A^{-1})^{-1} &= A & \det A^{-1} &= (\det A)^{-1} = \frac{1}{\det A}
\end{aligned}
$$

Spur einer quadratischen Matrix

$$
A = \begin{pmatrix} a_{11} & \cdots & a_{1n} \\ \vdots & & \vdots \\ a_{n1} & \cdots & a_{nn} \end{pmatrix} \quad\Longrightarrow\quad
\begin{aligned}
\operatorname{spur} A \ &= \ \sum_{i=1}^{n} a_{ii} = a_{11} + \cdots + a_{nn} \\
&= \ \text{Summe der Diagonalelemente}
\end{aligned}
$$

$$
\begin{aligned}
\operatorname{spur}(AB) \ &= \ \operatorname{spur}(BA), \\
\operatorname{spur}(A^{-1}BA) \ &= \ \operatorname{spur} B \quad \text{(ähnliche Matrizen haben gleiche Spur).}
\end{aligned}
$$

Berechnung der inversen Matrix

(a) mit Determinantenformel:

n=2

$$A = \begin{pmatrix} a & b \\ c & d \end{pmatrix}$$

$$A^{-1} = \frac{1}{\det A} \begin{pmatrix} d & -b \\ -c & a \end{pmatrix}$$

allgemein

$$A^{-1} = \frac{1}{\det A}\left(A_{\text{adj}}\right)^{\top}$$

dabei ist $A_{\text{adj}} = \left((-1)^{i+j}\det A_{ij}\right)$ und $(-1)^{i+j}\det A_{ij}$ das **algebraische Komplement** von a_{ij} :

Die Matrix A_{ij} entsteht aus $A = (a_{ij})$ durch Streichen der i–ten Zeile und der j–ten Spalte.

(b) mit Gaußschem Algorithmus (elementare Umformungen):

Beispiele (A^{-1} mittels ele. Umformungen)

$$A = \left(\begin{array}{ccc|ccc} 3 & 1 & 1 & 1 & 0 & 0 \\ 5 & 2 & 1 & 0 & 1 & 0 \\ 3 & 1 & 2 & 0 & 0 & 1 \end{array}\right) = E$$

$$A = \left(\begin{array}{cc|cc} 3 & 1 & 1 & 0 \\ 5 & 2 & 0 & 1 \end{array}\right) = E$$

$$\begin{array}{cc|cc} 3 & 1 & 1 & 0 \\ 0 & 1 & -5 & 3 \end{array}$$

Mittels elementarer Zeilenumformungen formt man so lange um, bis "links" die Einheitsmatrix steht.

"Rechts" steht dann die gesuchte Matrix A^{-1}.

$$\begin{array}{cc|cc} 3 & 0 & 6 & -3 \\ 0 & 1 & -5 & 3 \end{array}$$

$$E = \left(\begin{array}{cc|cc} 1 & 0 & 2 & -1 \\ 0 & 1 & -5 & 3 \end{array}\right) = A^{-1}$$

$$E = \left(\begin{array}{ccc|ccc} 1 & 0 & 0 & 3 & -1 & -1 \\ 0 & 1 & 0 & -7 & 3 & 2 \\ 0 & 0 & 1 & -1 & 0 & 1 \end{array}\right) = A^{-1}$$

5.2 Determinanten

Determinanten

Jeder quadratischen (n,n)–Matrix A ist eine Zahl $\det A$, die **Determinante** von A, zugeordnet. Statt $\det A$ schreibt man auch $|A|$.

$$\det A = \sum_{\sigma} \text{sign}\,(\sigma) \cdot a_{1\sigma(1)} \cdots a_{n\sigma(n)} \qquad \textbf{Leibniz–Formel}$$

$\sigma = \big(\sigma(1), \sigma(2), \ldots, \sigma(n)\big)$ durchläuft dabei alle **Permutationen** von $(1, 2, \ldots, n)$.

$$\text{sign}\,(\sigma) = \begin{cases} 1 & \text{falls } \sigma \text{ gerade Permutation} \\ -1 & \text{falls } \sigma \text{ ungerade Permutation} \end{cases}$$

Eine Permutation $\sigma = \big(\sigma(1), \sigma(2), \ldots, \sigma(n)\big)$ von $(1, 2, \ldots, n)$ heißt *gerade* bzw. *ungerade*, wenn die Anzahl der *Inversionen* von σ $\big($ d.h. $i < j$ aber $\sigma(i) > \sigma(j)\big)$ gerade bzw. ungerade ist.

Beispiel $\sigma = (2, 3, 1)$ ist eine gerade Permutation. Sie hat 2 Inversionen:

$1 < 3$, aber $2 = \sigma(1) > \sigma(3) = 1$ und $2 < 3$, aber $3 = \sigma(2) > \sigma(3) = 1$, also sign $(2, 3, 1) = 1$.

$\sigma = (2, 1, 3)$ ist eine ungerade Permutation. Sie hat 1 Inversion:

$1 < 2$, aber $\sigma(1) > \sigma(2)$, also ist sign $(2, 1, 3) = -1$.

Determinante einer (2,2)–Matrix

$$A = \begin{pmatrix} a & b \\ c & d \end{pmatrix} \implies \det A = |A| = \begin{vmatrix} a & b \\ c & d \end{vmatrix} = ad - bc$$

Determinante einer (3,3)–Matrix, Regel von SARRUS

$$\det A = \begin{vmatrix} a_1 & b_1 & c_1 \\ a_2 & b_2 & c_2 \\ a_3 & b_3 & c_3 \end{vmatrix} = a_1 b_2 c_3 + a_2 b_3 c_1 + a_3 b_1 c_2 - c_1 b_2 a_3 - c_2 b_3 a_1 - c_3 b_1 a_2.$$

$$\begin{matrix} a_1 & b_1 & c_1 \\ a_2 & b_2 & c_2 \\ a_3 & b_3 & c_3 \\ a_1 & b_1 & c_1 \\ a_2 & b_2 & c_2 \end{matrix}$$

Merkregel:

Man schreibt die ersten beiden Zeilen unter die Determinante und *addiert* die drei Dreierprodukte längs der durchgezogenen Linien und *subtrahiert* die drei Dreierprodukte längs der gestrichelten Linien.

Determinante einer (n,n)–Matrix, LAPLACE scher Entwicklungssatz

$$\det A = \det(a_{ij}) = \underbrace{\sum_{j=1}^{n} (-1)^{i+j} a_{ij} \det A_{ij}}_{\substack{\text{Entwicklung nach der} \\ i\text{–ten Zeile}}} = \underbrace{\sum_{i=1}^{n} (-1)^{i+j} a_{ij} \det A_{ij}}_{\substack{\text{Entwicklung nach der} \\ j\text{–ten Spalte}}}$$

Dabei ist A_{ij} die $(n-1, n-1)$ –Matrix, die aus A durch *Streichen* der i–ten Zeile und j–ten Spalte hervorgeht.

Die mit dem schachbrettartig $\begin{vmatrix} + & - & \cdots \\ - & + & \cdots \\ \vdots & \vdots & \end{vmatrix}$

verteilten Vorzeichen $(-1)^{i+j}$ versehene Determinante $(-1)^{i+j} \det A_{ij}$ heißt das **algebraische Komplement** von a_{ij}.

Beispiel

Entwicklung nach der 1. Zeile:

$$\begin{vmatrix} 3 & 0 & 2 \\ 1 & 1 & -1 \\ 0 & 1 & 0 \end{vmatrix} = 3 \cdot \begin{vmatrix} 1 & -1 \\ 1 & 0 \end{vmatrix} - 0 \cdot \begin{vmatrix} 1 & -1 \\ 0 & 0 \end{vmatrix} + 2 \cdot \begin{vmatrix} 1 & 1 \\ 0 & 1 \end{vmatrix} = 3 \cdot 1 - 0 + 2 \cdot 1 = 5$$

einfacher ist die Entwicklung nach der 3. Zeile (zweimal 0 in der Zeile!):

$$= 0 \cdot \begin{vmatrix} 0 & 2 \\ 1 & -1 \end{vmatrix} - 1 \cdot \begin{vmatrix} 3 & 2 \\ 1 & -1 \end{vmatrix} + 0 \cdot \begin{vmatrix} 3 & 0 \\ 1 & 1 \end{vmatrix} = (-1) \cdot (-5) = 5$$

Beispiel (Die Determinante einer Dreiecksmatrix ist das Produkt der Diagonalelemente)
Ist $R = (r_{ij})$ eine (n, n)–Dreiecksmatrix, so gilt: $\det R = r_{11} \cdot r_{22} \cdots r_{nn}$

Rechenregeln für Determinanten

$(A, B$ sind n–reihige quadratische Matrizen.$)$

Die **elementaren Umformungen** einer Matrix (siehe Seite 61) wirken sich folgendermaßen auf ihre Determinante aus:

(1)   Vertauscht man zwei Zeilen (Spalten),
      so ändert sich das Vorzeichen der Determinante.

(2)   Multipliziert man eine Zeile (Spalte) mit der Zahl λ,
      so multipliziert sich die Determinante mit λ.

(3)   Addiert man das Vielfache einer Zeile (Spalte) zu einer anderen,
      so ändert sich der Wert der Determinante nicht.

$$\det A \cdot B = \det A \cdot \det B \quad \boxed{\textbf{Produktsatz}}$$

$$\det A^{\top} = \det A \quad\Big|\quad \det A^{-1} = \frac{1}{\det A} \quad\Big|\quad \det(\alpha \cdot A) = \alpha^n \cdot \det A$$

$$
\begin{aligned}
\det A \neq 0 \quad &\Longleftrightarrow \quad \text{die Zeilen (Spalten) von } A \text{ sind linear unabhängig.} \\
&\Longleftrightarrow \quad \text{die Zeilen (Spalten) von } A \text{ sind eine Basis des } \mathbb{R}^n. \\
&\Longleftrightarrow \quad \operatorname{rg} A = n. \\
&\Longleftrightarrow \quad A \text{ hat vollen Rang } n. \\
&\Longleftrightarrow \quad A^{-1} \text{ existiert, } A \text{ ist invertierbar, regulär.} \\
&\Longleftrightarrow \quad A\vec{x} = \vec{b} \text{ ist eindeutig lösbar durch: } \vec{x} = A^{-1}\vec{b}.
\end{aligned}
$$

Praktische Berechnung der Determinanten

Man wählt ein von 0 verschiedenes Element. Durch Addition geeigneter Vielfache der zugehörigen Zeile (Spalte) zu anderen Zeilen (Spalten) erzeugt man in der zugehörigen Spalte (Zeile) möglichst viele Nullen. Dann entwickelt man nach dieser Spalte (Zeile).

Beispiel

$$
\begin{vmatrix} 1 & \boxed{1} & 3 \\ -1 & 2 & 2 \\ 4 & 1 & 1 \end{vmatrix} = \begin{vmatrix} 1 & 1 & 3 \\ -3 & 0 & -4 \\ 3 & 0 & -2 \end{vmatrix} = (-1) \begin{vmatrix} -3 & -4 \\ 3 & -2 \end{vmatrix} = (-1) \cdot 18 = \underline{\underline{-18}}.
$$

Das (-2)–fache der 1.Zeile wurde zur 2.Zeile und das (-1)–fache der 1.Zeile wurde zur 3.Zeile addiert. Dann wurde nach der 2.Spalte entwickelt.

$\boxed{\textbf{Cramersche Regel}}$

zur Lösung quadratischer linearer Gleichungssysteme $A\vec{x} = \vec{b}$

Ist A eine quadratische (n,n)–Matrix mit $\det A \neq 0$ und $\vec{b}$ ein gegebener Spaltenvektor, so ist das LGS $A\vec{x} = \vec{b}$ eindeutig lösbar.

Die Komponenten des Lösungsvektors $\vec{x} = \begin{pmatrix} x_1 \\ \vdots \\ x_n \end{pmatrix}$ sind $\boxed{x_i = \dfrac{\det A_i}{\det A}}$

A_i entsteht aus A, indem die i–te Spalte von A durch den Vektor $\vec{b}$ ersetzt wird.

5.3   Eigenwerte

Eigenwerte und Eigenvektoren einer $(n,n)-$ Matrix A

$(\lambda, \vec{x})$ **Eigenpaar** von A $\qquad \Longleftrightarrow \qquad$ $A \cdot \vec{x} = \lambda \vec{x}, \ \vec{x} \neq \vec{o}$

Ist $(\lambda, \vec{x})$ ein Eigenpaar von A, so heißt
$\qquad \lambda \qquad$ ein **Eigenwert** von A und
$\qquad \vec{x} \neq \vec{o} \quad$ ein zugehöriger **Eigenvektor** von A.
$L_\lambda = \{\vec{x} \mid A\vec{x} = \lambda\vec{x}\}$ heißt der zu λ gehörige **Eigenraum** von A.
$g_\lambda = \dim L_\lambda$ heißt **geometrische Vielfachheit** von λ.
Die Vielfachheit von λ als Nullstelle des charakteristischen Polynoms von A heißt
algebraische Vielfachheit k_λ. Es gilt $1 \leq g_\lambda \leq k_\lambda \leq n$

λ Eigenwert von A $\quad \Longleftrightarrow \quad$ $\det(\lambda E - A) = 0$ $\qquad$ **charakteristische**
$\qquad\qquad\qquad\qquad\qquad\qquad\qquad\qquad\qquad\qquad$ **Gleichung** von A

λ_i **Eigenwert** von A
$\Longleftrightarrow$
λ_i ist Nullstelle des **charakteristischen Polynoms** p_A von A.
$$p_A(\lambda) = \det(\lambda E - A) = \lambda^n + c_{n-1}\lambda^{n-1} + \cdots + c_1\lambda + c_0$$

Jede (n,n)–Matrix besitzt n (im allgemeinen komplexe) Eigenwerte $\lambda_1, \ldots, \lambda_n$, gezählt entsprechend ihren algebraischen Vielfachheiten.

Eigenvektoren zu verschiedenen Eigenwerten sind linear unabhängig.

$\sigma(A) = \{\lambda_1, \ldots, \lambda_n\}$ heißt das **Spektrum** von A.
$\rho(A) = \max\{|\lambda| \ : \ \lambda \text{ Eigenwert von } A\}$ heißt der **Spektralradius** von A.

$|\lambda| \leq \rho(A) \qquad$ für jeden Eigenwert λ von A.
$\rho(A) \leq \|A\| \qquad$ für jede zugeordnete Matrixnorm. (siehe Seite 187)

Die Koeffizienten $c_0, \ldots, c_n$ des charakteristischen Polynoms p_A heißen

Invarianten von A. $\quad \begin{aligned} c_0 &= (-1)^n \lambda_1 \cdots \lambda_n = (-1)^n \det A \\ c_{n-1} &= -(\lambda_1 + \cdots + \lambda_n) = -\operatorname{spur} A = -(a_{11} + \cdots + a_{nn}) \end{aligned}$

Beispiel Ist $A = \begin{pmatrix} 1 & 1 \\ 0 & 1 \end{pmatrix}$, so gilt:

charakteristisches Polynom: $p_A(\lambda) = \begin{vmatrix} \lambda - 1 & -1 \\ 0 & \lambda - 1 \end{vmatrix} = (\lambda - 1)^2 = \lambda^2 - 2\lambda + 1$.

Eigenwerte von A: $\lambda_{1,2} = 1$, algebraische Vielfachheit $k_1 = 2$.

Zu $\lambda_{1,2} = 1$ gehöriger Eigenraum: $L_1 = \left\{ \begin{pmatrix} x_1 \\ 0 \end{pmatrix} \mid x_1 \in \mathbb{R} \right\}$, $g_1 = \dim L_1 = 1$.

Invarianten von A: $c_0 = (-1)^2 \lambda_1 \lambda_2 = (-1)^2 \det A = 1$, $c_1 = -(\lambda_1 + \lambda_2) = -\operatorname{spur} A = -2$.
A ist nicht diagonalähnlich (da $g_1 \neq k_1$, siehe nächste Seite).

Ähnliche Matrizen

Zwei (n, n)– Matrizen A, B sind **ähnlich**
$$\Longleftrightarrow$$
es gibt eine invertierbare Matrix C mit $B = C^{-1}AC$.

$A \mapsto C^{-1}AC$ heißt Ähnlichkeitstransformation mit der Transformationsmatrix C.

$\boxed{A, B \text{ ähnlich} \Longrightarrow p_A = p_B}$ Ähnliche Matrizen haben dasselbe char. Polynom, und damit dieselben Invarianten. (Umkehrung gilt nicht!)

$(\lambda, \vec{x})$ Eigenpaar von A $\Longleftrightarrow$ $(\lambda, C^{-1}\vec{x})$ Eigenpaar von $C^{-1}AC$.

Geometrische Deutung

Die lineare Abbildung $\vec{x} \mapsto A \cdot \vec{x}$ bildet einen Eigenvektor $\vec{x}$ zum Eigenwert λ von A in das λ–fache dieses Eigenvektors ab: $A\vec{x} = \lambda\vec{x}$.
Jeder Eigenraum L_λ wird auf sich abgebildet: $\vec{x} \in L_\lambda \Longrightarrow A\vec{x} = \lambda\vec{x} \in L_\lambda$.

Folgende Aussagen sind äquivalent:

Die (n, n)–Matrix A besitzt n linear unabhängige Eigenvektoren $\vec{x}_1, \ldots, \vec{x}_n$ zu den (nicht notwendig verschiedenen) Eigenwerten $\lambda_1, \ldots, \lambda_n$.

$\Longleftrightarrow$ $\boxed{X^{-1}AX = D}$ $D = \mathrm{diag}\,(\lambda_1, \ldots, \lambda_n)$ und $X = (\vec{x}_1, \ldots, \vec{x}_n)$

$\Longleftrightarrow$ $\boxed{\text{alle geometrischen Vielfachheiten sind gleich den algebraischen Vielfachh.}}$

$\Longleftrightarrow$ $\boxed{A \text{ ist diagonalisierbar oder diagonalähnlich}}$

$\Longleftrightarrow$ $\boxed{A \text{ ist ähnlich zur Diagonalmatrix } D \text{ mit der Transformationsmatrix } X}$

Normale Matrizen

A **normal** $\Longleftrightarrow$ es gibt eine unitäre Matrix U ($\Leftrightarrow U^{-1} = U^\star = \overline{U}^\top$) und eine Diagonalmatrix $D = \mathrm{diag}(\lambda_1, \ldots, \lambda_n)$, mit $U^\star AU = \overline{U}^\top AU = D$

Genau die normalen Matrizen ($\Leftrightarrow AA^\star = A^\star A =$) sind unitär diagonalisierbar.
Hermitesche Matrizen ($\Leftrightarrow A = A^\star$) sind normal, folglich unitär diagonalisierbar, alle Eigenwerte sind reell!

Reelle symmetrische Matrizen

A **symmetrisch** $\Longleftrightarrow$ es gibt eine reelle orthogonale Matrix U ($\Leftrightarrow U^{-1} = U^\top$) aus Eigenvektoren und eine reelle Diagonalmatrix $D = \mathrm{diag}(\lambda_1, \ldots, \lambda_n)$, mit $U^\top AU = D$

Ist A symmetrisch ($\Leftrightarrow A = A^\top$), so gilt:

1. Alle Eigenwerte sind reell und $p_A(\lambda)$ zerfällt in Linearfaktoren.

2. Eigenvektoren zu verschiedenen Eigenwerten sind nicht nur linear unabhängig, sondern sogar orthogonal !

5.4 Lineare Abbildungen und Matrizen

Lineare Abbildungen

$\varphi : \mathrm{IR}^n \longrightarrow \mathrm{IR}^m$ heißt **linear**, wenn für alle $\vec{x}, \vec{y} \in \mathrm{IR}^n$ und alle $r \in \mathrm{IR}$ gilt:

$$\boxed{\varphi(\vec{x} + \vec{y}) = \varphi(\vec{x}) + \varphi(\vec{y}) \text{ und } \varphi(r \cdot \vec{x}) = r \cdot \varphi(\vec{x})}$$

$$\text{Kern}\,\varphi := \varphi^{-1}(\{\vec{0}\}) = \{\vec{x} \in \mathrm{IR}^n \mid \varphi(\vec{x}) = \vec{0}\}$$
$$\text{Bild}\,\varphi : = \varphi(\mathrm{IR}^n) = \{\vec{y} \in \mathrm{IR}^m \mid \exists\ \vec{x} \in \mathrm{IR}^n,\ \varphi(\vec{x}) = \vec{y}\}$$

$$\boxed{n = \dim \text{Kern}\,\varphi + \dim \text{Bild}\,\varphi} \quad \textbf{Kern–Bild–Satz}$$

Lineare Abbildungen und Matrizen

Ist M (m,n)–**Matrix**, so ist $\quad \varphi_M : \begin{array}{c} \mathrm{IR}^n \longrightarrow \mathrm{IR}^m \\ \vec{x} \longmapsto M\vec{x} \end{array}, \quad$ also $\varphi_M(\vec{x}) = M\vec{x}$, eine **lineare Abbildung**.

> Jede Matrix bestimmt auf diese Art eine lineare Abbildung.
> Umgekehrt gehört zu jeder linearen Abbildung eine Matrix.

Ist $\varphi : \mathrm{IR}^n \to \mathrm{IR}^m$ linear und ist $M = M(\varphi) = \big(\varphi(\vec{e}_1)_E, \cdots, \varphi(\vec{e}_n)_E\big)$
die (m,n)–Matrix, deren n Spalten aus den E–Koordinatenvektoren $\varphi(\vec{e}_i)_E$
der Bilder der n kanonischen Basisvektoren $\vec{e}_i$ des IR^n bestehen, so ist
$$\varphi = \varphi_M, \text{ d.h. } \varphi(\vec{x}) = \varphi_M(\vec{x}) = M\vec{x}.$$

> Die zu φ gehörenden Matrizen hängen von den Basen A des IR^n und B des IR^m ab
> und werden mit $M_B^A(\varphi)$ bezeichnet (siehe nächste Seite).

Äquivalente Matrizen

Die (m,n)–Matrizen A, B heißen **äquivalent**, wenn sie **gleichen Rang** haben.

A **äquivalent** B $\iff$ $\text{rg}\,A = \text{rg}\,B$ $\iff$ es gibt invertierbare Matrizen Z, S mit $ZAS = B$.

$\iff$ A, B beschreiben dieselbe lin. Abb. bzgl. verschiedener Basen.

Beispiel *Die Matrix* $A = \begin{pmatrix} 1 & 2 & 1 \\ 0 & 1 & 1 \\ 0 & 2 & 2 \end{pmatrix}$ *hat den Rang 2.*

Man bestimme invertierbare Matrizen Z, S, so dass $ZAS = \begin{pmatrix} 1 & 0 & 0 \\ 0 & 1 & 0 \\ 0 & 0 & 0 \end{pmatrix}$ ist.

	A	1	2	1	1	0	0		E
		0	1	1	0	1	0	$]{-2}$	
$\boldsymbol{ZAS}$		0	2	2	0	0	1	$]\,1$	

1	0	0	1	0	0	1	2	1	1	0	0	
0	1	0	0	1	1	0	1	1	0	1	0	$\boldsymbol{Z}$
0	0	0	0	0	0	0	0	0	0	-2	1	

1	-2	1	1	-2	-1	1	0	0	
0	1	-1	0	1	0	0	1	0	$\boldsymbol{E}$
0	0	1	0	0	1	0	0	1	

$\boldsymbol{S}$ $\qquad -1 \quad 1 \quad -2 \quad 1$
$\qquad\qquad\qquad -1 \qquad 1$

Schema:

	A	E
ZAS	ZA	Z
S	E	

A überführt man

durch **Zeilenumformungen** (Matrix Z) in
ZA und **Spaltenumformungen** (Matrix S)

in die **Normalform** $ZAS = \begin{pmatrix} 1 & 0 & 0 \\ 0 & 1 & 0 \\ 0 & 0 & 0 \end{pmatrix}$.

Orthogonale Abbildungen

Die zu einer orthogonalen (n, n)–Matrix M gehörende lineare
Abbildung $\varphi: \mathrm{IR}^n \to \mathrm{IR}^n$ mit $\varphi(\vec{x}) = M\vec{x}$ heißt **orthogonal**.

M **orthogonale Matrix** $\Longleftrightarrow$ Die Spalten von M bilden eine Basis des IR^n aus paarweise orthogonalen Einheitsvektoren.
Eine solche Basis heißt orthonormale Basis (ONB).

$\Longleftrightarrow \quad M^\top = M^{-1} \quad \Longleftrightarrow \quad MM^\top = E \quad \Longleftrightarrow \quad M$ orthonormale Basis (ONB).

Eigenschaften orthogonaler Abbildungen

Die orthogonale Abbildung φ

(1)   ist **längentreu**, d.h. $|\varphi(\vec{x})| = |\vec{x}|$,

(2)   ist **winkeltreu**, d.h. $\sphericalangle(\varphi(\vec{x}), \varphi(\vec{y})) = \sphericalangle(\vec{x}, \vec{y})$,

(3)   überführt ONB $(\Leftrightarrow A^\top = A^{-1})$ in ONB.

Genauer:
Ist $A = (\vec{a}_1, \ldots, \vec{a}_n)$ orthonormale Basis, so ist $\varphi(A) = (\varphi(\vec{a}_1), \ldots, \varphi(\vec{a}_n))$ genau dann orthonormale Basis, wenn φ orthogonal ist.

Abbildungsmatrix $M_B^A(\varphi)$

Ist φ eine lineare Abbildung des IR^n mit der Basis $A = (\vec{a}_1, \ldots, \vec{a}_n)$
in den IR^m mit der Basis $B = (\vec{b}_1, \ldots, \vec{b}_m)$, kurz:

Ist $\varphi: \mathrm{IR}_A^n \longrightarrow \mathrm{IR}_B^m$ linear, so gilt

$$\varphi(\vec{x})_B = M_B^A(\varphi) \cdot \vec{x}_A \text{, mit}$$
$$M_B^A(\varphi) = (\varphi(\vec{a}_1)_B, \ldots, \varphi(\vec{a}_n)_B)$$

Man erhält den B–Koordinatenvektor $\varphi(\vec{x})_B$ des Bildes $\varphi(\vec{x})$, indem man den A–Koordinatenvektor $\vec{x}_A$ von $\vec{x}$ von links mit der Matrix $M_B^A(\varphi)$ multipliziert.
$M_B^A(\varphi)$ ist die (m, n)–Matrix, deren n Spalten die B–Koordinatenvektoren der Bilder der n Basisvektoren von A sind.

Merke: Die Spalten von $M_B^A(\varphi)$ sind die durch φ abgebildeten und durch B ausgedrückten Basisvektoren von A ! $M_B^A(\varphi)$

Ist φ invertierbar, so gilt: $M_A^B(\varphi^{-1}) = (M_B^A(\varphi))^{-1}$

Bemerkung: Ist E die kanonische Basis, so schreibt man für $M_E^E(\varphi)$ kurz $M(\varphi)$.

Beispiel $\vec{a}_1 = \begin{pmatrix} 1 \\ 1 \end{pmatrix}$, $\vec{a}_2 = \begin{pmatrix} -1 \\ 1 \end{pmatrix}$ und $\vec{b}_1 = \begin{pmatrix} 0 \\ 1 \end{pmatrix}$, $\vec{b}_2 = \begin{pmatrix} -1 \\ 0 \end{pmatrix}$, φ : Drehung um 90^0.

$\varphi(\vec{a}_1) = \begin{pmatrix} -1 \\ 1 \end{pmatrix} = 1\vec{b}_1 + 1\vec{b}_2$, $\varphi(\vec{a}_2) = \begin{pmatrix} -1 \\ -1 \end{pmatrix} = -1\vec{b}_1 + 1\vec{b}_2$ $\implies$ $M_B^A(\varphi) = \begin{pmatrix} 1 & -1 \\ 1 & 1 \end{pmatrix}$

Koordinatentransformationsmatrix $M_B^A(\text{id})$

Sind A, B Basen des IR^n, so gilt für die Koordinatenvektoren:

$$\vec{x}_B = M_B^A(\text{id}) \cdot \vec{x}_A$$
$$M_B^A(\text{id}) = (\vec{a}_{1B}, \ldots, \vec{a}_{nB})$$
$$M_A^B(\text{id}) = \left(M_B^A(\text{id})\right)^{-1}$$

Die Spalten von $M_B^A(\text{id})$ sind die Koordinatenvektoren $\vec{a}_{iB}$ der Basis $A = (\vec{a}_1, \ldots, \vec{a}_n)$ bzgl. der Basis B.

A–Koordinaten gehen durch Multiplikation mit $M_B^A(\text{id})$ in B–Koordinaten über!

Ist speziell $B = E$, so ist:
$$M_E^A(\text{id}) = A \qquad \vec{x}_E = A\vec{x}_A$$
$$\text{und}$$
$$\left(M_E^A(\text{id})\right)^{-1} = M_A^E(\text{id}) = A^{-1} \qquad \vec{x}_A = A^{-1}\vec{x}_E$$

A–Koordinaten gehen durch Multiplikation mit A in E–Koordinaten über!
E–Koordinaten gehen durch Multiplikation mit A^{-1} in A–Koordinaten über!

Nacheinanderausführen linearer Abbildungen

Das **Nacheinanderausführen** linearer Abbildungen φ und ψ ergibt wieder eine lineare Abbildung $\psi \circ \varphi$, deren Matrix das **Produkt** der Matrizen von ψ und von φ ist. Die Reihenfolge ist zu beachten:

$$\varphi, \psi \text{ linear} \implies \psi \circ \varphi \text{ linear}$$
$$(\psi \circ \varphi)(\vec{x}) = \psi(\varphi(\vec{x}))$$
$$M_C^A(\psi \circ \varphi) = M_C^B(\psi)\, M_B^A(\varphi)$$
$$(\psi \circ \varphi)(\vec{x})_C = M_C^B(\psi)\, M_B^A(\varphi)\, \vec{x}_A$$

Abbildungsmatrix bei Basiswechsel $M_{B'}^{A'}(\varphi)$

Ist φ eine lineare Abbildung
des IR^n mit den Basen A und A' in den IR^m mit den Basen B und B', kurz:
$$\text{Ist } \varphi : \mathrm{IR}_{A,A'}^n \longrightarrow \mathrm{IR}_{B,B'}^m \quad \text{linear},$$
dann gilt für die Matrix $M_{B'}^{A'}(\varphi)$, die φ bzgl. der Basen A', B' beschreibt:

$$\boxed{M_{B'}^{A'}(\varphi) = M_{B'}^B(\text{id})\, M_B^A(\varphi)\, M_A^{A'}(\text{id})}$$

$$\varphi(\vec{x})_{B'} = M_{B'}^{A'}(\varphi)\, \vec{x}_{A'} = M_{B'}^B(\text{id})\, M_B^A(\varphi)\, \underbrace{M_A^{A'}(\text{id})\, \vec{x}_{A'}}_{= \vec{x}_A}$$

Drehungen des Raumes und Drehmatrizen

Berechnung der Drehmatrix $M(\delta)$
bei gegebener Drehung δ (Drehachse $\vec{a}$ und Drehwinkel α)

Ist $\delta : \mathbb{R}^3 \to \mathbb{R}^3$ die Drehung des Raumes um den Winkel α $(-\pi < \alpha \leq \pi)$ bzgl. der Achse $\vec{a}$ $(|\vec{a}| = 1)$, so berechnet man die Drehmatrix $M(\delta)$ wie folgt:

1.) Man wähle einen Einheitsvektor $\vec{b}$ senkrecht zu $\vec{a}$ $(|\vec{b}| = 1,\ \vec{a} \cdot \vec{b} = 0)$, dann ist $A := (\vec{a}, \vec{b}, \vec{a} \times \vec{b})$ orthogonal (kartes. Basis), also $A^{-1} = A^{\top}$ und

$$M_A^A(\delta) = \begin{pmatrix} 1 & 0 & 0 \\ 0 & \cos\alpha & -\sin\alpha \\ 0 & \sin\alpha & \cos\alpha \end{pmatrix} \quad \begin{array}{l} \text{die Drehmatrix} \\ \text{von } \delta \text{ bzgl. } A. \end{array}$$

2.) Die gesuchte Drehmatrix $M(\delta)$ ist:

$$M(\delta) = M_E^E(\delta) = A\,M_A^A(\delta)\,A^{-1} = A\,M_A^A(\delta)\,A^{\top} \ , \text{ also}$$

$$\boxed{M(\delta) = A\,M_A^A(\delta)\,A^{\top}} \quad \begin{array}{l} \text{Eine andere Möglichkeit,} \\ \text{siehe nächste Seite!} \end{array}$$

Berechnung von Drehachse $\vec{a}$ und Drehwinkel α
bei gegebener Drehmatrix M

$$M \text{ Drehmatrix} \iff \begin{array}{c} \det M = 1 \\ MM^{\top} = E \end{array} \iff \begin{array}{c} \det M = 1 \\ \text{Die Spalten von } M \text{ sind paarweise} \\ \text{orthonormale Einheitsvektoren.} \end{array}$$

1.) Die **Drehachse** $\vec{a}$ ist ein Eigenvektor zum Eigenwert 1.

2.) Für den zu $\vec{a}$ gehörigen **Drehwinkel** α gilt

$$1 + 2\cos\alpha = \operatorname{spur} M, \text{ also } \cos\alpha = \tfrac{1}{2}(\operatorname{spur} M - 1).$$

Da $\cos\alpha = \cos(-\alpha)$ ist, erhält man so $\pm\alpha$ und muss sich für α oder $-\alpha$ entscheiden. Zunächst die Sonderfälle:

$\cos\alpha = \ \ 1 \implies \alpha = 0$; dies ergibt sich nur, falls $M = E$ ist.
$\cos\alpha = -1 \implies \alpha = \pi.$

Im Übrigen entscheidet man sich durch (geschicktes) Probieren:
Man wähle einen Vektor $\vec{b}$ senkrecht zu $\vec{a}$, also mit $\vec{a} \cdot \vec{b} = 0$, und berechne $M\vec{b}$. Dann gilt:

$$\det(\vec{a}, \vec{b}, M\vec{b}) > 0 \implies \ \ 0 < \alpha < \pi \implies \alpha = \ \ \arccos \tfrac{1}{2}(\operatorname{spur} M - 1)$$

$$\det(\vec{a}, \vec{b}, M\vec{b}) < 0 \implies -\pi < \alpha < 0 \implies \alpha = -\arccos \tfrac{1}{2}(\operatorname{spur} M - 1)$$

Damit ist der zur Drehachse $\vec{a}$ gehörige Drehwinkel α bestimmt.

Beispiel Achse $\vec{a} = (1, 1, 1)$, Winkel $\alpha_1 = 60^0$, $\alpha_2 = 45^0$,   Drehmatrix $M(\alpha_i)$?

$$M(60^0) = \tfrac{1}{3}\begin{pmatrix} 2 & -1 & 2 \\ 2 & 2 & -1 \\ -1 & 2 & 2 \end{pmatrix}, \quad M(45^0) = \tfrac{1}{6}\begin{pmatrix} 2+2\sqrt{2} & 2-2\sqrt{2}-\sqrt{6} & 2-2\sqrt{2}+\sqrt{6} \\ 2-2\sqrt{2}+\sqrt{6} & 2+2\sqrt{2} & 2-2\sqrt{2}-\sqrt{6} \\ 2-2\sqrt{2}-\sqrt{6} & 2-2\sqrt{2}+\sqrt{6} & 2+2\sqrt{2} \end{pmatrix}$$

Drehung des Raumes um den Winkel α um die Achse $\vec{a}$

Ist $\vec{a}$ Einheitsvektor, also $|\vec{a}| = 1$ und $\delta : \mathbb{R}^3 \to \mathbb{R}^3$ die Drehung um den Winkel α um die Achse $\vec{a}$, so lässt sich $\delta(\vec{x})$ folgendermaßen aus $\vec{a}$, $\vec{x}$ und $\vec{a} \times \vec{x}$ linear kombinieren:

$$\delta(\vec{x}) = (1 - \cos\alpha)\vec{a}\vec{x} \cdot \vec{a} + \cos\alpha \cdot \vec{x} + \sin\alpha \cdot (\vec{a} \times \vec{x})$$

Berechnung der Drehmatrix $M(\delta)$ bei gegebener Drehung δ.

Ist $\delta : \mathbb{R}^3 \to \mathbb{R}^3$ die Drehung des Raumes um den Winkel α ($-\pi < \alpha \leq \pi$) und die Achse $\vec{a}$ ($|\vec{a}| = 1$), so lässt sich $M(\delta)$ folgendermaßen aus dem Winkel α und den Koordinaten des Einheitsvektors $\vec{a} = (a, b, c)$ berechnen:

$$M(\delta) = (1-\cos\alpha) \begin{pmatrix} a^2 & ab & ac \\ ab & b^2 & bc \\ ac & bc & c^2 \end{pmatrix} + \cos\alpha \begin{pmatrix} 1 & 0 & 0 \\ 0 & 1 & 0 \\ 0 & 0 & 1 \end{pmatrix} + \sin\alpha \begin{pmatrix} 0 & -c & b \\ c & 0 & -a \\ -b & a & 0 \end{pmatrix}$$

Beispiel   Es sei δ die Drehung des Raumes um 60^0 um die Achse $(1,1,1)$.
Man bestimme die Drehmatrix $M(\delta)$ (siehe Beispiel $M(60^0)$ vorige Seite).
Es ist $\alpha = 60^0$, $\cos\alpha = \frac{1}{2}$, $\sin\alpha = \frac{1}{2}\sqrt{3}$, $\vec{a} = \frac{1}{\sqrt{3}}(1,1,1)$, also:

$$M(\delta) = (1-\tfrac{1}{2})\tfrac{1}{3} \begin{pmatrix} 1 & 1 & 1 \\ 1 & 1 & 1 \\ 1 & 1 & 1 \end{pmatrix} + \tfrac{1}{2} \begin{pmatrix} 1 & 0 & 0 \\ 0 & 1 & 0 \\ 0 & 0 & 1 \end{pmatrix} + \tfrac{1}{2}\sqrt{3}\,\tfrac{1}{\sqrt{3}} \begin{pmatrix} 0 & -1 & 1 \\ 1 & 0 & -1 \\ -1 & 1 & 0 \end{pmatrix}$$

$$= \tfrac{1}{3} \begin{pmatrix} 2 & -1 & 2 \\ 2 & 2 & -1 \\ -1 & 2 & 2 \end{pmatrix}$$

Andere Möglichkeit, die Drehmatrix zu berechnen: vorige Seite
Bestimmung von Drehwinkel und Drehachse einer Drehmatrix: vorige Seite

Orthogonale Abbildungen der Ebene (Drehung, Spiegelung)

Für die **orthogonale Abbildung** φ
  mit $\varphi(\vec{x}) = M \cdot \vec{x}$ und $M^{-1} = M^{\top}$
besteht die Alternative

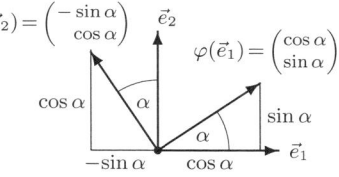

(1) $\det M = 1$. Dann ist φ eine **Drehung**
      um den Ursprung um einen Winkel α und

      Abbildungsmatrix $M = \begin{pmatrix} \cos\alpha & -\sin\alpha \\ \sin\alpha & \cos\alpha \end{pmatrix}$.

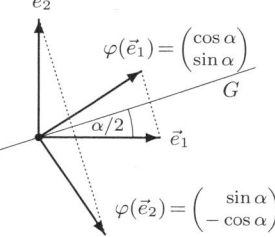

(2) $\det M = -1$. Dann ist φ eine **Spiegelung**
      an der Ursprungsgeraden G mit Steigungs-
      winkel $\alpha/2$ und der

      Abbildungsmatrix $M = \begin{pmatrix} \cos\alpha & \sin\alpha \\ \sin\alpha & -\cos\alpha \end{pmatrix}$.

Projektion des Raumes auf eine Ebene/Gerade

Es sei S eine Ebene bzw. G eine Gerade des $\mathbb{R}^3$ durch den Nullpunkt und π_S bzw. π_G die **Projektion** des $\mathbb{R}^3$ auf S bzw. G (siehe Lotfußpunkt Seite 57). E ist die Einheitsmatrix!

Projektion	auf S bzw. G	Abbildungsmatrix
π_S	Ebene S : $\vec{n} \cdot \vec{x} = 0$ mit $|\vec{n}| = 1$	$M(\pi_S) = E - \vec{n}\,\vec{n}^{\top}$
π_G	Gerade G : $\vec{x} = r\vec{b}$, $r \in \mathbb{R}$ mit $|\vec{b}| = 1$	$M(\pi_G) = \vec{b}\,\vec{b}^{\top}$

Spiegelung des Raumes an einer Ebene/Geraden

Es sei S eine Ebene bzw. G eine Gerade des $\mathbb{R}^3$ durch den Nullpunkt und σ_S bzw. σ_G die **Spiegelung** des $\mathbb{R}^3$ an S bzw. G (siehe Spiegelpunkt Seite 57).

Spiegelung	an S bzw. G	Abbildungsmatrix
σ_S	Ebene S : $\vec{n} \cdot \vec{x} = 0$ mit $|\vec{n}| = 1$	$M(\sigma_S) = E - 2\vec{n}\,\vec{n}^{\top}$
σ_G	Gerade G : $\vec{x} = r\vec{b}$, $r \in \mathbb{R}$ mit $|\vec{b}| = 1$	$M(\sigma_G) = 2\vec{b}\,\vec{b}^{\top} - E$

Beispiel   Es sei σ_S die Spiegelung des Raumes an der Ebene $S : 2x - y + 2z = 0$. Man bestimme die Abbildungsmatrix $M(\sigma_S)$.

$$\left| \begin{pmatrix} 2 \\ -1 \\ 2 \end{pmatrix} \right| = 3. \text{ Setze } \vec{n} := \frac{1}{3} \begin{pmatrix} 2 \\ -1 \\ 2 \end{pmatrix}, \text{ so ist } \quad S : \vec{n} \cdot \vec{x} = 0 \text{ mit } |\vec{n}| = 1.$$

$$M(\sigma_S) = E - 2\vec{n}\,\vec{n}^{\top} = \begin{pmatrix} 1 & 0 & 0 \\ 0 & 1 & 0 \\ 0 & 0 & 1 \end{pmatrix} - 2 \cdot \frac{1}{3} \begin{pmatrix} 2 \\ -1 \\ 2 \end{pmatrix} \frac{1}{3}(2, -1, 2)$$

$$= \begin{pmatrix} 1 & 0 & 0 \\ 0 & 1 & 0 \\ 0 & 0 & 1 \end{pmatrix} - \frac{2}{9} \begin{pmatrix} 4 & -2 & 4 \\ -2 & 1 & -2 \\ 4 & -2 & 4 \end{pmatrix} = \frac{1}{9} \begin{pmatrix} 1 & 4 & -8 \\ 4 & 7 & 4 \\ -8 & 4 & 1 \end{pmatrix}$$

Beachte: $\vec{n}$ ist Spaltenvektor und $\vec{n}^{\top}$ Zeilenvektor, $\vec{n} \cdot \vec{x}$ ist das Skalarprodukt, also eine Zahl, und $\vec{n}\,\vec{n}^{\top}$ ist das Matrizenprodukt, also eine 3×3–Matrix.

Spezielle Abbildungen der Ebene
(Die Abbildungsmatrizen beziehen sich auf die kanonische Basis E.)

Spiegelung an		Drehung um		Projektion auf	
x–Achse	$\begin{pmatrix} 1 & 0 \\ 0 & -1 \end{pmatrix}$	α^0	$\begin{pmatrix} \cos\alpha & -\sin\alpha \\ \sin\alpha & \cos\alpha \end{pmatrix}$	x–Achse	$\begin{pmatrix} 1 & 0 \\ 0 & 0 \end{pmatrix}$
y–Achse	$\begin{pmatrix} -1 & 0 \\ 0 & 1 \end{pmatrix}$	45^0	$\frac{1}{2}\sqrt{2} \begin{pmatrix} 1 & -1 \\ 1 & 1 \end{pmatrix}$	y–Achse	$\begin{pmatrix} 0 & 0 \\ 0 & 1 \end{pmatrix}$
Gerade $y = x$	$\begin{pmatrix} 0 & 1 \\ 1 & 0 \end{pmatrix}$	60^0	$\frac{1}{2} \begin{pmatrix} 1 & -\sqrt{3} \\ \sqrt{3} & 1 \end{pmatrix}$	Gerade $y = x$	$\frac{1}{2} \begin{pmatrix} 1 & 1 \\ 1 & 1 \end{pmatrix}$
Gerade $y = ax$	$\frac{1}{1+a^2} \begin{pmatrix} 1-a^2 & 2a \\ 2a & a^2-1 \end{pmatrix}$	90^0	$\begin{pmatrix} 0 & -1 \\ 1 & 0 \end{pmatrix}$	Gerade $y = ax$	$\frac{1}{1+a^2} \begin{pmatrix} 1 & a \\ a & a^2 \end{pmatrix}$

6 Folgen, Reihen

6.1 Endliche Summen

Endliche Summen Binomialkoeff. $\binom{n}{k}$ S. 7 , Bernoullische Zahlen B_k S. 80.

$\sum_{k=1}^{n} k \qquad = 1 + 2 + 3 + \cdots + n \qquad\qquad = \frac{n(n+1)}{2}$

$\sum_{k=1}^{n} 2k - 1 \quad = 1 + 3 + 5 + \cdots + (2n - 1) \qquad = n^2$

$\sum_{k=1}^{n} 2k \qquad = 2 + 4 + 6 + \cdots + 2n \qquad\quad = n(n + 1)$

$\sum_{k=1}^{n} k^2 \qquad = 1^2 + 2^2 + 3^2 + \cdots + n^2 \qquad = \frac{n(n+1)(2n+1)}{6}$

$\sum_{k=1}^{n} (2k-1)^2 = 1^2 + 3^2 + 5^2 + \cdots + (2n-1)^2 = \frac{n(4n^2-1)}{3}$

$\sum_{k=1}^{n} k^3 \qquad = 1^3 + 2^3 + 3^3 + \cdots + n^3 \qquad = \frac{n^2(n+1)^2}{4} = \left(\frac{n(n+1)}{2}\right)^2$

$\sum_{k=1}^{n} \frac{1}{k(k+1)} \quad = \frac{1}{1\cdot2} + \frac{1}{2\cdot3} + \frac{1}{3\cdot4} + \cdots + \frac{1}{n(n+1)} = 1 - \frac{1}{n+1} = \frac{n}{n+1}$

$\sum_{k=1}^{n} k^m \qquad = 1^m + 2^m + 3^m + \cdots + n^m = \frac{1}{m+1} \sum_{k=0}^{m} \binom{m+1}{k} B_k(n+1)^{m+1-k}$

Binomische Formel

$$(a + b)^n = \sum_{k=0}^{n} \binom{n}{k} a^{n-k} b^k = \binom{n}{0} a^n + \binom{n}{1} a^{n-1}b + \cdots + \binom{n}{n} b^n, \qquad n \in \mathbb{N}$$

siehe auch Seite 8.

$\displaystyle\sum_{k=0}^{n} \binom{n}{k} x^k \qquad = \binom{n}{0} + \binom{n}{1} x + \cdots + \binom{n}{n} x^n \qquad = (1 + x)^n$

$\displaystyle\sum_{k=0}^{n} \binom{n}{k} \qquad = \binom{n}{0} + \binom{n}{1} + \cdots + \binom{n}{n} \qquad = 2^n$

$\displaystyle\sum_{k=0}^{n} k \binom{n}{k} \qquad = 1 \cdot \binom{n}{1} + 2 \cdot \binom{n}{2} + \cdots + n \cdot \binom{n}{n} = n \, 2^{n-1}$

$\displaystyle\sum_{k=0}^{n} (-1)^k \binom{n}{k} = \binom{n}{0} - \binom{n}{1} + \cdots + (-1)^n \binom{n}{n} = 0$

Geometrische Summe (endliche geom. Reihe)

$$\sum_{k=0}^{n} a^k = 1 + a + a^2 + \cdots + a^n = \frac{a^{n+1}-1}{a-1}, \qquad \text{für } a \neq 1$$

$\displaystyle\sum_{k=m}^{n} a^k = a^m + a^{m+1} + a^{m+2} + \cdots + a^n = \frac{a^{n+1}-a^m}{a-1} \qquad, \text{für } a \neq 1$

$\displaystyle\sum_{k=0}^{n} a^k b^{n-k} = b^n + ab^{n-1} + a^2 b^{n-2} + \cdots + a^n = \frac{a^{n+1}-b^{n+1}}{a-b} \qquad, \text{für } a \neq b$

Arithmetische Summe

$a_k = a_1 + (k - 1)d \qquad$ $\displaystyle\sum_{k=1}^{n} a_k = a_1 + (a_1+d) + (a_1+2d) + \cdots + (a_1+(n-1)d)$

$= a_{k-1} + d \qquad\qquad\qquad = na_1 + \frac{n(n-1)}{2}d = \frac{n(a_1+a_n)}{2}$

6.2   Zahlenfolgen und Reihen

$$\boxed{\textbf{Folgen}}$$

h ist **Häufungswert**   der Folge (a_n)

$\quad\Longleftrightarrow\quad$ zu jedem $\varepsilon > 0$ und jedem $n_0 \in \mathbb{N}$ gibt es ein $n \geq n_0$ mit $|a_n - h| < \varepsilon$.

$\quad\Longleftrightarrow\quad$ $\forall \varepsilon > 0\ \forall n_0 \in \mathbb{N}\ \exists n \in \mathbb{N} : n \geq n_0 \wedge |a_n - h| < \varepsilon$.

$\quad\Longleftrightarrow\quad$ a_n liegt **immer wieder** in jeder Umgebung von h.

a ist **Grenzwert** der Folge (a_n)

$\quad\Longleftrightarrow\quad$ zu jedem $\varepsilon > 0$ gibt es ein $n_0 \in \mathbb{N}$ mit $|a_n - a| < \varepsilon$ für alle $n \geq n_0$.

$\quad\Longleftrightarrow\quad$ $\forall \varepsilon > 0\ \exists n_0 \in \mathbb{N}\ \forall n \in \mathbb{N} : n \geq n_0 \Longrightarrow |a_n - a| < \varepsilon$.

$\quad\Longleftrightarrow\quad$ a_n liegt **schließlich** in jeder Umgebung von a.

Bezeichnungen: $\lim\limits_{n\to\infty} a_n = a$ oder $a_n \longrightarrow a$ oder (a_n) konvergiert gegen a.

(a_n) ist **beschränkt** $\quad\Longleftrightarrow\quad$ es gibt $S \in \mathbb{R}$ mit $|a_n| \leq S$ für alle $n \in \mathbb{N}$.

Die reelle Folge (a_n) ist **monoton** $\begin{matrix}\text{wachsend}\\\text{fallend}\end{matrix}$ $\Longleftrightarrow$ für alle $n \in \mathbb{N}$ gilt $a_{n+1} \gtreqless a_n$.

Satz von Weierstraß: Jede beschränkte Folge besitzt einen Häufungswert.

Cauchy–Kriterium: (a_n) ist konvergent $\Longleftrightarrow$ zu jedem $\varepsilon > 0$ gibt es ein n_0 mit $|a_n - a_m| < \varepsilon$ für alle $n, m \geq n_0$.

Monotonie–Krit.: Jede monotone und beschränkte reelle Folge ist konvergent.

Rechenregeln	**spezielle Grenzwerte für** $n \longrightarrow \infty$

Aus $\begin{matrix} a_n \longrightarrow a \\ b_n \longrightarrow b \end{matrix}$, folgt:

$a_n \pm b_n \longrightarrow a \pm b$

$a_n \cdot b_n \longrightarrow a \cdot b$

$\dfrac{a_n}{b_n} \longrightarrow \dfrac{a}{b}$, für $b_n, b \neq 0$

$a_n^{b_n} \longrightarrow a^b$, für $a_n, a > 0$

$a_n^c \longrightarrow a^c$, für $a_n, a > 0$

$\sqrt[n]{a} \longrightarrow 1$

$\sqrt[n]{n} \longrightarrow 1$

$\sqrt[n]{n!} \longrightarrow \infty$

$\dfrac{1}{n}\sqrt[n]{n!} \longrightarrow \dfrac{1}{e}$

$\dfrac{a^n}{n!} \longrightarrow 0$

$\dfrac{n^n}{n!} \longrightarrow \infty$

$\left(\dfrac{n+1}{n}\right)^n \longrightarrow e$

$\left(1 + \dfrac{1}{n}\right)^n \longrightarrow e$

$\left(1 + \dfrac{x}{n}\right)^n \longrightarrow e^x$

$\left(1 - \dfrac{x}{n}\right)^n \longrightarrow e^{-x}$

$n(\sqrt[n]{x} - 1) \longrightarrow \ln x$, für $x > 0$

$\dbinom{a}{n} \longrightarrow 0$, für $a > -1$

---

geometrische Folge	k feste natürliche Zahl

$a^n \longrightarrow \begin{cases} 0 & ,\text{ für } |a| < 1 \\ 1 & ,\text{ für } a = 1 \end{cases}$

a^n divergent für $a \leq -1$ oder $a > 1$

$\dfrac{a^n}{n^k} \longrightarrow \begin{cases} 0 & ,\text{ für } |a| \leq 1 \\ \infty & ,\text{ für } a > 1 \end{cases}$

Fibonaccifolge 1, 1, 2, 3, 5, 8, 13, 21, 34, 55, ...   siehe **[HM**, Seite 335]

rekursiv: $a_1 = a_2 = 1$, und $a_{n+2} = a_n + a_{n+1}$

$\dfrac{1}{1}, \dfrac{1}{2}, \dfrac{2}{3}, \dfrac{3}{5}, \dfrac{5}{8}, \dfrac{8}{13}, \ldots \longrightarrow \dfrac{\sqrt{5}-1}{2}$

explizit: $a_n = \dfrac{1}{\sqrt{5}}\left(\left(\dfrac{1+\sqrt{5}}{2}\right)^n - \left(\dfrac{1-\sqrt{5}}{2}\right)^n\right)$

$\dfrac{a_n}{a_{n+1}} \longrightarrow \dfrac{\sqrt{5}-1}{2}$, diese Folge

von Quotienten konvergiert gegen $a = \dfrac{\sqrt{5}-1}{2} \approx 0.618$, **goldener Schnitt**, S. 20.

Konvergenz von Reihen

Die **Reihe** $\sum_{k=0}^{\infty} a_k$ wird als **Folge der Partialsummen** $\left(\sum_{k=0}^{n} a_k\right)$ definiert.

$$\sum_{k=0}^{\infty} a_k := \lim_{n \to \infty} \sum_{k=0}^{n} a_k$$

Konvergenz–Kriterium

$\sum_{k=0}^{\infty} a_k$ ist konvergent, $\sum_{k=0}^{\infty} a_k = s$ $\iff$ zu jedem $\varepsilon > 0$ gibt es ein n_0 mit $|\sum_{k=0}^{n} a_k - s| < \varepsilon$ für alle $n \geq n_0$.

Cauchy–Kriterium

$\sum_{k=0}^{\infty} a_k$ ist konvergent $\iff$ zu jedem $\varepsilon > 0$ gibt es ein n_0 mit $|\sum_{k=n}^{m} a_k| < \varepsilon$ für alle $n_0 \leq n < m$.

Notwendiges Kriterium

Ist $\sum_{k=0}^{\infty} a_k$ konvergent , so ist notwendigerweise $\lim_{k \to \infty} a_k = 0$.

Absolute Konvergenz und bedingte Konvergenz

Die Reihe $\sum_{k=0}^{\infty} a_k$ heißt

absolut konvergent,   falls die Reihe der Beträge $\sum_{k=0}^{\infty} |a_k|$ konvergiert.

unbedingt konvergent, falls jede Umordnung der Reihe gegen denselben Wert konvergiert.

bedingt konvergent,   falls sie konvergiert, aber nicht unbedingt konvergiert.

$\sum_{k=0}^{\infty} a_k$ ist **absolut konvergent** $\iff$ $\sum_{k=0}^{\infty} a_k$ ist **unbedingt konvergent**.

Rechenregeln für konvergente Reihen

Sind $\sum_{k=0}^{\infty} a_k = a$ und $\sum_{k=0}^{\infty} b_k = b$ konvergente Reihen und ist $r \varepsilon \mathbb{R}$, so gilt :

$\sum_{k=0}^{\infty}(a_k + b_k) = \sum_{k=0}^{\infty} a_k + \sum_{k=0}^{\infty} b_k = a + b$ (Addition konvergenter Reihen)

$\sum_{k=0}^{\infty} r \cdot a_k \quad = r \cdot \sum_{k=0}^{\infty} a_k = r \cdot a$ \qquad (Multiplikation mit $r \in \mathbb{R}$)

Rechenregeln für absolut konvergente Reihen

Zwei absolut konvergente Reihen $\sum_{k=0}^{\infty} a_k = a$ und $\sum_{k=0}^{\infty} b_k = b$ dürfen beliebig multipliziert werden.

Jede Produktreihe ist absolut konvergent mit stets gleichem Grenzwert:

$\left(\sum_{k=0}^{\infty} a_k\right) \cdot \left(\sum_{n=0}^{\infty} b_n\right) = \sum_{k,n=0}^{\infty} a_k \cdot b_n = a \cdot b$

Bei **absolut konvergenten Reihen** gilt für das **Cauchyprodukt**:

$\sum_{n=0}^{\infty}\left(\sum_{k=0}^{n} a_k b_{n-k}\right) = a_0 b_0 + (a_0 b_1 + a_1 b_0) + (a_0 b_2 + a_1 b_1 + a_2 b_0) + \cdots = a \cdot b$

Konvergenzkriterien für Reihen

Majorantenkriterium

$\sum_{k=0}^{\infty} a_k$ ist **absolut konvergent**, wenn es eine
konvergente Reihe $\sum_{k=0}^{\infty} b_k$ und ein n_0 gibt mit $|a_k| \le b_k$ für alle $k \ge n_0$.

Minorantenkriterium

$\sum_{k=0}^{\infty} a_k$ ist **divergent**, wenn es eine
divergente Reihe $\sum_{k=0}^{\infty} b_k$ und ein n_0 gibt mit $0 \le b_k \le a_k$ für alle $k \ge n_0$.

Quotientenkriterium

Existiert $q := \lim_{k\to\infty} \frac{|a_{k+1}|}{|a_k|}$, so ist $\sum_{k=0}^{\infty} a_k$ $\begin{cases} \text{absolut konvergent} & \text{für } q < 1 \\ \text{divergent} & \text{für } q > 1 \end{cases}$

Wurzelkriterium :

Existiert $q := \lim_{k\to\infty} \sqrt[k]{|a_k|}$, so ist $\sum_{k=0}^{\infty} a_k$ $\begin{cases} \text{absolut konvergent} & \text{für } q < 1 \\ \text{divergent} & \text{für } q > 1 \end{cases}$

Wenn die Grenzwerte nicht existieren, betrachte man ggf. $q = \lim\sup$.

Ist $q = 1$, so sagen Wurzel– und Quotientenkriterium nichts aus!

Ist das Quotientenkriterium anwendbar, so auch das Wurzelkriterium, aber i.A. nicht umgekehrt!

Vergleichskriterium

Sind (a_k) und (b_k) Folgen mit $b_k > 0$ und $\lim_{k\to\infty} \frac{a_k}{b_k} = r \ne 0$, so gilt :

$$\sum_{k=0}^{\infty} a_k \text{ ist konvergent} \iff \sum_{k=0}^{\infty} b_k \text{ ist konvergent}$$

Integralkriterium

Ist $f : [1,\infty) \longrightarrow \mathbb{R}$ monoton fallend , so gilt :

$$\sum_{k=1}^{\infty} f(k) \text{ ist konvergent} \iff \int_1^{\infty} f(x)dx \text{ ist konvergent}$$

Alternierende Reihen

Leibniz–Kriterium

Eine **alternierende Reihe** $\sum_{k=0}^{\infty} (-1)^k a_k$ mit $a_k > 0$ ist konvergent, wenn die Folge (a_k) eine **monotone Nullfolge** ist.

Fehlerabschätzung:

Ist $S_n = \sum_{k=0}^{n} (-1)^k a_k$ und $S = \sum_{k=0}^{\infty} (-1)^k a_k$, so gilt $|S - S_n| \le a_{n+1}$

Beispiel

$1 - \frac{1}{2} + \frac{1}{3} - \frac{1}{4} \pm \cdots \qquad = \ln 2 \quad$ (siehe auch nächste Seite)

$|\ln 2 - (1 - \frac{1}{2} + \frac{1}{3} - \frac{1}{4} \pm \cdots + \frac{(-1)^{n-1}}{n})| = |S - S_n| \le \frac{1}{n+1} \quad$ (Fehlerabschätzung)

$$\boxed{\textbf{Spezielle Reihen}}$$

$$\sum_{k=0}^{\infty} a^k = 1 + a + a^2 + \cdots \;\; = \begin{cases} \frac{1}{1-a} & \text{für } |a| < 1 \\ \text{divergent} & \text{für } |a| \geq 1 \end{cases} \qquad \begin{matrix} \textbf{Geometrische Reihe} \\ a \neq 0 \end{matrix}$$

$$\sum_{k=n}^{\infty} a^k = a^n \sum_{k=0}^{\infty} a^k \;\; = \begin{cases} \frac{a^n}{1-a} & \text{für } |a| < 1 \\ \text{divergent} & \text{für } |a| \geq 1 \end{cases} \qquad \begin{matrix} \textbf{Geometrische Reihe} \\ a \neq 0 \end{matrix}$$

$$\sum_{k=1}^{\infty} \frac{1}{k} \quad = 1 + \frac{1}{2} + \frac{1}{3} + \frac{1}{4} + \cdots \qquad = \infty \;\; \text{(harmonische Reihe)}$$

$$\sum_{k=1}^{\infty} \frac{1}{k^\alpha} \quad = 1 + \frac{1}{2^\alpha} + \frac{1}{3^\alpha} + \frac{1}{4^\alpha} + \cdots \qquad \text{konvergent} \iff \alpha > 1$$

$$\sum_{k=1}^{\infty} (-1)^{k-1} \frac{1}{k} = 1 - \frac{1}{2} + \frac{1}{3} - \frac{1}{4} \pm \cdots \qquad = \ln 2$$

$$\sum_{k=1}^{\infty} \frac{1}{k 2^k} \quad = \frac{1}{1 \cdot 2^1} + \frac{1}{2 \cdot 2^2} + \frac{1}{3 \cdot 2^3} + \cdots \qquad = \ln 2$$

$$\sum_{k=2}^{\infty} \frac{k-1}{k!} \quad = \frac{1}{2!} + \frac{2}{3!} + \frac{3}{4!} + \frac{4}{5!} + \cdots \qquad = 1$$

$$\sum_{k=0}^{\infty} \frac{1}{2^k} \quad = 1 + \frac{1}{2} + \frac{1}{2^2} + \frac{1}{2^3} + \frac{1}{2^4} + \cdots = 2$$

$$\sum_{k=0}^{\infty} \frac{1}{k!} \quad = 1 + \frac{1}{1!} + \frac{1}{2!} + \frac{1}{3!} + \frac{1}{4!} + \cdots = e$$

$$\sum_{k=0}^{\infty} (-1)^k \frac{1}{k!} \quad = 1 - \frac{1}{1!} + \frac{1}{2!} - \frac{1}{3!} + \frac{1}{4!} \pm \cdots = \frac{1}{e}$$

$$\sum_{k=0}^{\infty} (-1)^k \frac{1}{2k+1} = 1 - \frac{1}{3} + \frac{1}{5} - \frac{1}{7} \pm \cdots \qquad = \frac{\pi}{4}$$

$$\sum_{k=1}^{\infty} \frac{1}{k^2} \quad = 1 + \frac{1}{2^2} + \frac{1}{3^2} + \frac{1}{4^2} + \cdots \qquad = \frac{\pi^2}{6}$$

$$\sum_{k=1}^{\infty} (-1)^{k+1} \frac{1}{k^2} = 1 - \frac{1}{2^2} + \frac{1}{3^2} - \frac{1}{4^2} \pm \cdots \qquad = \frac{\pi^2}{12}$$

$$\sum_{k=0}^{\infty} \frac{1}{(2k+1)^2} \quad = 1 + \frac{1}{3^2} + \frac{1}{5^2} + \frac{1}{7^2} + \cdots \qquad = \frac{\pi^2}{8}$$

Bernoulli–Zahlen B_{2n} und Euler–Zahlen E_{2n} siehe Seite 80.

$$\sum_{k=1}^{\infty} \frac{1}{k^{2n}} \quad = 1 + \frac{1}{2^{2n}} + \frac{1}{3^{2n}} + \frac{1}{4^{2n}} + \cdots = \frac{(-1)^{n-1} \pi^{2n} 2^{2n-1}}{(2n)!} B_{2n} \;\;, \text{ für } n \geq 1$$

$$\sum_{k=1}^{\infty} \frac{(-1)^{k+1}}{(2k-1)^{2n+1}} = 1 - \frac{1}{3^{2n+1}} + \frac{1}{5^{2n+1}} - \frac{1}{7^{2n+1}} \pm \cdots = \frac{(-1)^n \pi^{2n+1}}{2^{2n+2}(2n)!} E_{2n} \;\;, \text{ für } n \geq 0$$

6.3   Funktionenfolgen

$$\boxed{\textbf{Konvergenz von Funktionenfolgen}}$$

Eine Folge (f_n) von Funktionen $f_n : D \longrightarrow \mathrm{IR}$ heißt

punktweise konvergent gegen die Funktion f (Bez.: $\lim\limits_{n \to \infty} f_n(x) = f(x)$)

$\iff$ für jedes $x \in D$ konvergiert die Zahlenfolge $\big(f_n(x)\big)$ gegen $f(x)$.

$\iff$ $\forall \varepsilon > 0 \;\; \underline{\forall x \in D} \;\; \exists n_0 \in \mathrm{IN} \;\; \forall n \geq n_0 \; : \; |f_n(x) - f(x)| < \varepsilon$.

gleichmäßig konvergent gegen die Funktion f

$\iff$ zu jedem $\varepsilon > 0$ existiert ein n_0 mit $|f_n(x) - f(x)| < \varepsilon$ für alle $n \geq n_0$ und alle $x \in D$.

$\iff$ $\forall \varepsilon > 0 \;\; \underline{\exists n_0 \in \mathrm{IN}} \;\; \forall x \in D \;\; \forall n \geq n_0 \; : \; |f_n(x) - f(x)| < \varepsilon$.

$\boxed{\text{Konvergiert } (f_n) \text{ gleichmäßig gegen } f, \text{ so auch punktweise!}}$

Gleichmäßige Konvergenz von Funktionenfolgen

Cauchy–Kriterium für gleichmäßige Konvergenz

Eine Folge (f_n) von Funktionen $f_n : D \longrightarrow \mathbb{R}$ ist auf D genau dann gleichmäßig konvergent, wenn es zu jedem $\varepsilon > 0$ ein $n_0 \in \mathbb{N}$ gibt, so dass für alle $x \in D$ und alle $n, m \geq n_0$ gilt $|f_n(x) - f_m(x)| < \varepsilon$.

Gleichmäßige Konvergenz und

- **Stetigkeit**

  Sind die Funktionen f_n auf dem Intervall $I = [a,b]$ stetig und ist die Folge (f_n) auf I gleichmäßig konvergent, so ist auch die Grenzfunktion f stetig.

- **Integrierbarkeit**

  Sind die Funktionen f_n auf dem Intervall $I = [a,b]$ integrierbar und ist die Folge (f_n) auf I gleichmäßig konvergent, so ist auch die Grenzfunktion f integrierbar und es gilt

  $$\lim_{n\to\infty} \int_a^b f_n(x)\,dx = \int_a^b (\lim_{n\to\infty} f_n(x))\,dx = \int_a^b f(x)\,dx.$$

- **Differenzierbarkeit**

  Sind die Funktionen f_n auf dem Intervall $I = [a,b]$ differenzierbar, ist für ein $x_0 \in I$ die Folge $(f_n(x_0))$ konvergent und ist die Ableitungsfolge (f_n') auf I gleichmäßig konvergent, so ist auch die Folge (f_n) auf I gleichmäßig konvergent, die Grenzfunktion f differenzierbar und es gilt

  $$\lim_{n\to\infty} f_n'(x) = (\lim_{n\to\infty} f_n(x))' = f'(x).$$

Gleichmäßige Konvergenz von Funktionenreihen

- **Notwendige Bedingung**

  Ist die Reihe $\sum_{k=0}^\infty f_k(x)$ auf D gleichmäßig konvergent, so konvergiert die Summandenfolge $(f_k(x))$ auf D gleichmäßig gegen die Nullfunktion.

- **Hinreichende Bedingung: Weierstraß–Kriterium**

  Gilt $\sup\{|f_k(x)| : x \in D\} \leq c_k$ und ist $\sum_{k=0}^\infty c_k$ konvergent, so ist $\sum_{k=0}^\infty f_k(x)$ auf D gleichmäßig konvergent.

Beispiel *Man untersuche (f_n) mit $f_n(x) := \frac{nx}{1+n^2x^2}$ auf gleichmäßige Konvergenz.*

Es gilt $\lim_{n\to\infty} f_n(x) = 0$ für jedes $x \in \mathbb{R}$. Also ist (f_n) auf $\mathbb{R}$ **punktweise konvergent** gegen die Nullfunktion.

Weiter gilt:
$f_n'(x) = \frac{n}{(1+n^2x^2)^2}(1 + n^2x^2 - x2n^2x) = 0 \Longleftrightarrow x = \pm\frac{1}{n}, \quad f(0) = 0, \quad f(\frac{1}{n}) = \frac{1}{2}.$
Man sieht, dass die Funkt. f_n bei $\frac{1}{n}$ ihr Maximum mit dem Funktionswert $\frac{1}{2}$ haben.

Zu z.B. $\varepsilon = \frac{1}{4}$ gibt es also kein n_0, so dass von n_0 an alle f_n in dem $\frac{1}{4}$–Streifen um die Nullfunktion liegen. (f_n) ist also auf $\mathbb{R}$ **nicht gleichmäßig konvergent**.

6.4 Potenzreihen

$$\boxed{\text{Potenzreihen}}$$

$$\sum_{n=0}^{\infty} a_n(x - x_0)^n = a_0 + a_1(x - x_0) + a_2(x - x_0)^2 + a_3(x - x_0)^3 + \cdots$$

heißt **Potenzreihe** um den **Entwicklungspunkt** x_0 mit **Koeffizienten** a_n.

Die Reihe konvergiert in einem zu x_0 symmetrischen Intervall vom Radius r.

Eine Potenzreihe konvergiert in jedem **kompakten** (d.h. abgeschlossenen und beschränkten) Teil ihres Konvergenzbereiches **absolut** und **gleichmäßig**.

Die Grenzfunktion ist beliebig oft differenzierbar.

Mit den Festlegungen $\frac{1}{0} = \infty$ und $\frac{1}{\infty} = 0$ gilt für den Konvergenzradius r :

Cauchy–Hadamard		
$\frac{1}{r} = \limsup \sqrt[n]{|a_n|}$ und	$\frac{1}{r} = \lim_{n\to\infty} \frac{|a_{n+1}|}{|a_n|}$	wenn alle $a_n \neq 0$ sind und dieser Grenzwert existiert.

Konvergenz in den Randpunkten ist gesondert zu untersuchen, **ANA 1** S. 210 ff.

Abelscher Grenzwertsatz

Die Potenzreihe $\sum_{n=0}^{\infty} a_n x^n$ habe den Konvergenzradius r mit $0 < r < \infty$ und es gelte $f(x) = \sum_{n=0}^{\infty} a_n x^n$ in $(-r, r)$.

Konvergiert die Reihe auch für $x = r$, so ist f in $(-r, r]$ stetig. Es gilt :

$$\lim_{x\to r^-} f(x) = \sum_{n=0}^{\infty} a_n r^n$$

Rechnen mit Potenzreihen

Für $f(x) = \sum_{n=0}^{\infty} a_n x^n$, $g(x) = \sum_{n=0}^{\infty} b_n x^n$ und $s \in \mathbb{R}$ gilt :

$s \cdot f(x) \quad = \sum_{n=0}^{\infty} s \cdot a_n x^n \quad$ und $\quad f(x) + g(x) = \sum_{n=0}^{\infty} (a_n + b_n) x^n$

$f(x) \cdot g(x) = \sum_{n=0}^{\infty} c_n x^n$ mit $c_n = \sum_{k=0}^{n} a_k b_{n-k} \quad$ (**Cauchyprodukt**, Seite 75)

$\frac{f(x)}{g(x)} \quad = \sum_{n=0}^{\infty} c_n x^n$ mit $\sum_{k=0}^{\infty} a_n x^n = (\sum_{n=0}^{\infty} b_n x^n) \cdot (\sum_{n=0}^{\infty} c_n x^n)$

Summandenweises Differenzieren und Integrieren

$f'(x) \quad = \sum_{n=1}^{\infty} n a_n x^{n-1} = \sum_{n=0}^{\infty} (n+1) a_{n+1} x^n$

$f^n(0) \quad = n! \cdot a_n$

$\int f(x) dx = \sum_{n=0}^{\infty} \frac{a_n}{n+1} x^{n+1} + c$

| Potenzreihen dürfen im Innern ihres Konvergenzbereiches **gliedweise** differenziert und integriert werden! |

Symmetrie

$f \quad$ ist gerade $\quad \Longleftrightarrow \quad a_{2n+1} = 0 \quad$ für jedes $n \in \mathbb{N}$

$f \quad$ ist ungerade $\quad \Longleftrightarrow \quad a_{2n} = 0 \quad$ für jedes $n \in \mathbb{N}$

Bernoullische Zahlen

Die Bernoullischen Zahlen B_n erklären sich durch die Potenzreihenentwicklung

$$\frac{x}{e^x-1} = \sum_{n=0}^{\infty} \frac{B_n}{n!}x^n$$

Man erhält $B_3 = B_5 = B_7 = \cdots = 0$.

$B_0 = \quad 1$ $\qquad$ $B_8 = \quad -\frac{1}{30}$

$B_1 = -\frac{1}{2}$ $\qquad$ $B_{10} = \quad \frac{5}{66}$

$B_2 = \quad \frac{1}{6}$ $\qquad$ $B_{12} = -\frac{691}{2\,730}$

$B_4 = -\frac{1}{30}$ $\qquad$ $B_{14} = \quad \frac{7}{6}$

$B_6 = \quad \frac{1}{42}$ $\qquad$ $B_{16} = -\frac{3\,617}{510}$

$$\sum_{k=0}^{n-1} \binom{n}{k} B_k = 0$$

Eulersche Zahlen

Die Eulerschen Zahlen E_n können durch folg. Potenzreihenentwicklung erklärt werden:

$$\frac{1}{\cosh x} = \frac{2}{e^x + e^{-x}} = \sum_{n=0}^{\infty} \frac{E_n}{n!}x^n$$

Man erhält $E_1 = E_3 = E_5 = E_7 = \cdots = 0$.

$E_0 = \quad 1$ $\quad$ $E_4 = \quad 5$ $\quad$ $E_8 = \quad 1\,385$

$E_2 = -1$ $\quad$ $E_6 = -61$ $\quad$ $E_{10} = -50\,521$

$E_{12} = \qquad\qquad\quad 2\,702\,765$

$E_{14} = \qquad\qquad -199\,360\,981$

$E_{16} = \qquad\qquad 19\,391\,512\,145$

$E_{18} = \qquad\qquad -2\,404\,879\,675\,441$

$E_{20} = \qquad\qquad 370\,371\,188\,237\,525$

$E_{22} = \qquad -69\,348\,874\,393\,137\,901$

$$1 + \frac{1}{2^{2n}} + \frac{1}{3^{2n}} + \frac{1}{4^{2n}} + \frac{1}{5^{2n}} + \cdots + \frac{1}{k^{2n}} + \cdots = \frac{\pi^{2n}2^{2n-1}}{(2n)!}(-1)^{n-1}B_{2n}$$

$$1 - \frac{1}{2^{2n}} + \frac{1}{3^{2n}} - \frac{1}{4^{2n}} + \frac{1}{5^{2n}} + \cdots + \frac{(-1)^{k+1}}{k^{2n}} + \cdots = \frac{\pi^{2n}(2^{2n-1}-1)}{(2n)!}(-1)^{n-1}B_{2n}$$

$$1 + \frac{1}{3^{2n}} + \frac{1}{5^{2n}} + \frac{1}{7^{2n}} + \cdots + \frac{1}{(2k-1)^{2n}} + \cdots = \frac{\pi^{2n}(2^{2n}-1)}{2(2n)!}(-1)^{n-1}B_{2n}$$

$$1 - \frac{1}{3^{2n+1}} + \frac{1}{5^{2n+1}} - \frac{1}{7^{2n+1}} + \cdots + \frac{(-1)^{k+1}}{(2k-1)^{2n+1}} + \cdots = \frac{\pi^{2n+1}}{2^{2n+2}(2n)!}(-1)^{n}E_{2n}$$

6.5 Tabelle Reihenentwicklungen

Geometrische Reihe

$$\frac{1}{1-x} = \sum_{n=0}^{\infty} x^n = 1 + x + x^2 + x^3 + \cdots \qquad \text{für} \quad -1 < x < 1$$

$$\frac{1}{1+x} = \sum_{n=0}^{\infty} (-1)^n x^n = 1 - x + x^2 - x^3 \pm \cdots \qquad \text{für} \quad -1 < x < 1$$

$$\frac{1}{1-x^2} = \sum_{n=0}^{\infty} x^{2n} = 1 + x^2 + x^4 + x^6 + \cdots \qquad \text{für} \quad -1 < x < 1$$

$$\frac{1}{1+x^2} = \sum_{n=0}^{\infty} (-1)^n x^{2n} = 1 - x^2 + x^4 - x^6 \pm \cdots \qquad \text{für} \quad -1 < x < 1$$

$$\frac{1}{a\pm x} = \frac{1}{a}\frac{1}{1\pm\frac{x}{a}} = \frac{1}{a}(1 \mp \frac{x}{a} + \frac{x^2}{a^2} \mp \frac{x^3}{a^3} \mp \cdots) \qquad \text{für} \quad -|a| < x < |a|$$

Durch Differentiation bzw. Integration der geometrischen Reihe erhält man:

$$\frac{1}{(1-x)^2} = \sum_{n=0}^{\infty} (n+1)x^n = 1 + 2x + 3x^2 + 4x^3 + \cdots \qquad \text{für} \quad -1 < x < 1$$

$$\ln(1-x) = -\sum_{n=1}^{\infty} \frac{x^n}{n} = -(x + \frac{x^2}{2} + \frac{x^3}{3} + \frac{x^4}{4} + \cdots) \qquad \text{für} \quad -1 \leq x < 1$$

Binomische Reihe	Binomialkoeffizienten $\binom{a}{n}$
	siehe Seite 9

$$\boxed{(1+x)^a \;=\; \sum_{n=0}^{\infty} \binom{a}{n} x^n} \;=\; \begin{cases} 1 + ax + \binom{a}{2}x^2 + \binom{a}{3}x^3 + \cdots \\[2mm] 1 + ax + \dfrac{a(a-1)}{2}x^2 + \dfrac{a(a-1)(a-2)}{3!}x^3 + \cdots \end{cases}$$

$$\text{für} \quad \begin{array}{l} -1 \le x \le 1 \\ -1 < x \le 1 \\ -1 < x < 1 \end{array} \;,\; \text{falls} \quad \begin{array}{r} 0 < a \\ -1 < a \le \; 0 \\ a \le -1 \end{array}$$

Für $a \in \mathbb{N}$ ist die Reihe endlich! Binomische Formel, Seiten 8, 73.

Spezielle binomische Reihen

$$(1+x)^{1/2} = \sum_{n=0}^{\infty} \binom{1/2}{n} x^n \;= 1 + \tfrac{1}{2}x - \tfrac{1\cdot1}{2\cdot4}x^2 + \tfrac{1\cdot1\cdot3}{2\cdot4\cdot6}x^3 - \tfrac{1\cdot1\cdot3\cdot5}{2\cdot4\cdot6\cdot8}x^4 \pm \cdots \qquad -1 \le x \le 1$$

$$(1+x)^{1/3} = \sum_{n=0}^{\infty} \binom{1/3}{n} x^n \;= 1 + \tfrac{1}{3}x - \tfrac{1\cdot2}{3\cdot6}x^2 + \tfrac{1\cdot2\cdot5}{3\cdot6\cdot9}x^3 - \tfrac{1\cdot2\cdot5\cdot8}{3\cdot6\cdot9\cdot12}x^4 \pm \cdots \qquad -1 \le x \le 1$$

$$(1+x)^{1/4} = \sum_{n=0}^{\infty} \binom{1/4}{n} x^n \;= 1 + \tfrac{1}{4}x - \tfrac{1\cdot3}{4\cdot8}x^2 + \tfrac{1\cdot3\cdot7}{4\cdot8\cdot12}x^3 - \tfrac{1\cdot3\cdot7\cdot11}{4\cdot8\cdot12\cdot16}x^4 \pm \cdots \qquad -1 \le x \le 1$$

$$(1+x)^{3/2} = \sum_{n=0}^{\infty} \binom{3/2}{n} x^n \;= 1 + \tfrac{3}{2}x + \tfrac{3\cdot1}{2\cdot4}x^2 - \tfrac{3\cdot1\cdot1}{2\cdot4\cdot6}x^3 + \tfrac{3\cdot1\cdot1\cdot3}{2\cdot4\cdot6\cdot8}x^4 \mp \cdots \qquad -1 \le x \le 1$$

$$\frac{1}{(1+x)^{1/2}} = \sum_{n=0}^{\infty} \binom{-1/2}{n} x^n = 1 - \tfrac{1}{2}x + \tfrac{1\cdot3}{2\cdot4}x^2 - \tfrac{1\cdot3\cdot5}{2\cdot4\cdot6}x^3 + \tfrac{1\cdot3\cdot5\cdot7}{2\cdot4\cdot6\cdot8}x^4 \mp \cdots \qquad -1 < x \le 1$$

$$\frac{1}{(1+x)^{1/3}} = \sum_{n=0}^{\infty} \binom{-1/3}{n} x^n = 1 - \tfrac{1}{3}x + \tfrac{1\cdot4}{3\cdot6}x^2 - \tfrac{1\cdot4\cdot7}{3\cdot6\cdot9}x^3 + \tfrac{1\cdot4\cdot7\cdot10}{3\cdot6\cdot9\cdot12}x^4 \mp \cdots \qquad -1 < x \le 1$$

$$\frac{1}{(1+x)^{1/4}} = \sum_{n=0}^{\infty} \binom{-1/4}{n} x^n = 1 - \tfrac{1}{4}x + \tfrac{1\cdot5}{4\cdot8}x^2 - \tfrac{1\cdot5\cdot9}{4\cdot8\cdot12}x^3 + \tfrac{1\cdot5\cdot9\cdot13}{4\cdot8\cdot12\cdot16}x^4 \mp \cdots \qquad -1 < x \le 1$$

$$\frac{1}{(1+x)^{3/2}} = \sum_{n=0}^{\infty} \binom{-3/2}{n} x^n = 1 - \tfrac{3}{2}x + \tfrac{3\cdot5}{2\cdot4}x^2 - \tfrac{3\cdot5\cdot7}{2\cdot4\cdot6}x^3 + \tfrac{3\cdot5\cdot7\cdot9}{2\cdot4\cdot6\cdot8}x^4 \mp \cdots \qquad -1 < x < 1$$

$$\frac{1}{(1+x)^2} = \sum_{n=0}^{\infty} \binom{-2}{n} x^n = \sum_{n=0}^{\infty} (-1)^n (n+1) x^n = 1 - 2x + 3x^2 - 4x^3 \pm \cdots \qquad -1 < x < 1$$

$$\frac{1}{(1+x)^3} = \sum_{n=0}^{\infty} \binom{-3}{n} x^n = \sum_{n=0}^{\infty} (-1)^n \frac{(n+1)(n+2)}{2} x^n$$

$$= \tfrac{1}{2}\left(1\cdot2 - 2\cdot3\,x + 3\cdot4\,x^2 - 4\cdot5\,x^3 \pm \cdots \right) \qquad -1 < x < 1$$

$$\frac{1}{(1+x)^4} = \sum_{n=0}^{\infty} \binom{-4}{n} x^n = \sum_{n=0}^{\infty} (-1)^n \frac{(n+1)(n+2)(n+3)}{3!} x^n$$

$$= \tfrac{1}{6}\left(1\cdot2\cdot3 - 2\cdot3\cdot4\,x + 3\cdot4\cdot5\,x^2 \mp \cdots \right) \qquad -1 < x < 1$$

Entwicklung spezieller Funktionen in Potenzreihen   (B_n Seite 80)

$$e^x = 1 + \frac{1}{1!}x + \frac{1}{2!}x^2 + \frac{1}{3!}x^3 + \frac{1}{4!}x^4 + \frac{1}{5!}x^5 + \frac{1}{6!}x^6 + \cdots = \sum_{n=0}^{\infty} \frac{1}{n!}x^n \qquad x \in \mathrm{IR}$$

$$\cos x = 1 \quad -\frac{1}{2!}x^2 \quad +\frac{1}{4!}x^4 \quad -\frac{1}{6!}x^6 \pm \cdots = \sum_{n=0}^{\infty} \frac{(-1)^n}{(2n)!}x^{2n}$$

$$\cosh x = 1 \quad +\frac{1}{2!}x^2 \quad +\frac{1}{4!}x^4 \quad +\frac{1}{6!}x^6 + \cdots = \sum_{n=0}^{\infty} \frac{1}{(2n)!}x^{2n}$$

$$\sin x = \frac{1}{1!}x \quad -\frac{1}{3!}x^3 \quad +\frac{1}{5!}x^5 \quad \mp \cdots = \sum_{n=0}^{\infty} \frac{(-1)^n}{(2n+1)!}x^{2n+1}$$

$$\sinh x = \frac{1}{1!}x \quad +\frac{1}{3!}x^3 \quad +\frac{1}{5!}x^5 \quad + \cdots = \sum_{n=0}^{\infty} \frac{1}{(2n+1)!}x^{2n+1}$$

$$\sin(x+a) = \sin a + \frac{\cos a}{1!}x - \frac{\sin a}{2!}x^2 - \frac{\cos a}{3!}x^3 + \frac{\sin a}{4!}x^4 \pm \cdots \qquad\qquad x \in \mathrm{IR}$$

$$\cos(x+a) = \cos a - \frac{\sin a}{1!}x - \frac{\cos a}{2!}x^2 + \frac{\sin a}{3!}x^3 + \frac{\cos a}{4!}x^4 \pm \cdots \qquad\qquad x \in \mathrm{IR}$$

$$\frac{x}{e^x-1} = \sum_{n=0}^{\infty} \frac{B_n}{n!}x^n = 1 - \frac{1}{2}x + \frac{1}{6}\cdot\frac{1}{2!}x^2 - \frac{1}{30}\cdot\frac{1}{4!}x^4 + \frac{1}{42}\cdot\frac{1}{6!}x^6 \mp \cdots \qquad |x| < 2\pi$$

$$e^{\sin x} = 1 + x + \frac{1}{2!}x^2 - \frac{3}{4!}x^4 - \frac{8}{5!}x^5 + \frac{3}{6!}x^6 + \cdots \qquad\qquad x \in \mathrm{IR}$$

$$e^{\cos x} = e\left(1 - \frac{1}{2!}x^2 + \frac{4}{4!}x^4 - \frac{31}{6!}x^6 + \cdots\right) \qquad\qquad x \in \mathrm{IR}$$

$$\tan x = \sum_{n=1}^{\infty} \frac{(-1)^{n-1}2^{2n}(2^{2n}-1)}{(2n)!}B_{2n}x^{2n-1} = x + \frac{1}{3}x^3 + \frac{2}{15}x^5 + \frac{17}{315}x^7 + \cdots \quad |x| < \frac{\pi}{2}$$

$$\tanh x = \sum_{n=1}^{\infty} \frac{2^{2n}(2^{2n}-1)}{(2n)!}B_{2n}x^{2n-1} = x - \frac{1}{3}x^3 + \frac{2}{15}x^5 \pm \cdots \qquad\qquad |x| < \frac{\pi}{2}$$

$$x \cot x = 1 + \sum_{n=1}^{\infty} \frac{(-1)^n 2^{2n}}{(2n)!}B_{2n}x^{2n} = 1 - \frac{1}{3}x^2 - \frac{1}{45}x^4 - \frac{2}{945}x^6 - \cdots \qquad |x| < \pi$$

$$x \coth x = 1 + \sum_{n=1}^{\infty} \frac{2^{2n}}{(2n)!}B_{2n}x^{2n} = 1 + \frac{1}{3}x^2 - \frac{1}{45}x^4 + \frac{2}{945}x^6 \pm \cdots \qquad |x| < \pi$$

$$\ln(1+x) = \sum_{n=1}^{\infty} \frac{(-1)^{n+1}}{n}x^n = x - \frac{1}{2}x^2 + \frac{1}{3}x^3 - \frac{1}{4}x^4 + - \cdots \qquad\qquad -1 < x \le 1$$

$$\ln(1-x) = -\sum_{n=1}^{\infty} \frac{x^n}{n} = -\left(x + \frac{1}{2}x^2 + \frac{1}{3}x^3 + \frac{1}{4}x^4 + \frac{1}{5}x^5 + \cdots\right) \qquad -1 \le x < 1$$

$$\ln x = \sum_{n=1}^{\infty} \frac{(-1)^{n+1}}{n}(x-1)^n = (x-1) - \frac{1}{2}(x-1)^2 + \frac{1}{3}(x-1)^3 \mp \cdots \qquad 0 < x \le 2$$

$$\ln|\sin x| = \ln|x| + \sum_{n=1}^{\infty} \frac{(-1)^n 2^{2n-1}}{n(2n)!}B_{2n}x^{2n} = \ln|x| - \frac{x^2}{6} - \frac{x^4}{180} - \frac{x^6}{2835} + \cdots \quad 0 < |x| < \pi$$

$$\ln\cos x = \sum_{n=1}^{\infty} \frac{(-1)^n 2^{2n-1}(2^{2n}-1)}{n(2n)!}B_{2n}x^{2n} = -\left(\frac{x^2}{2} + \frac{x^4}{12} + \frac{x^6}{45} + \frac{17x^8}{2520} + \cdots\right) \quad |x| < \frac{\pi}{2}$$

$$\arcsin x = \sum_{n=0}^{\infty} \frac{(2n)!}{2^{2n}(n!)^2(2n+1)} x^{2n+1} = x + \frac{1}{6}x^3 + \frac{3}{40}x^5 + \frac{15}{336}x^7 + \cdots \qquad |x| \leq 1$$

$$\arccos x = \frac{\pi}{2} - \arcsin x$$

$$\arctan x = \sum_{n=0}^{\infty} \frac{(-1)^n}{2n+1} x^{2n+1} = x - \frac{1}{3}x^3 + \frac{1}{5}x^5 - \frac{1}{7}x^7 + - \cdots \qquad |x| \leq 1$$

$$\operatorname{arccot} x = \frac{\pi}{2} - \arctan x$$

$$\operatorname{arsinh} x = \sum_{n=0}^{\infty} \frac{(-1)^n (2n)!}{2^{2n}(n!)^2(2n+1)} x^{2n+1} = x - \frac{1}{6}x^3 + \frac{3}{40}x^5 - \frac{15}{336}x^7 + \cdots \qquad |x| \leq 1$$

$$\operatorname{artanh} x = \ln\sqrt{\frac{1+x}{1-x}} = \sum_{n=0}^{\infty} \frac{x^{2n+1}}{2n+1} = x + \frac{1}{3}x^3 + \frac{1}{5}x^5 + \frac{1}{7}x^7 + \cdots \qquad |x| < 1$$

$$\operatorname{arcoth} x = \ln\sqrt{\frac{x+1}{x-1}} = \sum_{n=0}^{\infty} \frac{1}{(2n+1)x^{2n+1}} = \frac{1}{x} + \frac{1}{3x^3} + \frac{1}{5x^5} + \frac{1}{7x^7} + \cdots \qquad |x| > 1$$

Taylorreihen

Ist f eine im Punkt a hinreichend oft differenzierbare Funktion, so heißen:

$$T_n(x) = f(a) + \frac{f'(a)}{1!}(x-a) + \frac{f''(a)}{2!}(x-a)^2 + \cdots + \frac{f^{(n)}(a)}{n!}(x-a)^n$$

$$= \sum_{k=0}^{n} \frac{f^{(k)}(a)}{k!}(x-a)^k \qquad \textbf{Taylorpolynom } n\text{--ten Grades von } f \text{ um } a$$

$$T(x) = f(a) + \frac{f'(a)}{1!}(x-a) + \frac{f''(a)}{2!}(x-a)^2 + \cdots$$

$$= \sum_{k=0}^{\infty} \frac{f^{(k)}(a)}{k!}(x-a)^k \qquad \textbf{Taylorreihe } \text{von } f \text{ um } a$$

$$\boxed{R_n(x) = f(x) - T_n(x)} \qquad n\text{--tes } \textbf{Restglied} \text{ der Taylorentwicklung von } f \text{ um } a$$

f wird bei a durch seine Taylorreihe dargestellt $\iff f(x) = \displaystyle\sum_{k=0}^{\infty} \frac{f^{(k)}(a)}{k!}(x-a)^k \iff \displaystyle\lim_{n\to\infty} R_n(x) = 0$

Restglieddarstellungen

$$R_n(x) = \frac{f^{(n+1)}(\xi)}{(n+1)!}(x-a)^{n+1} \qquad \begin{array}{l}\textbf{Restglieddarstellung von Lagrange} \\ \xi \text{ liegt zwischen } a \text{ und } x.\end{array}$$

$$R_n(x) = \frac{1}{n!}\int_a^x (x-t)^n f^{(n+1)}(t)\, dt \qquad \textbf{Integraldarstellung des Restgliedes}$$

Bei gleichem Entwicklungspunkt a stimmen **Potenzreihenentwicklung** und **Taylorreihenentwicklung** von f überein. Falls möglich, benutzt man für Taylorreihenentwicklungen nicht die Definition, sondern bekannte Potenzreihen.

Bei **periodischen Funktionen** siehe auch **Fourierreihen**, Seite 84 ff.

Bei der Taylorentwicklung **rationaler Funktionen** mache man eine PBZ und versuche so umzuformen, daß folgende Potenzreihen verwendet werden können:

$$\frac{1}{1-x} = \sum_{k=0}^{\infty} x^k \qquad \text{oder} \qquad \frac{1}{(1-x)^2} = \sum_{k=0}^{\infty}(k+1)x^k$$

Die Taylorreihe eines **Polynoms** an der Stelle a ist die Umordnung des Polynoms nach Potenzen von $(x-a)$ (siehe HORNER–Schema, Seite 16).

6.6   Fourierreihen

Fourierreihen

Ist f integrierbar und periodisch $\big(f(x+p)=f(x)\big)$ mit der Periode p, so heißen:

$$a_k = \frac{2}{p} \int_0^p f(x) \cos \frac{2\pi}{p} kx \, dx$$

$$b_k = \frac{2}{p} \int_0^p f(x) \sin \frac{2\pi}{p} kx \, dx$$

Fourierkoeffizienten von f.

$$S_n(x) = \frac{a_0}{2} + \sum_{k=1}^n \Big(a_k \cos \frac{2\pi}{p} kx + b_k \sin \frac{2\pi}{p} kx\Big)$$

Fourierpolynom n-ter Ordnung von f.

$$S(x) = \frac{a_0}{2} + \sum_{k=1}^\infty \Big(a_k \cos \frac{2\pi}{p} kx + b_k \sin \frac{2\pi}{p} kx\Big)$$

Fourierreihe von f.

$$= \tfrac{a_0}{2} + a_1 \cos \tfrac{2\pi}{p} x + b_1 \sin \tfrac{2\pi}{p} x + a_2 \cos \tfrac{2\pi}{p} 2x + b_2 \sin \tfrac{2\pi}{p} 2x + a_3 \cos \tfrac{2\pi}{p} 3x + \cdots$$

Berechnung der Fourierkoeffizienten

(1)   Der Anfangspunkt des Integrationsintervalls ist beliebig. Ist $a \in \mathbb{R}$ so gilt:

$$a_k = \frac{2}{p} \int_a^{a+p} f(x) \cos \frac{2\pi}{p} kx \, dx \quad \text{und} \quad b_k = \frac{2}{p} \int_a^{a+p} f(x) \sin \frac{2\pi}{p} kx \, dx$$

(2)   Ist f eine **gerade** Funktion, gilt also $f(-x)=f(x)$, so kommen in der Fourierreihe nur **cos–Terme** vor:

$$b_k = 0 \ \text{für jedes } k \quad \text{und} \quad \boxed{a_k = \frac{4}{p} \int_0^{\frac{p}{2}} f(x) \cos \frac{2\pi}{p} kx \, dx}$$

(3)   Ist f eine **ungerade** Funktion, gilt also $f(-x)=-f(x)$, so kommen in der Fourierreihe nur **sin–Terme** vor:

$$a_k = 0 \ \text{für jedes } k \quad \text{und} \quad \boxed{b_k = \frac{4}{p} \int_0^{\frac{p}{2}} f(x) \sin \frac{2\pi}{p} kx \, dx}$$

Fourierreihe als sin – Reihe

$$S(x) = \frac{a_0}{2} + \sum_{k=1}^\infty A_k \sin\big(\tfrac{2\pi}{p} kx + \varphi_k\big)$$

$$A_k = \sqrt{a_k^2 + b_k^2}$$

$$\tan \varphi_k = \frac{a_k}{b_k}, \quad \frac{1}{b_k} \cos \varphi_k > 0$$

Fourierreihe in komplexer Darstellung

$$S(x) = \sum_{k=-\infty}^\infty c_k \, e^{i \frac{2\pi}{p} kx}$$

$$c_0 = \frac{a_0}{2}, \quad c_k = \begin{cases} \frac{1}{2}(a_k - i b_k) & \text{für } k>0 \\ \frac{1}{2}(a_{-k} + i b_{-k}) & \text{für } k<0 \end{cases}$$

$$c_k = \frac{1}{p} \int_0^p f(x) \, e^{-i \frac{2\pi}{p} kx} \, dx$$

Dirichlet– und Fejér–Kern, $p = 2\pi$

Dirichlet–Kern $D_n(t) = \begin{cases} \dfrac{\sin(n+\frac{1}{2})t}{\sin\frac{t}{2}} & \text{für } t \neq 0,\ \pm 2\pi,\ \pm 4\pi,\dots \\[2mm] 2n+1 & \text{für } t = 0,\ \pm 2\pi,\ \pm 4\pi,\dots \end{cases}$

Dirichlet–Integral $S_n(x) = \dfrac{1}{\pi} \displaystyle\int_0^\pi \dfrac{f(x+t)+f(x-t)}{2} D_n(t)\, dt$

Fejér–Kern $F_n(t) = \begin{cases} \dfrac{1}{n}\left(\dfrac{\sin\frac{n}{2}t}{\sin\frac{t}{2}}\right)^2 & \text{für } t \neq 0,\ \pm 2\pi,\ \pm 4\pi,\dots \\[3mm] n & \text{für } t = 0,\ \pm 2\pi,\ \pm 4\pi,\dots \end{cases}$

Fejér–Integral $\dfrac{1}{n}\displaystyle\sum_{k=0}^{n-1} S_k(x) = \dfrac{1}{\pi} \displaystyle\int_0^\pi \dfrac{f(x+t)+f(x-t)}{2} F_n(t)\, dt$

Darstellungssatz

Eine stückweise glatte (d.h. stückweise stetig differenzierbare) Funktion f wird in den *Stetigkeitsstellen* durch ihre Fourierreihe dargestellt.

In einer *Unstetigkeitsstelle* a konvergiert die Fourierreihe gegen das arithmetische Mittel von links– und rechtsseitigem Grenzwert:

$$\frac{1}{2}\left(\lim_{x\to a^-} f(x) + \lim_{x\to a^+} f(x)\right).$$

Minimaleigenschaft des Fourierpolynoms :

Bezeichnet $T_n(x) = \frac{\alpha_0}{2} + \sum_{k=1}^n (\alpha_k \cos\frac{2\pi}{p}kx + \beta_k \sin\frac{2\pi}{p}kx)$
ein beliebiges trigonometrisches Polynom n-ten Grades, so ist

$\displaystyle\int_0^p (f(x) - T_n(x))^2\, dx$ minimal, falls $T_n(x) = S_n(x)$ (Fourier–Polynom) ist.

$$\frac{a_0^2}{2} + \sum_{k=1}^n (a_k^2 + b_k^2) \leq \frac{2}{p}\int_0^p f^2(x)\, dx \quad \Big|\ \textbf{Besselsche Ungleichung}$$

$$\frac{a_0^2}{2} + \sum_{k=1}^\infty (a_k^2 + b_k^2) = \frac{2}{p}\int_0^p f^2(x)\, dx \quad \Big|\ \textbf{Parsevalsche Gleichung}$$

Riemannsches Lemma: Ist f auf $I = [a,b]$ integrierbar, so gilt:

$$\lim_{n\to\infty} \int_a^b f(x)\sin nx\, dx = 0 \quad \text{und} \quad \lim_{n\to\infty} \int_a^b f(x)\cos nx\, dx = 0$$

6.7 Tabelle einiger Fourierentwicklungen

Die Funktion $y = f(x)$ sei periodisch. Alle folgenden Beispiele sind 2π–periodisch.

In der Sprungstelle x_0 von $y = f(x)$ konvergiert die Fourierreihe gegen das arithmetische Mittel von links– und rechtsseitigem Grenzwert:
$$\frac{1}{2}\left(\lim_{x \to x_0^-} f(x) + \lim_{x \to x_0^+} f(x)\right).$$

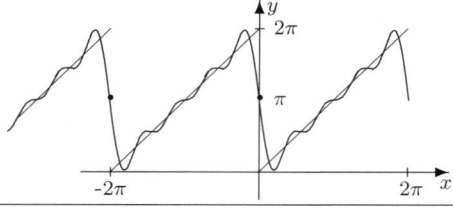

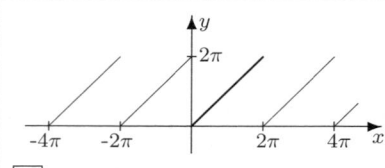

$$y = \pi - 2(\sin x + \frac{\sin 2x}{2} + \frac{\sin 3x}{3} + \cdots)$$
$$= \pi - 2\sum_{k=1}^{\infty} \frac{\sin kx}{k}, \quad x \neq 0, \ \pm 2\pi, \ \pm 4\pi, \ldots$$

Obige Skizze zeigt die Fourierentwicklung für $k = 4$, also
$$y \approx \pi - 2(\sin x + \frac{\sin 2x}{2} + \frac{\sin 3x}{3} + \frac{\sin 4x}{4})$$

1 $y = x$, für $0 < x < 2\pi$

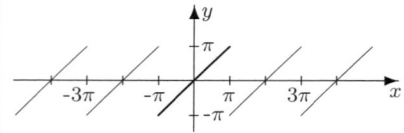

$$y = 2(\frac{\sin x}{1} - \frac{\sin 2x}{2} + \frac{\sin 3x}{3} \pm \cdots)$$
$$= 2\sum_{k=1}^{\infty} (-1)^{k+1} \frac{\sin kx}{k}, \quad x \neq \pm\pi, \ \pm 3\pi, \ldots$$

2 $y = x$, für $-\pi < x < \pi$

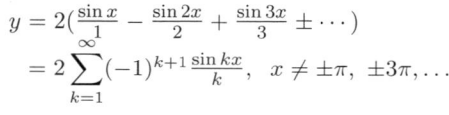

$$y = \frac{\pi}{2} - \frac{4}{\pi}(\cos x + \frac{\cos 3x}{3^2} + \frac{\cos 5x}{5^2} + \frac{\cos 7x}{7^2} + \cdots)$$
$$= \frac{\pi}{2} - \frac{4}{\pi}\sum_{k=0}^{\infty} \frac{\cos(2k+1)x}{(2k+1)^2}$$

3 $y = |x|$, für $-\pi \leq x \leq \pi$

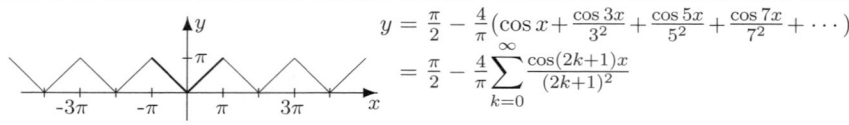

$$y = \frac{4}{\pi}(\sin x - \frac{\sin 3x}{3^2} + \frac{\sin 5x}{5^2} + \cdots)$$
$$= \frac{4}{\pi}\sum_{k=0}^{\infty} (-1)^k \frac{\sin(2k+1)x}{(2k+1)^2}$$

4 $y = \begin{cases} x & \text{für} & -\frac{\pi}{2} \leq x \leq \frac{\pi}{2} \\ \pi - x & \text{für} & \frac{\pi}{2} < x \leq \frac{3\pi}{2} \end{cases} = |x + \frac{\pi}{2}| - \frac{\pi}{2}$ für $-\frac{3}{2}\pi \leq x \leq \frac{\pi}{2}$.

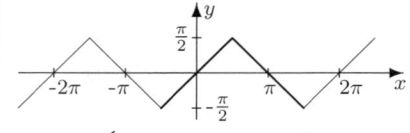

$$y = \frac{4a}{\pi}(\sin x + \frac{\sin 3x}{3} + \frac{\sin 5x}{5} + \cdots)$$
$$= \frac{4a}{\pi}\sum_{k=0}^{\infty} \frac{\sin(2k+1)x}{2k+1}$$
für $x \neq 0, \ \pm\pi, \ \pm 2\pi, \ldots$

5 $y = \begin{cases} -a & \text{für} & -\pi < x < 0 \\ a & \text{für} & 0 < x < \pi \end{cases}$

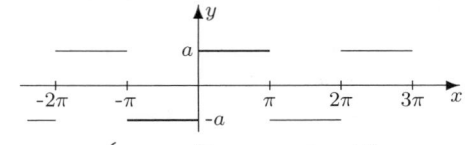

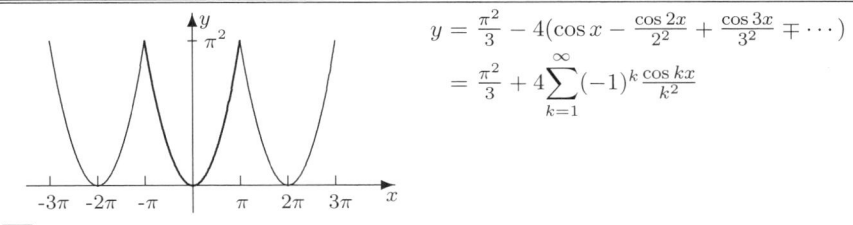

$$y = \frac{a+b}{2} - 2\frac{a-b}{\pi}\sum_{k=0}^{\infty}\frac{\sin(2k+1)x}{2k+1}$$

für $x \neq 0,\ \pm\pi,\ \pm 2\pi, \ldots$

$\boxed{6}$ $\quad y = \begin{cases} a & \text{für} \quad -\pi < x < 0 \\ b & \text{für} \quad 0 < x < \pi \end{cases}$

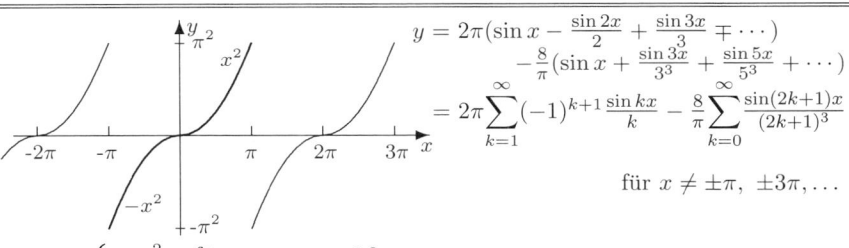

$$y = \frac{\pi^2}{3} - 4(\cos x - \frac{\cos 2x}{2^2} + \frac{\cos 3x}{3^2} \mp \cdots)$$
$$= \frac{\pi^2}{3} + 4\sum_{k=1}^{\infty}(-1)^k\frac{\cos kx}{k^2}$$

$\boxed{7}$ $\quad y = x^2$, für $-\pi \leq x \leq \pi$

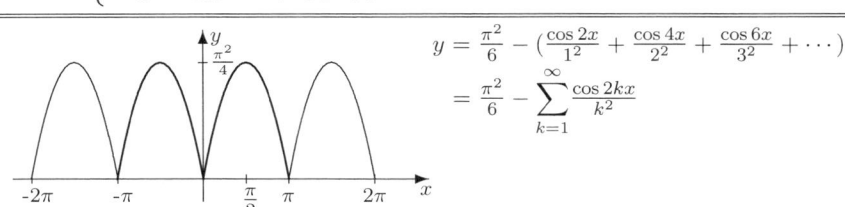

$$y = 2\pi(\sin x - \frac{\sin 2x}{2} + \frac{\sin 3x}{3} \mp \cdots)$$
$$- \frac{8}{\pi}(\sin x + \frac{\sin 3x}{3^3} + \frac{\sin 5x}{5^3} + \cdots)$$
$$= 2\pi\sum_{k=1}^{\infty}(-1)^{k+1}\frac{\sin kx}{k} - \frac{8}{\pi}\sum_{k=0}^{\infty}\frac{\sin(2k+1)x}{(2k+1)^3}$$

für $x \neq \pm\pi,\ \pm 3\pi, \ldots$

$\boxed{8}$ $\quad y = \begin{cases} -x^2 & \text{für} \quad -\pi < x \leq 0 \\ x^2 & \text{für} \quad 0 < x < \pi \end{cases}$

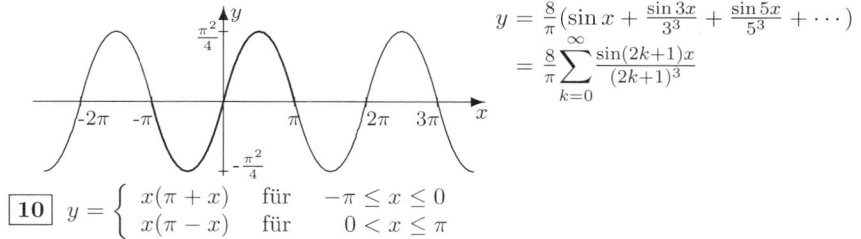

$$y = \frac{\pi^2}{6} - (\frac{\cos 2x}{1^2} + \frac{\cos 4x}{2^2} + \frac{\cos 6x}{3^2} + \cdots)$$
$$= \frac{\pi^2}{6} - \sum_{k=1}^{\infty}\frac{\cos 2kx}{k^2}$$

$\boxed{9}$ $\quad y = \begin{cases} -x(\pi + x) & \text{für} \quad -\pi \leq x \leq 0 \\ x(\pi - x) & \text{für} \quad 0 < x \leq \pi \end{cases}$ $\quad\Big|\quad$ Einfacher mit der Periode π:

$\qquad\qquad\qquad\qquad\qquad\qquad\qquad\quad y = x(\pi - x) = -x^2 + \pi x,\ 0 \leq x \leq \pi.$

$$y = \frac{8}{\pi}(\sin x + \frac{\sin 3x}{3^3} + \frac{\sin 5x}{5^3} + \cdots)$$
$$= \frac{8}{\pi}\sum_{k=0}^{\infty}\frac{\sin(2k+1)x}{(2k+1)^3}$$

$\boxed{10}$ $\quad y = \begin{cases} x(\pi + x) & \text{für} \quad -\pi \leq x \leq 0 \\ x(\pi - x) & \text{für} \quad 0 < x \leq \pi \end{cases}$

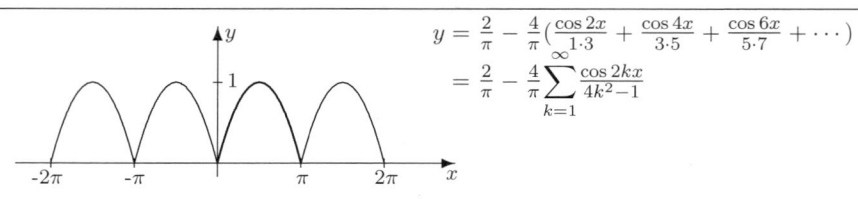

$$y = \frac{2}{\pi} - \frac{4}{\pi}\left(\frac{\cos 2x}{1\cdot 3} + \frac{\cos 4x}{3\cdot 5} + \frac{\cos 6x}{5\cdot 7} + \cdots\right)$$

$$= \frac{2}{\pi} - \frac{4}{\pi}\sum_{k=1}^{\infty}\frac{\cos 2kx}{4k^2-1}$$

11 $y = \sin x$, für $0 \leq x \leq \pi$

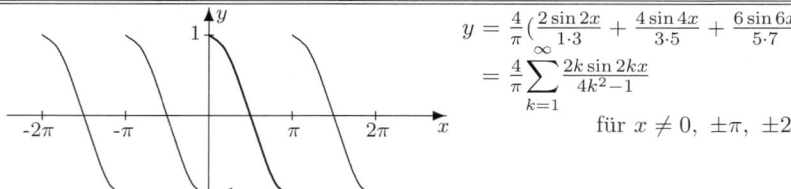

$$y = \frac{4}{\pi}\left(\frac{2\sin 2x}{1\cdot 3} + \frac{4\sin 4x}{3\cdot 5} + \frac{6\sin 6x}{5\cdot 7}\cdots\right)$$

$$= \frac{4}{\pi}\sum_{k=1}^{\infty}\frac{2k\sin 2kx}{4k^2-1}$$

für $x \neq 0,\ \pm\pi,\ \pm 2\pi,\ldots$

12 $y = \cos x$,   für $0 \leq x \leq \pi$.

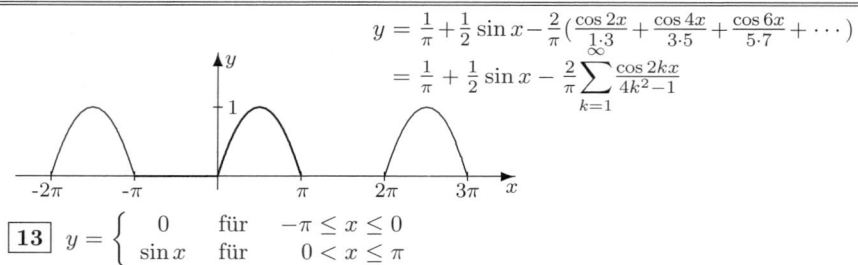

$$y = \frac{1}{\pi} + \frac{1}{2}\sin x - \frac{2}{\pi}\left(\frac{\cos 2x}{1\cdot 3} + \frac{\cos 4x}{3\cdot 5} + \frac{\cos 6x}{5\cdot 7} + \cdots\right)$$

$$= \frac{1}{\pi} + \frac{1}{2}\sin x - \frac{2}{\pi}\sum_{k=1}^{\infty}\frac{\cos 2kx}{4k^2-1}$$

13 $y = \begin{cases} 0 & \text{für} \quad -\pi \leq x \leq 0 \\ \sin x & \text{für} \quad 0 < x \leq \pi \end{cases}$

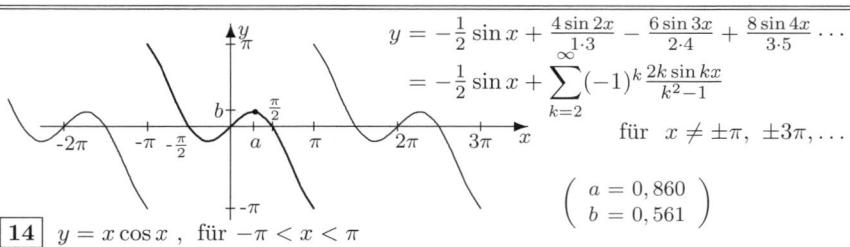

$$y = -\frac{1}{2}\sin x + \frac{4\sin 2x}{1\cdot 3} - \frac{6\sin 3x}{2\cdot 4} + \frac{8\sin 4x}{3\cdot 5}\cdots$$

$$= -\frac{1}{2}\sin x + \sum_{k=2}^{\infty}(-1)^k\frac{2k\sin kx}{k^2-1}$$

für $x \neq \pm\pi,\ \pm 3\pi,\ldots$

$$\left(\begin{array}{c} a = 0,860 \\ b = 0,561 \end{array}\right)$$

14 $y = x\cos x$, für $-\pi < x < \pi$

$$y = 1 - \frac{\cos x}{2} - 2\left(\frac{\cos 2x}{1\cdot 3} - \frac{\cos 3x}{2\cdot 4} + \frac{\cos 4x}{3\cdot 5} + \cdots\right)$$

$$= 1 - \frac{1}{2}\cos x + 2\sum_{k=2}^{\infty}(-1)^{k+1}\frac{\cos kx}{k^2-1}$$

$$\left(\begin{array}{c} a = 2,029 \\ b = 1,820 \end{array}\right)$$

15 $y = x\sin x$, für $-\pi \leq x \leq \pi$

6.8 Dargestellte Funktionen einiger einfacher Fourierreihen

Fourierreihe		dargest. **Funktion** 2π–periodisch	Gültigkeits–Bereich
$\displaystyle\sum_{k=1}^{\infty}\frac{\sin kx}{k}$	$=\sin x+\frac{\sin 2x}{2}+\frac{\sin 3x}{3}+\cdots$	$\dfrac{\pi-x}{2}$	$0<x<2\pi$
$\displaystyle\sum_{k=1}^{\infty}\frac{\cos kx}{k}$	$=\cos x+\frac{\cos 2x}{2}+\frac{\cos 3x}{3}+\cdots$	$-\ln(2\sin\frac{x}{2})$	$0<x<2\pi$
$\displaystyle\sum_{k=1}^{\infty}\frac{\cos kx}{k^2}$	$=\cos x+\frac{\cos 2x}{2^2}+\frac{\cos 3x}{3^2}+\cdots$	$\dfrac{3x^2-6\pi x+2\pi^2}{12}$	$0\le x\le 2\pi$
$\displaystyle\sum_{k=1}^{\infty}\frac{\sin kx}{k^3}$	$=\sin x+\frac{\sin 2x}{2^3}+\frac{\sin 3x}{3^3}+\cdots$	$\dfrac{x^3-3\pi x^2+2\pi^2 x}{12}$	$0\le x\le 2\pi$
$\displaystyle\sum_{k=1}^{\infty}(-1)^{k+1}\frac{\cos kx}{k}$	$=\cos x-\frac{\cos 2x}{2}+\frac{\cos 3x}{3}\mp\cdots$	$\ln(2\cos\frac{x}{2})$	$-\pi<x<\pi$
$\displaystyle\sum_{k=1}^{\infty}(-1)^{k+1}\frac{\sin kx}{k}$	$=\sin x-\frac{\sin 2x}{2}+\frac{\sin 3x}{3}\mp\cdots$	$\dfrac{x}{2}$	$-\pi<x<\pi$
$\displaystyle\sum_{k=1}^{\infty}(-1)^{k+1}\frac{\cos kx}{k^2}$	$=\cos x-\frac{\cos 2x}{2^2}+\frac{\cos 3x}{3^2}\mp\cdots$	$\dfrac{\pi^2-3x^2}{12}$	$-\pi\le x\le\pi$
$\displaystyle\sum_{k=1}^{\infty}(-1)^{k+1}\frac{\sin kx}{k^3}$	$=\sin x-\frac{\sin 2x}{2^3}+\frac{\sin 3x}{3^3}\mp\cdots$	$\dfrac{\pi^2 x-x^3}{12}$	$-\pi\le x\le\pi$
$\displaystyle\sum_{k=1}^{\infty}\frac{\sin(2k-1)x}{2k-1}$	$=\sin x+\frac{\sin 3x}{3}+\frac{\sin 5x}{5}+\cdots$	$\begin{cases}-\frac{\pi}{4}, & -\pi<x<0\\ \frac{\pi}{4}, & 0<x<\pi\end{cases}$	$-\pi<x<\pi$ $x\neq 0$
$\displaystyle\sum_{k=1}^{\infty}\frac{\cos(2k-1)x}{2k-1}$	$=\cos x+\frac{\cos 3x}{3}+\frac{\cos 5x}{5}+\cdots$	$-\frac{1}{2}\ln(\tan\frac{|x|}{2})$	$-\pi<x<\pi$ $x\neq 0$
$\displaystyle\sum_{k=1}^{\infty}\frac{\cos(2k-1)x}{(2k-1)^2}$	$=\cos x+\frac{\cos 3x}{3^2}+\frac{\cos 5x}{5^2}+\cdots$	$\dfrac{\pi^2-2\pi|x|}{8}$	$-\pi\le x\le\pi$
$\displaystyle\sum_{k=1}^{\infty}\frac{\sin(2k-1)x}{(2k-1)^3}$	$=\sin x+\frac{\sin 3x}{3^3}+\frac{\sin 5x}{5^3}+\cdots$	$\dfrac{\pi x(\pi-|x|)}{8}$	$-\pi\le x\le\pi$
$\displaystyle\sum_{k=0}^{\infty}(-1)^k\frac{\cos(2k+1)x}{2k+1}$	$=\cos x-\frac{\cos 3x}{3}+\frac{\cos 5x}{5}\mp\cdots$	$\begin{cases}\frac{\pi}{4}, & |x|<\frac{\pi}{2}\\ -\frac{\pi}{4}, & \frac{\pi}{2}<|x|<\pi\end{cases}$	$-\pi\le x\le\pi$ $x\neq\pm\frac{\pi}{2}$
$\displaystyle\sum_{k=0}^{\infty}(-1)^k\frac{\sin(2k+1)x}{2k+1}$	$=\sin x-\frac{\sin 3x}{3}+\frac{\sin 5x}{5}\mp\cdots$	$-\frac{1}{2}\ln\big(\tan(\frac{\pi}{4}-\frac{x}{2})\big)$	$-\frac{\pi}{2}<x<\frac{\pi}{2}$
$\displaystyle\sum_{k=0}^{\infty}(-1)^k\frac{\sin(2k+1)x}{(2k+1)^2}$	$=\sin x-\frac{\sin 3x}{3^2}+\frac{\sin 5x}{5^2}\mp\cdots$	$\dfrac{\pi x}{4}$	$-\frac{\pi}{2}\le x\le\frac{\pi}{2}$
$\displaystyle\sum_{k=0}^{\infty}(-1)^k\frac{\cos(2k+1)x}{(2k+1)^3}$	$=\cos x-\frac{\cos 3x}{3^3}+\frac{\cos 5x}{5^3}\mp\cdots$	$\dfrac{\pi^3-4\pi x^2}{32}$	$-\frac{\pi}{2}\le x\le\frac{\pi}{2}$

7   Differentialrechnung

7.1   Ableitung, Tangente, Differentiationsregeln

Differenzierbarkeit

Es sei I ein offenes Intervall und $x_0 \in I$.
Eine Funktion $f : I \to \mathrm{IR}$ heißt an der Stelle x_0 **differenzierbar**, wenn

$$\text{1. Fassung:} \qquad \lim_{x \to x_0} \frac{f(x) - f(x_0)}{x - x_0} =: f'(x_0) \quad \text{existiert.}$$

$$\text{2. Fassung:} \qquad \lim_{h \to 0} \frac{f(x_0 + h) - f(x_0)}{h} =: f'(x_0) \text{ existiert.}$$

$$\text{3. Fassung:} \qquad \begin{array}{l} \text{es eine Zahl } f'(x_0) \text{ gibt, so daß} \\[4pt] \lim_{x \to x_0} \frac{f(x) - f(x_0) - f'(x_0)(x - x_0)}{x - x_0} = 0 \text{ ist.} \end{array}$$

$f'(x_0)$ heißt **Ableitung** von f **an der Stelle** x_0.

$f'(x)$ heißt **Ableitung** von $f(x)$. Statt f' schreibt man auch $\dfrac{df}{dx}$, um klar herauszustellen, dass nach der Variablen x differenziert wird (siehe z.B. Kettenregel !).

Differentiationsregeln

Produktregel:
$$(f \cdot g)' = f' \cdot g + f \cdot g'$$
$$(f\,g\,h)' = f'\,g\,h + f\,g'\,h + f\,g\,h'$$

Linearität:
$$(f + g)' = f' + g'$$
$$(cf)' = cf' \text{, für } c \in \mathrm{IR}$$

Quotientenregel:
$$\left(\frac{f}{g}\right)' = \frac{f' \cdot g - f \cdot g'}{g^2}$$

Kettenregel:
$$\big(f(g(x))\big)' = f'(g(x)) \cdot g'(x)$$
$$\frac{df}{dx} = \frac{df}{dg} \cdot \frac{dg}{dx}$$

Differentiation: Kartesische Koordinaten / Polarkoordinaten

Ist eine Kurve in kartesischen Koordinaten durch $y = f(x)$ und
in Polarkoordinaten (siehe Seite 128) durch $r = r(\varphi)$ gegeben, so bezeichnet:
$' = \frac{d}{dx}$ die Ableitung nach x und $\dot{} = \frac{d}{d\varphi}$ die Ableitung nach φ . Es gilt:

$x = r \cos\varphi$ $y = r \sin\varphi$	$\dot{x} = \dot{r}\cos\varphi - r\sin\varphi$ $\dot{y} = \dot{r}\sin\varphi + r\cos\varphi$	$y' = \frac{\dot{y}}{\dot{x}} = \frac{\dot{r}\sin\varphi + r\cos\varphi}{\dot{r}\cos\varphi - r\sin\varphi}$ $y'' = \frac{\dot{x}\ddot{y} - \ddot{x}\dot{y}}{\dot{x}^3} = \frac{r^2 + 2\dot{r}^2 - r\ddot{r}}{(\dot{r}\cos\varphi - r\sin\varphi)^3}$
$r = \sqrt{x^2 + y^2}$ $\varphi = \arctan\frac{y}{x} \ (+\pi)$	$r' = \frac{x + yy'}{\sqrt{x^2 + y^2}}$ $\varphi' = \frac{xy' - y}{x^2 + y^2}$	$\dot{r} = \frac{r'}{\varphi'} = \frac{x + yy'}{xy' - y}\sqrt{x^2 + y^2}$

Tangente

f ist in x_0 differenzierbar $\iff$ f hat im Punkt $(x_0, f(x_0))$ eine Tangente.

Gleichung der **Tangente**
an f im Punkt $\big(x_0, f(x_0)\big)$

$T : y = f(x_0) + f'(x_0)(x - x_0)$

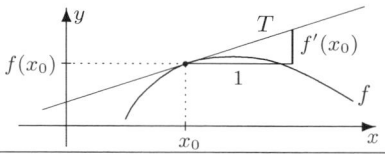

Mittelwertsatz der Differentialrechnung

Ist f auf $[a, b]$ stetig und auf (a, b) differenzierbar, so existiert ein $\xi \in (a, b)$ mit

$$f'(\xi) = \frac{f(b) - f(a)}{b - a}$$

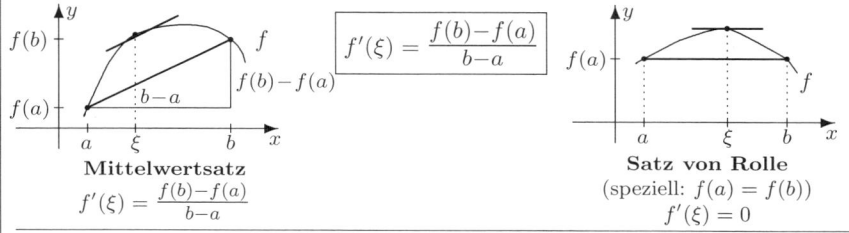

Mittelwertsatz
$$f'(\xi) = \frac{f(b) - f(a)}{b - a}$$

Satz von Rolle
(speziell: $f(a) = f(b)$)
$$f'(\xi) = 0$$

erweiterter Mittelwertsatz

Sind f, g auf $[a, b]$ stetig, auf (a, b) differenzierbar und ist $g'(x) \neq 0$ für alle $x \in (a, b)$,

so existiert ein $\xi \in (a, b)$ mit
$$\frac{f'(\xi)}{g'(\xi)} = \frac{f(b) - f(a)}{g(b) - g(a)}$$

anschauliche Deutung:

$\vec{f}(x) = \begin{pmatrix} g(x) \\ f(x) \end{pmatrix}$ ist Parameterdarstellung einer Kurve.

Jede Sehnensteigung $\frac{f(b) - f(a)}{g(b) - g(a)}$ der Kurve ist Tangen-

tensteigung $\frac{f'(\xi)}{g'(\xi)}$ in einem Zwischenpunkt $(g(\xi), f(\xi))$.

Jeder Differenzvektor $\vec{f}(b) - \vec{f}(a)$ ist zu einem Tangen-

tenvektor $\vec{f}'(\xi)$ eines Zwischenwertes ξ parallel.

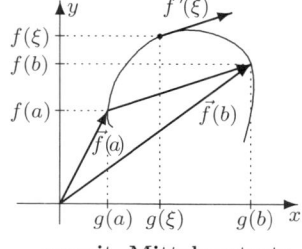

erweit. Mittelwertsatz
$$\frac{f'(\xi)}{g'(\xi)} = \frac{f(b) - f(a)}{g(b) - g(a)}$$

Für $g(x) = x$ geht der erweiterte Mittelwertsatz in den Mittelwertsatz über!

Taylorscher Satz

Ist f auf $[a, a + h]$ stetig und $(n - 1)$–mal stetig differenzierbar und
in $(a, a + h)$ n–mal differenzierbar, so gibt es ein $\theta \in (0, 1)$ mit

$$f(a + h) = f(a) + \frac{f'(a)}{1!}h + \frac{f''(a)}{2!}h^2 + \cdots + \frac{f^{(n-1)}(a)}{(n-1)!}h^{n-1} + \frac{f^{(n)}(a+\theta h)}{n!}h^n$$

Der Mittelwertsatz ist der Spezialfall des Taylorschen Satzes für $n = 1$.

Differentiation der Umkehrfunktion

Ist $y = f(x)$ eine umkehrbare differenzierbare Funktion, dann ist die Umkehrfunktion $x = g(y)$ differenzierbar und es gilt:

$$g'(y) = \frac{1}{f'(g(y))} \quad \text{oder} \quad \frac{dx}{dy} = \frac{1}{\frac{dy}{dx}}, \quad \text{für } f'(x) \neq 0.$$

üblicherweise vertauscht man die Variablen x, y und schreibt $y = g(x)$ und $y' = g'(x)$.

Beispiele

(1)   Man differenziere die Umkehrfunktion von $y = x^2$, $x > 0$:

$$y = f(x) = x^2 \implies x = g(y) = \sqrt{y} \implies g'(y) = \frac{1}{f'(g(y))} = \frac{1}{2x} = \frac{1}{2\sqrt{y}},$$

oder: $\dfrac{dx}{dy} = \dfrac{1}{\frac{dy}{dx}} = \dfrac{1}{2x} = \dfrac{1}{2\sqrt{y}}.$ Vertauschung von x und y:

Die Ableitung von $y = \sqrt{x}$ ist $\underline{\underline{y' = \dfrac{1}{2\sqrt{x}}}}$.

(2)   Man differenziere $y = \arctan x$:

$$x = \tan y \implies y' = \frac{dy}{dx} = \frac{1}{\frac{dx}{dy}} = \frac{1}{\frac{1}{\cos^2 y}} = \frac{1}{\frac{\cos^2 y + \sin^2 y}{\cos^2 y}} = \frac{1}{1+\tan^2 y} = \underline{\underline{\frac{1}{1+x^2}}}.$$

Implizites Differenzieren

Wird durch die Gleichung $f(x, y) = 0$ die Variable y als Funktion $y = h(x)$ definiert, so spricht man von einer **impliziten** Darstellung der Funktion y.

Durch Anwendung der Kettenregel läßt sich solch eine Gleichung **implizit** differenzieren und die Ableitungen $y', y'', \cdots$ der Auflösung an manchen Stellen (x_0, y_0) berechnen, *ohne* $y = h(x)$ explizit anzugeben.   Siehe auch Seite 141.

Beispiele

(1)   Durch $x^2 + y^2 - 10 = 0$ ist implizit eine Funktion $y = h(x)$ mit $-3 = h(1)$
      definiert. Man berechne $y'(1)$ (a)   durch implizites Differenzieren,
                                        (b)   durch Diff. der Auflösungsfunktion.

(a) $x^2 + y^2 - 10 = 0 \implies$ (impl. differenz.) $2x + 2yy' = 0 \implies y' = -\dfrac{x}{y}$, für $y \neq 0$

$f(1, -3) = 0 \wedge y_0 = -3 \neq 0 \implies y'(1) = -\dfrac{1}{-3} = \underline{\underline{\dfrac{1}{3}}}.$

$\dfrac{1}{3}$ ist die Steigung des Kreises $x^2 + y^2 = 10$ im Punkt $(1, -3)$.

(b)   Die Auflösungsfunktion $y = -\sqrt{10 - x^2}$ (unterer Halbkreis)
      läßt sich leicht angeben und differenzieren:

$y = -\sqrt{10 - x^2} \implies y' = \dfrac{x}{\sqrt{10 - x^2}} \implies y'(1) = \underline{\underline{\dfrac{1}{3}}}.$

(2)   Durch $y + x\,e^y - 2 = 0$ ist im Intervall $(0, 2)$ implizit
      eine Funktion $y = h(x)$ gegeben mit $1 = h(e^{-1})$.
      Man berechne $y'(e^{-1})$ und $y''(e^{-1})$.

Implizites Differenzieren liefert:

$y' + e^y + x\,e^y y' = 0 \wedge x = e^{-1} \wedge y = 1 \implies \underline{\underline{y'(e^{-1}) = -\dfrac{1}{2}e}},$

Nochmaliges implizites Differenzieren liefert:

$y'' + 2\,e^y y' + x\,e^y y'^2 + x\,e^y y'' = 0 \wedge x = e^{-1} \wedge y = 1 \wedge y' = -\dfrac{1}{2}e \implies \underline{\underline{y''(e^{-1}) = \dfrac{3}{8}e^2}}.$

7.2   Grenzwerte, l'Hospital, Extrema

Hilfen beim Berechnen von Grenzwerten

(1)   **Grenzwert** des **Produktes** = Produkt der Grenzwerte

$$\boxed{\lim_{x\to x_0} f(x)\cdot g(x) = \lim_{x\to x_0} f(x)\cdot \lim_{x\to x_0} g(x)}\quad \text{wenn } \lim_{x\to x_0} f(x) \text{ und } \lim_{x\to x_0} g(x) \text{ exist.}$$

(2)   **Grenzwert** des **Quotienten** = Quotient der Grenzwerte:

$$\boxed{\lim_{x\to x_0} \frac{f(x)}{g(x)} = \frac{\displaystyle\lim_{x\to x_0} f(x)}{\displaystyle\lim_{x\to x_0} g(x)}}\quad \begin{array}{l}\text{wenn } \lim_{x\to x_0} f(x) \text{ und } \lim_{x\to x_0} g(x) \text{ existieren}\\[4pt]\text{und } \lim_{x\to x_0} g(x) \neq 0 \text{ ist.}\end{array}$$

(3)   Ist f **stetig**, so dürfen f und lim vertauscht werden:

$$\boxed{\lim_{x\to x_0} f(x) = f(\lim_{x\to x_0} x) = f(x_0)}\quad \text{z.B. } \lim_{x\to x_0} e^{f(x)} = e^{\lim\limits_{x\to x_0} f(x)} = \exp\big(\lim_{x\to x_0} f(x)\big)$$

(4)   Oft berechnet man den Grenzwert einfacher mittels **Potenzreihen**.

(5)   **Regel von l'Hospital**

$\lim\limits_{x\to x_0} \dfrac{f(x)}{g(x)}$ heißt ein **unbestimmter Ausdruck** der Form $\left[\frac{0}{0}\right]$ bzw. $\left[\frac{\infty}{\infty}\right]$,

wenn $\lim\limits_{x\to x_0} f(x) = \lim\limits_{x\to x_0} g(x) = 0$ bzw. $\lim\limits_{x\to x_0} f(x) = \lim\limits_{x\to x_0} g(x) = \infty$ ist.

Unbestimmte Ausdrücke

sind $\left[\frac{0}{0}\right],\ \left[\frac{\infty}{\infty}\right]$ und auch $[0\cdot\infty],\ [0^0],\ [1^\infty],\ [\infty^0],\ [\infty-\infty]$.

Regel von l'Hospital zur Berechnung der Grenzwerte $\left[\frac{0}{0}\right]$ bzw. $\left[\frac{\infty}{\infty}\right]$

Sind f und g in einer Umgebung von x_0 differenzierbar und ist $\lim\limits_{x\to x_0} \frac{f(x)}{g(x)}$ von der Form $\left[\frac{0}{0}\right]$ bzw. $\left[\frac{\infty}{\infty}\right]$, ist also $\lim\limits_{x\to x_0} f(x) = \lim\limits_{x\to x_0} g(x) = 0$ bzw. $\lim\limits_{x\to x_0} f(x) = \lim\limits_{x\to x_0} g(x) = \pm\infty$,

so ist $\boxed{\lim_{x\to x_0} \dfrac{f(x)}{g(x)} = \lim_{x\to x_0} \dfrac{f'(x)}{g'(x)}}$ falls der letzte Grenzwert existiert!

Beispiele $[0^0], [1^\infty], [\infty^0]$ werden mittels $a^b = e^{b\ln a}$ umgeformt. Setze $\exp(x) := e^x$.

$\left[\frac{0}{0}\right]$ $\lim\limits_{x\to 0} \dfrac{\tan x}{x} = \lim\limits_{x\to 0} \dfrac{1}{\cos x}\cdot \dfrac{\sin x}{x} \overset{(1)}{=} \lim\limits_{x\to 0} \dfrac{1}{\cos x}\cdot \lim\limits_{x\to 0} \dfrac{\sin x}{x} = 1\cdot \lim\limits_{x\to 0} \dfrac{\sin x}{x} \overset{\left[\frac{0}{0}\right]}{=} \lim\limits_{x\to 0} \dfrac{\cos x}{1} = \underline{\underline{1}}$

$\left[\frac{\infty}{\infty}\right]$ $\lim\limits_{x\to\infty} \dfrac{3x^3}{e^x} \overset{\left[\frac{\infty}{\infty}\right]}{=} \lim\limits_{x\to\infty} \dfrac{9x^2}{e^x} \overset{\left[\frac{\infty}{\infty}\right]}{=} \lim\limits_{x\to\infty} \dfrac{18x}{e^x} \overset{\left[\frac{\infty}{\infty}\right]}{=} \lim\limits_{x\to\infty} \dfrac{18}{e^x} = \underline{\underline{0}}$ l'Hospital mehrfach anwenden!

$[0\cdot\infty]$ $\lim\limits_{x\to 0^+} x\cdot\ln x \overset{[0\cdot\infty]}{=} \lim\limits_{x\to 0^+} \dfrac{\ln x}{\frac{1}{x}} \overset{\left[\frac{\infty}{\infty}\right]}{=} \lim\limits_{x\to 0^+} \dfrac{\frac{1}{x}}{\frac{-1}{x^2}} = \lim\limits_{x\to 0^+} (-x) = \underline{\underline{0}}$

$[0^0]$ $\lim\limits_{x\to 0^+} x^x = \lim\limits_{x\to 0^+} e^{x\ln x} = \lim\limits_{x\to 0^+} \exp(x\ln x) \overset{(3)}{=} \exp\big(\lim_{x\to 0^+} x\ln x\big) = e^0 = \underline{\underline{1}}$

$[1^\infty]$ $\lim\limits_{x\to\infty} (1-\tfrac{1}{x})^{2x} \overset{(3)}{=} \exp\big(\lim_{x\to\infty} 2x\ln(1-\tfrac{1}{x})\big) \overset{[\infty\cdot 0]}{=} \exp\big(2\lim_{x\to\infty} \dfrac{\ln(1-\frac{1}{x})}{\frac{1}{x}}\big) \overset{\left[\frac{0}{0}\right]}{=} \cdots = \underline{\underline{e^{-2}}}$

$[\infty^0]$ $\lim\limits_{x\to\infty} (1+x)^{\frac{1}{x}} = \lim\limits_{x\to\infty} \exp\big(\dfrac{\ln(1+x)}{x}\big) = \exp\big(\lim_{x\to\infty} \dfrac{\ln(1+x)}{x}\big) \overset{\left[\frac{\infty}{\infty}\right]}{=} \exp\big(\lim_{x\to\infty} \dfrac{1}{1+x}\big) = e^0 = \underline{\underline{1}}$

$[\infty-\infty]$ $\lim\limits_{x\to 1} \big(\dfrac{1}{x-1} - \dfrac{1}{\ln x}\big) = \lim\limits_{x\to 1} \dfrac{\ln x - (x-1)}{(x-1)\ln x} \overset{\left[\frac{0}{0}\right]}{=} \lim\limits_{x\to 1} \dfrac{\frac{1}{x} - 1}{\ln x + 1 - \frac{1}{x}} \overset{\left[\frac{0}{0}\right]}{=} \lim\limits_{x\to 1} \dfrac{-\frac{1}{x^2}}{\frac{1}{x} + \frac{1}{x^2}} = \underline{\underline{-\dfrac{1}{2}}}$

$\left[\frac{0}{0}\right]$ Potenz-Reihen: $\lim\limits_{x\to 0} \dfrac{\cos x - \sqrt{1-x^2}}{x^4} \overset{\text{def}}{=} \lim\limits_{x\to 0} \dfrac{(1-\frac{1}{2}x^2 + \frac{1}{4!}x^4 \mp \cdots) - (1 - \frac{1}{2}x^2 - \frac{1}{8}x^4 - \cdots)}{x^4} = \lim\limits_{x\to 0} \dfrac{\frac{1}{6}x^4 + \cdots}{x^4} = \underline{\underline{\dfrac{1}{6}}}$

Extremwerte von $y = f(x)$

Notwendiges Kriterium

Hat die differenzierbare Funktion $y = f(x)$ bei x_0 einen Extremwert, so ist notwendigerweise $f'(x_0) = 0$. Solche Punkte heißen kritische oder stationäre Punkte.

Hinreichende Kriterien

(1) ohne höhere Ableitungen:

Ist $f'(x_0) = 0$ und wechselt f' in x_0 das Vorzeichen, so liegt dort ein *Extremum*:

wechselt f' bei x_0 von $\begin{matrix} + \text{ nach } - \\ - \text{ nach } + \end{matrix}$, so liegt bei x_0 ein $\begin{matrix} \text{relatives Maximum} \\ \text{relatives Minimum} \end{matrix}$

Ist $f'(x_0) = 0$ und wechselt f' bei x_0 nicht das Vorzeichen – ist also $f'(x) \geq 0$ (bzw. $f'(x) \leq 0$) in einer Umgebung von x_0 – so liegt dort ein Wendepunkt mit waagerechter Tangente (*Horizontalwendepunkt, Sattelpunkt*).

(2) mit höheren Ableitungen:

Ist die n–te Ableitung die *erste* Abl., die bei x_0 *nicht* verschwindet, ist also

$$f'(x_0) = \cdots = f^{(n-1)}(x_0) = 0 \text{ aber } f^{(n)}(x_0) \neq 0, \text{ dann gilt:}$$

n gerade $\implies f$ hat Extremwert bei x_0 : $\left\{ \begin{matrix} f^{(n)}(x_0) < 0 \implies \text{ rel. Maximum} \\ f^{(n)}(x_0) > 0 \implies \text{ rel. Minimum} \end{matrix} \right.$

n ungerade $\implies f$ hat Sattelpunkt bei x_0.

Punkte, in denen f nicht differenzierbar ist, (z.B. Randpunkte) müssen extra betrachtet, z. B. der Größe nach verglichen werden (siehe **HM**, 268–272).

Wendepunkte von $y = f(x)$

Die zweimal differenzierbare Funktion $y = f(x)$ hat bei x_0 einen **Wendepunkt**, wenn $y' = f'(x)$ bei x_0 einen **Extremwert** hat.

Notwendiges Kriterium: $\quad f''(x_0) = 0$

Hinreichendes Kriterium: $\quad f''(x_0) = 0$ und $\begin{matrix} f^{(n)}(x_0) \neq 0 & n \text{ ungerade} \\ f^{(k)}(x_0) = 0 & k = 2, \ldots, n-1 \end{matrix}$

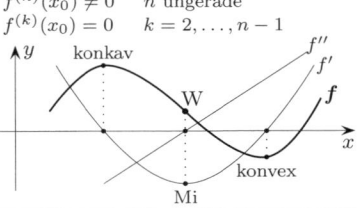

Hat f' bei x_1 ein rel. Minimum, so geht
• f bei x_1 vom Konkaven ins Konvexe über.

Hat f' bei x_2 ein rel. Maximum, so geht
• f bei x_2 vom Konvexen ins Konkave über.

Monotonie und Krümmung von Funktionen
f sei in einem Intervall $I = (a, b)$ differenzierbar.

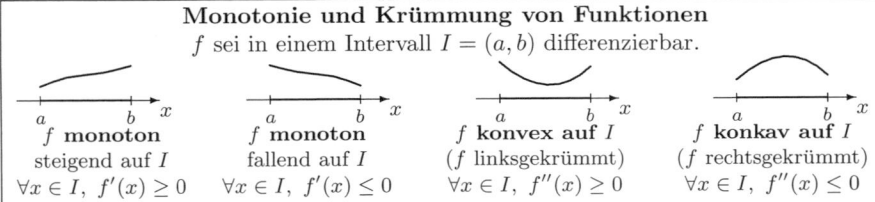

f monoton steigend auf I	f monoton fallend auf I	f konvex auf I (f linksgekrümmt)	f konkav auf I (f rechtsgekrümmt)
$\forall x \in I,\ f'(x) \geq 0$	$\forall x \in I,\ f'(x) \leq 0$	$\forall x \in I,\ f''(x) \geq 0$	$\forall x \in I,\ f''(x) \leq 0$

8 Integralrechnung

8.1 Grundbegriffe und Sätze

8.1.1 Unbestimmtes Integral, bestimmtes Integral

$$\textbf{Das unbestimmte Integral} \quad \int f(x)\, dx$$
$$F'(x) = f(x) \implies \int f(x)\, dx = F(x) + C$$

$\int f(x)\, dx$ **unbestimmtes Integral** $f(x)$ Integrand C Integrations-

   $F(x)$ **Stammfunktion** x Integrationsvariable   Konstante

Ist $F'(x) = f(x)$, so heißt $F(x)$ eine **Stammfunktion** von $f(x)$.

Die Menge aller Stammfktn. von $f(x)$ heißt **unbestimmtes Integral** von $f(x)$.

Jede **stetige** Funktion besitzt eine Stammfunktion.

f stetig $\implies$ $\int f(x)\, dx$ existiert.

f stetig auf $[a, b]$ $\implies$ $F(x) := \int_a^x f(t)\, dt$ ist eine Stammfunktion von f.

$$\textbf{Das bestimmte Integral} \quad \int_a^b f(x)\, dx$$

f sei auf dem Intervall $[a, b]$ **beschränkt**.

$\mathcal{Z} = \{a = x_0, x_1, \ldots, x_{n-1}, x_n = b\}$ sei eine **Zerlegung** des Intervalls $[a, b]$. Es seien:

$m_k = \inf\{f(x) \mid x_{k-1} \leq x \leq x_k\}$, $M_k = \sup\{f(x) \mid x_{k-1} \leq x \leq x_k\}$, $\xi_k \in [x_{k-1}, x_k]$.

$$\underline{S}(f, \mathcal{Z}) = \sum_{k=1}^{n} m_k(x_k - x_{k-1}) \qquad \text{heißt } \textbf{Untersumme}$$

$$\overline{S}(f, \mathcal{Z}) = \sum_{k=1}^{n} M_k(x_k - x_{k-1}) \qquad \text{heißt } \textbf{Obersumme}$$

$$S(f, \mathcal{Z}, \xi) = \sum_{k=1}^{n} f(\xi_k)(x_k - x_{k-1}) \qquad \text{heißt } \textbf{Riemannsche Summe}$$

Eine Folge $(\mathcal{Z}_i)$ von Zerlegungen heißt zulässig,

falls für die Feinheiten $\delta_i = \max\{|x_k - x_{k-1}|\}$ gilt: $\lim_{i \to \infty} \delta_i = 0$.

f heißt **integrierbar** über $[a, b]$, falls für jede zulässige Zerlegungsfolge $(\mathcal{Z}_i)$ gilt:

$\lim_{i \to \infty} \underline{S}(f, \mathcal{Z}_i) = \lim_{i \to \infty} \overline{S}(f, \mathcal{Z}_i)$. Dieser gemeinsame Grenzwert heißt $\int_a^b f(x)\, dx$.

$\int_a^b f(x)\, dx$ existiert $\iff$ f ist über $[a, b]$ integrierbar

     $\iff$ Für jede zulässige Zerlegungsfolge mit beliebigen Zwischenpunkten konvergiert die Folge der Riemannschen Summen.

     $\iff$ $\forall \varepsilon > 0 \ \exists$ Zerlegung $\mathcal{Z}$ mit $\overline{S}(f, \mathcal{Z}) - \underline{S}(f, \mathcal{Z}) < \varepsilon$.

Jede **monotone** Funktion ist integrierbar.

Jede (auch nur stückweise) **stetige** Funktion ist integrierbar.

Rechenregeln (Linearität des Integrals)

$$\int \big(f(x) \pm g(x)\big)\, dx = \int f(x)\, dx \pm \int g(x)\, dx \quad \text{und} \quad \int a \cdot f(x)\, dx = a \cdot \int f(x)\, dx$$

Merke:

- **Ist f integrierbar, so braucht f keine Stammfunktion zu haben!**

  $f(x) = \operatorname{sign} x$ ist integrierbar (da stückweise stetig), hat aber keine Stammfunktion, da $\operatorname{sign} x$ nicht die Zwischenwerteigenschaft hat (**ANA 1**, 160).

- **Hat f eine Stammfunktion, so braucht f nicht integrierbar zu sein!**

$$f(x) = \begin{cases} 2x\sin\frac{1}{x^2} - \frac{2}{x}\cos\frac{1}{x^2} & , \ x \neq 0 \\ 0 & , \ x = 0 \end{cases} \quad \text{hat die Stammfunktion } F(x) = \begin{cases} x^2\sin\frac{1}{x^2} & , \ x \neq 0 \\ 0 & , \ x = 0 \end{cases}$$

f ist aber nicht integrierbar, da f nicht beschränkt ist.

Hauptsatz der Differential– und Integralrechnung

1. Fassung (Berechnung bestimmter Integrale mittels Stammfunktionen)

$$\begin{matrix} f \text{ stetig} \\ \text{auf } [a,b] \end{matrix} \quad \text{und } F \text{ Stammfunktion von } f \implies \int_a^b f(x)\,dx = F(b) - F(a)$$

2. Fassung (Zusammenhang Differentiation, Integration)

$$\begin{matrix} f \text{ stetig} \\ \text{auf } [a,b] \end{matrix} \implies \int_a^x f(t)\,dt \text{ ist differenzierbar und } \left(\int_a^x f(t)\,dt \right)' = f(x).$$

Ableitung parameterabhängiger Integrale

$$F(x) = \int_{u(x)}^{v(x)} f(x,t)\,dt \implies F'(x) = -f(x,u)\cdot u' + f(x,v)\cdot v' + \int_{u(x)}^{v(x)} f_x(x,t)\,dt$$

Beispiel $\quad F(x) = \displaystyle\int_{\sin x}^{3x} \frac{e^{xt}}{t}\,dt \quad$ Der Integrand ist nicht elementar integrierbar, also läßt sich das bestimmte Integral nicht mittels Stammfunktion berechnen und dann differenzieren.

$$F'(x) = -\frac{e^{x\sin x}}{\sin x}\cdot\cos x + \frac{e^{x\cdot 3x}}{3x}\cdot 3 + \int_{\sin x}^{3x} e^{xt}\,dt$$

$$= -\frac{e^{x\sin x}}{\sin x}\cdot\cos x + \frac{e^{3x^2}}{3x}\cdot 3 + \left[\frac{1}{x}e^{xt}\right]_{\sin x}^{3x} = -\frac{e^{x\sin x}}{\tan x} + \frac{e^{3x^2}}{x} + \frac{1}{x}\left(e^{3x^2} - e^{x\sin x}\right)$$

Mittelwertsatz der Integralrechnung

Ist f im Intervall $[a,b]$ stetig, so gibt es ein $\xi \in (a,b)$ mit

$$\int_a^b f(x)\,dx = (b-a)\cdot f(\xi)$$

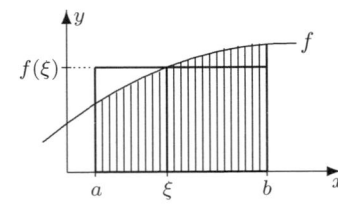

erweiterter Mittelwertsatz

Sind f und g stetig und $g \geq 0$ im Intervall $[a,b]$, so gibt es ein $\xi \in (a,b)$ mit

$$\int_a^b f(x)\,g(x)\,dx = f(\xi)\cdot\int_a^b g(x)\,dx$$

Integration durch Substitution

oder

$$\int f(x)\,dx = \int f\big(g(t)\big)\,g'(t)\,dt$$

$$\underline{\text{Subst.:}} \quad \left\{ \begin{array}{l} x = g(t) \\ dx = g'(t)\,dt \end{array} \right.$$

$$\int f\big(h(x)\big)\,h'(x)\,dx = \int f(t)\,dt$$

$$\underline{\text{Subst.:}} \quad \left\{ \begin{array}{l} h(x) = t \\ h'(x)\,dx = dt \end{array} \right.$$

bestimmtes Integral

$$\int_a^b f(h(x))h'(x)\,dx = \int_{h(a)}^{h(b)} f(t)\,dt \quad \underline{\text{Subst.:}} \left\{ \begin{array}{l|l} h(x) = t & x \text{ zwischen } a \text{ und } b \\ h'(x)\,dx = dt & t \text{ zwischen } h(a) \text{ und } h(b) \end{array} \right.$$

Beispiele (Die Integrationskonstante ist bei den unbestimmten Integralen weggelassen!)

$\boxed{1}$ $\displaystyle\int_0^2 4x\,e^{x^2}\,dx = \int_0^4 2\,e^t\,dt = \Big[2\,e^t\Big]_0^4 = 2(e^4-1)$ $\qquad \underline{\text{Subst.:}} \left\{ \begin{array}{l|l} x^2 = t & 0 \le x \le 2 \\ 2x\,dx = dt & 0 \le t \le 4 \end{array} \right\}$

$\boxed{2}$ $\displaystyle\int_0^{\frac{\pi}{3}} \tan x\,dx = \int_0^{\frac{\pi}{3}} \frac{\sin x}{\cos x}\,dx$ $\quad \underline{\text{Subst.:}} \left\{ \begin{array}{l|l} \cos x = t & 0 \le x \le \frac{\pi}{3} \\ -\sin x\,dx = dt & 1 \ge t \ge \frac{1}{2} \end{array} \right.$

$$= -\int_1^{\frac{1}{2}} \frac{dt}{t} = -\Big[\ln|t|\Big]_1^{\frac{1}{2}} = \underline{\underline{\ln 2}}.$$

oder: $\boxed{\displaystyle\int \frac{f'}{f}\,dx = \ln|f|} \implies \int_0^{\frac{\pi}{3}} \tan x\,dx = -\int_0^{\frac{\pi}{3}} \frac{-\sin x}{\cos x}\,dx = -\Big[\ln|\cos x|\Big]_0^{\frac{\pi}{3}} = \underline{\underline{\ln 2}}$

$\boxed{3}$ $\displaystyle\int \sqrt{1-x^2}\,dx$ $\quad \underline{\text{Subst.:}} \left\{ \begin{array}{l} x = \sin t \\ dx = \cos t\,dt \end{array} \right.$ $\left| \begin{array}{l} \int \sqrt{1-x^2}\,dx \\ \text{siehe auch Seite 109, Nr. 105 und F4} \end{array} \right.$

$$= \int \cos t (\cos t)\,dt = \int \cos^2 t\,dt = \frac{1}{2}\int (1+\cos 2t)\,dt \qquad \Big| \cos^2 t = \frac{1}{2}(1+\cos 2t)$$

$$= \frac{1}{2}(t+\frac{1}{2}\sin 2t) = \frac{1}{2}(t+\sin t\cos t) = \underline{\underline{\frac{1}{2}(\arcsin x + x\sqrt{1-x^2})}} \qquad \Big| \sin 2t = 2\sin t\cos t$$

Partielle Integration

oder

$$\boxed{\int uv'\,dx = uv - \int u'v\,dx} \qquad\qquad \boxed{\int u'v\,dx = uv - \int uv'\,dx}$$

Beispiele (Die Integrationskonstante ist weggelassen!)

$\boxed{1}$ $\displaystyle\int \underset{u\,\cdot\,v'}{x \cdot e^x}\,dx = \underset{u\,\cdot\,v}{x \cdot e^x} - \int \underset{u'\,\cdot\,v}{1 \cdot e^x}\,dx = \underline{\underline{e^x(x-1)}}.$

$\boxed{2}$ $\displaystyle\int \ln x\,dx = \int \underset{u'\,\cdot\,v}{1 \cdot \ln x}\,dx = \underset{u\,\cdot\,v}{x \cdot \ln x} - \int \underset{u\,\cdot\,v'}{x \cdot \frac{1}{x}}\,dx = \underline{\underline{x\ln x - x}}.$

$\boxed{3}$ mehrfache Anwendung:

$$\int e^x \sin x\,dx = e^x \sin x - \int e^x \cos x\,dx = e^x \sin x - \Big(e^x \cos x + \int e^x \sin x\,dx\Big)$$

$$= e^x \sin x - e^x \cos x - \int e^x \sin x\,dx$$

$$\implies 2\int e^x \sin x\,dx = e^x(\sin x - \cos x) \implies \int e^x \sin x\,dx = \underline{\underline{\frac{1}{2}e^x(\sin x - \cos x)}}.$$

8.1.2   Uneigentliche Integrale (siehe auch Seite 121 ff)

Bei der Definition des bestimmten Integrals ist vorausgesetzt, dass Integrand und Integrationsintervall **beschränkt** sind.

Man unterscheidet zwei Typen uneigentlicher Integrale:

- Typ I   Integrale mit unbeschränkten Integrationsintervallen
- Typ II Integrale mit unbeschränkten Integranden

Uneigentliche Integrale vom Typ I

(unbeschränkte Integrationsintervalle)

$$\int_a^\infty f(x)\,dx := \lim_{b\to\infty} \int_a^b f(x)\,dx \qquad \bigg| \qquad \int_{-\infty}^b f(x)\,dx := \lim_{a\to-\infty} \int_a^b f(x)\,dx$$

Beispiel $\displaystyle\int_0^\infty \frac{dx}{e^x} = \lim_{b\to\infty} \int_0^b \frac{dx}{e^x} = \lim_{b\to\infty} \left[-e^{-x}\right]_0^b = \lim_{b\to\infty}(-e^{-b}+1) = \underline{\underline{1}}.$

Konvergenzkriterium

Ist $f(x) \geq 0$ (für $x \geq x_0$) und existiert $\displaystyle\int_a^b f(x)\,dx$ für jedes $b > a$, so ist

$$\boxed{\int_a^\infty f(x)\,dx}$$

konvergent , wenn $\displaystyle\lim_{x\to\infty} x^s \cdot f(x)$ für ein $s > 1$ existiert.

divergent , wenn $\displaystyle\lim_{x\to\infty} x \cdot f(x) \neq 0$ ist.

Uneigentliche Integrale vom Typ II

(unbeschränkte Integranden)

f an der *oberen* Grenze unbeschränkt: $\quad\big|\quad$ f an der *unteren* Grenze unbeschränkt:

$$\int_a^b f(x)\,dx := \lim_{c\to b^-} \int_a^c f(x)\,dx \qquad \bigg| \qquad \int_a^b f(x)\,dx := \lim_{c\to a^+} \int_c^b f(x)\,dx$$

Beispiel

$$\int_0^1 \frac{dx}{x} = \lim_{a\to 0^+} \int_a^1 \frac{dx}{x} = \lim_{a\to 0^+} \big[\ln x\big]_a^1 = \lim_{a\to 0^+}(0 - \ln a) = \infty \qquad \text{das uneigentliche Intergral divergiert.}$$

Konvergenzkriterium

Ist $f(x) \geq 0$ und f an der oberen Grenze unbeschränkt

und existiert $\displaystyle\int_a^c f(x)\,dx$ für jedes $a < c < b$, so ist

$$\boxed{\int_a^b f(x)\,dx}$$

konvergent, wenn $\displaystyle\lim_{x\to b^-} (b-x)^s \cdot f(x)$ für ein $s < 1$ existiert.

divergent , wenn $\displaystyle\lim_{x\to b^-} (b-x) \cdot f(x) \neq 0$ ist.

Uneigentliche Integrale siehe Tabelle auf Seite 121 ff.

8.1.3 Integration rationaler Funktionen (Partialbruchzerlegung)

Häufig gelingt es, durch Substitutionen Integrale rationaler Funktionen zu erhalten. Dann ist man praktisch fertig; denn diese lassen sich elementar lösen, d.h. durch geeignete Umformungen auf bekannte Integrale zurückführen. (**Partialbruchzerlegung**, **HM**, 67–74.) Diese Umformungen sind zeitraubend, es gibt aber Programme!

Integration von Partialbrüchen (siehe auch Seite 104, 107)

$$\int \frac{dx}{x-a} \qquad = \ln|x-a| \qquad\qquad\qquad\qquad\qquad\qquad \text{[Nr. 4]}$$

$$\int \frac{dx}{(x-a)^2} \qquad = \frac{-1}{x-a} \qquad\qquad\qquad\qquad\qquad\qquad \text{[Nr. 3]}$$

$$\int \frac{dx}{(x-a)^3} \qquad = \frac{-1}{2(x-a)^2} \qquad\qquad\qquad\qquad\qquad \text{[Nr. 3]}$$

$$\int (x-a)^n\,dx \qquad = \frac{(x-a)^{n+1}}{n+1} \quad [n \neq -1] \qquad\qquad\qquad \text{[Nr. 3]}$$

$$\int \frac{dx}{(x-a)^n} \qquad = \frac{(x-a)^{-n+1}}{-n+1} \quad [n \neq 1] \qquad\qquad\quad \text{[Nr. 3]}$$

$$\int \frac{dx}{ax^2+bx+c} \qquad = \frac{2}{\sqrt{\Delta}}\arctan\frac{2ax+b}{\sqrt{\Delta}} \qquad \boxed{\Delta = 4ac - b^2 > 0} \quad \text{[Nr. 63]}$$

$$\int \frac{x\,dx}{ax^2+bx+c} \qquad = \frac{1}{2a}\ln|ax^2+bx+c| - \frac{b}{a\sqrt{\Delta}}\arctan\frac{2ax+b}{\sqrt{\Delta}} \qquad \text{[Nr. 66]}$$

$$\int \frac{dx}{(ax^2+bx+c)^2} \qquad = \frac{2ax+b}{\Delta(ax^2+bx+c)} + \frac{4a}{\Delta\sqrt{\Delta}}\arctan\frac{2ax+b}{\sqrt{\Delta}} \qquad \text{[Nr. 64]}$$

$$\int \frac{x\,dx}{(ax^2+bx+c)^2} \qquad = -\frac{bx+2c}{\Delta(ax^2+bx+c)} - \frac{2b}{\Delta\sqrt{\Delta}}\arctan\frac{2ax+b}{\sqrt{\Delta}} \qquad \text{[Nr. 69]}$$

$$\int \frac{dx}{(ax^2+bx+c)^n} \qquad \text{und} \qquad \int \frac{x\,dx}{(ax^2+bx+c)^n} \qquad\qquad \text{[Nr. 72, 73]}$$

8.1.4 Integration einiger Wurzelfunktionen durch Substitution

Anders als bei den rationalen Funktionen gibt es keine allgemein gültige Methode, die unbestimmten Integrale nicht rationaler Funktionen zu berechnen.

In manchen Fällen läßt sich der Integrand durch geschicktes Substituieren rational machen und dann mittels **PBZ**, z.B. **HM** Seite 67–74, integrieren.

Im Folgenden bezeichnet $R(u,v)$ eine rationale Funktion der Veränderlichen u und v, d.h. u und v sind nur durch die vier Grundrechenarten $(+,-,\cdot,:)$ verknüpft, wie

z.B. $\qquad R(u,v) = u\frac{(u^2-2uv^3)(2u-3uv)}{3uv+v^2-u^2v^4} + \frac{3+u}{u^2+2uv}.$

$R(\sin x, \cos x)$ bezeichnet eine rationale Funktion in $\sin x$ und $\cos x$, wie

z.B. $\qquad R(\sin x, \cos x) = 2\sin x + \frac{3\cos^2 x\,\sin x+2}{\cos x-3\sin^3 x}.$

$R(\sin x, \cos x) = \frac{3\sin x\cdot\cos x}{2\sin x+\cos^2 x} \qquad$ ist **ungerade** in $\cos x$,
$\qquad\qquad\qquad\qquad\qquad\qquad$ da $R(\sin x, -\cos x) = -R(\sin x, \cos x)$ ist.

$R(\sin x, \cos x) = \frac{\cos x}{\sin x+\sin^3 x} \qquad$ ist **ungerade** in $\cos x$ und **ungerade** in $\sin x$,
$\qquad\qquad\qquad\qquad\qquad\qquad$ so dass $R(-\sin x, -\cos x) = R(\sin x, \cos x)$ ist.

Integral	Substitution zur Beseitigung der Wurzel	Integral nach Substitution
$\displaystyle\int R\left(x,\ \sqrt[m]{\frac{px+q}{rx+s}}\,\right)dx$ $(ps-qr\neq 0)$	$\sqrt[m]{\dfrac{px+q}{rx+s}}=t\ ,\quad \dfrac{px+q}{rx+s}=t^m$ $x=\dfrac{st^m-q}{p-rt^m}$ $dx=mt^{m-1}\dfrac{sp-rq}{(p-rt^m)^2}\,dt$	$\displaystyle\int R^*(t)\,dt$ PBZ $\cdots$
$\displaystyle\int R\left(x,\ \left(\frac{px+q}{rx+s}\right)^{\!k},\left(\frac{px+q}{rx+s}\right)^{\!\ell}\right)dx$ $(k,\ell\ \text{rationale Zahlen})$	$\sqrt[m]{\dfrac{px+q}{rx+s}}=t\ ,\quad \dfrac{px+q}{rx+s}=t^m$ $m=\dfrac{\text{Hauptnenner}}{\text{der Brüche }k,\ell}$ $x,dx\quad\text{siehe oben}$	$\displaystyle\int R^*(t)\,dt$ PBZ $\cdots$
$\displaystyle\int R\left(x,\sqrt{a^2-b^2x^2}\,\right)dx$	$x=\dfrac{a}{b}\sin t,\quad \sqrt{\ }=a\cos t$ $dx=\dfrac{a}{b}\cos t\,dt$	$\displaystyle\int R^*(\sin t,\cos t)\,dt$ siehe Seite 101, 116
$\displaystyle\int R\left(x,\sqrt{b^2x^2-a^2}\,\right)dx$	$x=\dfrac{a}{b}\cosh t,\quad \sqrt{\ }=a\sinh t$ $dx=\dfrac{a}{b}\sinh t\,dt$	$\displaystyle\int R^*(\sinh t,\cosh t)\,dt$ siehe Seite 101, 118
$\displaystyle\int R\left(x,\sqrt{b^2x^2+a^2}\,\right)dx$	$x=\dfrac{a}{b}\sinh t,\quad \sqrt{\ }=a\cosh t$ $dx=\dfrac{a}{b}\cosh t\,dt$	$\displaystyle\int R^*(\sinh t,\cosh t)\,dt$ siehe Seite 101, 118
$\displaystyle\int R\left(x,\sqrt{ax^2+bx+c}\,\right)dx$ $a\neq 0$ $\Delta=4ac-b^2$	$\Delta>0$ $x=\dfrac{\sqrt{\Delta}\,u-b}{2a}$ $dx=\dfrac{\sqrt{\Delta}}{2a}\,du$	$\displaystyle\int R^*(u,\sqrt{u^2+1}\,)\,du$ weiter siehe oben
	$\Delta<0$ $x=\dfrac{\sqrt{-\Delta}\,u-b}{2a}$ $dx=\dfrac{\sqrt{-\Delta}}{2a}\,du$	$a>0:\ \displaystyle\int R^*(u,\sqrt{u^2-1}\,)\,du$ $a<0:\ \displaystyle\int R^*(u,\sqrt{1-u^2}\,)\,du$ weiter siehe oben
	$\Delta=0$ (Wurzel fällt weg, keine Substitution nötig!) $ax^2+bx+c=\frac{1}{4a}(2ax+b)^2$	

8.1.5 Integration trigonometrischer Funktionen

Trigonometrische Funktionen

(siehe auch Seite 113–116)

Generalsubstitution

$$\sin x = \frac{2t}{1+t^2}$$

$$\int R(\sin x, \cos x)\, dx \qquad \underline{\text{Subst.:}} \qquad \boxed{\tan \frac{x}{2} = t} \qquad \cos x = \frac{1-t^2}{1+t^2}$$

$$dx = \frac{2\,dt}{1+t^2}$$

Beachte: $-\dfrac{\pi}{2} < x < \dfrac{\pi}{2}$ \qquad führt auf die Integration einer rationalen Funktion in t, $\cdots$ PBZ.

Die Substitution $\tan \frac{x}{2} = t$ (Generalsubstitution!) führt zwar immer zum Ziel, in einigen Sonderfällen sind folgende Substitutionen einfacher:

Sonderfälle

(**1**) $R(-\sin x, \cos x) = -R(\sin x, \cos x)$ $\underline{\text{Subst.:}}$ $\boxed{\cos x = t}$ $-\sin x\, dx = dt$
   R ist $\underline{\text{ungerade}}$ in $\underline{\sin x}$.

(**2**) $R(\sin x, -\cos x) = -R(\sin x, \cos x)$ $\underline{\text{Subst.:}}$ $\boxed{\sin x = t}$ $\cos x\, dx = dt$
   R ist $\underline{\text{ungerade}}$ in $\underline{\cos x}$.

(**3**) $R(-\sin x, -\cos x) = R(\sin x, \cos x)$ $\underline{\text{Subst.:}}$ $\boxed{\tan x = t}$ $\sin^2 x = \dfrac{t^2}{1+t^2}$

$$dx = \frac{dt}{1+t^2}\ , \qquad \cos^2 x = \frac{1}{1+t^2}$$

8.1.6 Integration von Exponential– und Hyperbelfunktionen

Exponentialfunktionen, Hyperbelfunktionen

(siehe auch Seite 117–118)

$$\sinh x = \frac{t^2-1}{2t}$$

$$\int R(\,\mathrm{e}^x)\, dx \qquad \underline{\text{Subst.:}} \qquad \boxed{\mathrm{e}^x = t} \qquad \cosh x = \frac{t^2+1}{2t}$$

$$\int R(\,\mathrm{e}^x, \sinh x, \cosh x)\, dx \qquad\qquad dx = \frac{dt}{t}$$

führt auf die Integration einer rationalen Funktion in t, $\cdots$ PBZ.

8.2   Mehrfache Integrale

Mehrfache Integrale werden auf das **Hintereinanderausführen** von einfachen Integralen zurückgeführt. Statt $\iint$ bzw. $\iiint$ schreibt man häufig $\boldsymbol{\int}$.

Berechnung von Doppelintegralen

Man beachte, dass das äußere Integral stets feste Grenzen hat!

Kartesische Koordinaten:

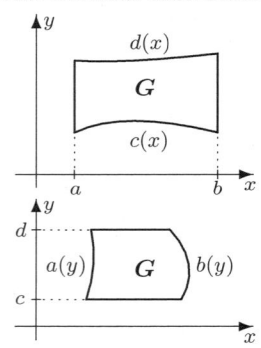

$$a \le x \le b$$
$$c(x) \le y \le d(x)$$

$$\boxed{dG = dy\, dx}$$

$$\iint_G f\, dG = \int_a^b \left(\int_{c(x)}^{d(x)} f(x,y)\, dy \right) dx$$

oder:
$$c \le y \le d$$
$$a(y) \le x \le b(y)$$

$$\boxed{dG = dx\, dy}$$

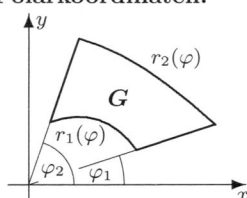

$$\iint_G f\, dG = \int_c^d \left(\int_{a(y)}^{b(y)} f(x,y)\, dx \right) dy$$

Polarkoordinaten:

$$x = r\cos\varphi \qquad \varphi_1 \le \varphi \le \varphi_2$$
$$y = r\sin\varphi \qquad r_1(\varphi) \le r \le r_2(\varphi)$$

$$\boxed{dG = r\, dr\, d\varphi}$$

$$\iint_G f\, dG = \int_{\varphi_1}^{\varphi_2} \left(\int_{r_1(\varphi)}^{r_2(\varphi)} f(x,y)r\, dr \right) d\varphi$$

Allgemeine Koordinaten:

$$x = x(u,v) \qquad u_1 \le u \le u_2$$
$$y = y(u,v) \qquad v_1(u) \le v \le v_2(u)$$

$$\boxed{dG = \left|\, \begin{vmatrix} x_u & x_v \\ y_u & y_v \end{vmatrix} \right| dv\, du}$$

$$\iint_G f\, dG = \int_{u_1}^{u_2} \left(\int_{v_1(u)}^{v_2(u)} f(x,y)\, \left|\frac{\partial(x,y)}{\partial(u,v)}\right| dv \right) du$$

$$\frac{\partial(x,y)}{\partial(u,v)} := \begin{vmatrix} \frac{\partial x}{\partial u} & \frac{\partial x}{\partial v} \\ \frac{\partial y}{\partial u} & \frac{\partial y}{\partial v} \end{vmatrix} = \begin{vmatrix} x_u & x_v \\ y_u & y_v \end{vmatrix}$$

heißt **Funktionaldeterminante** oder **Jacobische Determinante**.

Beispiel   Man berechne $\iint_G f\, dG$, wobei G der im ersten Quadranten gelegene Teil der Ellipse mit den Halbachsen $a = 3$ und $b = 2$ und $f(x,y) = xy$ ist.

$$x = 3u\cos v \quad 0 \le u \le 1$$
$$y = 2u\sin v \quad 0 \le v \le \frac{\pi}{2}, \qquad \begin{vmatrix} x_u & x_v \\ y_u & y_v \end{vmatrix} = \begin{vmatrix} 3\cos v & -3u\sin v \\ 2\sin v & 2u\cos v \end{vmatrix} = 6u \Longrightarrow dG = 6u\, dv\, du$$

$$\int_0^1 \int_0^{\frac{\pi}{2}} 6u^2 \cos v \sin v\, 6u\, dv\, du = 18\int_0^1 u^3 \int_0^{\frac{\pi}{2}} 2\cos v \sin v\, dv\, du = 18\int_0^1 u^3 \left[\sin^2 v\right]_0^{\frac{\pi}{2}} du = \underline{\underline{\frac{9}{2}}}$$

Berechnung von Dreifachintegralen

Man beachte, dass das äußere Integral stets feste Grenzen hat!

kartesische
Koordinaten:
$$a \le x \le b$$
$$y_1(x) \le y \le y_2(x)$$
$$z_1(x,y) \le z \le z_2(x,y)$$

$\boxed{dV = dz\,dy\,dx}$

$$\iiint_V f\,dV = \int_a^b \Big(\int_{y_1(x)}^{y_2(x)} \Big(\int_{z_1(x,y)}^{z_2(x,y)} f(x,y,z)\,dz \Big)\,dy \Big)\,dx$$

oder auch:
$$c \le y \le d$$
$$z_1(y) \le z \le z_2(y)$$
$$x_1(y,z) \le x \le x_2(y,z)$$

$\boxed{dV = dx\,dz\,dy}$

$$\iiint_V f\,dV = \int_c^d \Big(\int_{z_1(y)}^{z_2(y)} \Big(\int_{x_1(y,z)}^{x_2(y,z)} f(x,y,z)\,dx \Big)\,dz \Big)\,dy, \quad \text{usw.}$$

Zylinder–
Koordinaten:
$$x = r\cos\varphi$$
$$y = r\sin\varphi$$
$$z = z$$

$$0 \le r$$
$$0 \le \varphi < 2\pi$$

$\boxed{dV = r\,dr\,d\varphi\,dz}$

Kugel–
Koordinaten:
θ: Polabstand
$$x = \rho\sin\theta\cos\varphi$$
$$y = \rho\sin\theta\sin\varphi$$
$$z = \rho\cos\theta$$

$$0 \le \rho$$
$$0 \le \theta \le \pi$$
$$0 \le \varphi < 2\pi$$

$\boxed{dV = \rho^2\sin\theta\,d\rho\,d\theta\,d\varphi}$

Kugel–
Koordinaten:
θ: (geogr.) Breite
$$x = \rho\cos\theta\cos\varphi$$
$$y = \rho\cos\theta\sin\varphi$$
$$z = \rho\sin\theta$$

$$0 \le \rho$$
$$-\tfrac{\pi}{2} \le \theta \le \tfrac{\pi}{2}$$
$$0 \le \varphi < 2\pi$$

$\boxed{dV = \rho^2\cos\theta\,d\rho\,d\theta\,d\varphi}$

---

allgemeine
Koordinaten:
$$x = x(u,v,w)$$
$$y = y(u,v,w)$$
$$z = z(u,v,w)$$

$\boxed{dV = \left| \dfrac{\partial(x,y,z)}{\partial(u,v,w)} \right| du\,dv\,dw}$

$$\text{mit } \frac{\partial(x,y,z)}{\partial(u,v,w)} := \begin{vmatrix} \frac{\partial x}{\partial u} & \frac{\partial x}{\partial v} & \frac{\partial x}{\partial w} \\ \frac{\partial y}{\partial u} & \frac{\partial y}{\partial v} & \frac{\partial y}{\partial w} \\ \frac{\partial z}{\partial u} & \frac{\partial z}{\partial v} & \frac{\partial z}{\partial w} \end{vmatrix} = \begin{vmatrix} x_u & x_v & x_w \\ y_u & y_v & y_w \\ z_u & z_v & z_w \end{vmatrix} = \begin{cases} \text{speziell:} \\ \quad r \quad\; \text{Zylinderkoord.} \\ \left. \begin{matrix} \rho^2\sin\theta \\ \rho^2\cos\theta \end{matrix} \right\} \text{Kugelkoord.} \end{cases}$$

Diese Det. heißt **Funktionaldeterminante** oder **Jacobische Determinante**.

Dreifachintegral als Produkt von Einfachintegralen

Hat das Dreifachintegral *feste* Grenzen und lässt sich der Integrand als Produkt von drei Funktionen schreiben, die jeweils nur von *einer* Variablen abhängen, so lässt sich das Dreifachintegral als Produkt von drei Einfachintegralen schreiben:

$$\int_{x_0}^{x_1} \int_{y_0}^{y_1} \int_{z_0}^{z_1} f(x)\cdot g(y)\cdot h(z)\,dz\,dy\,dx = \int_{x_0}^{x_1} f(x)\,dx \cdot \int_{y_0}^{y_1} g(y)\,dy \cdot \int_{z_0}^{z_1} h(z)\,dz$$

8.3   Tabelle Unbestimmter Integrale

Die Integrat-konst. ist weggelassen. In Stammfktn. ist $\ln f(x)$ durch $\ln |f(x)|$ zu ersetzen.

8.3.1   Integrale rationaler Funktionen

$$\boxed{\begin{array}{c|c} ax+b & \text{Bezeichnungen} \\ & X = ax + b \end{array}}$$

3. $\displaystyle\int X^n \, dx = \frac{X^{n+1}}{a(n+1)} \quad [\,n \neq -1\,]$

4. $\displaystyle\int \frac{dx}{X} = \frac{1}{a} \ln X$

1. $\displaystyle\int x^n \, dx = \frac{x^{n+1}}{n+1} \quad [\,n \neq -1\,]$

5. $\displaystyle\int \frac{x \, dx}{X} = \frac{x}{a} - \frac{b}{a^2} \ln X$

2. $\displaystyle\int \frac{1}{x} \, dx = \ln |x|$

6. $\displaystyle\int \frac{x^2 \, dx}{X} = \frac{1}{a^3}\left(\frac{1}{2}X^2 - 2bX + b^2 \ln X\right)$

7. $\displaystyle\int \frac{x^3 \, dx}{X} = \frac{1}{a^4}\left(\frac{X^3}{3} - \frac{3bX^2}{2} + 3b^2 X - b^3 \ln X\right)$

8. $\displaystyle\int \frac{dx}{xX} = -\frac{1}{b} \ln \frac{X}{x}$

9. $\displaystyle\int \frac{dx}{x^2 X} = -\frac{1}{bx} + \frac{a}{b^2} \ln \frac{X}{x}$

10. $\displaystyle\int \frac{dx}{x^3 X} = -\frac{1}{b^3}\left(a^2 \ln \frac{X}{x} - \frac{2aX}{x} + \frac{X^2}{2x^2}\right)$

11. $\displaystyle\int \frac{x \, dx}{X^2} = \frac{b}{a^2 X} + \frac{1}{a^2} \ln X$

12. $\displaystyle\int \frac{x^2 \, dx}{X^2} = \frac{1}{a^3}\left(X - 2b \ln X - \frac{b^2}{X}\right)$

13. $\displaystyle\int \frac{x^3 \, dx}{X^2} = \frac{1}{a^4}\left(\frac{X^2}{2} - 3bX + 3b^2 \ln X + \frac{b^3}{X}\right)$

14. $\displaystyle\int \frac{x \, dx}{X^3} = \frac{1}{a^2}\left(-\frac{1}{X} + \frac{b}{2X^2}\right)$

15. $\displaystyle\int \frac{x^2 \, dx}{X^3} = \frac{1}{a^3}\left(\ln X + \frac{2b}{X} - \frac{b^2}{2X^2}\right)$

16. $\displaystyle\int \frac{x^3 \, dx}{X^3} = \frac{1}{a^4}\left(X - 3b \ln X - \frac{3b^2}{X} + \frac{b^3}{2X^2}\right)$

17. $\displaystyle\int \frac{dx}{xX^2} = -\frac{1}{b^2}\left(\ln \frac{X}{x} + \frac{ax}{X}\right)$

18. $\displaystyle\int \frac{dx}{x^2 X^2} = -a\left(\frac{1}{b^2 X} + \frac{1}{ab^2 x} - \frac{2}{b^3} \ln \frac{X}{x}\right)$

19. $\displaystyle\int \frac{dx}{x^3 X^2} = -\frac{1}{b^4}\left(3a^2 \ln \frac{X}{x} + \frac{a^3 x}{X} + \frac{X^2}{2x^2} - \frac{3aX}{x}\right)$

20. $\displaystyle\int \frac{dx}{xX^3} = -\frac{1}{b^3}\left(\ln \frac{X}{x} + \frac{2ax}{X} - \frac{a^2 x^2}{2X^2}\right)$

21. $\displaystyle\int \frac{dx}{x^2 X^3} = -a\left(\frac{1}{2b^2 X^2} + \frac{2}{b^3 X} + \frac{1}{ab^3 x} - \frac{3}{b^4} \ln \frac{X}{x}\right)$

22. $\displaystyle\int \frac{dx}{x^3 X^3} = -\frac{1}{b^5}\left(6a^2 \ln \frac{X}{x} + \frac{4a^3 x}{X} - \frac{a^4 x^2}{X} + \frac{X^2}{2x^2} - \frac{4aX}{x}\right)$

23. $\displaystyle\int x X^n \, dx = \frac{1}{a^2}\left(\frac{X^{n+2}}{n+2} - \frac{bX^{n+1}}{n+1}\right) \qquad [\,n \neq -1, -2\,]$

24. $\displaystyle\int \frac{x \, dx}{X^n} = \frac{1}{a^2}\left(\frac{-1}{(n-2)X^{n-2}} + \frac{b}{(n-1)X^{n-1}}\right) \qquad [\,n \neq 1, 2\,]$

$$\boxed{\begin{array}{c|l} \begin{array}{c} \boldsymbol{ax+b} \\ \text{und} \\ \boldsymbol{cx+d} \end{array} & \begin{array}{l} \text{Bezeichnungen} \\ X = ax+b \\ Y = cx+d \\ \Delta = bc - ad \end{array} \end{array}}$$

25. $\displaystyle\int \frac{X}{Y}\, dx = \frac{a}{c}x + \frac{\Delta}{c^2}\ln Y$

26. $\displaystyle\int \frac{dx}{XY} = \begin{cases} \dfrac{1}{\Delta}\ln\dfrac{Y}{X} & [\Delta \neq 0] \\[2mm] \dfrac{-c}{a^2 X} & [\Delta = 0] \end{cases}$

27. $\displaystyle\int \frac{x\, dx}{XY} = \begin{cases} \dfrac{1}{\Delta}\left(\dfrac{b}{a}\ln X - \dfrac{d}{c}\ln Y\right) & [\Delta \neq 0] \\[2mm] \dfrac{c}{a^4}\left(\dfrac{b}{X} + \ln X\right) & [\Delta = 0] \end{cases}$

28. $\displaystyle\int \frac{dx}{X^2 Y} = \begin{cases} \dfrac{1}{\Delta}\left(\dfrac{1}{X} + \dfrac{c}{\Delta}\ln\dfrac{Y}{X}\right) & [\Delta \neq 0] \\[2mm] \dfrac{-1}{2cX^2} & [\Delta = 0] \end{cases}$

$$\boxed{\begin{array}{c|l} \boldsymbol{a^2 \pm x^2} & \begin{array}{l} \text{Bezeichnungen} \\ X = a^2 \pm x^2 \\ Y = \begin{cases} \arctan\frac{x}{a} & \text{für } + \\ \operatorname{artanh}\frac{x}{a} = \frac{1}{2}\ln\frac{a+x}{a-x} & \text{für } - \text{ und } |x| < a \\ \operatorname{arcoth}\frac{x}{a} = \frac{1}{2}\ln\frac{x+a}{x-a} & \text{für } - \text{ und } |x| > a \end{cases} \end{array} \end{array}}$$

29. $\displaystyle\int \frac{dx}{X} = \frac{1}{a}Y$

30. $\displaystyle\int \frac{dx}{X^2} = \frac{x}{2a^2 X} + \frac{1}{2a^3}Y$

31. $\displaystyle\int \frac{x\, dx}{X} = \pm\frac{1}{2}\ln X$

32. $\displaystyle\int \frac{x\, dx}{X^2} = \mp\frac{1}{2X}$

33. $\displaystyle\int \frac{x^2\, dx}{X} = \pm x \mp aY$

34. $\displaystyle\int \frac{x^2\, dx}{X^2} = \mp\frac{x}{2X} \pm \frac{1}{2a}Y$

35. $\displaystyle\int \frac{dx}{xX} = \frac{1}{2a^2}\ln\frac{x^2}{X}$

36. $\displaystyle\int \frac{dx}{xX^2} = \frac{1}{2a^2 X} + \frac{1}{2a^4}\ln\frac{x^2}{X}$

37. $\displaystyle\int \frac{dx}{x^2 X} = -\frac{1}{a^2 x} \mp \frac{1}{a^3}Y$

38. $\displaystyle\int \frac{dx}{x^2 X^2} = -\frac{1}{a^4 x} \mp \frac{x}{2a^4 X} \mp \frac{3}{2a^5}Y$

39. $\displaystyle\int \frac{dx}{X^{n+1}} = \frac{x}{2na^2 X^n} + \frac{2n-1}{2na^2}\int\frac{dx}{X^n}$ $[n \neq 0]$

40. $\displaystyle\int \frac{x\, dx}{X^{n+1}} = \mp\frac{1}{2nX^n}$ $[n \neq 0]$

41. $\displaystyle\int \frac{x^2\, dx}{X^{n+1}} = \mp\frac{x}{2nX^n} \pm \frac{1}{2n}\int\frac{dx}{X^n}$ $[n \neq 0]$

$$\boxed{\begin{array}{c|c} a^3 \pm x^3 & \text{Bezeichnungen} \\ & X = a^3 \pm x^3 \end{array}}$$

42. $\displaystyle\int \frac{dx}{X} = \pm\frac{1}{6a^2}\ln\frac{(a\pm x)^2}{a^2\mp ax+x^2} + \frac{1}{a^2\sqrt{3}}\arctan\frac{2x\mp a}{a\sqrt{3}}$

43. $\displaystyle\int \frac{dx}{X^2} = \frac{x}{3a^3 X} + \frac{2}{3a^3}\int\frac{dx}{X}$ [siehe Nr. 42]

44. $\displaystyle\int \frac{x\,dx}{X} = \frac{1}{6a}\ln\frac{a^2\mp ax+x^2}{(a\pm x)^2} \pm \frac{1}{a\sqrt{3}}\arctan\frac{2x\mp a}{a\sqrt{3}}$

45. $\displaystyle\int \frac{x\,dx}{X^2} = \frac{x^2}{3a^3 X} + \frac{1}{3a^3}\int\frac{x\,dx}{X}$ [siehe Nr. 44]

46. $\displaystyle\int \frac{x^2\,dx}{X} = \pm\frac{1}{3}\ln X$

47. $\displaystyle\int \frac{x^2\,dx}{X^2} = \mp\frac{1}{3X}$

48. $\displaystyle\int \frac{x^3\,dx}{X} = \pm x \mp a^3\int\frac{dx}{X}$ [siehe Nr. 42]

49. $\displaystyle\int \frac{x^3\,dx}{X^2} = \mp\frac{x}{3X} \pm \frac{1}{3}\int\frac{dx}{X}$ [siehe Nr. 42]

50. $\displaystyle\int \frac{dx}{xX} = \frac{1}{3a^3}\ln\frac{x^3}{X}$

51. $\displaystyle\int \frac{dx}{xX^2} = \frac{1}{3a^3 X} + \frac{1}{3a^6}\ln\frac{x^3}{X}$

52. $\displaystyle\int \frac{dx}{x^2 X} = -\frac{1}{a^3} \mp \frac{1}{a^3}\int\frac{x\,dx}{X}$ [siehe Nr. 44]

53. $\displaystyle\int \frac{dx}{x^2 X^2} = -\frac{1}{a^6 x} \mp \frac{x^2}{3a^6 X} \mp \frac{4}{3a^6}\int\frac{x\,dx}{X}$ [siehe Nr. 44]

54. $\displaystyle\int \frac{dx}{x^3 X} = -\frac{1}{2a^3 x^2} \mp \frac{1}{a^3}\int\frac{dx}{X}$ [siehe Nr. 42]

55. $\displaystyle\int \frac{dx}{x^3 X^2} = -\frac{1}{2a^6 x^2} \mp \frac{x}{3a^6 X} \mp \frac{5}{3a^6}\int\frac{dx}{X}$ [siehe Nr. 42]

$$\boxed{a^4 \pm x^4}$$

56. $\displaystyle\int \frac{dx}{a^4+x^4} = \frac{1}{4a^3\sqrt{2}}\ln\frac{x^2+ax\sqrt{2}+a^2}{x^2-ax\sqrt{2}+a^2} + \frac{1}{2a^3\sqrt{2}}\left(\arctan(\frac{\sqrt{2}}{a}x+1)+\arctan(\frac{\sqrt{2}}{a}x-1)\right)$

57. $\displaystyle\int \frac{x\,dx}{a^4+x^4} = \frac{1}{2a^2}\arctan\frac{x^2}{a^2}$

58. $\displaystyle\int \frac{x^2\,dx}{a^4+x^4} = \frac{-1}{4a\sqrt{2}}\ln\frac{x^2+ax\sqrt{2}+a^2}{x^2-ax\sqrt{2}+a^2} + \frac{1}{2a\sqrt{2}}\left(\arctan(\frac{\sqrt{2}}{a}x+1)+\arctan(\frac{\sqrt{2}}{a}x-1)\right)$

59. $\displaystyle\int \frac{x^3\,dx}{a^4\pm x^4} = \pm\frac{1}{4}\ln|a^4 \pm x^4|$

60. $\displaystyle\int \frac{dx}{a^4-x^4} = \frac{1}{4a^3}\ln\frac{a+x}{a-x} + \frac{1}{2a^3}\arctan\frac{x}{a}$

61. $\displaystyle\int \frac{x\,dx}{a^4-x^4} = \frac{1}{4a^2}\ln\frac{a^2+x^2}{a^2-x^2}$

62. $\displaystyle\int \frac{x^2\,dx}{a^4-x^4} = \frac{1}{4a}\ln\frac{a+x}{a-x} - \frac{1}{2a}\arctan\frac{x}{a}$

$$\boxed{ax^2 + bx + c, \quad a > 0} \quad \begin{array}{l} \text{Bezeichnungen} \\ X = ax^2 + bx + c \\ \Delta = 4ac - b^2 \end{array}$$

Im Fall $\Delta = 0$ ist $ax^2 + bx + c = \frac{1}{4a}(2ax + b)^2$.
Im Fall $c = 0$ ist $ax^2 + bx + c = x(ax + b)$.
Diese Integrale stehen auf Seite 104.

63. $\displaystyle\int \frac{dx}{ax^2+bx+c}$
$\displaystyle\int \frac{dx}{X}$ $\left.\rule{0pt}{40pt}\right\} = \begin{cases} \dfrac{-2}{2ax+b} & (\Delta = 0 \\[6pt] \dfrac{2}{\sqrt{\Delta}}\arctan\dfrac{2ax+b}{\sqrt{\Delta}} & (\Delta > 0 \\[6pt] \hline \\[-6pt] \dfrac{1}{\sqrt{-\Delta}}\ln\left|\dfrac{2ax+b-\sqrt{-\Delta}}{2ax+b+\sqrt{-\Delta}}\right|, & \begin{array}{l}\text{hier ausnahmsweise} \\ \ln|f(x)| \text{ statt } \ln f(x).\end{array} \\[10pt] \dfrac{-2}{\sqrt{-\Delta}}\operatorname{artanh}\dfrac{2ax+b}{\sqrt{-\Delta}}, & |2ax+b| < \sqrt{-\Delta} \quad (\Delta < 0 \\[10pt] \dfrac{-2}{\sqrt{-\Delta}}\operatorname{arcoth}\dfrac{2ax+b}{\sqrt{-\Delta}}, & |2ax+b| > \sqrt{-\Delta} \end{cases}$

64. $\displaystyle\int \frac{dx}{X^2} = \frac{2ax+b}{\Delta X} + \frac{2a}{\Delta}\int \frac{dx}{X}$ $[\Delta \neq 0]$ [siehe Nr. 63]

65. $\displaystyle\int \frac{dx}{X^3} = \frac{2ax+b}{\Delta}\left(\frac{1}{2X^2} + \frac{3a}{\Delta X}\right) + \frac{6a^2}{\Delta^2}\int \frac{dx}{X}$ $[\Delta \neq 0]$ [siehe Nr. 63]

66. $\displaystyle\int \frac{x\,dx}{X} = \frac{1}{2a}\ln X - \frac{b}{2a}\int \frac{dx}{X}$ [siehe Nr. 63]

67. $\displaystyle\int \frac{dx}{xX} = \frac{1}{2c}\ln\frac{x^2}{X} - \frac{b}{2c}\int \frac{dx}{X}$ $[c \neq 0]$ [siehe Nr. 63]

68. $\displaystyle\int \frac{dx}{x^2 X} = \frac{b}{2c^2}\ln\frac{X}{x^2} - \frac{1}{cx} + \left(\frac{b^2}{2c^2} - \frac{a}{c}\right)\int \frac{dx}{X}$ $[c \neq 0]$ [siehe Nr. 63]

69. $\displaystyle\int \frac{x\,dx}{X^2} = -\frac{bx+2c}{\Delta X} - \frac{b}{\Delta}\int \frac{dx}{X}$ $[\Delta \neq 0]$ [siehe Nr. 63]

70. $\displaystyle\int \frac{x^2\,dx}{X} = \frac{x}{a} - \frac{b}{2a^2}\ln X + \frac{b^2-2ac}{2a^2}\int \frac{dx}{X}$ [siehe Nr. 63]

71. $\displaystyle\int \frac{x^2\,dx}{X^2} = \frac{(b^2-2ac)x+bc}{a\Delta X} + \frac{2c}{\Delta}\int \frac{dx}{X}$ $[\Delta \neq 0]$ [siehe Nr. 63]

72. $\displaystyle\int \frac{dx}{X^n} = \frac{2ax+b}{(n-1)\Delta X^{n-1}} + \frac{(2n-3)2a}{(n-1)\Delta}\int \frac{dx}{X^{n-1}}$ $[\Delta \neq 0]$

73. $\displaystyle\int \frac{x\,dx}{X^n} = -\frac{bx+2c}{(n-1)\Delta X^{n-1}} - \frac{b(2n-3)}{(n-1)\Delta}\int \frac{dx}{X^{n-1}}$ $[\Delta \neq 0]$

74. $\displaystyle\int \frac{x^2\,dx}{X^n} = \frac{-x}{(2n-3)aX^{n-1}} + \frac{c}{(2n-3)a}\int \frac{dx}{X^n} - \frac{(n-2)b}{(2n-3)a}\int \frac{x\,dx}{X^n}$ [Nr. 73]

75. $\displaystyle\int \frac{dx}{xX^n} = \frac{1}{2c(n-1)X^{n-1}} - \frac{b}{2c}\int \frac{dx}{X^n} + \frac{1}{c}\int \frac{dx}{xX^{n-1}}$ [siehe Nr. 72, 75]

8.3.2   Integrale irrationaler Funktionen (Integrale mit Wurzeln)

$$\boxed{\begin{array}{c|c} \sqrt{x} & \text{Bezeichnungen} \\[2pt] & X = a^2 \pm b^2 x \\[2pt] \text{und} & \\[2pt] a^2 \pm b^2 x & Y = \begin{cases} \arctan \dfrac{b\sqrt{x}}{a} & \text{für} + \\[6pt] \dfrac{1}{2}\ln \dfrac{a+b\sqrt{x}}{a-b\sqrt{x}} & \text{für} - \end{cases} \end{array}}$$

76. $\displaystyle\int \frac{\sqrt{x}\,dx}{X} = \pm\frac{2\sqrt{x}}{b^2} \mp \frac{2a}{b^3}Y$

80. $\displaystyle\int \frac{\sqrt{x^3}\,dx}{X} = \pm\frac{2}{3}\frac{\sqrt{x^3}}{b^2} - \frac{2a^2\sqrt{x}}{b^4} + \frac{2a^3}{b^5}Y$

77. $\displaystyle\int \frac{\sqrt{x}\,dx}{X^2} = \mp\frac{\sqrt{x}}{b^2 X} \pm \frac{1}{ab^3}Y$

81. $\displaystyle\int \frac{\sqrt{x^3}\,dx}{X^2} = \pm\frac{2\sqrt{x^3}}{b^2 X} + \frac{3a^2\sqrt{x}}{b^4 X} - \frac{3a}{b^5}Y$

78. $\displaystyle\int \frac{dx}{X\sqrt{x}} = \frac{2}{ab}Y$

82. $\displaystyle\int \frac{dx}{X\sqrt{x^3}} = -\frac{2}{a^2\sqrt{x}} \mp \frac{2b}{a^3}Y$

79. $\displaystyle\int \frac{dx}{X^2\sqrt{x}} = \frac{\sqrt{x}}{a^2 X} + \frac{1}{a^3 b}Y$

83. $\displaystyle\int \frac{dx}{X^2\sqrt{x^3}} = -\frac{2}{a^2 X\sqrt{x}} \mp \frac{3b^2\sqrt{x}}{a^4 X} \mp \frac{3b}{a^5}Y$

$$\boxed{\begin{array}{c|c} \sqrt{ax+b} & \text{Bezeichnungen} \\ & X = ax+b \end{array}}$$

84. $\displaystyle\int \sqrt{X}\,dx = \frac{2}{3a}\sqrt{X^3}$

86. $\displaystyle\int \frac{dx}{\sqrt{X}} = \frac{2}{a}\sqrt{X}$

85. $\displaystyle\int x\sqrt{X}\,dx = \frac{2(3ax-2b)}{15a^2}\sqrt{X^3}$

87. $\displaystyle\int \frac{x\,dx}{\sqrt{X}} = \frac{2(ax-2b)}{3a^2}\sqrt{X}$

88. $\displaystyle\int \frac{dx}{x\sqrt{X}} = \begin{cases} \dfrac{-2}{\sqrt{b}}\operatorname{artanh}\sqrt{\dfrac{X}{b}} = \dfrac{1}{\sqrt{b}}\ln\dfrac{\sqrt{X}-\sqrt{b}}{\sqrt{X}+\sqrt{b}} & \text{für } b>0 \\[10pt] \dfrac{2}{\sqrt{-b}}\arctan\sqrt{\dfrac{X}{-b}} & \text{für } b<0 \end{cases}$

89. $\displaystyle\int \frac{\sqrt{X}\,dx}{x} = 2\sqrt{X} + b\int \frac{dx}{x\sqrt{X}}$ [siehe Nr. 88]

90. $\displaystyle\int x^2\sqrt{X}\,dx = \frac{2}{105a^3}(15a^2x^2 - 12abx + 8b^2)\sqrt{X^3}$

91. $\displaystyle\int \frac{x^2\,dx}{\sqrt{X}} = \frac{2}{15a^3}(3a^2x^2 - 4abx + 8b^2)\sqrt{X}$

92. $\displaystyle\int \frac{dx}{x^2\sqrt{X}} = -\frac{\sqrt{X}}{bx} - \frac{a}{2b}\int \frac{dx}{x\sqrt{X}}$ [siehe Nr. 88]

93. $\displaystyle\int \frac{\sqrt{X}\,dx}{x^2} = -\frac{\sqrt{X}}{x} + \frac{a}{2}\int \frac{dx}{x\sqrt{X}}$ [siehe Nr. 88]

94. $\displaystyle\int \sqrt{X^3}\,dx = \frac{2}{5a}\sqrt{X^5}$

95. $\displaystyle\int \left(\sqrt{X}\right)^n dx = \frac{2}{a(2+n)}\left(\sqrt{X}\right)^{2+n}$ $[n \neq -2]$

> Ist n gerade, so entfallen die Wurzeln! Integrale siehe Seite 104.

96. $\displaystyle\int x\left(\sqrt{X}\right)^n dx = \frac{2}{a^2}\left(\frac{1}{4+n}\left(\sqrt{X}\right)^{4+n} - \frac{b}{2+n}\left(\sqrt{X}\right)^{2+n}\right)$ $[n \neq -2, -4]$

97. $\displaystyle\int x^2\left(\sqrt{X}\right)^n dx = \frac{2}{a^3}\left(\frac{1}{6+n}\left(\sqrt{X}\right)^{6+n} - \frac{2b}{4+n}\left(\sqrt{X}\right)^{4+n} + \frac{b^2}{2+n}\left(\sqrt{X}\right)^{2+n}\right)$

$$[n \neq -2, -4, -6]$$

$$\boxed{\begin{array}{c|l} \sqrt{ax+b} \\ \text{und} \\ \sqrt{cx+d} \end{array} \quad \begin{array}{l} \text{Bezeichnungen} \\ X = ax + b \\ Y = cx + d \\ \Delta = bc - ad \end{array}}$$

98. $\displaystyle \int \frac{dx}{\sqrt{XY}} = \begin{cases} \dfrac{2}{\sqrt{-ac}} \arctan \sqrt{-\dfrac{cX}{aY}} & \text{für } ac < 0 \\[3mm] \dfrac{2}{\sqrt{ac}} \operatorname{artanh} \sqrt{\dfrac{cX}{aY}} = \dfrac{2}{\sqrt{ac}} \ln(\sqrt{aY} + \sqrt{cX}) & \text{für } ac > 0 \end{cases}$

99. $\displaystyle \int \frac{x\,dx}{\sqrt{XY}} = \frac{\sqrt{XY}}{ac} - \frac{ad+bc}{2ac} \int \frac{dx}{\sqrt{XY}}$ [siehe Nr. 98]

100. $\displaystyle \int \frac{dx}{\sqrt{X}\sqrt{Y^3}} = -\frac{2\sqrt{X}}{\Delta\sqrt{Y}}$

101. $\displaystyle \int \frac{dx}{\sqrt{X}\,Y} = \begin{cases} \dfrac{2}{\sqrt{-\Delta c}} \arctan \dfrac{c\sqrt{X}}{\sqrt{-\Delta c}} & \text{für } \Delta c < 0 \\[3mm] \dfrac{1}{\sqrt{\Delta c}} \ln \dfrac{c\sqrt{X}-\sqrt{\Delta c}}{c\sqrt{X}+\sqrt{\Delta c}} & \text{für } \Delta c > 0 \end{cases}$

102. $\displaystyle \int \sqrt{XY}\,dx = \frac{\Delta+2aY}{4ac}\sqrt{XY} - \frac{\Delta^2}{8ac} \int \frac{dx}{\sqrt{XY}}$ [siehe Nr. 98]

103. $\displaystyle \int \sqrt{\frac{Y}{X}}\,dx = \frac{1}{a}\sqrt{XY} - \frac{\Delta}{2a} \int \frac{dx}{\sqrt{XY}}$ [siehe Nr. 98]

104. $\displaystyle \int \frac{\sqrt{X}}{Y}\,dx = \frac{2\sqrt{X}}{c} + \frac{\Delta}{c} \int \frac{dx}{\sqrt{X}\,Y}$ [siehe Nr. 101]

$$\boxed{\begin{array}{c|l} \sqrt{a^2 - x^2} & \begin{array}{l} \text{Bezeichnungen } (a > 0) \\ X = a^2 - x^2 \end{array} \end{array}}$$

105. $\displaystyle \int \sqrt{X}\,dx = \frac{1}{2}\left(x\sqrt{X} + a^2 \arcsin \frac{x}{a} \right)$

106. $\displaystyle \int x\sqrt{X}\,dx = -\frac{1}{3}\sqrt{X^3}$

107. $\displaystyle \int x^2\sqrt{X}\,dx = -\frac{x}{4}\sqrt{X^3} + \frac{a^2}{8}\left(x\sqrt{X} + a^2 \arcsin \frac{x}{a} \right)$

108. $\displaystyle \int \frac{\sqrt{X}\,dx}{x} = \sqrt{X} - a\ln\frac{a+\sqrt{X}}{x}$

109. $\displaystyle \int \frac{\sqrt{X}\,dx}{x^2} = -\frac{\sqrt{X}}{x} - \arcsin\frac{x}{a}$

110. $\displaystyle \int \frac{dx}{\sqrt{X}} = \arcsin\frac{x}{a}$

111. $\displaystyle \int \frac{x\,dx}{\sqrt{X}} = -\sqrt{X}$

112. $\displaystyle \int \frac{dx}{x\sqrt{X}} = -\frac{1}{a}\ln\frac{a+\sqrt{X}}{x}$

113. $\displaystyle \int \frac{x^2\,dx}{\sqrt{X}} = -\frac{x}{2}\sqrt{X} + \frac{a^2}{2}\arcsin\frac{x}{a}$

114. $\displaystyle \int \frac{dx}{x^2\sqrt{X}} = -\frac{\sqrt{X}}{a^2 x}$

$$\boxed{\begin{array}{l|l} \sqrt{x^2+a^2} & \text{Bezeichnungen } (a>0) \\ & X = x^2 + a^2 \end{array}}$$

115. $\displaystyle\int \sqrt{X}\,dx \;=\; \begin{cases} \frac{1}{2}\left(x\sqrt{X} + a^2 \operatorname{arsinh} \frac{x}{a}\right) \\ \frac{1}{2}\left(x\sqrt{X} + a^2 \ln|x + \sqrt{X}|\right) \end{cases}$

116. $\displaystyle\int x\sqrt{X}\,dx \;=\; \frac{1}{3}\sqrt{X^3}$

117. $\displaystyle\int x^2\sqrt{X}\,dx \;=\; \begin{cases} \frac{x}{4}\sqrt{X^3} - \frac{a^2}{8}\left(x\sqrt{X} + a^2 \operatorname{arsinh} \frac{x}{a}\right) \\ \frac{x}{4}\sqrt{X^3} - \frac{a^2}{8}\left(x\sqrt{X} + a^2 \ln|x + \sqrt{X}|\right) \end{cases}$

118. $\displaystyle\int x^3\sqrt{X}\,dx \;=\; \frac{\sqrt{X^5}}{5} - \frac{a^2\sqrt{X^3}}{3}$

119. $\displaystyle\int \frac{\sqrt{X}\,dx}{x} \;=\; \sqrt{X} - a\ln\frac{a+\sqrt{X}}{x}$

120. $\displaystyle\int \frac{\sqrt{X}\,dx}{x^2} \;=\; \begin{cases} -\frac{\sqrt{X}}{x} + \operatorname{arsinh} \frac{x}{a} \\ -\frac{\sqrt{X}}{x} + \ln|x + \sqrt{X}| \end{cases}$

121. $\displaystyle\int \frac{\sqrt{X}\,dx}{x^3} \;=\; -\frac{\sqrt{X}}{2x^2} - \frac{1}{2a}\ln\frac{a+\sqrt{X}}{x}$

122. $\displaystyle\int \frac{dx}{\sqrt{X}} \;=\; \begin{cases} \operatorname{arsinh} \frac{x}{a} \\ \ln|x + \sqrt{X}| \end{cases}$

123. $\displaystyle\int \frac{x\,dx}{\sqrt{X}} \;=\; \sqrt{X}$

124. $\displaystyle\int \frac{x^2\,dx}{\sqrt{X}} \;=\; \begin{cases} \frac{x}{2}\sqrt{X} - \frac{a^2}{2} \operatorname{arsinh} \frac{x}{a} \\ \frac{x}{2}\sqrt{X} - \frac{a^2}{2} \ln|x + \sqrt{X}| \end{cases}$

125. $\displaystyle\int \frac{x^3\,dx}{\sqrt{X}} \;=\; \frac{\sqrt{X^3}}{3} - a^2\sqrt{X}$

126. $\displaystyle\int \frac{dx}{x\sqrt{X}} \;=\; -\frac{1}{a}\ln\frac{a+\sqrt{X}}{x}$

127. $\displaystyle\int \frac{dx}{x^2\sqrt{X}} \;=\; -\frac{\sqrt{X}}{a^2 x}$

128. $\displaystyle\int \frac{dx}{x^3\sqrt{X}} \;=\; -\frac{\sqrt{X}}{2a^2x^2} + \frac{1}{2a^3}\ln\frac{a+\sqrt{X}}{x}$

$$\boxed{\sqrt{x^2 - a^2} \quad \begin{array}{l} \text{Bezeichnungen } (a > 0) \\ X = x^2 - a^2 \end{array}}$$

Die Formeln mit der arcosh–Funktion gelten für $x \geq a$.
Im Falle $x \leq -a$ ist arcosh $\frac{x}{a}$ durch $-$ arcosh $\frac{-x}{a}$ zu ersetzen!

129. $\displaystyle\int \sqrt{X}\, dx \; = \begin{cases} \frac{1}{2}\left(x\sqrt{X} - a^2 \operatorname{arcosh} \frac{x}{a}\right) \\ \frac{1}{2}\left(x\sqrt{X} - a^2 \ln|x+\sqrt{X}|\right) \end{cases}$

130. $\displaystyle\int x\sqrt{X}\, dx \; = \frac{1}{3}\sqrt{X^3}$

131. $\displaystyle\int x^2\sqrt{X}\, dx = \begin{cases} \frac{x}{4}\sqrt{X^3} + \frac{a^2}{8}\left(x\sqrt{X} - a^2 \operatorname{arcosh} \frac{x}{a}\right) \\ \frac{x}{4}\sqrt{X^3} + \frac{a^2}{8}\left(x\sqrt{X} - a^2 \ln|x + \sqrt{X}|\right) \end{cases}$

132. $\displaystyle\int x^3\sqrt{X}\, dx = \frac{\sqrt{X^5}}{5} + \frac{a^2\sqrt{X^3}}{3}$

133. $\displaystyle\int \frac{\sqrt{X}\, dx}{x} \; = \sqrt{X} - a \arccos \frac{a}{x}$

134. $\displaystyle\int \frac{\sqrt{X}\, dx}{x^2} \; = \begin{cases} -\frac{\sqrt{X}}{x} + \operatorname{arcosh} \frac{x}{a} \\ -\frac{\sqrt{X}}{x} + \ln|x + \sqrt{X}| \end{cases}$

135. $\displaystyle\int \frac{\sqrt{X}\, dx}{x^3} \; = -\frac{\sqrt{X}}{2x^2} + \frac{1}{2a} \arccos \frac{a}{x}$

136. $\displaystyle\int \frac{dx}{\sqrt{X}} \; = \begin{cases} \operatorname{arcosh} \frac{x}{a} \\ \ln|x + \sqrt{X}| \end{cases}$

137. $\displaystyle\int \frac{x\, dx}{\sqrt{X}} \; = \sqrt{X}$

138. $\displaystyle\int \frac{x^2\, dx}{\sqrt{X}} \; = \begin{cases} \frac{x}{2}\sqrt{X} + \frac{a^2}{2} \operatorname{arcosh} \frac{x}{a} \\ \frac{x}{2}\sqrt{X} + \frac{a^2}{2} \ln|x + \sqrt{X}| \end{cases}$

139. $\displaystyle\int \frac{x^3\, dx}{\sqrt{X}} \; = \frac{\sqrt{X^3}}{3} + a^2\sqrt{X}$

140. $\displaystyle\int \frac{dx}{x\sqrt{X}} \; = \frac{1}{a} \arccos \frac{a}{x}$

141. $\displaystyle\int \frac{dx}{x^2\sqrt{X}} \; = \frac{\sqrt{X}}{a^2 x}$

142. $\displaystyle\int \frac{dx}{x^3\sqrt{X}} \; = \frac{\sqrt{X}}{2a^2 x^2} + \frac{1}{2a^3} \arccos \frac{a}{x}$

$$\boxed{\sqrt{ax^2 + bx + c}} \quad \begin{array}{l} \text{Bezeichnungen} \\ X = ax^2 + bx + c \\ \Delta = 4ac - b^2 \end{array}$$

143. $\displaystyle\int \frac{dx}{\sqrt{X}} =$
$$\begin{cases} \dfrac{1}{\sqrt{a}} \ln|2\sqrt{aX} + 2ax + b| & \text{für } a > 0 \\[2mm] \dfrac{1}{\sqrt{a}} \operatorname{arsinh} \dfrac{2ax+b}{\sqrt{\Delta}} & \text{für } a > 0, \;\; \Delta > 0 \\[2mm] \dfrac{1}{\sqrt{a}} \ln|2ax + b| & \text{für } a > 0, \;\; \Delta = 0 \\[2mm] \dfrac{1}{\sqrt{a}} \operatorname{arcosh} \dfrac{|2ax+b|}{\sqrt{-\Delta}} & \text{für } a > 0, \;\; \Delta < 0 \\[2mm] \dfrac{-1}{\sqrt{-a}} \arcsin \dfrac{2ax+b}{\sqrt{-\Delta}} & \text{für } a < 0, \;\; \Delta < 0 \end{cases}$$

144. $\displaystyle\int \frac{dx}{x\sqrt{X}} =$
$$\begin{cases} -\dfrac{1}{\sqrt{c}} \ln\left| \dfrac{2\sqrt{cX}}{x} + \dfrac{2c}{x} + b \right| & \text{für } c > 0 \\[2mm] -\dfrac{1}{\sqrt{c}} \operatorname{arsinh} \dfrac{bx+2c}{x\sqrt{\Delta}} & \text{für } c > 0, \;\; \Delta > 0 \\[2mm] -\dfrac{1}{\sqrt{c}} \ln\left| \dfrac{bx+2c}{x} \right| & \text{für } c > 0, \;\; \Delta = 0 \\[2mm] \dfrac{1}{\sqrt{-c}} \arcsin \dfrac{bx+2c}{x\sqrt{-\Delta}} & \text{für } c < 0, \;\; \Delta < 0 \\[2mm] -\dfrac{2}{bx} \sqrt{ax^2 + bx} & \text{für } c = 0 \end{cases}$$

145. $\displaystyle\int \sqrt{X}\, dx = \frac{(2ax+b)\sqrt{X}}{4a} + \frac{\Delta}{8a} \int \frac{dx}{\sqrt{X}}$ [siehe Nr. 143]

146. $\displaystyle\int \frac{\sqrt{X}\, dx}{x} = \sqrt{X} + \frac{b}{2} \int \frac{dx}{\sqrt{X}} + c \int \frac{dx}{x\sqrt{X}}$ [siehe Nr. 143, 144]

147. $\displaystyle\int \frac{\sqrt{X}\, dx}{x^2} = -\frac{\sqrt{X}}{x} + a \int \frac{dx}{\sqrt{X}} + \frac{b}{2} \int \frac{dx}{x\sqrt{X}}$ [siehe Nr. 143, 144]

148. $\displaystyle\int \frac{x\, dx}{\sqrt{X}} = \frac{\sqrt{X}}{a} - \frac{b}{2a} \int \frac{dx}{\sqrt{X}}$ [siehe Nr. 143]

149. $\displaystyle\int \frac{x^2\, dx}{\sqrt{X}} = \left(\frac{x}{2a} - \frac{3b}{4a^2}\right)\sqrt{X} + \frac{3b^2-4ac}{8a^2} \int \frac{dx}{\sqrt{X}}$ [siehe Nr. 143]

150. $\displaystyle\int x\sqrt{X}\, dx = \frac{X\sqrt{X}}{3a} - \frac{b(2ax+b)\sqrt{X}}{8a^2} - \frac{b\Delta}{16a^2} \int \frac{dx}{\sqrt{X}}$ [siehe Nr. 143]

151. $\displaystyle\int x^2\sqrt{X}\, dx = \left(x - \frac{5b}{6a}\right)\frac{X\sqrt{X}}{4a} + \frac{5b^2-4ac}{16a^2} \int \sqrt{X}\, dx$ [siehe Nr. 145]

152. $\displaystyle\int \frac{dx}{X\sqrt{X}} = \frac{2(2ax+b)}{\Delta\sqrt{X}}$

153. $\displaystyle\int \frac{x\, dx}{X\sqrt{X}} = -\frac{2(bx+2c)}{\Delta\sqrt{X}}$

$$\boxed{\begin{array}{l} \text{Für } \Delta = 0 \text{ ist notwendig } a > 0 \text{ und} \\[1mm] \left.\begin{array}{l} \sqrt{X} = \dfrac{1}{2\sqrt{a}} |2ax+b| \\[2mm] X = \dfrac{1}{4a}(2ax+b)^2 \end{array}\right\} \begin{array}{l} \text{Integrale} \\ \text{siehe} \\ \text{Seite 104.} \end{array} \end{array}}$$

154. $\displaystyle\int \frac{x^2\, dx}{X\sqrt{X}} = \frac{(2b^2-4ac)x+2bc}{a\Delta\sqrt{X}} + \frac{1}{a}\int \frac{dx}{\sqrt{X}}$

155. $\displaystyle\int X\sqrt{X}\, dx = \frac{(2ax+b)\sqrt{X}}{8a}\left(X + \frac{3\Delta}{8a}\right) + \frac{3\Delta^2}{128a^2} \int \frac{dx}{\sqrt{X}}$ [siehe Nr. 143]

156. $\displaystyle\int \frac{dx}{x^2\sqrt{X}} =$
$$\begin{cases} -\dfrac{\sqrt{X}}{cx} - \dfrac{b}{2c} \int \dfrac{dx}{x\sqrt{X}} & [c \ne 0] \quad \text{[siehe Nr. 144]} \\[3mm] \dfrac{2}{3}\left(-\dfrac{1}{bx^2} + \dfrac{2a}{b^2x}\right)\sqrt{ax^2 + bx} & [c = 0] \end{cases}$$

Spezialfälle:

157. $\displaystyle\int \frac{dx}{x\sqrt{ax^2+bx}} \quad = -\frac{2}{bx}\sqrt{ax^2+bx}$

158. $\displaystyle\int \frac{dx}{\sqrt{2ax-x^2}} \quad = \arcsin\frac{x-a}{a}$

159. $\displaystyle\int \frac{x\,dx}{\sqrt{2ax-x^2}} \quad = -\sqrt{2ax-x^2}+a\arcsin\frac{x-a}{a}$

160. $\displaystyle\int \sqrt{2ax-x^2}\,dx = \frac{x-a}{2}\sqrt{2ax-x^2}+\frac{a^2}{2}\arcsin\frac{x-a}{a}$

Integrale, die andere irrationale Ausdrücke enthalten:

161. $\displaystyle\int \sqrt[n]{ax+b}\,dx = \frac{n(ax+b)}{(n+1)a}\sqrt[n]{ax+b}$

162. $\displaystyle\int \frac{dx}{\sqrt[n]{ax+b}} \quad = \frac{n(ax+b)}{(n-1)a}\frac{1}{\sqrt[n]{ax+b}}$

163. $\displaystyle\int \frac{dx}{x\sqrt{x^n+a^2}} \quad = -\frac{2}{na}\ln\frac{a+\sqrt{x^n+a^2}}{\sqrt{x^n}}$

164. $\displaystyle\int \frac{dx}{x\sqrt{x^n-a^2}} \quad = \frac{2}{na}\arccos\frac{a}{\sqrt{x^n}}$

165. $\displaystyle\int \frac{\sqrt{x}\,dx}{\sqrt{a^3-x^3}} \quad = \frac{2}{3}\arcsin\sqrt{\left(\frac{x}{a}\right)^3}$

8.3.3 Integrale mit trigonometrischen Funktionen

$$\boxed{\tan ax} \qquad \boxed{\cot ax}$$

166. $\displaystyle\int \tan ax\,dx \quad = -\frac{1}{a}\ln\cos ax$

167. $\displaystyle\int \tan^2 ax\,dx \quad = \frac{\tan ax}{a}-x$

168. $\displaystyle\int \tan^3 ax\,dx \quad = \frac{1}{2a}\tan^2 ax+\frac{1}{a}\ln\cos ax$

169. $\displaystyle\int \tan^n ax\,dx \quad = \frac{1}{a(n-1)}\tan^{n-1}ax-\int \tan^{n-2}ax\,dx \quad [n\neq 1]$

170. $\displaystyle\int \cot ax\,dx \quad = \frac{1}{a}\ln\sin ax$

171. $\displaystyle\int \cot^2 ax\,dx \quad = -\frac{\cot ax}{a}-x$

172. $\displaystyle\int \cot^3 ax\,dx \quad = -\frac{1}{2a}\cot^2 ax-\frac{1}{a}\ln\sin ax$

173. $\displaystyle\int \cot^n ax\,dx \quad = \frac{-1}{a(n-1)}\cot^{n-1}ax-\int \cot^{n-2}ax\,dx \quad [n\neq 1]$

174. $\displaystyle\int \frac{dx}{\tan ax\pm 1} = \pm\frac{x}{2}+\frac{1}{2a}\ln|\sin ax\pm\cos ax|$

175. $\displaystyle\int \frac{\cot^n ax}{\sin^2 ax}\,dx = -\frac{1}{a(n+1)}\cot^{n+1}ax \quad [n\neq -1]$

176. $\displaystyle\int \sin ax\, dx \qquad = -\frac{1}{a}\cos ax$

177. $\displaystyle\int \sin^2 ax\, dx \qquad = \frac{1}{2}x - \frac{1}{4a}\sin 2ax$

$$\boxed{\mathbf{\sin\, ax}}$$

178. $\displaystyle\int \sin^3 ax\, dx \qquad = -\frac{1}{a}\cos ax + \frac{1}{3a}\cos^3 ax$

179. $\displaystyle\int \sin^4 ax\, dx \qquad = \frac{3}{8}x - \frac{1}{4a}\sin 2ax + \frac{1}{32a}\sin 4ax$

180. $\displaystyle\int \sin^n ax\, dx \qquad = -\frac{\sin^{n-1} ax \cos ax}{na} + \frac{n-1}{n}\int \sin^{n-2} ax\, dx$

181. $\displaystyle\int x\sin ax\, dx \qquad = \frac{\sin ax}{a^2} - \frac{x\cos ax}{a}$

182. $\displaystyle\int x^2 \sin ax\, dx \qquad = \frac{2x}{a^2}\sin ax - \Big(\frac{x^2}{a} - \frac{2}{a^3}\Big)\cos ax$

183. $\displaystyle\int x^3 \sin ax\, dx \qquad = \Big(\frac{3x^2}{a^2} - \frac{6}{a^4}\Big)\sin ax - \Big(\frac{x^3}{a} - \frac{6x}{a^3}\Big)\cos ax$

184. $\displaystyle\int x^n \sin ax\, dx \qquad = -\frac{x^n}{a}\cos ax + \frac{n}{a}\int x^{n-1}\cos ax\, dx$

185. $\displaystyle\int \frac{dx}{\sin ax} \qquad = \frac{1}{a}\ln\tan\frac{ax}{2}$

186. $\displaystyle\int \frac{dx}{\sin^2 ax} \qquad = -\frac{1}{a}\cot ax$

187. $\displaystyle\int \frac{dx}{\sin^3 ax} \qquad = -\frac{\cos ax}{2a\sin^2 ax} + \frac{1}{2a}\ln\tan\frac{ax}{2}$

188. $\displaystyle\int \frac{x\, dx}{\sin^2 ax} \qquad = -\frac{x}{a}\cot ax + \frac{1}{a^2}\ln\sin ax$

189. $\displaystyle\int \frac{dx}{1\pm\sin ax} \qquad = \mp\frac{1}{a}\tan\big(\frac{\pi}{4}\mp\frac{ax}{2}\big) = \frac{-2}{\tan(\frac{ax}{2})\pm 1}$

190. $\displaystyle\int \frac{x\, dx}{1+\sin ax} \qquad = -\frac{x}{a}\tan\big(\frac{\pi}{4} - \frac{ax}{2}\big) + \frac{2}{a^2}\ln\cos\big(\frac{\pi}{4} - \frac{ax}{2}\big)$

$\displaystyle\int \frac{x\, dx}{1-\sin ax} \qquad = \frac{x}{a}\cot\big(\frac{\pi}{4} - \frac{ax}{2}\big) + \frac{2}{a^2}\ln\sin\big(\frac{\pi}{4} - \frac{ax}{2}\big)$

191. $\displaystyle\int \frac{x\, dx}{1\pm\sin ax} \qquad = \frac{1}{a^2}\Big(\ln(1\pm\sin ax) \mp \frac{ax\cos ax}{1\pm\sin ax}\Big)$

192. $\displaystyle\int \frac{\sin ax\, dx}{1\pm\sin ax} \qquad = \pm x + \frac{1}{a}\tan\big(\frac{\pi}{4}\mp\frac{ax}{2}\big) = \pm\frac{1}{a}\Big(ax + \frac{2}{\tan(\frac{ax}{2})\pm 1}\Big)$

193. $\displaystyle\int \frac{dx}{b+c\sin ax} \qquad =^{*)} \begin{cases} \dfrac{2}{a\sqrt{b^2-c^2}}\arctan\dfrac{c+b\tan ax/2}{\sqrt{b^2-c^2}} & \text{für } b^2 > c^2 \\[3mm] \dfrac{1}{a\sqrt{c^2-b^2}}\ln\dfrac{c-\sqrt{c^2-b^2}+b\tan ax/2}{c+\sqrt{c^2-b^2}+b\tan ax/2} & \text{für } b^2 < c^2 \end{cases}$

194. $\displaystyle\int \frac{\sin ax\, dx}{b+c\sin ax} \qquad = \frac{x}{c} - \frac{b}{c}\int\frac{dx}{b+c\sin ax} \qquad$ [siehe Nr. 193]

195. $\displaystyle\int \sin ax\sin bx\, dx = \frac{\sin(a-b)x}{2(a-b)} - \frac{\sin(a+b)x}{2(a+b)} \qquad \left[\begin{array}{l}|a|\neq|b| \\ |a|=|b|,\ \text{siehe Nr. 177}\end{array}\right]$

$$\boxed{\int \frac{\sin ax}{x}dx\ ,\ \int \frac{x}{\sin ax}dx\ ,\ \int \frac{\cos ax}{x}dx\ ,\ \int \frac{x}{\cos ax}dx \qquad \begin{array}{l}\text{nicht elementar}\\ \text{integrierbar,}\\ \text{siehe aber Nr. 304--307.}\end{array}}$$

$^{*)}$richtig für $-\frac{\pi}{2} \le x \le \frac{\pi}{2}$. Sonst $+C$ (hängt vom Intervall ab).

196. $\int \cos ax \, dx \;\; = \frac{1}{a}\sin ax$

197. $\int \cos^2 ax \, dx = \frac{1}{2}x + \frac{1}{4a}\sin 2ax$ $\boxed{\cos ax}$

198. $\int \cos^3 ax \, dx = \frac{1}{a}\sin ax - \frac{1}{3a}\sin^3 ax$

199. $\int \cos^4 ax \, dx \;\; = \frac{3}{8}x + \frac{1}{4a}\sin 2ax + \frac{1}{32a}\sin 4ax$

200. $\int \cos^n ax \, dx \;\; = \frac{\cos^{n-1} ax \sin ax}{na} + \frac{n-1}{n}\int \cos^{n-2} ax \, dx$

201. $\int x \cos ax \, dx \;\; = \frac{\cos ax}{a^2} + \frac{x \sin ax}{a}$

202. $\int x^2 \cos ax \, dx = \frac{2x}{a^2}\cos ax + \left(\frac{x^2}{a} - \frac{2}{a^3}\right)\sin ax$

203. $\int x^3 \cos ax \, dx = \left(\frac{3x^2}{a^2} - \frac{6}{a^4}\right)\cos ax + \left(\frac{x^3}{a} - \frac{6x}{a^3}\right)\sin ax$

204. $\int x^n \cos ax \, dx = \frac{x^n}{a}\sin ax - \frac{n}{a}\int x^{n-1}\sin ax \, dx$

205. $\int \dfrac{dx}{\cos ax} \;\; = \frac{1}{a}\ln\tan\left(\frac{ax}{2} + \frac{\pi}{4}\right)$

206. $\int \dfrac{dx}{\cos^2 ax} \;\; = \frac{1}{a}\tan ax$

207. $\int \dfrac{dx}{\cos^3 ax} \;\; = \frac{\sin ax}{2a\cos^2 ax} + \frac{1}{2a}\ln\tan\left(\frac{ax}{2} + \frac{\pi}{4}\right)$

208. $\int \dfrac{x \, dx}{\cos^2 ax} \;\; = \frac{x}{a}\tan ax + \frac{1}{a^2}\ln\cos ax$

209. $\int \dfrac{dx}{1+\cos ax} \;\; = \frac{1}{a}\tan\frac{ax}{2}$ $\qquad \int \sqrt{1-\cos x}\, dx = \sqrt{2}\int \left|\sin \frac{x}{2}\right| dx$

210. $\int \dfrac{dx}{1-\cos ax} \;\; = -\frac{1}{a}\cot\frac{ax}{2}$ $\qquad \int \sqrt{1+\cos x}\, dx = \sqrt{2}\int \left|\cos \frac{x}{2}\right| dx$

211. $\int \dfrac{x \, dx}{1+\cos ax} \;\; = \frac{x}{a}\tan\frac{ax}{2} + \frac{2}{a^2}\ln\cos\frac{ax}{2}$

212. $\int \dfrac{x \, dx}{1-\cos ax} \;\; = -\frac{x}{a}\cot\frac{ax}{2} + \frac{2}{a^2}\ln\sin\frac{ax}{2}$

213. $\int \dfrac{\cos ax \, dx}{1+\cos ax} \;\; = x - \frac{1}{a}\tan\frac{ax}{2}$

214. $\int \dfrac{\cos ax \, dx}{1-\cos ax} \;\; = -x - \frac{1}{a}\cot\frac{ax}{2}$

215. $\int \dfrac{dx}{b+c\cos ax} \quad =^{*)} \begin{cases} \dfrac{2}{a\sqrt{b^2-c^2}}\arctan \dfrac{(b-c)\tan ax/2}{\sqrt{b^2-c^2}} & \text{für } b^2 > c^2 \\[2ex] \dfrac{1}{a\sqrt{c^2-b^2}}\ln \dfrac{(c-b)\tan ax/2 + \sqrt{c^2-b^2}}{(c-b)\tan ax/2 - \sqrt{c^2-b^2}} & \text{für } b^2 < c^2 \end{cases}$

216. $\int \dfrac{\cos ax \, dx}{b+c\cos ax} \;\; = \frac{x}{c} - \frac{b}{c}\int \dfrac{dx}{b+c\cos ax}$ [siehe Nr. 215]

217. $\int \cos ax \cos bx \, dx = \dfrac{\sin(a-b)x}{2(a-b)} + \dfrac{\sin(a+b)x}{2(a+b)}$ $\begin{bmatrix} |a| \neq |b| \\ |a| = |b|, \text{ siehe Nr. 197} \end{bmatrix}$

$\boxed{\int \dfrac{\cos ax}{x}\, dx\,,\ \int \dfrac{x}{\cos ax}\, dx\,,\ \int \dfrac{\sin ax}{x}\, dx\,,\ \int \dfrac{x}{\sin ax}\, dx \quad \begin{array}{l}\text{nicht elementar} \\ \text{integrierbar,} \\ \text{siehe aber Nr. 304–307.}\end{array}}$

$^{*)}$richtig für $-\frac{\pi}{2} \leq x \leq \frac{\pi}{2}$. Sonst $+C$ (hängt vom Intervall ab).

$$\boxed{\sin ax} \qquad \boxed{\cos ax}$$

218. $\displaystyle\int \sin ax \cos ax \, dx = \frac{1}{2a} \sin^2 ax$

219. $\displaystyle\int \sin^2 ax \cos^2 ax \, dx = \frac{x}{8} - \frac{\sin 4ax}{32a}$

220. $\displaystyle\int \sin^n ax \cos ax \, dx = \frac{1}{a(n+1)} \sin^{n+1} ax \quad [n \neq -1]$

221. $\displaystyle\int \sin ax \cos^n ax \, dx = \frac{-1}{a(n+1)} \cos^{n+1} ax \quad [n \neq -1]$

222. $\displaystyle\int \frac{dx}{\sin ax \cos ax} = \frac{1}{a} \ln |\tan ax|$

223. $\displaystyle\int \frac{dx}{\sin^2 ax \cos ax} = \frac{1}{a}\left(\ln |\tan(\frac{\pi}{4} + \frac{ax}{2})| - \frac{1}{\sin ax} \right)$
$= \frac{1}{a}\left(\ln |\frac{1}{\cos ax} + \tan ax| - \frac{1}{\sin ax} \right)$

224. $\displaystyle\int \frac{dx}{\sin ax \cos^2 ax} = \frac{1}{a}\left(\ln |\tan \frac{ax}{2}| + \frac{1}{\cos ax} \right)$
$= -\frac{1}{a}\left(\ln |\frac{1}{\sin ax} + \cot ax| - \frac{1}{\cos ax} \right)$

225. $\displaystyle\int \frac{dx}{\sin^2 ax \cos^2 ax} = -\frac{2}{a} \cot 2ax$

226. $\displaystyle\int \frac{\sin ax \, dx}{\cos^2 ax} = \frac{1}{a \cos ax}$

227. $\displaystyle\int \frac{\sin ax \, dx}{\cos^3 ax} = \frac{1}{2a \cos^2 ax} = \frac{1}{2a} \tan^2 ax + \frac{1}{2a}$

228. $\displaystyle\int \frac{\sin^2 ax \, dx}{\cos ax} = -\frac{1}{a} \sin ax + \frac{1}{a} \ln \tan(\frac{ax}{2} + \frac{\pi}{4})$

229. $\displaystyle\int \frac{\cos ax \, dx}{\sin^2 ax} = -\frac{1}{a \sin ax}$

230. $\displaystyle\int \frac{\cos ax \, dx}{\sin^3 ax} = -\frac{1}{2a \sin^2 ax} = -\frac{1}{2a} \cot^2 ax - \frac{1}{2a}$

231. $\displaystyle\int \frac{\cos^2 ax \, dx}{\sin ax} = \frac{1}{a}\left(\cos ax + \ln \tan \frac{ax}{2} \right)$

232. $\displaystyle\int \frac{\sin ax \, dx}{b + c \cos ax} = -\frac{1}{ac} \ln |b + c \cos ax|$

233. $\displaystyle\int \frac{\cos ax \, dx}{b + c \sin ax} = \frac{1}{ac} \ln |b + c \sin ax|$

234. $\displaystyle\int \frac{\sin ax \, dx}{\sin ax \pm \cos ax} = \frac{x}{2} \mp \frac{1}{2a} \ln |\sin ax \pm \cos ax|$

235. $\displaystyle\int \frac{\cos ax \, dx}{\sin ax \pm \cos ax} = \pm\frac{x}{2} + \frac{1}{2a} \ln |\sin ax \pm \cos ax|$

236. $\displaystyle\int \frac{dx}{\sin ax \pm \cos ax} = \frac{1}{a\sqrt{2}} \ln |\tan(\frac{ax}{2} \pm \frac{\pi}{8})|$

237. $\displaystyle\int \frac{dx}{1 + \cos ax \pm \sin ax} = \pm\frac{1}{a} \ln |1 \pm \tan \frac{ax}{2}|$

238. $\displaystyle\int \frac{dx}{b \sin ax + c \cos ax} = \frac{1}{a\sqrt{b^2+c^2}} \ln \tan \frac{ax + \varphi}{2} \quad \text{mit} \left[\begin{array}{l} \sin \varphi = \frac{c}{\sqrt{b^2+c^2}} \\ \tan \varphi = \frac{c}{b} \end{array} \right]$

239. $\displaystyle\int \sin ax \cos bx \, dx = -\frac{\cos(a+b)x}{2(a+b)} - \frac{\cos(a-b)x}{2(a-b)} \quad \left[\begin{array}{l} |a| \neq |b| \\ |a| = |b|, \text{ Nr. 218} \end{array} \right]$

8.3.4   Integrale mit Exponential– und Logarithmusfuktionen

$$\boxed{e^{ax}}$$

240. $\displaystyle\int e^{ax}\,dx = \frac{1}{a}\,e^{ax}$ $\qquad\qquad\qquad\displaystyle\int a^x\,dx = \frac{a^x}{\ln a}\quad[0 < a \neq 1]$

241. $\displaystyle\int x\,e^{ax}\,dx \quad= \frac{e^{ax}}{a^2}(ax-1)$

242. $\displaystyle\int x^2\,e^{ax}\,dx \quad= \frac{e^{ax}}{a^3}(a^2x^2 - 2ax + 2)$

243. $\displaystyle\int x^n\,e^{ax}\,dx \quad= \frac{1}{a}x^n\,e^{ax} - \frac{n}{a}\int x^{n-1}\,e^{ax}\,dx$

244. $\displaystyle\int \frac{dx}{1+e^{ax}} \quad= \frac{1}{a}\ln\frac{e^{ax}}{1+e^{ax}}$

245. $\displaystyle\int \frac{dx}{b+c\,e^{ax}} \quad= \frac{x}{b} - \frac{1}{ab}\ln|b+c\,e^{ax}|$

246. $\displaystyle\int \frac{e^{ax}\,dx}{b+c\,e^{ax}} \quad= \frac{1}{ac}\ln|b+c\,e^{ax}|$

247. $\displaystyle\int e^{ax}\sin bx\,dx \quad= \frac{e^{ax}}{a^2+b^2}(a\sin bx - b\cos bx)$

248. $\displaystyle\int e^{ax}\cos bx\,dx \quad= \frac{e^{ax}}{a^2+b^2}(a\cos bx + b\sin bx)$

249. $\displaystyle\int x\,e^{ax}\sin bx\,dx = \frac{x\,e^{ax}}{a^2+b^2}(a\sin bx - b\cos bx) - \frac{e^{ax}}{(a^2+b^2)^2}\Big((a^2-b^2)\sin bx - 2ab\cos bx\Big)$

250. $\displaystyle\int x\,e^{ax}\cos bx\,dx = \frac{x\,e^{ax}}{a^2+b^2}(a\cos bx + b\sin bx) - \frac{e^{ax}}{(a^2+b^2)^2}\Big((a^2-b^2)\cos bx + 2ab\sin bx\Big)$

$$\boxed{\ln x}$$

251. $\displaystyle\int \ln x\,dx = x\ln x - x$ $\qquad\displaystyle\int \log_a x\,dx = \frac{1}{\ln a}(x\ln x - x)\quad[0 < a \neq 1]$

252. $\displaystyle\int \ln^2 x\,dx \quad= x\ln^2 x - 2x\ln x + 2x$

253. $\displaystyle\int \ln^3 x\,dx \quad= x\ln^3 x - 3x\ln^2 x + 6x\ln x - 6x$

254. $\displaystyle\int \ln^n x\,dx \quad= x\ln^n x - n\int \ln^{n-1} x\,dx$

255. $\displaystyle\int \frac{dx}{\ln^n x} \quad= \frac{-x}{(n-1)\ln^{n-1} x} + \frac{1}{n-1}\int \frac{dx}{\ln^{n-1} x}\quad[n\neq 1,\ n=1\ \text{Nr. 309}]$

256. $\displaystyle\int x^n\ln x\,dx = x^{n+1}\Big(\frac{\ln x}{n+1} - \frac{1}{(n+1)^2}\Big)\quad[n\neq -1]$

257. $\displaystyle\int \frac{\ln^n x}{x}\,dx \quad= \frac{\ln^{n+1} x}{n+1}\quad[n\neq -1]$

258. $\displaystyle\int \frac{\ln x}{x^n}\,dx \quad= \frac{-\ln x}{(n-1)x^{n-1}} - \frac{1}{(n-1)^2 x^{n-1}}\quad[n\neq 1]$

259. $\displaystyle\int \frac{1}{x\ln x}\,dx \quad= \ln\ln x$

$$\boxed{\int \frac{e^x}{x}\,dx\ ,\quad \int \frac{1}{\ln x}\,dx\ ,\quad \int \frac{x}{\ln x}\,dx \qquad \begin{array}{l}\text{sind nicht elementar integrierbar,}\\ \text{siehe aber Nr. 308–310.}\end{array}}$$

8.3.5   Integrale mit Hyperbelfunktionen

$$\boxed{\sinh ax} \quad \boxed{\cosh ax} \quad \boxed{\tanh ax} \quad \boxed{\coth ax}$$

260. $\displaystyle\int \sinh ax \, dx = \frac{1}{a} \cosh ax$ **264.** $\displaystyle\int \sinh^2 ax \, dx = \frac{1}{2a} \sinh ax \cosh ax - \frac{1}{2}x$

261. $\displaystyle\int \cosh ax \, dx = \frac{1}{a} \sinh ax$ **265.** $\displaystyle\int \cosh^2 ax \, dx = \frac{1}{2a} \sinh ax \cosh ax + \frac{1}{2}x$

262. $\displaystyle\int \tanh ax \, dx = \frac{1}{a} \ln \cosh ax$ **266.** $\displaystyle\int \tanh^2 ax \, dx = x - \frac{\tanh ax}{a}$

263. $\displaystyle\int \coth ax \, dx = \frac{1}{a} \ln \sinh ax$ **267.** $\displaystyle\int \coth^2 ax \, dx = x - \frac{\coth ax}{a}$

268. $\displaystyle\int \sinh^n ax \, dx = \begin{cases} \dfrac{1}{an} \sinh^{n-1} ax \cosh ax - \dfrac{n-1}{n} \displaystyle\int \sinh^{n-2} ax \, dx & [n > 0] \\[3mm] \dfrac{1}{a(n+1)} \sinh^{n+1} ax \cosh ax - \dfrac{n+2}{n+1} \displaystyle\int \sinh^{n+2} ax \, dx & \begin{bmatrix} n < 0 \\ n \neq -1 \end{bmatrix} \end{cases}$

269. $\displaystyle\int \cosh^n ax \, dx = \begin{cases} \dfrac{1}{an} \sinh ax \cosh^{n-1} ax + \dfrac{n-1}{n} \displaystyle\int \cosh^{n-2} ax \, dx & [n > 0] \\[3mm] \dfrac{-1}{a(n+1)} \sinh ax \cosh^{n+1} ax + \dfrac{n+2}{n+1} \displaystyle\int \cosh^{n+2} ax \, dx & \begin{bmatrix} n < 0 \\ n \neq -1 \end{bmatrix} \end{cases}$

270. $\displaystyle\int \frac{dx}{\sinh ax} = \frac{1}{a} \ln \tanh \frac{ax}{2}$

271. $\displaystyle\int \frac{dx}{\cosh ax} = \frac{2}{a} \arctan e^{ax}$

272. $\displaystyle\int \frac{dx}{\sinh ax \cosh ax} = \frac{1}{a} \ln \tanh ax$

273. $\displaystyle\int x \sinh ax \, dx = \frac{1}{a} x \cosh ax - \frac{1}{a^2} \sinh ax$

274. $\displaystyle\int x \cosh ax \, dx = \frac{1}{a} x \sinh ax - \frac{1}{a^2} \cosh ax$

275. $\displaystyle\int \sinh ax \sinh bx \, dx = \frac{1}{a^2-b^2}(a \sinh bx \cosh ax - b \cosh bx \sinh ax) \quad [a^2 \neq b^2]$

276. $\displaystyle\int \cosh ax \cosh bx \, dx = \frac{1}{a^2-b^2}(a \sinh ax \cosh bx - b \sinh bx \cosh ax) \quad [a^2 \neq b^2]$

277. $\displaystyle\int \cosh ax \sinh bx \, dx = \frac{1}{a^2-b^2}(a \sinh bx \sinh ax - b \cosh bx \cosh ax) \quad [a^2 \neq b^2]$

278. $\displaystyle\int \sinh ax \cosh^n ax \, dx = \frac{\cosh^{n+1} ax}{a(n+1)} \quad [n \neq -1]$

279. $\displaystyle\int \cosh ax \sinh^n ax \, dx = \frac{\sinh^{n+1} ax}{a(n+1)} \quad [n \neq -1]$

280. $\displaystyle\int \sinh ax \sin ax \, dx = \frac{1}{2a}(\cosh ax \sin ax - \sinh ax \cos ax)$

281. $\displaystyle\int \cosh ax \cos ax \, dx = \frac{1}{2a}(\sinh ax \cos ax + \cosh ax \sin ax)$

282. $\displaystyle\int \sinh ax \cos ax \, dx = \frac{1}{2a}(\cosh ax \cos ax + \sinh ax \sin ax)$

283. $\displaystyle\int \cosh ax \sin ax \, dx = \frac{1}{2a}(\sinh ax \sin ax - \cosh ax \cos ax)$

8.3.6   Integrale mit inversen trigonometr. Funktionen (Arcusfunktionen)

$$\boxed{\arcsin x}\;\boxed{\arccos x}\;\boxed{\arctan x}\;\boxed{\operatorname{arccot} x}$$

284. $\displaystyle\int \arcsin \frac{x}{a}\,dx \;=\; x\arcsin\frac{x}{a} + \sqrt{a^2 - x^2}$

285. $\displaystyle\int x\arcsin \frac{x}{a}\,dx \;=\; \left(\frac{x^2}{2} - \frac{a^2}{4}\right)\arcsin\frac{x}{a} + \frac{x}{4}\sqrt{a^2 - x^2}$

286. $\displaystyle\int x^2 \arcsin \frac{x}{a}\,dx \;=\; \frac{x^3}{3}\arcsin\frac{x}{a} + \frac{1}{9}(x^2 + 2a^2)\sqrt{a^2 - x^2}$

287. $\displaystyle\int \frac{\arcsin\frac{x}{a}\,dx}{x^2} \;=\; -\frac{1}{x}\arcsin\frac{x}{a} - \frac{1}{a}\ln\frac{a+\sqrt{a^2-x^2}}{x}$

288. $\displaystyle\int \arccos \frac{x}{a}\,dx \;=\; x\arccos\frac{x}{a} - \sqrt{a^2 - x^2}$

289. $\displaystyle\int x\arccos \frac{x}{a}\,dx \;=\; \left(\frac{x^2}{2} - \frac{a^2}{4}\right)\arccos\frac{x}{a} - \frac{x}{4}\sqrt{a^2 - x^2}$

290. $\displaystyle\int x^2 \arccos \frac{x}{a}\,dx \;=\; \frac{x^3}{3}\arccos\frac{x}{a} - \frac{1}{9}(x^2 + 2a^2)\sqrt{a^2 - x^2}$

291. $\displaystyle\int \frac{\arccos\frac{x}{a}\,dx}{x^2} \;=\; -\frac{1}{x}\arccos\frac{x}{a} + \frac{1}{a}\ln\frac{a+\sqrt{a^2-x^2}}{x}$

292. $\displaystyle\int \arctan \frac{x}{a}\,dx \;=\; x\arctan\frac{x}{a} - \frac{a}{2}\ln(a^2 + x^2)$

293. $\displaystyle\int x\arctan \frac{x}{a}\,dx \;=\; \frac{1}{2}(x^2 + a^2)\arctan\frac{x}{a} - \frac{ax}{2}$

294. $\displaystyle\int x^2 \arctan \frac{x}{a}\,dx \;=\; \frac{x^3}{3}\arctan\frac{x}{a} - \frac{ax^2}{6} + \frac{a^3}{6}\ln(a^2 + x^2)$

295. $\displaystyle\int \frac{\arctan\frac{x}{a}\,dx}{x^2} \;=\; -\frac{1}{x}\arctan\frac{x}{a} - \frac{1}{2a}\ln\frac{a^2+x^2}{x^2}$

296. $\displaystyle\int \operatorname{arccot} \frac{x}{a}\,dx \;=\; x\operatorname{arccot}\frac{x}{a} + \frac{a}{2}\ln(a^2 + x^2)$

297. $\displaystyle\int x\operatorname{arccot} \frac{x}{a}\,dx \;=\; \frac{1}{2}(x^2 + a^2)\operatorname{arccot}\frac{x}{a} + \frac{ax}{2}$

298. $\displaystyle\int x^2 \operatorname{arccot} \frac{x}{a}\,dx \;=\; \frac{x^3}{3}\operatorname{arccot}\frac{x}{a} + \frac{ax^2}{6} - \frac{a^3}{6}\ln(a^2 + x^2)$

299. $\displaystyle\int \frac{\operatorname{arccot}\frac{x}{a}\,dx}{x^2} \;=\; -\frac{1}{x}\operatorname{arccot}\frac{x}{a} + \frac{1}{2a}\ln\frac{a^2+x^2}{x^2}$

$\displaystyle\int \frac{\arcsin ax}{x}dx \qquad \int \frac{x}{\arccos ax}dx$

$\displaystyle\int \frac{\arctan ax}{x}dx \qquad \int \frac{x}{\operatorname{arccot} ax}dx$

$\left.\begin{array}{l}\\ \\ \\ \\\end{array}\right\}$ Sind nicht elementar integrierbar.
Hilfe: Integrand in Potenzreihe (Seite 83)
entwickeln und gliedweise integrieren!
Division von Pot–Reihen: Seite 79 oder
HM, Seite 348 ff.

8.3.7 Integrale mit inversen Hyperbelfunktionen (Areafunktionen)

$$\boxed{\text{arsinh } x}\quad\boxed{\text{arcosh } x}\quad\boxed{\text{artanh } x}\quad\boxed{\text{arcoth } x}$$

300. $\displaystyle\int \text{arsinh } \frac{x}{a}\, dx = x\,\text{arsinh } \frac{x}{a} - \sqrt{x^2 + a^2}$

301. $\displaystyle\int \text{arcosh } \frac{x}{a}\, dx = x\,\text{arcosh } \frac{x}{a} - \sqrt{x^2 - a^2}$

302. $\displaystyle\int \text{artanh } \frac{x}{a}\, dx = x\,\text{artanh } \frac{x}{a} + \frac{a}{2}\ln(a^2 - x^2)$

303. $\displaystyle\int \text{arcoth } \frac{x}{a}\, dx = x\,\text{arcoth } \frac{x}{a} + \frac{a}{2}\ln(x^2 - a^2)$

8.3.8 Nicht elementar integrierbare Funktionen

Integrale werden durch Potenzreihen angegeben.
Bernoulli–Zahlen B_n und Euler–Zahlen E_n , siehe Seite 80.

304. $\displaystyle\int \frac{\sin ax}{x}\, dx = ax - \frac{(ax)^3}{3\cdot 3!} + \frac{(ax)^5}{5\cdot 5!} \mp \cdots$
$\qquad$ Die Funktion $\text{Si}\,(x) = \int_0^x \frac{\sin t}{t}\, dt$ heißt *Integralsinus.*

305. $\displaystyle\int \frac{x}{\sin ax}\, dx = \frac{1}{a^2}\Big(ax + \frac{(ax)^3}{3\cdot 3!} + \frac{7(ax)^5}{3\cdot 5\cdot 5!} + \cdots + \frac{2(2^{2n-1}-1)(-1)^{n-1}B_{2n}(ax)^{2n+1}}{(2n+1)!} + \cdots\Big)$

306. $\displaystyle\int \frac{\cos ax}{x}\, dx = \ln|ax| - \frac{(ax)^2}{2\cdot 2!} + \frac{(ax)^4}{4\cdot 4!} - \frac{(ax)^6}{6\cdot 6!} \pm \cdots$

307. $\displaystyle\int \frac{x}{\cos ax}\, dx = \frac{1}{a^2}\Big(\frac{(ax)^2}{2\cdot 0!} + \frac{(ax)^4}{4\cdot 2!} + \frac{5(ax)^6}{6\cdot 4!} + \cdots + \frac{(-1)^n E_{2n}(ax)^{2n+2}}{(2n+2)(2n)!} + \cdots\Big)$

308. $\displaystyle\int \frac{e^{ax}}{x}\, dx = \ln|x| + \frac{ax}{1\cdot 1!} + \frac{(ax)^2}{2\cdot 2!} + \frac{(ax)^3}{3\cdot 3!} + \frac{(ax)^4}{4\cdot 4!} + \cdots$

309. $\displaystyle\int \frac{1}{\ln x}\, dx = \ln|\ln x| + \frac{\ln x}{1\cdot 1!} + \frac{\ln^2 x}{2\cdot 2!} + \frac{\ln^3 x}{3\cdot 3!} + \cdots$ $\Big($ Substitution $z = \ln x$ führt auf $\int \frac{e^z}{z}\, dz\Big)$

310. $\displaystyle\int \frac{x}{\ln x}\, dx$ $\quad$ Subst.: $\begin{cases} z = \ln x \\ e^z dz = dx \end{cases}$ $\quad$ führt auf $\int \frac{e^{2z}}{z}\, dz,\quad$ siehe Nr. 308.

311. $\displaystyle\int x\tan ax\, dx$
$= \dfrac{ax^3}{3} + \dfrac{a^3 x^5}{15} + \dfrac{2a^5 x^7}{105} + \dfrac{17 a^7 x^9}{2835} + \cdots + \dfrac{2^{2n}(2^{2n}-1)(-1)^{n-1}B_{2n}a^{2n-1}x^{2n+1}}{(2n+1)!} + \cdots$

312. $\displaystyle\int \frac{\tan ax\, dx}{x}$
$= ax + \dfrac{(ax)^3}{9} + \dfrac{2(ax)^5}{75} + \dfrac{17(ax)^7}{2205} + \cdots + \dfrac{2^{2n}(2^{2n}-1)(-1)^{n-1}B_{2n}(ax)^{2n-1}}{(2n-1)(2n)!} + \cdots$

313. $\displaystyle\int x\cot ax\, dx = \frac{x}{a} - \frac{ax^3}{9} - \frac{a^3 x^5}{225} - \cdots - \frac{2^{2n}(-1)^{n-1}B_{2n}a^{2n-1}x^{2n+1}}{(2n+1)!} + \cdots$

314. $\displaystyle\int \frac{\cot ax\, dx}{x} = -\frac{1}{ax} - \frac{ax}{3} - \frac{(ax)^3}{135} - \frac{2(ax)^5}{4725} - \cdots - \frac{2^{2n}(-1)^{n-1}B_{2n}(ax)^{2n-1}}{(2n-1)(2n)!} + \cdots$

8.4 Tabelle bestimmter (auch uneigentlicher) Integrale

Bezeichnungen:

$m, n \in \mathbb{N} = \{1, 2, 3, \cdots\}$

$k, a, b \in \mathbb{R}$

Γ : Gammafunktion, Seite 9

312. $\displaystyle\int_a^\infty \frac{dx}{x^k} = \begin{cases} \dfrac{1}{(k-1)a^{k-1}} & \text{, für } k > 1 \\ \infty & \text{, für } k \leq 1 \end{cases}$ $\quad [a > 0]$

313. $\displaystyle\int_0^a \frac{dx}{x^k} = \begin{cases} \infty & \text{, für } k \geq 1 \\ \dfrac{-1}{(k-1)a^{k-1}} & \text{, für } k < 1 \end{cases}$ $\quad [a > 0]$

314. $\displaystyle\int_0^\infty \frac{dx}{a+bx^2} = \frac{\pi}{2\sqrt{ab}}$ $\quad [a, b > 0]$

315. $\displaystyle\int_0^1 \frac{x\,dx}{\sqrt{1-x^2}} = 1$

316. $\displaystyle\int_0^1 \frac{dx}{\sqrt{1-x^2}} = \frac{\pi}{2}$

317. $\displaystyle\int_0^1 \frac{x^{2n}\,dx}{\sqrt{1-x^2}} = \frac{1\cdot3\cdot5\cdots(2n-1)}{2\cdot4\cdot6\cdots 2n} \cdot \frac{\pi}{2}$ $\quad$ [vergleiche Nr. 343, Subst.: $x = \sin z$]

318. $\displaystyle\int_0^1 x^a (1-x)^b\,dx = 2\int_0^1 x^{2a+1}(1-x^2)^b\,dx = \frac{\Gamma(a+1)\Gamma(b+1)}{\Gamma(a+b+2)}$

319. $\displaystyle\int_0^\infty \frac{dx}{(1+x)x^a} = \frac{\pi}{\sin a\pi}$ $\quad [a < 1]$

320. $\displaystyle\int_0^\infty \frac{dx}{(1-x)x^a} = -\pi \cot a\pi$ $\quad [a < 1]$

321. $\displaystyle\int_0^\infty \frac{x\,dx}{e^x - 1} = \frac{\pi^2}{6}$ $\quad$ [vergleiche Nr. 331, Subst.: $e^x = \frac{1}{z}$]

322. $\displaystyle\int_0^\infty \frac{dx}{e^{ax}} = \frac{1}{a}$ $\quad [a > 0]$

323. $\displaystyle\int_0^\infty \frac{x\,dx}{e^x + 1} = \frac{\pi^2}{12}$

324. $\displaystyle\int_0^\infty \frac{dx}{e^{ax^2}} = \int_{-\infty}^0 \frac{dx}{e^{ax^2}} = \frac{\sqrt{\pi}}{2\sqrt{a}}$ $\quad [a > 0]$ $\qquad \boxed{\displaystyle\int_{-\infty}^\infty e^{-x^2}\,dx = \sqrt{\pi} \quad \text{vgl. Nr. 362}}$

325. $\displaystyle\int_0^\infty \frac{x^2\,dx}{e^{ax^2}} = \frac{\sqrt{\pi}}{4a\sqrt{a}}$ $\quad [a > 0]$

326. $\displaystyle\int_0^\infty \frac{x^k}{e^{ax}}\,dx = \begin{cases} \dfrac{\Gamma(k+1)}{a^{k+1}} & [a > 0,\ k > -1] \\ \dfrac{k!}{a^{k+1}} & [a > 0,\ k \in \mathbb{N}] \end{cases}$

327. $\displaystyle\int_0^\infty \frac{\sin ax}{\mathrm{e}^{bx}}\, dx = \int_0^\infty \frac{\cos bx}{\mathrm{e}^{ax}}\, dx = \frac{a}{a^2+b^2} \quad [a, b > 0]$

328. $\displaystyle\int_0^\infty \frac{\sin x}{x\,\mathrm{e}^{ax}}\, dx = \operatorname{arccot} a = \arctan \frac{1}{a} \quad [a > 0]$

329. $\displaystyle\int_0^\infty \frac{\cos bx}{\mathrm{e}^{ax^2}}\, dx = \frac{\sqrt{\pi}}{2\sqrt{a}\,\mathrm{e}^{b^2/4a}} \quad [a > 0]$

330. $\displaystyle\int_0^\infty \frac{\ln x}{\mathrm{e}^x}\, dx = \int_0^1 \ln|\ln x|\, dx = -C_E \approx -0.5772 \quad \left(\begin{array}{l} C_E : \text{Eulersche Konstante} \\ C_E = \lim\limits_{n\to\infty}\left(\sum\limits_{k=1}^n \frac{1}{k} - \ln n\right) \end{array} \right)$

$\displaystyle\qquad\qquad = -\lim_{n\to\infty}\left(\left(1 + \tfrac{1}{2} + \tfrac{1}{3} + \cdots + \tfrac{1}{n}\right) - \ln n\right) = -C_E$

331. $\displaystyle\int_0^1 \frac{\ln x}{x-1}\, dx \qquad = \frac{\pi^2}{6} \qquad$ [vergleiche Nr. 321, Subst.: $\ln x = -z$]

332. $\displaystyle\int_0^1 \frac{\ln x}{x^2-1}\, dx \qquad = \frac{\pi^2}{8}$

333. $\displaystyle\int_0^1 \sqrt{1-x^2}\,\ln x\, dx = -\frac{\pi}{8} + \frac{\pi}{4}\ln 2$

334. $\displaystyle\int_0^1 (\ln x)^n\, dx \qquad = (-1)^n\, n!$

335. $\displaystyle\int_0^1 \frac{\ln x}{x+1}\, dx \qquad = -\frac{\pi^2}{12}$

336. $\displaystyle\int_0^1 \frac{\ln(1+x)}{x^2+1}\, dx \qquad = \frac{\pi}{8}\ln 2$

337. $\displaystyle\int_0^1 x\ln(1+x)\, dx \qquad = \frac{1}{4}$

338. $\displaystyle\int_0^1 \left(\ln\frac{1}{x}\right)^k dx \qquad = \left\{ \begin{array}{ll} \Gamma(k+1) & \text{, falls } (-1 < k < \infty) \\ k! & \text{, falls } k \in \mathrm{I\!N} \end{array} \right.$

339. $\displaystyle\int_0^{\frac{\pi}{2}} \sin x\, dx \qquad = \int_0^{\frac{\pi}{2}} \cos x\, dx = 1$

340. $\displaystyle\int_0^\pi \sin x\, dx \qquad = 2 \qquad\qquad \text{und} \qquad\qquad \int_0^\pi \cos x\, dx \ = \ 0$

341. $\displaystyle\int_0^{\frac{\pi}{2}} \sin^2 x\, dx \qquad = \int_0^{\frac{\pi}{2}} \cos^2 x\, dx = \frac{\pi}{4}$

342. $\displaystyle\int_0^{\frac{\pi}{2}\cdot n} \sin^2(ax)\, dx = \int_0^{\frac{\pi}{2}\cdot n} \cos^2(ax)\, dx = \frac{\pi}{4}\cdot n \quad [\text{ für } a \in \mathbb{Z}\,,\ n \in \mathrm{I\!N}\,]$

343. $\displaystyle\int_0^{\frac{\pi}{2}} \sin^{2n} x\, dx \qquad = \int_0^{\frac{\pi}{2}} \cos^{2n} x\, dx = \frac{1\cdot 3\cdot 5\cdots(2n-1)}{2\cdot 4\cdot 6\cdots 2n}\cdot\frac{\pi}{2} \quad \begin{array}{l} [\text{vergleiche Nr. 317}] \\ [\text{Subst.: } \sin x = z\ ] \end{array}$

344. $\displaystyle\int_0^{\frac{\pi}{2}} \sin^{2n+1} x\, dx \ = \int_0^{\frac{\pi}{2}} \cos^{2n+1} x\, dx = \frac{2\cdot 4\cdot 6\cdots 2n}{3\cdot 5\cdot 7\cdots(2n+1)} = \frac{2^{2n}(n!)^2}{(2n+1)!}$

345. $\displaystyle\int_{-\infty}^\infty \sin x^2\, dx \qquad = \int_{-\infty}^\infty \cos x^2\, dx = \sqrt{\frac{\pi}{2}}$

346. $\displaystyle\int_0^{2\pi} \sin mx\,\sin nx\,dx = \left\{ \begin{array}{ll} \pi & \text{, für } m = n \\ 0 & \text{, für } m \neq n \end{array} \right.$

347. $\displaystyle\int_0^{2\pi} \cos mx\,\cos nx\,dx = \left\{ \begin{array}{ll} \pi & \text{, für } m = n \\ 0 & \text{, für } m \neq n \end{array} \right.$

$\left.\begin{array}{c} \\ \\ \\ \\ \\ \\ \end{array}\right\}$ **Orthogonalitäts–Relationen** $m, n \in \mathbb{Z}$

348. $\displaystyle\int_0^{2\pi} \sin mx\,\cos nx\,dx = \quad 0$

349. $\displaystyle\int_0^{\infty} \frac{\sin ax}{x}\,dx = \left\{ \begin{array}{ll} \dfrac{\pi}{2} & \text{, für } a > 0 \\[2mm] -\dfrac{\pi}{2} & \text{, für } a < 0 \end{array} \right.$

350. $\displaystyle\int_0^{\alpha} \frac{\cos ax}{x}\,dx = \infty \quad [\,\alpha \text{ beliebig}\,]$

351. $\displaystyle\int_0^{\infty} \frac{\tan ax}{x}\,dx = \left\{ \begin{array}{ll} \dfrac{\pi}{2} & \text{, für } a > 0 \\[2mm] -\dfrac{\pi}{2} & \text{, für } a < 0 \end{array} \right.$

352. $\displaystyle\int_0^{\infty} \frac{\cos ax - \cos bx}{x}\,dx = \ln\frac{b}{a}$

353. $\displaystyle\int_0^{\infty} \frac{\sin x\,\cos ax}{x}\,dx = \left\{ \begin{array}{ll} \dfrac{\pi}{2} & \text{, für } |a| < 1 \\[2mm] \dfrac{\pi}{4} & \text{, für } |a| = 1 \\[2mm] 0 & \text{, für } |a| > 1 \end{array} \right.$

354. $\displaystyle\int_0^{\infty} \frac{\sin x}{\sqrt{x}}\,dx = \int_0^{\infty} \frac{\cos x}{\sqrt{x}}\,dx = \sqrt{\frac{\pi}{2}}$

355. $\displaystyle\int_0^{\infty} \frac{\cos ax}{1 + x^2}\,dx = \frac{\pi}{2\,e^{|a|}}$

356. $\displaystyle\int_0^{\infty} \frac{\sin^2 ax}{x^2}\,dx = \frac{\pi}{2}|a|$

357. $\displaystyle\int_0^{\frac{\pi}{2}} \ln\sin x\,dx = \int_0^{\frac{\pi}{2}} \ln\cos x\,dx = -\frac{\pi}{2}\ln 2$

358. $\displaystyle\int_0^{\pi} x\ln\sin x\,dx = -\frac{\pi^2 \ln 2}{2}$

359. $\displaystyle\int_0^{\frac{\pi}{2}} \ln\tan x\,dx = 0$

360. $\displaystyle\int_0^{\frac{\pi}{4}} \ln(1 + \tan x)\,dx = \int_0^1 \frac{\ln(1+x)}{x^2 + 1}\,dx = \frac{\pi}{8}\ln 2$

361. $\displaystyle\int_0^{\frac{\pi}{2}} \sin x\,\ln\sin x\,dx = \ln 2 - 1$

362. $\displaystyle\int_{-\infty}^{\infty} e^{-ax^2}\,dx = \sqrt{\frac{\pi}{a}}$ **363.** $\displaystyle\int_{-\infty}^{\infty} e^{-\frac{1}{2}\frac{(x-a)^2}{\sigma^2}}\,dx = \sqrt{2\pi}\,\sigma$

8.5   Elliptische Integrale

$\int R(x, \sqrt{ax^3 + bx^2 + cx + d}\,)\,dx$ **elliptische Integrale** lassen sich i.A. nicht

$\int R(x, \sqrt{ax^4 + bx^3 + cx^2 + dx + e}\,)\,dx$ durch elementare Funktionen ausdrücken.

Durch Umformungen erhält man die **Legendreschen Normalformen**.

Die entsprechenden bestimmten Integrale (untere Grenze $= 0$) sind:

$$F(k,\varphi) = \int_0^\varphi \frac{d\psi}{\sqrt{1-k^2 \sin^2 \psi}} = \int_0^{\sin \varphi} \frac{dt}{\sqrt{1-t^2}\,\sqrt{1-k^2 t^2}} \qquad \text{ellipt. Int. 1. Art}$$

$$E(k,\varphi) = \int_0^\varphi \sqrt{1 - k^2 \sin^2 \psi}\; d\psi = \int_0^{\sin \varphi} \sqrt{\frac{1-k^2 t^2}{1-t^2}}\; dt \qquad \text{ellipt. Int. 2. Art}$$

$$\Pi(h,k,\varphi) = \int_0^\varphi \frac{d\psi}{(1+h \sin^2 \psi)\sqrt{1-k^2 \sin^2 \psi}} \qquad \text{ellipt. Int. 3. Art}$$

elliptische Integrale 1. Art $F(k,\varphi),\ \ k = \sin \alpha$:

$\varphi \diagdown \!\!\!\!\!^{\displaystyle k}\quad\!\!\! ^{\displaystyle \alpha}$	0^0 $\sin 0^0$	10^0 $\sin 10^0$	20^0 $\sin 20^0$	30^0 $\sin 30^0$	40^0 $\sin 40^0$	50^0 $\sin 50^0$	60^0 $\sin 60^0$	70^0 $\sin 70^0$	80^0 $\sin 80^0$	90^0 $\sin 90^0$
0^0	0,0000	0,0000	0,0000	0,0000	0,0000	0,0000	0,0000	0,0000	0,0000	0,0000
10^0	0,1745	0,1746	0,1746	0,1748	0,1749	0,1751	0,1752	0,1753	0,1754	0,1754
20^0	0,3491	0,3493	0,3499	0,3508	0,3520	0,3533	0,3545	0,3555	0,3561	0,3564
30^0	0,5236	0,5243	0,5263	0,5294	0,5334	0,5379	0,5422	0,5459	0,5484	0,5493
40^0	0,6981	0,6997	0,7043	0,7116	0,7213	0,7323	0,7436	0,7535	0,7604	0,7629
50^0	0,8727	0,8756	0,8842	0,8982	0,9173	0,9401	0,9647	0,9876	1,0044	1,0107
60^0	1,0472	1,0519	1,0660	1,0896	1,1226	1,1643	1,2126	1,2619	1,3014	1,3170
70^0	1,2217	1,2286	1,2495	1,2853	1,3372	1,4068	1,4944	1,5959	1,6918	1,7354
80^0	1,3963	1,4056	1,4344	1,4846	1,5597	1,6660	1,8125	1,0119	1,2653	2,4362
90^0	1,5708	1,5828	1,6200	1,6858	1,7868	1,9356	2,1565	2,5046	3,1534	∞

elliptische Integrale 2. Art $E(k,\varphi),\ \ k = \sin \alpha$:

$\varphi \diagdown \!\!\!\!\!^{\displaystyle k}\quad\!\!\! ^{\displaystyle \alpha}$	0^0 $\sin 0^0$	10^0 $\sin 10^0$	20^0 $\sin 20^0$	30^0 $\sin 30^0$	40^0 $\sin 40^0$	50^0 $\sin 50^0$	60^0 $\sin 60^0$	70^0 $\sin 70^0$	80^0 $\sin 80^0$	90^0 $\sin 90^0$
0^0	0,0000	0,0000	0,0000	0,0000	0,0000	0,0000	0,0000	0,0000	0,0000	0,0000
10^0	0,1745	0,1745	0,1744	0,1743	0,1742	0,1740	0,1739	0,1738	0,1737	0,1736
20^0	0,3491	0,3489	0,3483	0,3473	0,3462	0,3450	0,3438	0,3429	0,3422	0,3420
30^0	0,5236	0,5229	0,5209	0,5179	0,5141	0,5100	0,5061	0,5029	0,5007	0,5000
40^0	0,6981	0,3966	0,6921	0,6851	0,6763	0,6667	0,6575	0,6497	0,6446	0,6428
50^0	0,8727	0,8698	0,8614	0,8483	0,8317	0,8134	0,7954	0,7801	0,7697	0,7660
60^0	1,0472	1,0426	1,0290	1,0076	0,9801	0,9493	0,9184	0,8914	0,8728	0,8660
70^0	1,2217	1,2149	1,1949	1,1632	1,1221	1,0750	1,0266	0,9830	0,9514	0,9397
80^0	1,3963	1,3870	1,3597	1,3161	1,2590	1,1926	1,1225	1,0565	1,0054	0,9848
90^0	1,5708	1,5589	1,5283	1,4675	1,3931	1,3055	1,2111	1,1184	1,0401	1,0000

Beispiel: **Umfang einer Ellipse** (ellipt. Int. 2. Art mit $k =$ num. Exzentr. der Ellipse):

Die Ellipse $\frac{x^2}{a^2} + \frac{y^2}{b^2} = 1$ mit der num. Exzentrizität $k = \sin \alpha = \frac{\sqrt{a^2-b^2}}{a}$ ($= \varepsilon$, s. Seite 28).

hat den Umfang $\boxed{U = 4a \int_0^{\frac{\pi}{2}} \sqrt{1 - k^2 \sin^2 \psi}\; d\psi = 4aE(k, \tfrac{\pi}{2})}$

Für die Ellipse $\frac{x^2}{4} + y^2 = 1$ ergibt sich speziell ($a = 2, b = 1 \Rightarrow k = \sin \alpha = \frac{1}{2}\sqrt{3}\,, \alpha = 60^0$) :

$U = 8 \int_0^{\frac{\pi}{2}} \sqrt{1 - \tfrac{3}{4} \sin^2 \psi}\; d\psi = 8E(\tfrac{1}{2}\sqrt{3}, \tfrac{\pi}{2}) = 8E(\sin 60^0, 90^0) = 8 \cdot 1,2111 = \underline{\underline{9,6888}}$.

Mit der Näherungsformel von Seite 28: $U \approx \pi(3\frac{a+b}{2} - \sqrt{ab}) = \pi(3\frac{2+1}{2} - \sqrt{2}) = \underline{\underline{9,6943}}$.

8.6 Laplace–Transformation

Laplace–Transformation

$$f(t) \;\circ\!\!-\!\!\bullet\; F(s) \quad \Longleftrightarrow \quad F(s) = \int_0^\infty e^{-st} f(t)\, dt$$

Linearität	$\alpha f(t) + \beta g(t) \;\circ\!\!-\!\!\bullet$	$\alpha F(s) + \beta G(s)$
Faltung	$(f * g)(t) \;\circ\!\!-\!\!\bullet$	$F(s) \cdot G(s)$, mit $(f * g)(t) := \int_0^t f(t-\tau) g(\tau)\, d\tau$
Integration	$\int_0^t f(\tau)\, d\tau \;\circ\!\!-\!\!\bullet$	$\frac{1}{s} F(s)$
Differentiation	$f'(t) \;\circ\!\!-\!\!\bullet$	$s F(s) - f(0^+)$
	$f''(t) \;\circ\!\!-\!\!\bullet$	$s^2 F(s) - \big(s f(0^+) + f'(0^+)\big)$
	$f^{(n)}(t) \;\circ\!\!-\!\!\bullet$	$s^n F(s) - \sum_{k=1}^n s^{n-k} f^{(k-1)}(0^+)$
Verschiebung	$f(t-a) \;\circ\!\!-\!\!\bullet$	$e^{-as} F(s), \; a > 0$
	$f(t+a) \;\circ\!\!-\!\!\bullet$	$e^{as}\big(F(s) - \int_0^a e^{-st} f(t)\, dt\big), \; a > 0$
Ähnlichkeit	$f(at) \;\circ\!\!-\!\!\bullet$	$\frac{1}{a} F(\frac{s}{a}), \; a > 0$
Dämpfung	$e^{-at} f(t) \;\circ\!\!-\!\!\bullet$	$F(s+a)$
Multiplikation	$t^n f(t) \;\circ\!\!-\!\!\bullet$	$(-1)^n F^{(n)}(s)$
Division	$\frac{1}{t} f(t) \;\circ\!\!-\!\!\bullet$	$\int_s^\infty F(u)\, du$

$f(t) \;\circ\!\!-\!\!\bullet\; F(s)$		$f(t) \;\circ\!\!-\!\!\bullet\; F(s)$	
1	$\frac{1}{s}$	$\frac{1}{a}\sin at$	$\frac{1}{s^2+a^2}$
e^{-at}	$\frac{1}{s+a}$	$\cos at$	$\frac{s}{s^2+a^2}$
t	$\frac{1}{s^2}$	$\frac{1}{a} e^{-bt}\sin at$	$\frac{1}{(s+b)^2+a^2}$
$\frac{1}{a}(1 - e^{-at})$	$\frac{1}{s(s+a)}$	$e^{-bt}\big(\cos at - \frac{b}{a}\sin at\big)$	$\frac{s}{(s+b)^2+a^2}$
$\frac{1}{b-a}\big(e^{-at} - e^{-bt}\big)$	$\frac{1}{(s+a)(s+b)}$	$\frac{1}{2}t^2$	$\frac{1}{s^3}$
$\frac{1}{a-b}\big(a\,e^{-at} - b\,e^{-bt}\big)$	$\frac{s}{(s+a)(s+b)}$	$\frac{1}{a^2}\big(e^{-at} + at - 1\big)$	$\frac{1}{s^2(s+a)}$
$t\,e^{-at}$	$\frac{1}{(s+a)^2}$	$\frac{1}{ab(a-b)}\big((a-b) + b\,e^{-at} - a\,e^{-bt}\big)$	$\frac{1}{s(s+a)(s+b)}$
$e^{-at}(1 - at)$	$\frac{s}{(s+a)^2}$	$\frac{1}{a^2}(1 - e^{-at} - at\,e^{-at})$	$\frac{1}{s(s+a)^2}$
$\frac{1}{a}\sinh(at)$	$\frac{1}{s^2-a^2}$	$\frac{t^2}{2} e^{-at}$	$\frac{1}{(s+a)^3}$
$\cosh(at)$	$\frac{s}{s^2-a^2}$	$e^{-at}t\big(1 - \frac{a}{2}t\big)$	$\frac{s}{(s+a)^3}$

8.7   Distributionen

Distributionen sind verallgemeinerte Funktionen. Ein wichtiges Beispiel ist die *Delta–Distribution* $\delta(x)$, auch *Dirac–Funktion* genannt.

8.7.1 δ–Distribution (δ–Funktion)

Die δ–Distribution ist Grenzwert (im Distributionensinn) z.B. der Folgen:

$$\delta(x) \;=\; \lim_{n\to\infty} \sqrt{\frac{n}{\pi}}\, e^{-nx^2} \;=\; \lim_{n\to\infty} \frac{\sin nx}{\pi x}.$$

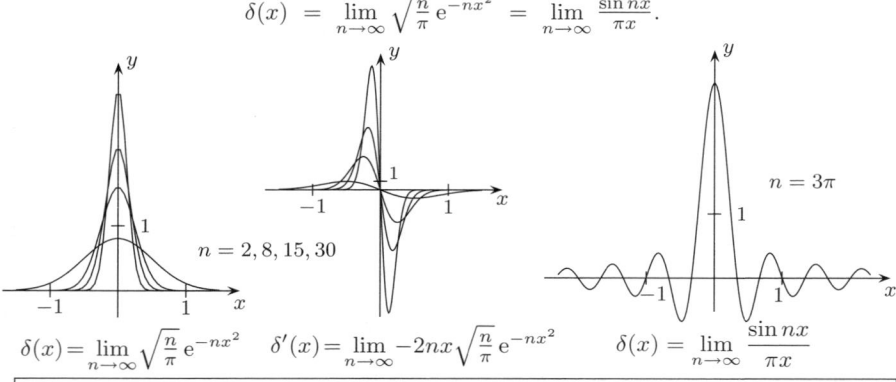

$$\delta(x) = \lim_{n\to\infty} \sqrt{\frac{n}{\pi}}\, e^{-nx^2} \qquad \delta'(x) = \lim_{n\to\infty} -2nx\sqrt{\frac{n}{\pi}}\, e^{-nx^2} \qquad \delta(x) = \lim_{n\to\infty} \frac{\sin nx}{\pi x}$$

Definierende Eigenschaften

$$\delta(x) = \begin{cases} 0 & x \neq 0 \\ \infty & x = 0 \end{cases} \quad ; \quad \int_{-\infty}^{\infty} \delta(x)\, dx = 1 \quad ; \quad \int_{-\infty}^{\infty} f(x)\, \delta(x)\, dx = f(0).$$

Rechenregeln

$$\delta(-x) = \delta(x) \;, \quad f(x)\,\delta(x-x_0) = f(x_0)\,\delta(x-x_0) \;, \quad \delta(g(x)) = \sum_{g(x_n)=0} \frac{\delta(x-x_n)}{|g'(x_n)|}.$$

Im Distributionensinn gilt:

Die δ–*Distribution* ist die Ableitung
der *Heaviside–Funktion* $H(x) := \chi_{[0,\infty)} = \begin{cases} 0 & , \; x < 0 \\ 1 & , \; x \geq 0. \end{cases}$
Die Ableitung δ' der δ-Distribution
heißt auch *Dipol-Distribution*, Skizze oben.

Laplace *Transformierte:*	$\delta(t - t_0) \;\circ\!\!-\!\!\bullet\; F(s) = \int_0^\infty \delta(t-t_0)\, e^{-st}\, dt = \begin{cases} e^{-st_0} & \text{falls } t_0 \geq 0 \\ 0 & \text{sonst.} \end{cases}$
Fourier *Transformierte:*	$FT\big(\delta(t-t_0)\big)(s) = \frac{1}{\sqrt{2\pi}} \int_{-\infty}^{\infty} \delta(t-t_0)\, e^{-ist}\, dt = \frac{1}{\sqrt{2\pi}}\, e^{-ist_0} \,,$ $FT\big(e^{is_0 t}\big)(s) \;= \frac{1}{\sqrt{2\pi}} \int_{-\infty}^{\infty} e^{i(s-s_0)t}\, dt = \sqrt{2\pi}\,\delta(s-s_0).$
Fourier *Entwicklung:*	$\delta(t-t_0) \;=\; \frac{1}{2\pi} \sum_{n=-\infty}^{\infty} e^{in(t-t_0)} \;=\; \frac{1}{2\pi} + \frac{1}{\pi} \sum_{n=-\infty}^{\infty} \cos n(t-t_0).$

8.7.2   Distribution allgemein

Es gibt (mindestens) zwei Möglichkeiten, allgemeine Distributionen einzuführen:

- Einmal können sie als **(äquivalenz-) Klassen gewisser Funktionenfolgen** (g_n)
bzgl. einer speziellen äquivalenzrelation definiert werden.

In diesem Sinn werden stetige Funktionen f durch die konstante Folge $g_n = f$ und
die δ-Distribution durch die zwei Funktionenfolgen aus Abschnitt 8.7.1 repräsentiert.

Distributionen, die durch lokal integrierbare Funktionen repräsentiert werden können,
heißen *regulär*. Die δ-Distribution ist nicht-regulär.

- Häufiger werden sie als **stetige lineare Funktionale** auf dem Raum $\mathcal{D}$ der Test-
funktionen (unendlich oft differenzierbare Funktn. mit kompaktem Träger) definiert.
Die δ-*Distribution* ist dann das Funktional $\langle \delta, \psi \rangle := \int_{-\infty}^{\infty} \delta \cdot \psi = \psi(0)$ für alle $\psi \in \mathcal{D}$.
Insbesondere gilt $\langle \delta(t), \psi(x+t) \rangle := \int_{-\infty}^{\infty} \delta \cdot \psi \, dt = \psi(x)$ für alle $x \in \mathbb{R}$.

Stetige Funktionen g werden mit den Funktionalen $g(\psi) := \int_{-\infty}^{\infty} g \cdot \psi$ identifiziert
und sind damit spezielle Distributionen.

8.7.3   Ableitung von Distributionen

Distributionen sind beliebig oft differenzierbar.
Die Ableitung f' einer Distribution f wird definiert durch (partielle Integration!)

$$\langle f', \psi \rangle := \int_{-\infty}^{\infty} f' \cdot \psi := - \int_{-\infty}^{\infty} f \cdot \psi' = -\langle f, \psi' \rangle \qquad \text{für alle Testfunktionen } \psi.$$

Entsprechend für Ableitungen n-ter Ordnung: $\langle f^{(n)}, \psi \rangle := (-1)^n \langle f, \psi^{(n)} \rangle$.

Für Distributionen sind Limesbildung und Ableitung vertauschbar, d.h.
für $f = \lim f_n$ gilt $f' = \lim f_n'$.

Die Ableitung der δ-Funktion ist z.B. $\langle \delta', \psi \rangle = -\psi'(0)$ bzw $\delta' = \lim_n -2nx\sqrt{n/\pi}\, e^{-nx^2}$.

Die Ableitung der *Heaviside-Funktion* $H(x) := \chi_{[0,\infty)}$ ist die δ-*Distribution*:

$$\langle H', \psi \rangle = -\langle H, \psi' \rangle = - \int_0^{\infty} \psi' = -\psi \Big|_0^{\infty} = \psi(0) = \langle \delta, \psi \rangle \ .$$

Ist L ein linearer Differentialoperator und f_{t_0} eine Distribution mit $Lf_{t_0} = \delta(t - t_0)$,
so heißt f_{t_0} eine *Fundamental-Lösung von L bzgl.* t_0.
Z.B. ist das Newton-Potential eine Fundamental-Lösung für den Laplace-Operator Δ.

8.7.4   Faltung von Distributionen

Die Faltung $f * g$ von Distributionen f und g ist nur unter geeigneten Zusatzvorraus-
setzungen definiert: $\langle f * g, \psi \rangle := \langle f, \varphi \rangle = \big\langle f(x), \langle g(t), \psi(x+t) \rangle \big\rangle$.

Beispiel: Die δ-Distribution ist neutrales Element bzgl. der Faltung, d.h. eine Distribution f gefaltet mit der δ-Distribution ergibt wiederum f :

$$\langle f * \delta, \psi \rangle = \big\langle f(x), \langle \delta(t), \psi(x+t) \rangle \big\rangle = \langle f, \psi \rangle.$$

Das **Produkt von Distributionen** ist i.a. nicht definiert. Das Produkt einer C^{∞}-
Funktion a und einer Distribution f ist wieder eine Distribution: $\langle af, \psi \rangle := \langle f, a\psi \rangle$.

9   Differentialgeometrie

9.1   Koordinatensysteme

Darstellung eines Punktes in der Ebene

x, y heißen **kartesische Koordinaten**

r, φ heißen **Polarkoordinaten**

$\quad r \geq 0 \quad$ und $\quad 0 \leq \varphi < 2\pi$

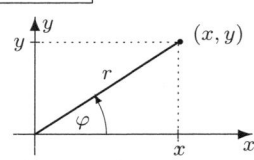

Umformungen

gegeben: Polarkoordinaten r, φ | gegeben: kartesische Koordinaten x, y

$x = r \cos \varphi$
$y = r \sin \varphi$

$r = \sqrt{x^2 + y^2}$

$\tan \varphi = \frac{y}{x}$, für $x \neq 0$ $\qquad$ Quadranten beachten!

oder für alle $(x, y) \neq (0,0)$, also $r > 0$

$\cos \varphi = \frac{x}{r}$ $\underline{\text{und}}$ $\sin \varphi = \frac{y}{r}$

Darstellung eines Punktes im Raum

x, y, z heißen **kartesische Koordinaten**

r, φ, z heißen **Zylinderkoordinaten**

$x = r \cos \varphi \qquad 0 \leq r$
$y = r \sin \varphi \qquad 0 \leq \varphi < 2\pi$
$z = z$

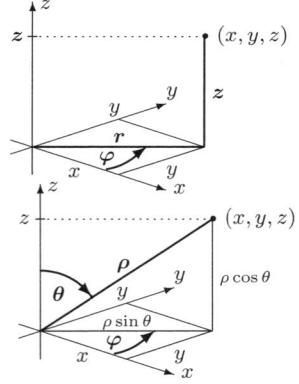

ρ, θ, φ heißen **Kugelkoordinaten**

θ Polabstand, siehe **F 2**

$x = \rho \sin \theta \cos \varphi \qquad 0 \leq \rho$
$y = \rho \sin \theta \sin \varphi \qquad 0 \leq \theta \leq \pi$
$z = \rho \cos \theta \qquad\quad\; 0 \leq \varphi < 2\pi$

9.2   Kurven in der Ebene

Darstellung von Kurven in der Ebene

|1| **explizite** (kartesische) Darstellung $\qquad y = f(x)$, $a \leq x \leq b$

|2| **implizite** (kartesische) Darstellung $\qquad F(x, y) = 0$

|3| **Polarkoordinaten**darstellung $\qquad r = r(\varphi)$, $\varphi_0 \leq \varphi \leq \varphi_1$

|4| **Parameter**darstellung $\qquad \vec{x} = \vec{x}(t) = \begin{pmatrix} x(t) \\ y(t) \end{pmatrix}$, $t_0 \leq t \leq t_1$

Kurven in der Ebene

Tangenten– und Normalenvektoren, Bogenlänge und Krümmung

		explizite Darstellung	Polarkoordinaten	Parameter
Kurve		$y = f(x)$ $a \le x \le b$	$r = r(\varphi)$ $\varphi_0 \le \varphi \le \varphi_1$	$\vec{x} = \vec{x}(t) = \begin{pmatrix} x(t) \\ y(t) \end{pmatrix}$ $t_0 \le t \le t_1$
Punkt auf der Kurve	$\vec{x}$	$\begin{pmatrix} x \\ f(x) \end{pmatrix}$	$\begin{pmatrix} r(\varphi)\cos\varphi \\ r(\varphi)\sin\varphi \end{pmatrix}$	$\begin{pmatrix} x(t) \\ y(t) \end{pmatrix}$
Tangenten– Vektor	$\vec{t}$	$\begin{pmatrix} 1 \\ f'(x) \end{pmatrix}$	$\begin{pmatrix} \dot{r}(\varphi)\cos\varphi - r(\varphi)\sin\varphi \\ \dot{r}(\varphi)\sin\varphi + r(\varphi)\cos\varphi \end{pmatrix}$	$\begin{pmatrix} \dot{x}(t) \\ \dot{y}(t) \end{pmatrix}$
Normalen– Vektor	$\vec{n}$	$\begin{pmatrix} -f'(x) \\ 1 \end{pmatrix}$	$\begin{pmatrix} -r\cos\varphi - \dot{r}\sin\varphi \\ -r\sin\varphi + \dot{r}\cos\varphi \end{pmatrix}$	$\begin{pmatrix} -\dot{y}(t) \\ \dot{x}(t) \end{pmatrix}$
Länge	L	$\displaystyle\int_a^b \sqrt{1 + \big(f'(x)\big)^2}\, dx$	$\displaystyle\int_{\varphi_0}^{\varphi_1} \sqrt{r(\varphi)^2 + \dot{r}(\varphi)^2}\, d\varphi$	$\displaystyle\int_{t_0}^{t_1} \sqrt{\dot{x}(t)^2 + \dot{y}(t)^2}\, dt$
Krümmung	κ	$\dfrac{f''(x)}{(1+(f'(x))^2)^{3/2}}$	$\dfrac{r^2 + 2\dot{r}^2 - r\ddot{r}}{(r^2 + \dot{r}^2)^{3/2}}$	$\dfrac{\dot{x}\ddot{y} - \ddot{x}\dot{y}}{(\dot{x}^2 + \dot{y}^2)^{3/2}}$

Tangente im Kurvenpunkt $\vec{x}_0$: $\qquad \vec{x} = \vec{x}_0 + s\vec{t}_0, \quad s \in \mathrm{I\!R}$

Radius ρ des Krümmungskreises: $\qquad \rho = \dfrac{1}{|\kappa|}$

Mittelpunkt $\vec{x}_M$ des Krümmungskreises: $\quad \vec{x}_M = \vec{x}_0 + \dfrac{1}{\kappa}\dfrac{\vec{n}}{|\vec{n}|}$

Die Kurve aller Krümmungsmittelpunkte einer
gegebenen Kurve (**Evolvente**) heißt ihre **Evolute**.

Beispiel: Evolute der Parabel $y = x^2$

$\kappa = \dfrac{2}{(1+4x^2)^{3/2}}$, $\vec{n} = \begin{pmatrix} -2x \\ 1 \end{pmatrix}$, $|\vec{n}| = \sqrt{1+4x^2}$

$\vec{x}_M = \begin{pmatrix} x \\ x^2 \end{pmatrix} + \dfrac{(1+4x^2)^{3/2}}{2(1+4x^2)^{1/2}}\begin{pmatrix} -2x \\ 1 \end{pmatrix} = \begin{pmatrix} -4x^3 \\ \frac{1}{2} + 3x^2 \end{pmatrix}$

$\Longrightarrow$ Evolute: $y = \dfrac{1}{2} + 3\big(\dfrac{x}{4}\big)^{2/3}$, Neilsche Parabel

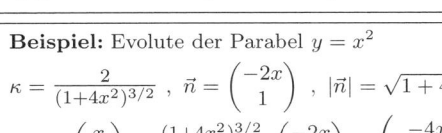

Bogenlänge als Parameter

Ist $\vec{x} = \vec{x}(s)$ eine Parameterdarstellung einer ebenen Kurve mit der Bogenlänge s als Parameter und bezeichnet $(\,)'$ die Ableitung nach s, so ist speziell:

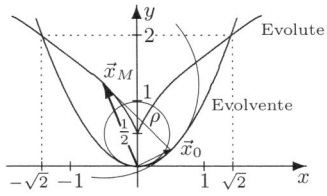

$\vec{x}'(s)$ **Tangenteneinheitsvektor** im Kurvenpunkt $\vec{x}(s)$.

$\vec{x}''(s)$ **Normalenvektor** in $\vec{x}(s)$ der Länge $|\vec{x}''(s)| = |\kappa| = \dfrac{1}{\rho}$
             er zeigt vom Kurvenpunkt in Richtung
             des Krümmungskreismittelpunktes $\vec{x}_M(s)$.

$\vec{x}_M$ **Mittelpunkt** des Krümmungskreises: $\quad \vec{x}_M(s) = \vec{x}(s) + \rho^2\vec{x}''(s)$.

Flächeninhalte siehe Seite 149

9.3   Spezielle ebene Kurven

Name	Ortslinie	Skizze
Zykloide	Kurve, die ein Punkt auf der Peripherie eines Kreises mit dem Radius r beschreibt, wenn dieser Kreis auf einer Geraden abrollt.	$A = (\pi r, 2r)$
Epizykloide	Kurve, die ein Punkt auf der Peripherie eines Kreises mit dem Radius r beschreibt, wenn dieser Kreis auf einem anderen Kreis mit dem Radius R abrollt. Das Aussehen der Kurve hängt vom Verhältnis $$m = R : r$$ der Radien ab.	$m = \dfrac{R}{r} = 3$ $t = m\varphi = 3\varphi$
Kardioide	Spezielle Epizykloide mit $m = 1$, d. h. $r = R = \dfrac{a}{2}$. Mittelpunkt des festen Kreises bei $(\frac{a}{2}, 0)$.	
Hypozykloide	Kurve, die ein Punkt auf der Peripherie eines Kreises mit dem Radius r beschreibt, wenn dieser Kreis innen auf einem anderen Kreis mit dem Radius R abrollt. Das Aussehen hängt vom Verhältnis $m = R : r$ ab.	$m = \dfrac{R}{r} = 3$ $t = m\varphi = 3\varphi$ $R = 3r$
Astroide	Hypozykloide mit $m = 4$, d. h. $R = 4r$. Für jede Tangente an die Kurve ist die Länge der Strecke $\overline{AB}$ gleich R.	$m = \dfrac{R}{r} = 4$ $R = 4r$

Gleichungen	Formeln
$x = r(t - \sin t)$ $y = r(1 - \cos t)$ (t ist der Wälzwinkel)	**Bogenlänge** $\quad L = 8r$ **Fläche** $\quad F = 3\pi r^2$ unter der Zykloide **Krümmungsradius** $\quad \rho = 4r\sin\frac{t}{2}$
$x = (R+r)\cos\varphi - r\cos(\frac{R+r}{r}\varphi)$ $y = (R+r)\sin\varphi - r\sin(\frac{R+r}{r}\varphi)$ φ als Bezeichnung für den Parameter wird gewählt, wenn der Parameter der bei Polarkoordinaten benutzte Drehwinkel ist. Nimmt man als Parameter den Wälzwinkel t, so ist $\varphi = \frac{r}{R}t$.	**Bogenlänge** $\quad L = 8(R+r)$ (bei rationalem m) **Fläche** zwischen Kreis und Epizykloide $\quad F = \pi r^2 \frac{3R+2r}{R}m$ (für ganzzahliges m) **Krümmungsradius** $\quad \rho = \frac{4r(R+r)}{2r+R}\sin\frac{R\varphi}{2r}$
$x = a\cos\varphi(1 + \cos\varphi)$ $y = a\sin\varphi(1 + \cos\varphi)$ In Polarkoordinaten: $r = a(1 + \cos\varphi)$ kartesisch: $(a > 0)$ $(x^2 + y^2)(x^2 + y^2 - 2ax) - a^2y^2 = 0$	**Bogenlänge** $\quad L = 8a$ **Fläche** $\quad F = \frac{3}{2}\pi a^2$ **Krümmungsradius** $\quad \rho = \frac{4}{3}a\cos\frac{\varphi}{2}$ (in Abhängigkeit von φ, für $\varphi \neq \pi$) $A = (\frac{3}{4}a\,,\ \sqrt{3}\cdot\frac{3}{4}a) \quad B = (\frac{3}{4}a\,,\ -\sqrt{3}\cdot\frac{3}{4}a)$ für $\varphi = \frac{\pi}{3}$ $\qquad$ für $\varphi = \frac{5}{3}\pi$
$x = (R-r)\cos\varphi + r\cos(\frac{R-r}{r}\varphi)$ $y = (R-r)\sin\varphi - r\sin(\frac{R-r}{r}\varphi)$ (Zum Wälzwinkel t besteht der gleiche Zusammenhang wie bei der Epizykloide.)	**Bogenlänge** $\quad L = 8(R - r)$ (bei rationalem m) **Fläche** zwischen Kreis u. Kurve $\quad F = r^2\pi\left(\frac{3R-2r}{R}\right)m$ für ganzzahliges m --- Für $m = 3$ (Skizze) $\quad L = 16r\,,\ F = 7\pi r^2$ Eingeschlossene Fläche $\quad F_e = 2\pi r^2$
$x^{2/3} + y^{2/3} = R^{2/3}$ Parameterdarstellung: $x = R\cos^3\varphi\,,\quad y = R\sin^3\varphi$	**Bogenlänge** $\quad L = 6R$ Eingeschlossene **Fläche** $\quad F = \frac{3}{8}\pi R^2$

Name	Ortslinie	Skizze
Lemniskate	Ortslinie aller Punkte, deren Abstände r_1 und r_2 von zwei festen Punkten $(-c, 0)$ und $(c, 0)$ das konstante Produkt $r_1 r_2 = c^2$ ergeben.	
Archimedische Spirale	Ortslinie aller Punkte, deren Abstand vom Ursprung (Pol) proportional zum Drehwinkel ist.	
Hyperbolische Spirale	Ortslinie aller Punkte, deren Abstand vom Ursprung (Pol) umgekehrt proportional zum Drehwinkel ist.	
Logarithmische Spirale	Kurve, die alle vom Ursprung ausgehenden Strahlen unter dem gleichen Winkel α schneidet.	
Kettenlinie	Ein biegsames, nicht dehnbares Seil, das in zwei Punkten aufgehängt ist, nimmt die Gestalt einer Kettenlinie an.	

Gleichungen	Formeln
$(x^2 + y^2)^2 - 2c^2(x^2 - y^2) = 0$ In Polarkoordinaten $(c > 0)$: $r = c\sqrt{2\cos 2\varphi},\quad \begin{array}{l} -\frac{\pi}{4} \leq \varphi \leq \frac{\pi}{4} \\ \frac{3\pi}{4} \leq \varphi \leq \frac{5\pi}{4} \end{array}$	**Fläche** jeder Schleife $\quad F = c^2$ **Krümmungsradius** ρ zum Kurvenpunkt $\qquad \rho = \frac{2c^2}{3r}$ mit Radius $r \neq 0$ Maxima $A, B: \ (\pm\frac{c}{2}\cdot\sqrt{3},\ \frac{c}{2}),\ \varphi = \frac{\pi}{6},\ \frac{5}{6}\pi$ Minima $C, D: \ (\pm\frac{c}{2}\cdot\sqrt{3},\ -\frac{c}{2}),\ \varphi = \frac{7}{6}\pi,\ -\frac{\pi}{6}$
$\left.\begin{array}{l} x = a\varphi\cos\varphi \\ y = a\varphi\sin\varphi \end{array}\right\} \ a > 0$ In Polarkoord.: $r = a\varphi$	**Bogenlänge** $\quad L = \frac{a}{2}\cdot\left[\varphi\sqrt{1+\varphi^2}+\text{arsinh }\varphi\right]_{\varphi_1}^{\varphi_2}$ zwischen φ_1 und φ_2 **Fläche** des Sektors $\qquad F = \frac{a^2}{6}(\varphi_2^3 - \varphi_1^3)$ zwischen φ_1 und φ_2 **Krümmungsradius** $\quad \rho = a\frac{(1+\varphi^2)^{3/2}}{2+\varphi^2}$
$\left.\begin{array}{l} x = \frac{a}{\varphi}\cos\varphi \\ y = \frac{a}{\varphi}\sin\varphi \end{array}\right\} \ a > 0$ In Polarkoord.: $r = \frac{a}{\varphi}$ Asymptote: $\quad y = a$	**Bogenlänge** $\quad L = a\cdot\left[\text{arsinh }\varphi - \frac{\sqrt{1+\varphi^2}}{\varphi}\right]_{\varphi_1}^{\varphi_2}$ zwischen φ_1 und φ_2 **Fläche** des Sektors $\qquad F = \frac{a^2}{2}\left(\frac{1}{\varphi_1} - \frac{1}{\varphi_2}\right)$ zwischen φ_1 und φ_2 **Krümmungsradius** $\quad \rho = \frac{a}{\varphi^4}(1+\varphi^2)^{3/2}$
$\left.\begin{array}{l} x = \mathrm{e}^{a\varphi}\cos\varphi \\ y = \mathrm{e}^{a\varphi}\sin\varphi \end{array}\right\} \ a > 0$ In Polarkoord.: $r = \mathrm{e}^{a\varphi}$ Es ist $\quad \alpha = \text{arccot } a,$ $\tan\alpha = \frac{1}{a}.$	**Bogenlänge** zwischen φ_1 und φ_2 $\quad L = \left[\frac{\sqrt{1+a^2}}{a}\mathrm{e}^{a\varphi}\right]_{\varphi_1}^{\varphi_2}$ zwischen $-\infty$ und 0 $\quad L_\infty = \frac{\sqrt{1+a^2}}{a}$ (endlich!) **Fläche** des Sektors $\qquad F = \frac{1}{4a}(\mathrm{e}^{2a\varphi_2} - \mathrm{e}^{2a\varphi_1})$ zwischen φ_1 und φ_2 **Krümmungsradius** $\quad \rho = \mathrm{e}^{a\varphi}\sqrt{1+a^2}$
$\left.\begin{array}{l} y = a\cosh\frac{x}{a} \\ \ = a\frac{\mathrm{e}^{x/a}+\mathrm{e}^{-x/a}}{2} \end{array}\right\} \ a > 0$	**Bogenlänge** $\qquad L = a\sinh\frac{x}{a}$ von $(0, a)$ bis (x, y) **Fläche** unter der Kurve $\qquad F = a^2\sinh\frac{x}{a}$ im Intervall $[0, x]$ **Krümmungsradius** $\quad \rho = a\cosh^2\frac{x}{a}$

9.4   Kurven im Raum

Parameterdarstellung: $\vec{x} = \vec{x}(t) = \begin{pmatrix} x(t) \\ y(t) \\ z(t) \end{pmatrix}$, $t_0 \le t \le t_1$

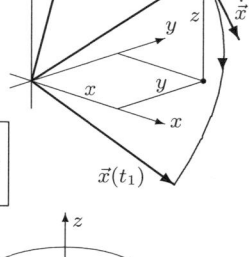

Tangentenvektor: $\dot{\vec{x}} = \dot{\vec{x}}(t) = \begin{pmatrix} \dot{x}(t) \\ \dot{y}(t) \\ \dot{z}(t) \end{pmatrix}$

$$\boxed{\text{Bogenlänge:}\quad L = \int_{t_0}^{t_1} |\dot{\vec{x}}(t)|\, dt = \int_{t_0}^{t_1} \sqrt{\dot{x}^2 + \dot{y}^2 + \dot{z}^2}\, dt}$$

Beispiel: $\vec{x} = (R\cos t, R\sin t, at)$
ist eine **Schraubenlinie** auf einem Zylindermantel
vom Radius R und mit konstanter Ganghöhe $2\pi a$.
Bogenlänge L dieser Raumkurve (eine Windung):

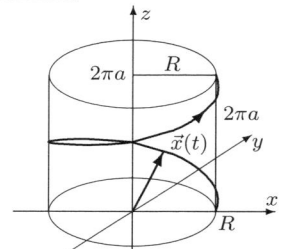

$$L = \int_0^{2\pi} \sqrt{R^2 \sin^2 t + R^2 \cos^2 t + a^2}\, dt = \underline{\underline{2\pi\sqrt{R^2 + a^2}}}$$

Begleitendes Dreibein, Krümmung, Torsion

Tangentenvektor
Einheitsvektor
$$\vec{t} = \frac{\dot{\vec{x}}}{|\dot{\vec{x}}|} = \vec{n} \times \vec{b}$$

Hauptnormalenvektor
Einheitsvektor
$$\vec{n} = \frac{(\dot{\vec{x}} \times \ddot{\vec{x}}) \times \dot{\vec{x}}}{|(\dot{\vec{x}} \times \ddot{\vec{x}}) \times \dot{\vec{x}}|} = \vec{b} \times \vec{t}$$

Binormalenvektor
Einheitsvektor
$$\vec{b} = \frac{\dot{\vec{x}} \times \ddot{\vec{x}}}{|\dot{\vec{x}} \times \ddot{\vec{x}}|} = \vec{t} \times \vec{n}$$

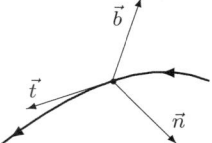

Begleitendes Dreibein
$(\vec{t}, \vec{n}, \vec{b})$ ist ein rechtsorien-
tiertes Orthonormalsystem.

Krümmung $\kappa = \dfrac{|\dot{\vec{x}} \times \ddot{\vec{x}}|}{|\dot{\vec{x}}|^3}$ ($\kappa = 0 \iff$ Kurve ist eine Gerade.)

Torsion $\tau = \dfrac{\langle \dot{\vec{x}}, \ddot{\vec{x}}, \dddot{\vec{x}} \rangle}{|\dot{\vec{x}} \times \ddot{\vec{x}}|^2}$ ($\tau = 0 \iff$ Kurve verläuft in einer Ebene.)

$\langle \cdots \rangle$ bezeichnet das Spatprodukt, Seite 53)

Frenetsche Formeln:
$$\begin{aligned} \vec{t}\,' &= & \kappa \cdot \vec{n} & \\ \vec{n}\,' &= -\kappa \cdot \vec{t} & +\tau \cdot \vec{b} \\ \vec{b}\,' &= & -\tau \cdot \vec{n} & \end{aligned}$$

$$\begin{aligned} \kappa &= \vec{t}\,' \cdot \vec{n} \\ \tau &= -\vec{b}\,' \cdot \vec{n} \end{aligned}$$

Ist $\vec{x} = \vec{x}(s)$ eine Parameterdarstellung einer Raumkurve mit der Bogenlänge s als Parameter, so berechnen sich die Vektoren $\vec{t}, \vec{n}, \vec{b}$ sowie Krümmung und Torsion besonders einfach:

Bogenlänge als Parameter

$\vec{t}(s) = \vec{x}\,'(s)$ **Tangenteneinheitsvektor.**

$\vec{x}\,''(s)$ zum Krümmungsmittelpunkt weisender **Normalenvektor.**

$\kappa(s) = |\vec{x}\,''(s)|$ **Krümmung.**

$\rho(s) = \dfrac{1}{\kappa(s)}$ **Krümmungsradius.**

$\tau(s) = \rho^2 \langle x', x'', x''' \rangle$ **Torsion.**

$\vec{n}(s) = \dfrac{\vec{x}\,''(s)}{|\vec{x}\,''(s)|}$ **Hauptnormalenvektor.**

$\vec{b}(s) = \dfrac{\vec{x}\,'(s) \times \vec{x}\,''(s)}{|\vec{x}\,'(s) \times \vec{x}\,''(s)|}$ **Binormalenvektor.**

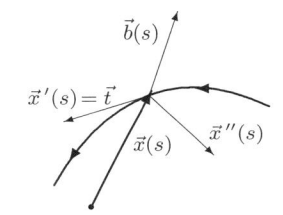

$(\vec{x}\,', \vec{x}\,'', \vec{b})$ bilden ein orthogonales Rechtssystem.

Masse, Schwerpunkt, Trägheitsmoment von Kurven

Das Kurvenstück $\vec{x}(t) = \big(x_1(t), x_2(t), x_3(t)\big)$, $a \leq t \leq b$ sei mit Masse belegt und die Massendichte sei $\delta = \delta(t)$.

Masse der Kurve: $$M = \int_a^b \delta(t)\, |\dot{\vec{x}}(t)|\, dt$$

Schwerpunkt der Kurve:

$S = (s_1, s_2, s_3)$, wobei $$s_i = \frac{1}{M} \int_a^b x_i(t)\, \delta(t)\, |\dot{\vec{x}}(t)|\, dt$$

Trägheitsmoment: $$T_A = \int_a^b a^2(t)\, \delta(t)\, |\dot{\vec{x}}(t)|\, dt$$

wobei $a = a(t)$ der Abstand des Kurvenpunktes $\vec{x}(t)$ von einer Achse A ist.

9.5   Flächen im Raum

Flächen im Raum

1	**Parameter**darstellung: u, v sind die Parameter, B ist der Parameterbereich.	$\vec{x}(u,v) = \begin{pmatrix} x(u,v) \\ y(u,v) \\ z(u,v) \end{pmatrix}$, $(u,v) \in B \subseteq \mathrm{IR}^2$
2	**explizite** Darstellung als *Graph* einer Funktion:	$z = f(x,y)$, $(x,y) \in B \subseteq \mathrm{IR}^2$
3	**implizite** Darstellung als *Niveaufläche* einer Funktion:	$F(x,y,z) = 0$

Tangentialebene an eine Fläche im Punkt $\vec{x}_0$

Gleichung der Tangentialebene

Fläche	Koordinatenform $\vec{n}\cdot\vec{x}=\vec{n}\cdot\vec{x}_0$	Parameterdarstellung
⃞1 $\vec{x}=\vec{x}(u,v)$	$\vec{n}=\vec{x}_u(u_0,v_0)\times\vec{x}_v(u_0,v_0)$	$\vec{x}=\vec{x}_0+s\vec{x}_u+t\vec{x}_v$
⃞2 $z=f(x,y)$	$\vec{n}=(f_x(x_0,y_0),f_y(x_0,y_0),-1)$	$\vec{x}=\vec{x}_0+s\begin{pmatrix}1\\0\\f_x\end{pmatrix}+t\begin{pmatrix}0\\1\\f_y\end{pmatrix}$
⃞3 $F(x,y,z)=0$	$\vec{n}=\big(F_x(\vec{x}_0),F_y(\vec{x}_0),F_z(\vec{x}_0)\big)$	$\vec{x}=\vec{x}_0+s\begin{pmatrix}F_z\\0\\-F_x\end{pmatrix}+t\begin{pmatrix}0\\F_z\\-F_y\end{pmatrix}$ $(F_z\neq 0)$

9.6   Spezielle Flächen im Raum

Volumen: V Gesamtoberfläche: F Mantelfläche: F_M

Darstellungen

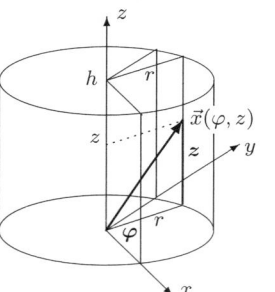

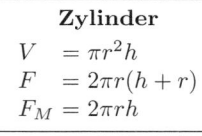

Zylinder

⃞1 $\vec{x}(\varphi,z)=\begin{pmatrix}r\cos\varphi\\r\sin\varphi\\z\end{pmatrix}$

Zylindermantel, r gegeben.

$(\varphi,z)\in[0,2\pi]\times[0,h]$
siehe Zylinderkoordinaten.

⃞3 $x^2+y^2=r^2,\ z\in[0,h]$

Zylinder

$V\ =\pi r^2 h$
$F\ =2\pi r(h+r)$
$F_M=2\pi rh$

Tangentialebene T an den Zylinder im Punkt $\vec{x}_0$
$\vec{x}_0=\vec{x}(\varphi_0,z_0)=(x_0,y_0,z_0)$

$T:\ \ x_0x+y_0y=r^2$

Darstellungen

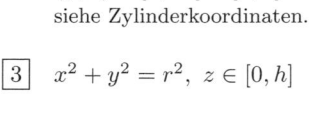

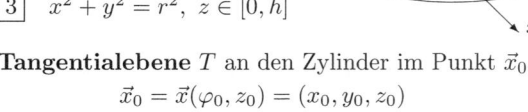

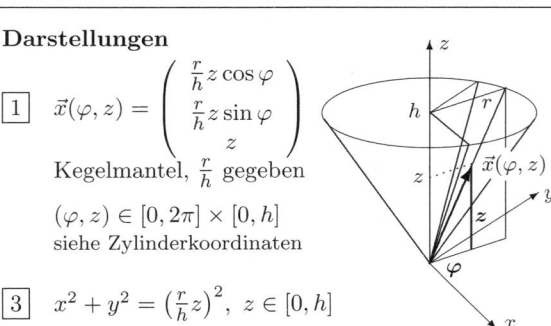

Kegel

⃞1 $\vec{x}(\varphi,z)=\begin{pmatrix}\frac{r}{h}z\cos\varphi\\\frac{r}{h}z\sin\varphi\\z\end{pmatrix}$

Kegelmantel, $\frac{r}{h}$ gegeben

$(\varphi,z)\in[0,2\pi]\times[0,h]$
siehe Zylinderkoordinaten

⃞3 $x^2+y^2=\left(\frac{r}{h}z\right)^2,\ z\in[0,h]$

Kegel

$V\ =\frac{1}{3}\pi r^2 h$
$F\ =\pi r(r+\sqrt{r^2+h^2}\,)$
$F_M=\pi r\sqrt{r^2+h^2}$

Tangentialebene T an den Kegel im Punkt $\vec{x}_0$
$\vec{x}_0=\vec{x}(\varphi_0,z_0)=(x_0,y_0,z_0)$

$T:\ \ x_0x+y_0y=\frac{r^2}{h^2}z_0z$

Kugel

Kugelausschnitt, Kugelabschnitt, Kugelschicht siehe Seite 33.

Darstellungen der Kugel mit dem Radius r

$\boxed{1}$ $\quad \vec{x}(\theta, \varphi) = \begin{pmatrix} r \sin \theta \cos \varphi \\ r \sin \theta \sin \varphi \\ r \cos \theta \end{pmatrix}$ $\qquad (\theta, \varphi) \in [0, \pi] \times [0, 2\pi]$
siehe Kugelkoordinaten

$\boxed{1}$ $\quad \vec{x}(x, y) = \begin{pmatrix} x \\ y \\ \pm\sqrt{r^2 - x^2 - y^2} \end{pmatrix}$ $\qquad (x, y) \in \{(x, y) \mid x^2 + y^2 \leq r^2\}$
$\pm$: obere bzw. untere Halbkugel

$\boxed{2}$ $\quad z = \pm\sqrt{r^2 - x^2 - y^2}$ $\qquad (x, y) \in \{(x, y) \mid x^2 + y^2 \leq r^2\}$
$\pm$: obere bzw. untere Halbkugel

$\boxed{3}$ $\quad x^2 + y^2 + z^2 = r^2$

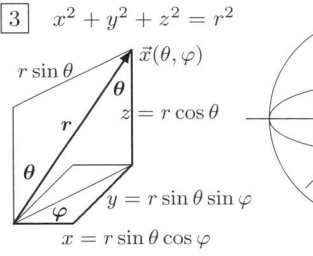

$$z = r\cos\theta$$
$$y = r\sin\theta\sin\varphi$$
$$x = r\sin\theta\cos\varphi$$

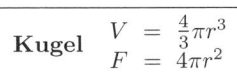

Kugel $\qquad \begin{aligned} V &= \tfrac{4}{3}\pi r^3 \\ F &= 4\pi r^2 \end{aligned}$

Tangentialebene T an die Kugel in $\vec{x}_0$
$\vec{x}_0 = \vec{x}(\theta_0, \varphi_0) = (x_0, y_0, z_0)$
$\vec{n}$ = Normalenvektor

$T: \quad x_0 x + y_0 y + z_0 z = r^2$

$\vec{n}\vec{x} = r^2, \quad \vec{n} = \vec{x}_0 = \begin{pmatrix} x_0 \\ y_0 \\ z_0 \end{pmatrix}$

Torus

Darstellungen des Torus mit den Radien r und R

$\boxed{1}$ $\quad \vec{x}(\varphi, \theta) = \begin{pmatrix} (R + r\cos\theta)\cos\varphi \\ (R + r\cos\theta)\sin\varphi \\ r\sin\theta \end{pmatrix}$

$(\varphi, \theta) \in [0, 2\pi] \times [0, 2\pi]$
keine Kugelkoordinaten!

$\boxed{3}$ $\quad (\sqrt{x^2 + y^2} - R)^2 + z^2 = r^2$

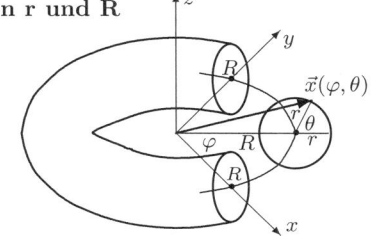

Torus $\qquad \begin{aligned} V &= 2\pi^2 R r^2 \\ F &= 4\pi^2 R r \end{aligned}$

Tangentialebene T an den Torus in $\vec{x}_0$
$\vec{x}_0 = \vec{x}(\varphi_0, \theta_0) = (x_0, y_0, z_0)$
$\vec{n}$ = Normalenvektor

$T: \vec{n}\vec{x} = \vec{n}\vec{x}_0, \quad \vec{n} = \begin{pmatrix} \cos\theta_0 \cos\varphi_0 \\ \cos\theta_0 \sin\varphi_0 \\ \sin\theta_0 \end{pmatrix}$

10 Funktionen mehrerer Veränderlicher

10.1 $z = f(x, y)$

Grenzwert, Stetigkeit von $z = f(x, y)$ bei (x_0, y_0)

Die Funktion $f : \mathrm{IR}^2 \to \mathrm{IR}$, $z = f(x, y)$

- hat in $\vec{x}_0 = (x_0, y_0)$ den **Grenzwert** a

$$\lim_{(x,y) \to (x_0, y_0)} f(x, y) = a, \qquad \begin{array}{l} \text{wenn für jedes } \varepsilon > 0 \text{ ein } \delta > 0 \text{ existiert, so dass} \\ 0 < |(x, y) - (x_0, y_0)| < \delta \implies |f(x, y) - a| < \varepsilon. \end{array}$$

- ist in (x_0, y_0) **stetig**, wenn $\displaystyle\lim_{(x,y) \to (x_0, y_0)} f(x, y) = f(x_0, y_0)$ ist.

---

f hat bei $\vec{x}_0$ **keinen Grenzwert**, wenn sich bei Annäherung an $\vec{x}_0$ auf verschiedenen Kurven (z.B. Geraden) verschiedene Grenzwerte ergeben!

f ist bei $\vec{x}_0$ **unstetig** (genau: nicht stetig ergänzbar), wenn sich bei Annäherung an $\vec{x}_0$ auf verschiedenen Kurven (z.B. Geraden) verschiedene oder keine Grenzwerte ergeben!

Beispiel   *Der Grenzwert* $\displaystyle\lim_{(x,y) \to (0,0)} \frac{xy}{x^2 + y^2}$ *existiert nicht.*

(a)   Annäherung an $(0, 0)$ auf der Geraden $y = 0$ $\displaystyle\lim_{x \to 0} f(x, 0) = 0$

   Annäherung an $(0, 0)$ auf der Geraden $y = x$ $\displaystyle\lim_{x \to 0} f(x, x) = \frac{1}{2}$

(b)   Polarkoordinaten: $x = r \cos \varphi$, $y = r \sin \varphi$:

$$\lim_{(x,y) \to (0,0)} \frac{xy}{x^2 + y^2} = \lim_{r \to 0} \frac{r^2 \cos \varphi \sin \varphi}{r^2} = \lim_{r \to 0} \cos \varphi \sin \varphi \text{ existiert nicht!}$$

Die Funktion $f(x, y) = \frac{xy}{x^2 + y^2}$, $(x, y) \neq 0$ ist in $(0, 0)$ nicht stetig ergänzbar.

Vertauschung von Grenzprozessen

Achtung: Man muss sorgfältig folgende Grenzwerte unterscheiden:

$$A = \lim_{(x,y) \to (x_0, y_0)} f(x, y), \qquad B = \lim_{x \to x_0} \Big(\lim_{y \to y_0} f(x, y) \Big), \qquad C = \lim_{y \to y_0} \Big(\lim_{x \to x_0} f(x, y) \Big).$$

Existiert A, so gilt $A = B = C$;   ist $B = C$, so braucht A nicht zu existieren!

Partielle Ableitungen, Gradient

$$\frac{\partial f}{\partial x} = f_x = \lim_{h \to 0} \frac{f(x+h, y) - f(x, y)}{h}, \qquad \frac{\partial f}{\partial y} = f_y = \lim_{h \to 0} \frac{f(x, y+h) - f(x, y)}{h}$$

f_x, f_y heißen **partielle Ableitungen** der Funktion f.

Der Vektor $\operatorname{grad} f = \left(\frac{\partial f}{\partial x}, \frac{\partial f}{\partial y} \right) = (f_x, f_y)$ heißt **Gradient** von f.

$\operatorname{grad} f(x_0, y_0)$ steht **senkrecht** auf der Niveaulinie $f(x, y) = f(x_0, y_0)$.

Vertauschbarkeit bei partiellen Ableitungen höherer Ordnung

Sind $f, f_x, f_y, f_{xy}, f_{yx}$ **stetig**, so ist $f_{xy} = f_{yx}$.

Differenzierbarkeit

Es sei $D \subseteq \mathrm{I\!R}^2$ eine **offene** Menge und $(x_0, y_0) \in D$. Die Funktion $f : D \to \mathrm{I\!R}$ heißt im Punkt (x_0, y_0) (vollständig) **differenzierbar**, wenn f in (x_0, y_0) **partiell differenzierbar** ist – also $f_x(x_0, y_0)$ und $f_y(x_0, y_0)$ existieren – **und** wenn gilt:

Differenzierbarkeitsbedingung

$$\lim_{(x,y) \to (x_0, y_0)} \frac{f(x,y) - \Big(f(x_0, y_0) + f_x(x_0, y_0)(x - x_0) + f_y(x_0, y_0)(y - y_0) \Big)}{|(x - x_0, y - y_0)|} = 0.$$

Dabei ist $z = f(x_0, y_0) + f_x(x_0, y_0)(x - x_0) + f_y(x_0, y_0)(y - y_0)$

die **Tangentialebene** (nächste Seite) an f im Punkt $(x_0, y_0, f(x_0, y_0))$.

Ist f differenzierbar in $\vec{x}_0$, dann ist $f'(\vec{x}_0) = \operatorname{grad} f(\vec{x}_0)$.

f in $\vec{x}_0$ **differenzierbar** $\implies$
(1) f ist in $\vec{x}_0$ **partiell differenzierbar**.
(2) f ist in $\vec{x}_0$ **stetig**.

Die Umkehrungen sind im allgemeinen falsch, siehe Beispiel. Dagegen gilt:

Sind f_x, f_y in $\vec{x}_0$ **stetig**, so ist f in $\vec{x}_0$ **differenzierbar**.

Entsteht f durch Einsetzen differenzierbarer Funktionen einer Veränderlichen ineinander, so ist f im allgemeinen überall dort *differenzierbar*, wo f *definiert* ist.

Beispiel $f(x, y) = \begin{cases} \dfrac{xy}{x^2 + y^2} & , \ \vec{x} \neq \vec{o} \quad \text{ist in } \vec{o} \text{ partiell diff–bar mit } \operatorname{grad} f(\vec{o}) = \vec{o}; \\ 0 & , \ \vec{x} = \vec{o} \quad \text{aber in } \vec{o} \text{ nicht (vollständig) differenzierbar.} \end{cases}$

$f_x(\vec{o}) = \lim\limits_{h \to 0} \dfrac{f(h,0) - f(0,0)}{h} = 0, \quad f_y(\vec{o}) = \lim\limits_{h \to 0} \dfrac{f(0,h) - f(0,0)}{h} = 0 \implies \operatorname{grad} f(\vec{o}) = \vec{o}.$

f ist in $(0,0)$ nicht diff–bar, da $\lim\limits_{\vec{x} \to \vec{o}} \dfrac{f(x,y)}{|(x,y)|} = \lim\limits_{\vec{x} \to \vec{o}} \dfrac{xy}{(x^2+y^2)^{3/2}} = \lim\limits_{r \to 0} \dfrac{r^2 \cos\varphi \sin\varphi}{r^3} \neq 0$ ist.

Oder: f ist nicht differenzierbar in $(0,0)$, da f dort nicht stetig ist (voriges Beispiel).

Untersuchung auf Differenzierbarkeit

Bei der Untersuchung, ob die Funktion $f : D \to \mathrm{I\!R}$ in $\vec{x}_0 = (x_0, y_0) \in D \subset \mathrm{I\!R}^2$ differenzierbar ist, kann man folgendermaßen vorgehen:

Ist f in $\vec{x}_0$ stetig ? $\overset{\textbf{NEIN}}{\longrightarrow}$ f nicht diff–bar.

$\downarrow$ **JA**

Ist f in $\vec{x}_0$ partiell differenzierbar ? $\overset{\textbf{NEIN}}{\longrightarrow}$ f nicht diff–bar.

$\downarrow$ **JA**

Existieren die partiellen Ableitungen von f in einer Umgebung von $\vec{x}_0$ und sind sie in $\vec{x}_0$ stetig ? $\overset{\textbf{JA}}{\longrightarrow}$ f diff–bar.

$\downarrow$ **NEIN**

Ist $\lim\limits_{(x,y) \to (x_0, y_0)} \dfrac{f(x,y) - f(x_0, y_0) - f_x(x_0, y_0)(x - x_0) - f_y(x_0, y_0)(y - y_0)}{|(x - x_0, y - y_0)|} = 0$?

$\downarrow$ **JA** $\downarrow$ **NEIN**

f diff–bar. f nicht diff–bar.

Tangentialebene an den Graphen von $z = f(x, y)$

Sind die partiellen Ableitungen f_x und f_y bei $\vec{x}_0 = (x_0, y_0)$ **stetig**, so hat f bei $\vec{x}_0 = (x_0, y_0)$, d.h. im Punkt $(x_0, y_0, f(x_0, y_0))$, eine Tangentialebene E.

Normalenvektor der Tangentialebene

$$\vec{n}_E = (f_x(x_0, y_0), f_y(x_0, y_0), -1) = (\operatorname{grad} f(x_0, y_0), -1)$$

Gleichung der Tangentialebene

$$E: \quad z = f(x_0, y_0) + f_x(x_0, y_0)(x - x_0) + f_y(x_0, y_0)(y - y_0) \qquad \text{(Koordinatenform)}$$

$$E: \quad \vec{x} = \begin{pmatrix} x_0 \\ y_0 \\ f(x_0, y_0) \end{pmatrix} + r \begin{pmatrix} 1 \\ 0 \\ f_x(x_0, y_0) \end{pmatrix} + s \begin{pmatrix} 0 \\ 1 \\ f_y(x_0, y_0) \end{pmatrix} \qquad \text{(Parameterdarstellung)}$$

Beispiel   *Man bestimme die Tangentialebene an $f(x, y) = x^2 y - 3y$ bei $\vec{x}_0 = (1, 2)$.*

$f_x = 2xy, \; f_y = x^2 - 3 \implies f_x(1, 2) = 4, \; f_y(1, 2) = -2, \; \operatorname{grad} f(1, 2) = (4, -2)$

$E: \; z = -4 + 4(x - 1) + (-2)(y - 2)$, also $E: \; 4x - 2y - z = 4$ (Koordinatenform)

$E: \; \vec{x} = (1, 2, -4) + r\,(1, 0, 4) + s\,(0, 1, -2)$ (Parameterdarstellung)

Richtungsableitung

$\dfrac{\partial f}{\partial \vec{a}}(\vec{x}_0)$ bezeichnet die **Richtungsableitung** von f an der Stelle $\vec{x}_0$ in Richtung des Vektors $\vec{a} \neq \vec{o}$.

Definition

$$\frac{\partial f}{\partial \vec{a}}(\vec{x}_0) = \lim_{t \to 0} \frac{f(\vec{x}_0 + t\frac{\vec{a}}{|\vec{a}|}) - f(\vec{x}_0)}{t}$$

$$= \lim_{t \to 0} \frac{f(\vec{x}_0 + t\vec{a}) - f(\vec{x}_0)}{t \cdot |\vec{a}|}$$

Berechnung (bei diff–barer Fkt. f)

$$\frac{\partial f}{\partial \vec{a}}(\vec{x}_0) = \operatorname{grad} f(\vec{x}_0) \cdot \frac{\vec{a}}{|\vec{a}|} \qquad *)$$

Skalarprodukt des Gradienten von f bei $\vec{x}_0$ mit dem Einheitsvektor*[)] in Richtung von $\vec{a}$, wenn f in $\vec{x}_0$ differenzierbar ist.

*[)]   Man definiert auch $\dfrac{\partial f}{\partial \vec{a}}(\vec{x}_0) = \operatorname{grad} f(\vec{x}_0) \cdot \vec{a}$,   vgl. Vektorgradient, Seite 154.

Eigenschaften

$$\frac{\partial f}{\partial \vec{a}}(\vec{x}_0) = |\operatorname{grad} f(\vec{x}_0)| \cdot \cos\varphi \qquad\qquad \text{mit } \varphi = \sphericalangle(\operatorname{grad} f(\vec{x}_0), \vec{a})$$

$$\frac{\partial f}{\partial \vec{a}}(\vec{x}_0) \text{ ist maximal } \big(= |\operatorname{grad} f(\vec{x}_0)|\big) \qquad \text{für } \vec{a} \parallel \operatorname{grad} f(\vec{x}_0)$$

$$\frac{\partial f}{\partial \vec{a}}(\vec{x}_0) = 0 \qquad\qquad\qquad\qquad \text{für } \vec{a} \perp \operatorname{grad} f(\vec{x}_0)$$

Beispiel   *Man bestimme die Richtungsableitung $\frac{\partial f}{\partial \vec{a}}(\vec{x}_0)$ von $f(x, y) = x^2 y - 3y$ bei $\vec{x}_0 = (1, 2)$ in Richtung $\vec{a} = (1, 1)$.*

$\operatorname{grad} f(1, 2) = (4, -2)$ (siehe letztes Beisp.) $\implies \dfrac{\partial f}{\partial \vec{a}}(\vec{x}_0) = (4, -2) \cdot \dfrac{1}{\sqrt{2}}(1, 1) = \dfrac{2}{\sqrt{2}} = \underline{\underline{\sqrt{2}}}$

$$\boxed{\textbf{Kettenregel}}$$

$$f = f(x, y) \quad \begin{cases} x = x(t) \\ y = y(t) \end{cases} \quad \implies \quad f' = \frac{df}{dt} = f_x x' + f_y y' = \frac{\partial f}{\partial x}\frac{dx}{dt} + \frac{\partial f}{\partial y}\frac{dy}{dt}$$

$$f = f(x, y) \quad \begin{cases} x = x(u, v) \\ y = y(u, v) \end{cases} \quad \implies \quad \begin{aligned} f_u &= \frac{\partial f}{\partial u} = f_x x_u + f_y y_u = \frac{\partial f}{\partial x}\frac{\partial x}{\partial u} + \frac{\partial f}{\partial y}\frac{\partial y}{\partial u} \\ f_v &= \frac{\partial f}{\partial v} = f_x x_v + f_y y_v = \frac{\partial f}{\partial x}\frac{\partial x}{\partial v} + \frac{\partial f}{\partial y}\frac{\partial y}{\partial v} \end{aligned}$$

Häufig einfacher: Erst einsetzen und dann differenzieren !

Beispiel   *Man differenziere* $f(x, y) = \frac{1}{x^2+y^2}$ $\begin{cases} x = r\cos\varphi \\ y = r\sin\varphi \end{cases}$ *nach* r *und* φ.

$f_r = f_x x_r + f_y y_r = \frac{-2x}{(x^2+y^2)^2}\cos\varphi + \frac{-2y}{(x^2+y^2)^2}\sin\varphi = \frac{-2r\cos^2\varphi - 2r\sin^2\varphi}{r^4} = \underline{\underline{-\frac{2}{r^3}}}$, $f_\varphi = \cdots = \underline{\underline{0}}.$

Erst einsetzen ist hier einfacher: $f\big(x(r, \varphi), y(r, \varphi)\big) = \frac{1}{r^2} \implies f_r = \underline{\underline{-\frac{2}{r^3}}}$ und $f_\varphi = 0.$

$$\boxed{\textbf{Implizites Differenzieren}}$$

Ist durch $f(x, y) = 0$ mit $f(x_0, y_0) = 0$ und $f_y(x_0, y_0) \neq 0$ **implizit** eine Funktion $y = h(x)$ gegeben , so erhält man mittels der Kettenregel:

$$f(x, y) = 0 \quad \begin{cases} x = x \\ y = y(x) \end{cases} \implies \frac{\partial f}{\partial x}\frac{\partial x}{\partial x} + \frac{\partial f}{\partial y}\frac{\partial y}{\partial x} = 0 \implies f_x + f_y y' = 0 \implies$$

$$\boxed{y' = -\frac{f_x}{f_y} \quad \Big| \quad y'' = -\frac{f_y^2 f_{xx} - 2 f_x f_y f_{xy} + f_x^2 f_{yy}}{f_y^3}}$$

Beispiel   *Durch* $y + x\,e^y - 2 = 0$ *ist in* $(0, 2)$ *implizit eine Funktion* $y = h(x)$ *gegeben.*
Man berechne $y'(0)$ *und* $y''(0)$:
Für $f(x, y) = y + x\,e^y - 2$
ist $f_y(0, 2) = 1 \neq 0$, also ist $f(x, y) = 0$ bei $(0, 2)$ lokal nach y auflösbar.
Diese Auflösungsfunktion $y = h(x)$ kann man i.A. nicht explizit angeben. Jedoch lassen sich die Ableitungen $y'(0)$ und $y''(0)$ berechnen: Für $f(x, y) = y + x\,e^y - 2$ gilt:
$f_x = e^y$, $f_y = 1 + x\,e^y$, $f_{xx} = 0$, $f_{xy} = f_{yx} = e^y$, $f_{yy} = x\,e^y \implies$
$f_x(0, 2) = e^2$, $f_y(0, 2) = 1$, $f_{xy}(0, 2) = e^2$, $f_{yy}(0, 2) = 0 \implies y'(0) = \underline{\underline{-e^2}}$, $y''(0) = \underline{\underline{e^4}}.$

$$\boxed{\textbf{Extrema impliziter Funktionen}}$$

Ist durch $f(x, y) = 0$ mit $f(x_0, y_0) = 0$ und $f_y(x_0, y_0) \neq 0$ **implizit** eine diff–bare Funktion $y = h(x)$ gegeben, so ist dafür, dass $y = h(x)$ bei x_0 ein Extremum hat,

$$\text{notwendig:} \quad f_x(x_0, y_0) = 0$$

$$\text{hinreichend:} \quad \frac{f_{xx}(x_0, y_0)}{f_y(x_0, y_0)} \gtrless 0 \quad \begin{matrix} \text{Maximum,} \\ \text{Minimum.} \end{matrix}$$

Beispiel   *Durch* $-x^2 + y + 2x\,e^y - 1 = 0$ *ist in* $(1, 0)$ *implizit eine Funktion*
$y = h(x)$ *gegeben. Man zeige, dass* h *in* $x_0 = 1$ *ein Minimum hat.*

$f_x = -2x + 2\,e^y \implies f_x(1, 0) = 0$

$\begin{aligned} f_{xx} &= -2 \\ f_y &= 1 + 2x\,e^y \end{aligned} \implies \begin{aligned} f_{xx}(1, 0) &= -2 \\ f_y(1, 0) &= 3 \end{aligned} \implies \frac{f_{xx}(1, 0)}{f_y(1, 0)} = \frac{-2}{3} < 0$, also Minimum.

Extremwerte von $z = f(x, y)$

Extremwerte von $z = f(x, y)$ können nur in Punkten (x_0, y_0) auftreten, in denen

| A | die partiellen Ableitungen verschwinden, also $f_x = f_y = 0$ ist (**stationäre Punkte**). | $\Longleftrightarrow \operatorname{grad} f(x_0, y_0) = (0, 0).$ |

oder

| B | die partiellen Ableitungen nicht existieren. Hierzu gehören speziell die **Randpunkte**. |

praktisches Vorgehen:

| A | 1.) Berechne die **stationären Punkte** $(x_0, y_0) \Longleftrightarrow \operatorname{grad} f(x_0, y_0) = (0, 0).$

2.) Für die stationären Punkte berechnet man die Determinante:

$$D = \begin{vmatrix} f_{xx} & f_{xy} \\ f_{xy} & f_{yy} \end{vmatrix} = f_{xx}f_{yy} - f_{xy}^2$$

3.) $D > 0$ und $f_{xx} < 0$ (bzw. $f_{yy} < 0$) $\Longrightarrow$ rel. **Maximum**

$D > 0$ und $f_{xx} > 0$ (bzw. $f_{yy} > 0$) $\Longrightarrow$ rel. **Minimum**

$D < 0$ \qquad\qquad kein Extremwert (**Sattelpunkt**)

$D = 0$ \qquad\qquad muss gesondert untersucht werden.

| B | 1.) Man berechnet die **Randextremwerte**.

2.) Man untersucht die verbleibenden Punkte, für die die partiellen Ableitungen nicht existieren.

muss man Punkte gesondert untersuchen, bedient man sich folgender Methoden, die auch bei stationären Punkten bisweilen schneller zum Ziel führen als die oben beschriebene Untersuchung von D:

(a)   Zeichnung der Höhenlinien $f(x, y) = f(x_0, y_0)$.

(b)   Stetige Funktionen nehmen auf kompakten Mengen Max. und Min. an.

(c)   Direkte Berechnung von $f(x, y) - f(x_0, y_0)$, evtl. mit Polarkoordinaten.

(d)   Schnitt mit bestimmten Flächen.

Sind die **absoluten Extremwerte** gesucht, so bestimmt man das absolut größte relative Max. und das absolut kleinste relative Min. – falls es sie gibt!

Beispiel: *Man untersuche $f(x, y) = x^2 - 6xy - y^3$ auf Extremwerte.*

$f_x(x, y) = \quad 2x - 6y \quad = 0$
$f_y(x, y) = -6x - 3y^2 = 0$ $\Longrightarrow$ die stationären Punkte sind:
$P_0 = (0, 0)$ und $P_1 = (-18, -6)$

$D = \begin{vmatrix} 2 & -6 \\ -6 & -6y \end{vmatrix} = -12(y + 3) \Longrightarrow$ $D(P_0) = -36 < 0,$ \qquad P_0 ist ein Sattelpunkt.
$D(P_1) = 36 > 0$ und $f_{xx}(P_1) = 2 > 0,$ \quad P_1 ist rel. Min.

Extrema mit Nebenbedingungen

Gesucht: Extrema von $z = f(x, y)$ für jene $(x, y) \in \mathbb{R}^2$, für die $G(x, y) = 0$ ist.

1. Verfahren: **Einsetzen**

Kann man die **Nebenbedingung** $G(x, y) = 0$ so in f einsetzen, dass eine Variable wegfällt (z.B., wenn sich $G(x, y) = 0$ nach x oder y auflösen lässt), so erhält man eine Funktion <u>einer</u> Veränderlichen, die mit dem Verfahren von Seite 94 auf Extremwerte untersucht wird.

2. Verfahren: **Verfahren von Lagrange**

Man betrachtet die *Lagrange Hilfsfunktion* $L(x, y, \lambda) = f(x, y) + \lambda G(x, y)$, und bestimmt die (x, y), für die gilt:

$$\boxed{L_x = L_y = L_\lambda = 0}$$ (notwendige Bedingung)

Unter den so erhaltenen Punkten (x, y) werden die Extrema bestimmt.

Taylorentwicklung von z=f(x,y) bei (x₀,y₀) mit Restglied

Taylorreihe von f bei (x_0, y_0) ist die Potenzreihe:

$$T(x, y) = \sum_{k=0}^{\infty} \frac{1}{k!} \left(\frac{\partial}{\partial x} \Delta x + \frac{\partial}{\partial y} \Delta y \right)^k (f)\, (x_0, y_0)$$

Taylorpolynom n–ten Grades von f bei (x_0, y_0) ist das Polynom:

$$T_n(x, y) = \sum_{k=0}^{n} \frac{1}{k!} \left(\frac{\partial}{\partial x} \Delta x + \frac{\partial}{\partial y} \Delta y \right)^k (f)\, (x_0, y_0)$$

Dabei ist $\Delta x = x - x_0$ und $\Delta y = y - y_0$. Speziell für $n = 0, 1, 2$:

$T_0(x, y) = \quad f(x_0, y_0)$

$T_1(x, y) = \quad f(x_0, y_0) + f_x(x_0, y_0)(x - x_0) + f_y(x_0, y_0)(y - y_0) \quad$ Tangentialebene an f in (x_0, y_0).

$T_2(x, y) = \quad f(x_0, y_0) + f_x(x_0, y_0)(x - x_0) + f_y(x_0, y_0)(y - y_0)$
$\qquad\qquad + \frac{1}{2}\left(f_{xx}(x_0, y_0)(\Delta x)^2 + 2 f_{xy}(x_0, y_0)\Delta x \Delta y + f_{yy}(x_0, y_0)(\Delta y)^2 \right)$

Restglied: $R_n(x, y) := f(x, y) - T_n(x, y)$ ist der Unterschied zwischen der Funktion $f(x, y)$ und dem n–ten Taylorpolynom $T_n(x, y)$.

Es gibt ein p mit $0 < p < 1$, so dass gilt:

$$R_n(x, y) = \frac{1}{(n+1)!} \left(\frac{\partial}{\partial x} \Delta x + \frac{\partial}{\partial y} \Delta y \right)^{n+1} (f)\, (x_0 + p\Delta x, y_0 + p\Delta y)$$

f wird bei (x_0, y_0) durch die Taylorreihe dargestellt, wenn in einer Umgebung von (x_0, y_0) das Restglied R_n für $n \to \infty$ gegen Null geht.

Ausführliche Erläuterungen **HM**, 396–399.

10.2   Funktionen $z = f(x_1, \ldots, x_n)$.

Grenzwert, Stetigkeit, Differenzierbarkeit, sowie die folgenden Begriffe, Regeln und Verfahren übertragen sich direkt von Funktionen $z = f(x,y)$ mit zwei Variablen (Seite 138, 139) auf Funktionen mit n Variablen $z = f(x_1, \ldots, x_n)$:

$$\boxed{z = f(x_1, \ldots, x_n)}$$

Partielle Ableitungen $\quad \dfrac{\partial f}{\partial x_1}, \dfrac{\partial f}{\partial x_2}, \ldots, \dfrac{\partial f}{\partial x_n} \quad$ oder auch $\quad f_{x_1}, f_{x_2}, \ldots, f_{x_n}$

Gradient $\quad \operatorname{grad} f = \left(\dfrac{\partial f}{\partial x_1}, \dfrac{\partial f}{\partial x_2}, \ldots, \dfrac{\partial f}{\partial x_n} \right) = (f_{x_1}, f_{x_2}, \ldots, f_{x_n})$

Richtungsableitung $\quad$ in $\vec{x}_0$ in Richtung $\vec{a}$: $\quad \operatorname{grad} f(\vec{x}_0) \cdot \dfrac{\vec{a}}{|\vec{a}|}$

Kettenregel
$$\left. \begin{aligned} f &= f(x_1, \ldots, x_n) \\ x_1 &= x_1(u_1, \ldots, u_m) \\ &\ \vdots \\ x_n &= x_n(u_1, \ldots, u_m) \end{aligned} \right\} \implies f_{u_j} = \frac{\partial f}{\partial u_j} = \sum_{i=1}^{n} \frac{\partial f}{\partial x_i} \cdot \frac{\partial x_i}{\partial u_j} \quad (j = 1, \ldots, m)$$

Kettenregel in Matrizenschreibweise (Jacobi–Matrix $\mathcal{J}_x$ siehe Seite 147):

$$f = f(\vec{x}), \ \vec{x} = x(\vec{u}) \implies \text{für } g(\vec{u}) = f(\vec{x}(\vec{u})) \text{ gilt:} \quad \boxed{\operatorname{grad} g = \operatorname{grad} f \cdot \mathcal{J}_x}$$

Ist durch $f(\vec{x}, y) = 0$ **implizit** eine Funktion $y = y(\vec{x})$ gegeben, so gilt:

$$y' = \operatorname{grad} y = (y_{x_1}, \ldots, y_{x_n}) = -\frac{1}{f_y}(f_{x_1}, \ldots, f_{x_n})$$

Extrema von $z = f(x_1, \ldots, x_n)$
    unter den **Nebenbedingungen** $G_i(x_1, \ldots, x_n) = 0, \ (i = 1, \ldots, m)$:

Man betrachtet die *Lagrange Hilfsfunktion*

$$L(x_1, \ldots, x_n, \lambda_1, \ldots, \lambda_m) = f(x_1, \ldots, x_n) + \sum_{i=1}^{m} \lambda_i G_i(x_1, \ldots, x_n)$$

und bestimmt die $(x_1, \ldots, x_n)$, für die gilt:

$$\boxed{\begin{aligned} \frac{\partial L}{\partial x_k} &= L_{x_k} = 0, \quad (k = 1, \ldots, n) \\ \frac{\partial L}{\partial \lambda_k} &= L_{\lambda_k} = 0, \quad (k = 1, \ldots, m) \end{aligned}} \qquad \text{(notwendige Bedingungen)}$$

Häufig einfacher: NBen so in $z = f(x_1, \ldots, x_n)$ einsetzen, dass m Variable wegfallen! Unter den so erhaltenen Punkten $(x_1, \ldots, x_n)$ werden die Extrema bestimmt.

Beispiel $\quad$ Durch $f(x, y, z, w) = w^3 - xy^2 + w\,e^z = 0$ ist implizit eine Funktion $w = w(x, y, z)$ gegeben. Man berechne $\operatorname{grad} w$.

$$f_x = -y^2, \ f_y = -2xy, \ f_z = w\,e^z, \ f_w = 3w^2 + e^z$$
$$\implies \operatorname{grad} w(x, y, z) = (w_x, w_y, w_z) = -\frac{1}{3w^2 + e^z}(-y^2, -2xy, w\,e^z).$$

Notwendige und hinreichende Bedingungen
für relative Extrema von $z = f(x_1, \ldots, x_n)$

- **Notwendige Bedingung:**

  Hat f bei $\vec{x}_0$ ein relatives Extremum, so ist $\vec{x}_0$ ein **stationärer Punkt**, d.h. alle partiellen Ableitungen 1. Ordnung von f sind bei $\vec{x}_0$ gleich 0: $\boxed{\operatorname{grad} f(\vec{x}_0) = \vec{o}}$

- **Hinreichende Bedingung:**

  $\vec{x}_0$ sei ein stationärer Punkt und f besitze in einer Umgebung $U(\vec{x}_0)$ stetige partielle Ableitungen 2. Ordnung nach allen Variablen. Die Matrix

$$H = \left(\frac{\partial^2 f}{\partial x_i \partial x_j} \right) = \begin{pmatrix} f_{x_1 x_1} & f_{x_1 x_2} & \cdots & f_{x_1 x_n} \\ f_{x_2 x_1} & f_{x_2 x_2} & \cdots & f_{x_2 x_n} \\ \vdots & & & \vdots \\ f_{x_n x_1} & f_{x_n x_2} & \cdots & f_{x_n x_n} \end{pmatrix} \text{ heißt \textbf{HESSE–Matrix} von } f.$$

$$\left. \begin{array}{c} \text{Für alle } \vec{o} \neq \vec{x} \in \mathbb{R}^n \text{ gilt} \\ \vec{x}^\top \cdot H(\vec{x}_0) \cdot \vec{x} > 0 \end{array} \right\} \Longleftrightarrow H(\vec{x}_0) \text{ \textbf{positiv definit}} \Longrightarrow \vec{x}_0 \text{ \textbf{rel. Minimum}}$$

$$\left. \begin{array}{c} \text{Für alle } \vec{o} \neq \vec{x} \in \mathbb{R}^n \text{ gilt} \\ \vec{x}^\top \cdot H(\vec{x}_0) \cdot \vec{x} < 0 \end{array} \right\} \Longleftrightarrow H(\vec{x}_0) \text{ \textbf{negativ definit}} \Longrightarrow \vec{x}_0 \text{ \textbf{rel. Maximum}}$$

$$\left. \begin{array}{c} \text{Es gibt } \vec{x}, \vec{y} \in \mathbb{R}^n \text{ mit} \\ \vec{x}^\top \cdot H(\vec{x}_0) \cdot \vec{x} < 0 \\ \vec{y}^\top \cdot H(\vec{x}_0) \cdot \vec{y} > 0 \end{array} \right\} \Longleftrightarrow H(\vec{x}_0) \text{ \textbf{indefinit}} \Longrightarrow \vec{x}_0 \text{ \textbf{Sattelpunkt}}$$

Speziell für Funktionen $z = f(x, y)$ von 2 Veränderlichen steht
die hinreichende Bedingung auf Seite 142 einfacher formuliert !

Für **symmetrische Matrizen** gilt: $A = (a_{ij})$ ist **positiv definit**

$\Longleftrightarrow$ alle Hauptunterabschnittsdeterminanten sind positiv

$\Longleftrightarrow$ alle Eigenwerte sind positiv.

Beispiel   *Untersuche $f(x, y, z) = x^2 - 2xz + 2z^2 + y^2 - 2y + 2z + 2$ auf Extremwerte!*

- **Notw. Bed.:** $\operatorname{grad} f(x, y, z) = (2x - 2z, 2y - 2, -2x + 4z + 2) = (0, 0, 0)$

  $\Longrightarrow (-1, 1, -1)$ ist einziger stationärer Punkt (nachrechnen!).

- **Hinr. Bed.:**   Hesse–Matrix bei $(-1, 1, -1)$: $H(-1, 1, -1) = \begin{pmatrix} 2 & 0 & -2 \\ 0 & 2 & 0 \\ -2 & 0 & 4 \end{pmatrix}$.

  (a)   Die drei **Hauptunterabschnittsdeterminanten** sind

  $$\begin{vmatrix} 2 & 0 & -2 \\ 0 & 2 & 0 \\ -2 & 0 & 4 \end{vmatrix} = 8, \quad \begin{vmatrix} 2 & 0 \\ 0 & 2 \end{vmatrix} = 4, \quad |2| = 2 \text{ , also alle positiv.}$$

  (b)   Die **Eigenwerte** sind $2,\ 3 + \sqrt{5},\ 3 - \sqrt{5}$ (nachrechnen), also alle positiv.

  $\Longrightarrow$ $H(-1, 1, -1)$ ist positiv definit, bei $(-1, 1, -1)$ liegt ein rel. Minimum.

10.3 $\vec{z} = f(\vec{x})$

| **allgemeine Kettenregel** | Jacobi–Matrix siehe nächste Seite! |

$$\begin{array}{c} \mathrm{IR}^n \\ \nearrow\quad\searrow \\ {\scriptstyle g}\qquad{\scriptstyle f} \\ \mathrm{IR}^m \xrightarrow{\quad h = f \circ g \quad} \mathrm{IR}^k \end{array} \quad \left.\begin{array}{l} \vec{x} = g(\vec{t}) \\ \vec{y} = f(\vec{x}) \end{array}\right\} h(\vec{t}) = f(g(\vec{t})) \implies \boxed{\begin{array}{l} h'(\vec{t}) = f'(g(\vec{t})) \cdot g'(\vec{t}) \\ \mathcal{J}_h(\vec{t}) = \mathcal{J}_f(g(\vec{t})) \cdot \mathcal{J}_g(\vec{t}) \end{array}}$$

Die Ableitung nacheinander ausgeführter differenzierbarer Funktionen ist das **Produkt** der entsprechenden **Jacobi–Matrizen**, so wie sich die Matrix nacheinander ausgeführter linearer Abbildungen als **Matrizenprodukt** ergibt (Seite 60, 69).

| Häufig **einfacher**: Erst einsetzen und dann differenzieren ! |

Beispiel

$$\begin{array}{c} \mathrm{IR}^1 \\ \nearrow\quad\searrow \\ {\scriptstyle g}\qquad{\scriptstyle f} \\ \mathrm{IR}^3 \xrightarrow{\quad h = f \circ g \quad} \mathrm{IR}^2 \end{array}$$

$$\vec{t} = (r, s, t) \in \mathrm{IR}^3$$
$$x = g(\vec{t}) = 2r - 3s + r\ln t \in \mathrm{IR}$$
$$f(x) = \begin{pmatrix} \cos x \\ \sin x \end{pmatrix} \in \mathrm{IR}^2, \ \vec{t}_0 = (\tfrac{\pi}{6}, 0, 1), \ x_0 = \tfrac{\pi}{3}.$$

Für $h(\vec{t}) = f(g(\vec{t}))$ berechne man $h'(\vec{t}_0)$: (a) *allgemeine Kettenregel,*
(b) *Einsetzen.*

(a) $g'(\vec{t}) = \operatorname{grad} g(r, s, t) = (2 + \ln t, -3, \tfrac{r}{t})$

$g'(\vec{t}_0) = \operatorname{grad} g(\tfrac{\pi}{6}, 0, 1) = (2, -3, \tfrac{\pi}{6})$ und

$f'(x) = \mathcal{J}_f(x) = \begin{pmatrix} -\sin x \\ \cos x \end{pmatrix},$

$f'(\tfrac{\pi}{3}) = \mathcal{J}_f(\tfrac{\pi}{3}) = \tfrac{1}{2}\begin{pmatrix} -\sqrt{3} \\ 1 \end{pmatrix}.$

$$h'(\tfrac{\pi}{6}, 0, 1) = f'(\tfrac{\pi}{3}) \cdot g'(\tfrac{\pi}{6}, 0, 1) = \mathcal{J}_f(\tfrac{\pi}{3}) \cdot \operatorname{grad} g(\tfrac{\pi}{6}, 0, 1)$$

$$= \tfrac{1}{2}\begin{pmatrix} -\sqrt{3} \\ 1 \end{pmatrix} \cdot (2, -3, \tfrac{\pi}{6}) = \tfrac{1}{2}\begin{pmatrix} -2\sqrt{3} & 3\sqrt{3} & -\sqrt{3}\,\tfrac{\pi}{6} \\ 2 & -3 & \tfrac{\pi}{6} \end{pmatrix}.$$

(b) Natürlich kann man auch erst Einsetzen und dann Differenzieren:

$$h(\vec{t}) = \begin{pmatrix} \cos(2r - 3s + r\ln t) \\ \sin(2r - 3s + r\ln t) \end{pmatrix} = \begin{pmatrix} h_1(\vec{t}) \\ h_2(\vec{t}) \end{pmatrix} \implies h'(\tfrac{\pi}{6}, 0, 1) = \begin{pmatrix} \operatorname{grad} h_1(\vec{t}_0) \\ \operatorname{grad} h_2(\vec{t}_0) \end{pmatrix} = \cdots$$

| **Ableitung (Jacobi–Matrix) impliziter Funktionen** |

$$f = (f_1, \ldots, f_m) : \mathrm{IR}^{n+m} \to \mathrm{IR}^m \ , \quad f(\vec{x}, \vec{y}) = \vec{0}$$

Ist die (m, m)–Matrix $\quad f_{\vec{y}} = \dfrac{\partial(f_1 \ldots f_m)}{\partial(y_1 \ldots y_m)} = \begin{pmatrix} f_{1y_1} & \cdots & f_{1y_m} \\ \vdots & & \vdots \\ f_{my_1} & \cdots & f_{my_m} \end{pmatrix}$

invertierbar und ist $h : \mathrm{IR}^n \to \mathrm{IR}^m$, $\vec{y} = h(\vec{x})$ die (lokale) Auflösung der durch $f(\vec{x}, \vec{y}) = \vec{0}$ implizit gegebenen Funktion $\vec{y}$, so gilt:

$$h' = \mathcal{J}_h = \frac{\partial(h_1 \ldots h_m)}{\partial(x_1 \ldots x_n)} = -(f_{\vec{y}})^{-1} f_{\vec{x}}. \qquad \text{(Ausführliche Beispiele \textbf{HM}, 391–395)}$$

$$\boxed{\textbf{Jacobi–Matrix } \mathcal{J}_f(\vec{x}_0)}$$

Die Funktion $f: \mathbb{R}^n \to \mathbb{R}^m$ mit $f(\vec{x}) = f(x_1, \ldots, x_n) = \begin{pmatrix} f_1(x_1, \ldots, x_n) \\ \vdots \\ f_m(x_1, \ldots, x_n) \end{pmatrix}$ ist im

Punkt $\vec{x}_0 \in \mathbb{R}^n$ genau dann $\underline{\text{stetig}}$ bzw. $\underline{\text{differenzierbar}}$, wenn die **Komponenten-funktionen** $f_1, \ldots, f_m$ in $\vec{x}_0 \in \overline{\mathbb{R}^n}$ $\underline{\text{stetig}}$ bzw. $\underline{\text{differenzierbar}}$ sind (S. 138/9, 144).

Die **Ableitung** $f'(\vec{x}_0)$ ist eine **lineare Abbildung** des $\mathbb{R}^n$ in den $\mathbb{R}^m$, die durch die **Jacobi–Matrix** $\mathcal{J}_f(\vec{x}_0)$ dargestellt wird:

$$\mathcal{J}_f(\vec{x}_0) = \begin{pmatrix} f_{1x_1} \cdots f_{1x_n} \\ \vdots \quad \vdots \\ f_{mx_1} \cdots f_{mx_n} \end{pmatrix}(\vec{x}_0) = \begin{pmatrix} \operatorname{grad} f_1(\vec{x}_0) \\ \vdots \\ \operatorname{grad} f_m(\vec{x}_0) \end{pmatrix} = \left(f_{x_1}(\vec{x}_0), \ldots, f_{x_n}(\vec{x}_0) \right)$$

Die **Jacobi–Matrix** $\mathcal{J}_f(\vec{x}_0)$ ist eine (m,n)–Matrix:

- Ihre **Zeilen** sind die **Gradienten** der m Komponentenfunktionen.
- Ihre **Spalten** sind n **Tangentenvektoren** an die n Kurven, die man erhält, wenn man alle Variablen bis auf eine konstant setzt.

Spezialfälle

$\underline{f: \mathbb{R}^1 \to \mathbb{R}^3}$ $\quad \vec{x} = f(t) = \begin{pmatrix} x(t) \\ y(t) \\ z(t) \end{pmatrix}$ Kurve im $\mathbb{R}^3$, $\quad \mathcal{J}_f = \dot{\vec{x}} = \begin{pmatrix} \dot{x} \\ \dot{y} \\ \dot{z} \end{pmatrix}$

$\dot{\vec{x}}(t_0) = \begin{pmatrix} \dot{x}(t_0) \\ \dot{y}(t_0) \\ \dot{z}(t_0) \end{pmatrix}$ ist Tangentenvektor im Kurvenpunkt $\vec{x}(t_0)$.

$\underline{f: \mathbb{R}^2 \to \mathbb{R}^3}$ $\quad \vec{x} = f(u,v) = \begin{pmatrix} x(u,v) \\ y(u,v) \\ z(u,v) \end{pmatrix}$ Fläche im $\mathbb{R}^3$, $\quad \mathcal{J}_f = \begin{pmatrix} x_u & x_v \\ y_u & y_v \\ z_u & z_v \end{pmatrix} = (\vec{x}_u, \vec{x}_v)$

$\begin{pmatrix} x_u(u_0,v_0) \\ y_u(u_0,v_0) \\ z_u(u_0,v_0) \end{pmatrix}$, $\begin{pmatrix} x_v(u_0,v_0) \\ y_v(u_0,v_0) \\ z_v(u_0,v_0) \end{pmatrix}$ spannen die Tangentialebene im Punkt $\vec{x}(u_0,v_0)$ auf.

$\underline{f: \mathbb{R}^3 \to \mathbb{R}^1}$ $\quad w = f(x,y,z)$ Skalarfeld, $\quad \mathcal{J}_f = \operatorname{grad} w = (w_x, w_y, w_z)$

$\operatorname{grad} w(\vec{x}_0) = (w_x(\vec{x}_0), w_y(\vec{x}_0), w_z(\vec{x}_0))$ ist Normalenvektor der Niveaufläche $w(\vec{x}) = w(\vec{x}_0)$ im Punkt $\vec{x}_0$.

$\underline{f: \mathbb{R}^3 \to \mathbb{R}^3}$ $\quad \vec{x} = f(u,v,w) = \begin{pmatrix} x(\vec{u}) \\ y(\vec{u}) \\ z(\vec{u}) \end{pmatrix}$ Vektorfeld $\quad \mathcal{J}_f = \begin{pmatrix} x_u & x_v & x_w \\ y_u & y_v & y_w \\ z_u & z_v & z_w \end{pmatrix} = (\vec{x}_u, \vec{x}_v, \vec{x}_w)$

$\vec{x}_u(u_0,v_0,w_0)$ ist Tangentenvektor an die Kurve $\vec{x}(t) = f(t,v_0,w_0)$,
$\vec{x}_v(u_0,v_0,w_0)$ ist Tangentenvektor an die Kurve $\vec{x}(t) = f(u_0,t,w_0)$,
$\vec{x}_w(u_0,v_0,w_0)$ ist Tangentenvektor an die Kurve $\vec{x}(t) = f(u_0,v_0,t)$.

Beispiel

$\vec{x} = f(u,v) = \begin{pmatrix} 3\sin u \cos v \\ 2\sin u \sin v \\ \sqrt{2}\cos u \end{pmatrix}$ ist eine Parameterdarstellung des **Ellipsoids** $\dfrac{x^2}{9} + \dfrac{y^2}{4} + \dfrac{z^2}{2} = 1$ mit den Halbachsen $a = 3$, $b = 2$, $c = \sqrt{2}$.

$f' = \mathcal{J}_f = \begin{pmatrix} 3\cos u \cos v & -3\sin u \sin v \\ 2\cos u \sin v & 2\sin u \cos v \\ -\sqrt{2}\sin u & 0 \end{pmatrix} \implies f'(\tfrac{\pi}{6}, \tfrac{\pi}{3}) = \dfrac{1}{4}\begin{pmatrix} 3\sqrt{3} & -3\sqrt{3} \\ 6 & 2 \\ -2\sqrt{2} & 0 \end{pmatrix}$

Die Vektoren $4\vec{x}_u(\tfrac{\pi}{6}, \tfrac{\pi}{3}) = (3\sqrt{3}, 6, -2\sqrt{2})$ und $4\vec{x}_v(\tfrac{\pi}{6}, \tfrac{\pi}{3}) = (-3\sqrt{3}, 2, 0)$ spannen die **Tangentialebene** an das **Ellipsoid** im Punkt $\vec{x}(\tfrac{\pi}{6}, \tfrac{\pi}{3}) = \tfrac{1}{4}(3, 2\sqrt{3}, 2\sqrt{6})$ auf.

11   Anwendungen

11.1   Kurven, Flächen, Körper

Kurven in der Ebene

Darstellung	Länge
kartesisch $y = f(x)$, $a \leq x \leq b$	$L = \displaystyle\int_a^b \sqrt{1 + \big(f'(x)\big)^2}\, dx$
Polarkoord. $r = r(\varphi)$, $\alpha \leq \varphi \leq \beta$	$L = \displaystyle\int_\alpha^\beta \sqrt{r(\varphi)^2 + \dot r(\varphi)^2}\, d\varphi$
Parameter $\vec{x} = \begin{pmatrix} x(t) \\ y(t) \end{pmatrix}$, $a \leq t \leq b$	$L = \displaystyle\int_a^b |\dot{\vec{x}}(t)|\, dt = \int_a^b \sqrt{\dot x(t)^2 + \dot y(t)^2}\, dt$

Masse, Schwerpunkt, Trägheitsmoment siehe bei Kurven im Raum: Setze $z(t) = 0$.

Kurven im Raum

Kurve K : $\vec{x}(t) = \begin{pmatrix} x(t) \\ y(t) \\ z(t) \end{pmatrix}$, $a \leq t \leq b$ mit Tangentenvektor $\dot{\vec{x}}(t) = \begin{pmatrix} \dot x(t) \\ \dot y(t) \\ \dot z(t) \end{pmatrix}$

Bogenelement $ds = |\dot{\vec{x}}(t)|\, dt = \sqrt{\dot x^2 + \dot y^2 + \dot z^2}\, dt$

Länge $L = \displaystyle\int_K ds = \int_a^b |\dot{\vec{x}}(t)|\, dt = \int_a^b \sqrt{\dot x^2 + \dot y^2 + \dot z^2}\, dt$

Ist das Kurvenstück $\vec{x}(t) = \big(x(t), y(t), z(t)\big)$, $a \leq t \leq b$ mit
Masse belegt und ist die Massendichte $\delta = \delta(t)$, so gilt:

Masse[1] $M = \displaystyle\int_a^b \delta(t)\, |\dot{\vec{x}}(t)|\, dt = \int_a^b \delta(t)\, \sqrt{\dot x^2 + \dot y^2 + \dot z^2}\, dt$

Schwerpunkt[1]
$S = (s_x, s_y, s_z)$ $s_x = \dfrac{1}{M} \displaystyle\int_a^b x(t)\, \delta(t)\, |\dot{\vec{x}}(t)|\, dt$, s_y und s_z analog!

**Trägheits-
     moment** $T_A = \displaystyle\int_a^b a^2(t)\, \delta(t)\, |\dot{\vec{x}}(t)|\, dt$ $a = a(t)$ ist der Abstand des
Kurvenpunktes $\vec{x}(t)$
von der Achse A (Seite 151).

[1] Ist $\delta \equiv 1$, so ist M die Kurvenlänge und S der geometrische Schwerpunkt der Kurve!

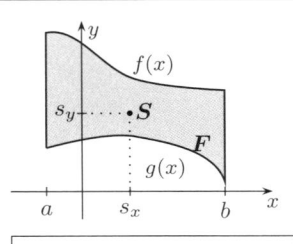

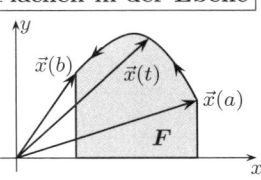

Flächen in der Ebene

$$F = \int_a^b \big(f(x) - g(x)\big)\, dx \qquad F = \int_a^b - y(t) \cdot \dot{x}(t)\, dt \qquad F = \int_a^b x(t) \cdot \dot{y}(t)\, dt$$

Schwerpunkt[1)] $S = (s_x, s_y)$

$$s_x = \frac{1}{F} \int_a^b x\big(f(x) - g(x)\big)\, dx \ , \qquad s_y = \frac{1}{2F} \int_a^b \big(f^2(x) - g^2(x)\big)\, dx$$

Sektorformel

Parameterdarst.

$$\vec{x} = \vec{x}(t) = \begin{pmatrix} x(t) \\ y(t) \end{pmatrix}$$
$$a \le t \le b$$

$$F = \frac{1}{2} \int_a^b (x\dot{y} - \dot{x}y)\, dt$$

Polarkoordinaten
$$r = r(\varphi)$$
$$\alpha \le \varphi \le \beta$$

$$F = \frac{1}{2} \int_\alpha^\beta r^2(\varphi)\, d\varphi$$

"Fläche zur Linken!"

Flächen in der Ebene, allgemeiner Fall

Fläche $\qquad F = \int_F dF = \int_F d(x, y)$

Ist das Flächenstück mit Masse
der Dichte $\delta(x, y)$ belegt, so gilt:

Masse[1)] $\qquad M = \int_F \delta(x, y)\, d(x, y)$

Schwerpunkt[1)]
$S = (s_x, s_y)$ $\qquad s_x = \frac{1}{M} \int_F x\, \delta(x, y)\, d(x, y)$

$$s_y = \frac{1}{M} \int_F y\, \delta(x, y)\, d(x, y)$$

**Trägheits–
moment** $\qquad T_A = \int_F a^2(x, y)\, \delta(x, y)\, d(x, y)$

$a = a(x, y)$ ist der Abstand des
Punktes (x, y)
von der Achse A (Seite 151).

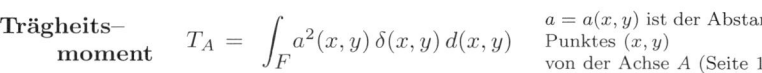

[1)] Ist $\delta \equiv 1$, so ist M der Flächeninhalt und S der geometrische Schwerpunkt der Fläche!

Flächen im Raum

Fläche F : Gegeben explizit als Graph einer Funktion $z = f(x,y)$, $(x,y) \in B$;

Normalenvektor: $\vec{n} = (-f_x(x,y), -f_y(x,y), 1)$

Flächenelement: $dF = \sqrt{1 + f_x^2(x,y) + f_y^2(x,y)}\ d(x,y)$

Fläche $F = \int_F dF = \int_B \sqrt{1 + f_x^2(x,y) + f_y^2(x,y)}\ d(x,y)$

Ist das Flächenstück mit Masse der Dichte $\delta = \delta(x,y)$ belegt, so gilt:

Masse[1] $M = \int_B \delta(x,y)\sqrt{1 + f_x^2(x,y) + f_y^2(x,y)}\ d(x,y)$

Schwerpunkt[1]
$S = (s_x, s_y, s_z)$ $s_x = \dfrac{1}{M} \int_B x\delta(x,y)\sqrt{1 + f_x^2(x,y) + f_y^2(x,y)}\ d(x,y)$, $\begin{array}{c} s_y, s_z \\ \text{analog!} \end{array}$

**Trägheits–
   moment** $T_A = \int_B a^2(x,y)\delta(x,y)\sqrt{1 + f_x^2(x,y) + f_y^2(x,y)}\ d(x,y)$

$a = a(x,y)$ ist der Abstand des Flächenpunktes $(x,y,f(x,y))$ von der Achse A (S. 151).

Flächen im Raum, allgemeiner Fall

Fläche F : Gegeben durch Parameterdarstellung

$\vec{x}(u,v) = \begin{pmatrix} x(u,v) \\ y(u,v) \\ z(u,v) \end{pmatrix}, (u,v) \in B$;
Jacobische: $\mathcal{J} = \begin{pmatrix} x_u & x_v \\ y_u & y_v \\ z_u & z_v \end{pmatrix} = (\vec{x}_u, \vec{x}_v)$

Normalenvektor: $\vec{n} = \vec{x}_u \times \vec{x}_v$

skalares
Flächenelement $dF = |\vec{x}_u \times \vec{x}_v|\, d(u,v) = |(y_u z_v - y_v z_u, x_v z_u - x_u z_v, x_u y_v - x_v y_u)|\, d(u,v)$

Metrische Fundamentalgrößen der Fläche F (abhängig von der Parameterdarst.):
$\mathcal{E} = \vec{x}_u^2 = |\vec{x}_u|^2$, $\mathcal{F} = \vec{x}_u \cdot \vec{x}_v$, $\mathcal{G} = \vec{x}_v^2 = |\vec{x}_v|^2$, $g = \mathcal{E}\mathcal{G} - \mathcal{F}^2 = (\vec{x}_u \times \vec{x}_v)^2 = \vec{n}^2 = |\vec{n}|^2$.

Die Parameterdarstellung von F ist $\begin{array}{l} \text{winkeltreu} \\ \text{flächentreu} \end{array} \begin{array}{l} \Longleftrightarrow \mathcal{E} = \mathcal{G},\ \mathcal{F} = 0, \\ \Longleftrightarrow g \equiv 1. \end{array}$

Fläche $F = \int_F dF = \int_B |\vec{n}|\, d(u,v) = \int_B |\vec{x}_u \times \vec{x}_v|\, d(u,v)$

$\vec{n} = \vec{x}_u \times \vec{x}_v$

$\vec{x}_v$

$\vec{x}_u$

$\vec{x}(u,v)$

Ist das Flächenstück
$\vec{x}(u,v) = (x(u,v), y(u,v), z(u,v))$, $(u,v) \in B$ mit Masse
belegt und ist die Massendichte $\delta = \delta(u,v)$, so gilt:

Tangentialebene
im Punkt $\vec{x}(u,v)$

Masse[1] $M = \int_B \delta(u,v)\, |\vec{x}_u \times \vec{x}_v|\, d(u,v)$

Schwerpunkt[1]
$S = (s_x, s_y, s_z)$ $s_x = \dfrac{1}{M} \int_B x(u,v)\, \delta(u,v)\, |\vec{x}_u \times \vec{x}_v|\, d(u,v)$, s_y, s_z analog!

**Trägheits–
   moment** $T_A = \int_B a^2(u,v)\, \delta(u,v)\, |\vec{x}_u \times \vec{x}_v|\, d(u,v)$

$a = a(u,v)$: Abstand des
Flächenpunktes $\vec{x}(u,v)$
von der Achse A (S. 151).

[1] Ist $\delta \equiv 1$, so ist M der Flächeninhalt und S der geometrische Schwerpunkt der Fläche!

Körper im Raum

Körper K : $\qquad \vec{x} = \begin{pmatrix} x(u,v,w) \\ y(u,v,w) \\ z(u,v,w) \end{pmatrix}, \quad (u,v,w) \in B$

Jacobische Matrix: $\quad \mathcal{J}_x = \begin{pmatrix} x_u\ x_v\ x_w \\ y_u\ y_v\ y_w \\ z_u\ z_v\ z_w \end{pmatrix} = (\vec{x}_u, \vec{x}_v, \vec{x}_w), \qquad dB = d(u,v,w)$

Volumenelement: $\quad dV = \left| \begin{vmatrix} x_u\ x_v\ x_w \\ y_u\ y_v\ y_w \\ z_u\ z_v\ z_w \end{vmatrix} \right| dB = \left| \left| \vec{x}_u, \vec{x}_v, \vec{x}_w \right| \right| dB,$
Determinante der Jacobischen, siehe Seite 147

Volumen $\qquad V = \int_K dV = \int_B \left| \left| \vec{x}_u, \vec{x}_v, \vec{x}_w \right| \right| dB = \int_B \left| \left| \vec{x}_u, \vec{x}_v, \vec{x}_w \right| \right| d(u,v,w)$

Ist der Körper $\vec{x}(u,v,w) = \big(x(u,v,w), y(u,v,w), z(u,v,w) \big)$, $(u,v,w) \in B$ mit Masse belegt und ist die Massendichte $\delta = \delta(u,v,w)$, so gilt:

Masse[1] $\qquad M = \int_K \delta\, dV = \int_B \delta \left| \left| \vec{x}_u, \vec{x}_v, \vec{x}_w \right| \right| dB, \qquad dB = d(u,v,w)$

Schwerpunkt[1]
$S = (s_x, s_y, s_z)$ $\quad s_x = \dfrac{1}{M} \int_K x\delta\, dV = \dfrac{1}{M} \int_B x\, \delta \left| \left| \vec{x}_u, \vec{x}_v, \vec{x}_w \right| \right| dB, \quad s_y,\ s_z$ analog!

Trägheits–
moment $\quad T_A = \int_K a^2 \delta\, dV = \int_B a^2\, \delta \left| \left| \vec{x}_u, \vec{x}_v, \vec{x}_w \right| \right| dB$
$a = a(u,v,w)$: Abstand des Körperpunktes $\vec{x}(u,v,w)$ von der Achse A (siehe unten).

[1] Ist $\delta \equiv 1$, so ist M das Volumen und S der geometrische Schwerpunkt des Körpers!

Berechnung von a^2 bei Rotation um	ebene Kurven/Flächen	räumliche Kurven/Flächen/Körper
x–Achse	$a^2 = y^2$	$a^2 = y^2 + z^2$
y–Achse	$a^2 = x^2$	$a^2 = x^2 + z^2$
z–Achse		$a^2 = x^2 + y^2$
Ursprung	$a^2 = x^2 + y^2$	$a^2 = x^2 + y^2 + z^2$

Prinzip von Cavalieri

Ist M ein räumlicher Bereich mit Volumen $V(M)$, sind z_0 bzw. z_1 minimaler bzw. maximaler z–Wert in M und ist c eine Konstante zwischen z_0 und z_1 und ist $F(c)$ der Flächeninhalt der Schnittfläche von M mit der Ebene $z = c$, so gilt:

$$V(M) = \int_{z_0}^{z_1} F(z)\, dz$$

Beispiel   Volumen der **Rotationsparaboloidkappe**
$M = \{(x,y,z) \mid x^2 + y^2 \le z \le h\}$
$F(z) = \pi z, \ z_0 = 0, \ z_1 = h$

$$V(M) = \int_0^h \pi z\, dz = \pi \left[\tfrac{1}{2} z^2 \right]_0^h = \underline{\underline{\tfrac{\pi}{2} h^2}}$$

Mantelfläche eines Rotationskörpers

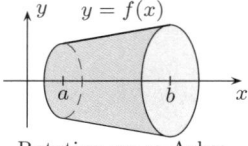

$y \quad y = f(x)$

In der x, y–Ebene sei ein Kurvenstück gegeben. Die durch Rotation dieser Kurve um die x– bzw. y–Achse entstehende Rotationsfläche (ohne Boden– und Deckelkreis) hat den Flächeninhalt F:

Rotation um x–Achse

Kurve	Rotationsachse	Mantelfläche
$y = f(x) \geq 0$ $a \leq x \leq b$	x–Achse	$F = 2\pi \displaystyle\int_a^b f(x)\sqrt{1 + f'^2(x)}\, dx$
$\vec{x} = \begin{pmatrix} x(t) \\ y(t) \end{pmatrix} \quad y(t) \geq 0$	x–Achse	$F = 2\pi \displaystyle\int_a^b y(t)\sqrt{\dot{x}^2(t) + \dot{y}^2(t)}\, dt$
$a \leq t \leq b \quad x(t) \geq 0$	y–Achse	$F = 2\pi \displaystyle\int_a^b x(t)\sqrt{\dot{x}^2(t) + \dot{y}^2(t)}\, dt$

1. Guldinsche Regel

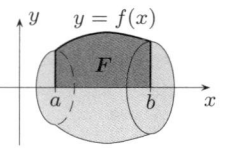

Ein ebenes Kurvenstück der Länge L rotiere um eine in dieser Ebene liegende Achse, die das Kurvenstück nicht schneidet. Ist d der Abstand des Schwerpunkts S des Kurvenstücks von der Drehachse, dann gilt für den **Flächeninhalt F** der Rotationsfläche:
(ohne Boden– und Deckelkreis)

$$\boxed{F = 2\pi d \cdot L}$$

Rotationsfläche = Länge des Weges des Schwerpkts. $\times$ Länge der erzeugenden Kurve.

Volumen eines Rotationskörpers

$y \quad y = f(x)$

In der x, y–Ebene sei ein Kurvenstück gegeben. Der durch Rotation der Fläche F, die zwischen dieser Kurve und der x–Achse liegt, um die x–Achse bzw. y–Achse entstehende Körper hat das Volumen V:

Kurve	Volumen Rotation um y–Achse	Volumen Rotation um x–Achse
$y = f(x) \geq 0$ $a \leq x \leq b$	$V = 2\pi \displaystyle\int_a^b x f(x)\, dx$	$V = \pi \displaystyle\int_a^b f^2(x)\, dx$

2. Guldinsche Regel

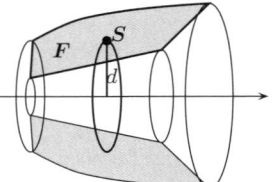

Ein ebenes Flächenstück vom Flächeninhalt F rotiere um eine in dieser Ebene liegende Achse, die das Flächenstück nicht schneidet. Ist d der Abstand des Schwerpunkts S des Flächenstücks von der Drehachse, dann gilt für das

Volumen V des Rotationskörpers:

$$\boxed{V = 2\pi d \cdot F}$$

Rotationsvolumen = Länge des Weges des Schwerpkts. $\times$ Inhalt der erzeugenden Fläche.

12 Vektoranalysis und Integralsätze

12.1 Vektoranalysis

Koordinatensysteme

ebene Polarkoordinaten

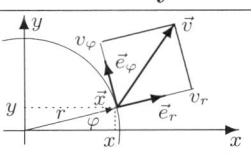

$$\boxed{\begin{aligned} x &= r\cos\varphi \\ y &= r\sin\varphi \end{aligned}}$$

Basisvektoren:

$$\vec{e}_r = (\cos\varphi, \sin\varphi)$$
$$\vec{e}_\varphi = (-\sin\varphi, \cos\varphi)$$

Ist $\boxed{\vec{v} = v_r\vec{e}_r + v_\varphi\vec{e}_\varphi}$, so heißen v_r, v_φ **Polarkoordinaten** des Vektors $\vec{v}$.

Umrechnung: kartesische Koordinaten v_x, v_y $\longleftrightarrow$ Polarkoordinaten v_r, v_φ

$$\begin{pmatrix} v_x \\ v_y \end{pmatrix} = \begin{pmatrix} \cos\varphi & -\sin\varphi \\ \sin\varphi & \cos\varphi \end{pmatrix}\begin{pmatrix} v_r \\ v_\varphi \end{pmatrix} \quad , \quad \begin{pmatrix} v_r \\ v_\varphi \end{pmatrix} = \begin{pmatrix} \cos\varphi & \sin\varphi \\ -\sin\varphi & \cos\varphi \end{pmatrix}\begin{pmatrix} v_x \\ v_y \end{pmatrix}$$

Zylinderkoordinaten

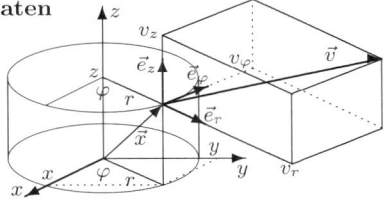

$$\boxed{\begin{aligned} x &= r\cos\varphi \\ y &= r\sin\varphi \\ z &= z \end{aligned}}$$

Basisvektoren:

$$\vec{e}_r = (\cos\varphi, \sin\varphi, 0)$$
$$\vec{e}_\varphi = (-\sin\varphi, \cos\varphi, 0)$$
$$\vec{e}_z = (0, 0, 1)$$

Ist $\boxed{\vec{v} = v_r\vec{e}_r + v_\varphi\vec{e}_\varphi + v_z\vec{e}_z}$, heißen v_r, v_φ, v_z **Zylinderkoord.** des Vektors $\vec{v}$.

Umrechnung: kartesische Koordinaten v_x, v_y, v_z $\longleftrightarrow$ Zylinderkoordinaten v_r, v_φ, z

$$\begin{pmatrix} v_x \\ v_y \\ v_z \end{pmatrix} = \begin{pmatrix} \cos\varphi & -\sin\varphi & 0 \\ \sin\varphi & \cos\varphi & 0 \\ 0 & 0 & 1 \end{pmatrix}\begin{pmatrix} v_r \\ v_\varphi \\ v_z \end{pmatrix} \quad , \quad \begin{pmatrix} v_r \\ v_\varphi \\ v_z \end{pmatrix} = \begin{pmatrix} \cos\varphi & \sin\varphi & 0 \\ -\sin\varphi & \cos\varphi & 0 \\ 0 & 0 & 1 \end{pmatrix}\begin{pmatrix} v_x \\ v_y \\ v_z \end{pmatrix}$$

Kugelkoordinaten

θ Polabstand, **F 2**

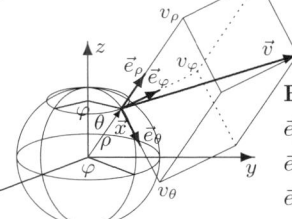

$$\boxed{\begin{aligned} x &= \rho\sin\theta\cos\varphi \\ y &= \rho\sin\theta\sin\varphi \\ z &= \rho\cos\theta \end{aligned}}$$

Basisvektoren:

$$\vec{e}_\rho = (\sin\theta\cos\varphi, \sin\theta\sin\varphi, \cos\theta)$$
$$\vec{e}_\theta = (\cos\theta\cos\varphi, \cos\theta\sin\varphi, -\sin\theta)$$
$$\vec{e}_\varphi = (-\sin\varphi, \cos\varphi, 0)$$

Ist $\boxed{\vec{v} = v_\rho\vec{e}_\rho + v_\theta\vec{e}_\theta + v_\varphi\vec{e}_\varphi}$, heißen $v_\rho, v_\theta, v_\varphi$ **Kugelkoordinaten** des Vektors $\vec{v}$.

Umrechnung: kartesische Koordinaten v_x, v_y, v_z $\longleftrightarrow$ Kugelkoordinaten $v_\rho, v_\theta, v_\varphi$

$$\begin{pmatrix} v_x \\ v_y \\ v_z \end{pmatrix} = \begin{pmatrix} \sin\theta\cos\varphi & \cos\theta\cos\varphi & -\sin\varphi \\ \sin\theta\sin\varphi & \cos\theta\sin\varphi & \cos\varphi \\ \cos\theta & -\sin\theta & 0 \end{pmatrix}\begin{pmatrix} v_\rho \\ v_\theta \\ v_\varphi \end{pmatrix} , \quad \begin{pmatrix} v_\rho \\ v_\theta \\ v_\varphi \end{pmatrix} = \begin{pmatrix} \sin\theta\cos\varphi & \sin\theta\sin\varphi & \cos\theta \\ \cos\theta\cos\varphi & \cos\theta\sin\varphi & -\sin\theta \\ -\sin\varphi & \cos\varphi & 0 \end{pmatrix}\begin{pmatrix} v_x \\ v_y \\ v_z \end{pmatrix}$$

Gradient eines Skalarfeldes, Richtungsableitung

Ist $f : \mathrm{IR}^3 \to \mathrm{IR}$ ein **Skalarfeld**, so ist $\operatorname{grad} f : \mathrm{IR}^3 \to \mathrm{IR}^3$ ein **Vektorfeld**.

$$\operatorname{grad} f = \left(\frac{\partial f}{\partial x}, \frac{\partial f}{\partial y}, \frac{\partial f}{\partial z} \right) = \nabla f \quad \mid \quad \textbf{Gradient von } \boldsymbol{f}$$

Darstellung des Gradienten in

kartesischen Koordinaten: $\quad \operatorname{grad} f = \dfrac{\partial f}{\partial x} \vec{e}_x + \dfrac{\partial f}{\partial y} \vec{e}_y + \dfrac{\partial f}{\partial z} \vec{e}_z$

Zylinderkoordinaten: $\quad \operatorname{grad} f = \dfrac{\partial f}{\partial r} \vec{e}_r + \dfrac{1}{r} \dfrac{\partial f}{\partial \varphi} \vec{e}_\varphi + \dfrac{\partial f}{\partial z} \vec{e}_z$

Kugelkoordinaten: $\quad \operatorname{grad} f = \dfrac{\partial f}{\partial \rho} \vec{e}_\rho + \dfrac{1}{\rho} \dfrac{\partial f}{\partial \theta} \vec{e}_\theta + \dfrac{1}{\rho \sin \theta} \dfrac{\partial f}{\partial \varphi} \vec{e}_\varphi$

$$\frac{\partial f}{\partial \vec{a}}(\vec{x}) = \lim_{t \to 0} \frac{f(\vec{x} + t \frac{\vec{a}}{|\vec{a}|}) - f(\vec{x})}{t} \quad \mid \quad \begin{array}{l} \textbf{Richtungsableitung} \text{ von } f \text{ an der Stelle } \vec{x} \\ \text{in Richtung des Vektors } \vec{a} \neq \vec{o}. \\ \text{Zur Normierung siehe auch Seite 140.} \end{array}$$

Ist f in $\vec{x}$ differenzierbar, gilt für die Richtungsableitung

$$\frac{\partial f}{\partial \vec{a}}(\vec{x}) = \operatorname{grad} f(\vec{x}) \cdot \frac{\vec{a}}{|\vec{a}|} = |\operatorname{grad} f(\vec{x})| \cdot \cos \varphi \quad \text{mit} \quad \varphi = \sphericalangle\big(\operatorname{grad} f(\vec{x}), \vec{a}\big).$$

Richtungsableitung = Gradient mal Einheitsvektor

Geometrische Eigenschaften von Gradient und Richtungsableitung:

Ist $\varphi = \sphericalangle\big(\operatorname{grad} f(\vec{x}), \vec{a}\big)$ der Winkel zwischen $\operatorname{grad} f(\vec{x})$ und $\vec{a}$, so gilt:

- Die Richtungsableitung ist maximal für $\varphi = 0^0$:
  Der Gradient zeigt in Richtung maximalen Anstiegs!

- Die Richtungsableitung ist 0 für $\varphi = 90^0$:
  Der Gradient steht senkrecht auf der zu $\vec{x}$ gehörenden Niveaulinie/Niveaufläche.

Jacobi–Matrix eines Vektorfeldes, Vektorgradient

Ist $\quad \vec{v} : \mathrm{IR}^3 \to \mathrm{IR}^3$ mit $\vec{v}(\vec{x}) = \big(v_x(\vec{x}), v_y(\vec{x}), v_z(\vec{x}) \big)$ ein Vektorfeld, so heißt

$$\mathcal{J}_{\vec{v}} = \begin{pmatrix} \dfrac{\partial v_x}{\partial x} & \dfrac{\partial v_x}{\partial y} & \dfrac{\partial v_x}{\partial z} \\[2mm] \dfrac{\partial v_y}{\partial x} & \dfrac{\partial v_y}{\partial y} & \dfrac{\partial v_y}{\partial z} \\[2mm] \dfrac{\partial v_z}{\partial x} & \dfrac{\partial v_z}{\partial y} & \dfrac{\partial v_z}{\partial z} \end{pmatrix} \quad \mid \quad \textbf{Jacobi–Matrix von } \boldsymbol{\vec{v}}$$

$$(\vec{a} \operatorname{grad}) \vec{v} = \lim_{t \to 0} \frac{\vec{v}(\vec{x} + t\vec{a}) - \vec{v}(\vec{x})}{t} \quad \mid \quad \begin{array}{l} \textbf{Vektorgradient} \text{ von } \vec{v} \text{ an der Stelle } \vec{x} \\ \text{nach dem Vektor } \vec{a} \end{array}$$

Ist $\vec{v}$ in $\vec{x}$ differenzierbar, d.h. sind v_x, v_y, v_z in $\vec{x}$ differenzierbar, so gilt:

$$(\vec{a} \operatorname{grad}) \vec{v}(\vec{x}) = \mathcal{J}_{\vec{v}}(\vec{x}) \cdot \vec{a} = \big(\operatorname{grad} v_x(\vec{x}) \cdot \vec{a}, \operatorname{grad} v_y(\vec{x}) \cdot \vec{a}, \operatorname{grad} v_z(\vec{x}) \cdot \vec{a} \big)$$

Vektorgradient = Jacobi–Matrix mal Vektor

$$(\vec{a} \operatorname{grad}) \vec{v} = \tfrac{1}{2} \big[\operatorname{rot}(\vec{v} \times \vec{a}) + \operatorname{grad}(\vec{v} \cdot \vec{a}) + \vec{a} \operatorname{div} \vec{v} - \vec{v} \operatorname{div} \vec{a} - \vec{a} \times \operatorname{rot} \vec{v} - \vec{v} \times \operatorname{rot} \vec{a} \big]$$

Divergenz eines Vektorfeldes

Ist $\vec{v}:\ \mathrm{I\!R}^3 \to \mathrm{I\!R}^3$ mit $\vec{v} = \big(v_x(\vec{x})\,,\ v_y(\vec{x})\,,\ v_z(\vec{x})\big)$ ein **Vektorfeld**, so ist $\mathrm{div}\,\vec{v}:\ \mathrm{I\!R}^3 \to \mathrm{I\!R}$ ein **Skalarfeld**.

$$\mathrm{div}\,\vec{v} = \frac{\partial v_x}{\partial x} + \frac{\partial v_y}{\partial y} + \frac{\partial v_z}{\partial z} = \nabla \cdot \vec{v} \qquad \textbf{Divergenz von } \vec{v}$$

Eine Stelle $\vec{x}$ heißt $\begin{cases} \textbf{Quelle} \\ \textbf{Senke} \end{cases}$, falls $\begin{aligned} \mathrm{div}\,\vec{v}(\vec{x}) &> 0 \\ \mathrm{div}\,\vec{v}(\vec{x}) &< 0 \end{aligned}$ ist.

$\vec{v}$ heißt in G **quellenfrei**, wenn $\mathrm{div}\,\vec{v}(\vec{x}) = 0$ ist für alle $\vec{x} \in G$.

Darstellung der **Divergenz** in

kartesischen Koordinaten: $\mathrm{div}\,\vec{v} = \dfrac{\partial v_x}{\partial x} + \dfrac{\partial v_y}{\partial y} + \dfrac{\partial v_z}{\partial z}$

Zylinderkoordinaten: $\mathrm{div}\,\vec{v} = \dfrac{1}{r}\dfrac{\partial(r v_r)}{\partial r} + \dfrac{1}{r}\dfrac{\partial v_\varphi}{\partial \varphi} + \dfrac{\partial v_z}{\partial z}$

Kugelkoordinaten: $\mathrm{div}\,\vec{v} = \dfrac{1}{\rho^2}\dfrac{\partial(\rho^2 v_\rho)}{\partial \rho} + \dfrac{1}{\rho\sin\theta}\dfrac{\partial(\sin\theta\, v_\theta)}{\partial \theta} + \dfrac{1}{\rho\sin\theta}\dfrac{\partial v_\varphi}{\partial \varphi}$

Rotation eines Vektorfeldes

Ist $\vec{v}:\ \mathrm{I\!R}^3 \to \mathrm{I\!R}^3$ mit $\vec{v} = \big(v_x(\vec{x})\,,\ v_y(\vec{x})\,,\ v_z(\vec{x})\big)$ ein **Vektorfeld**, so ist $\mathrm{rot}\,\vec{v}:\ \mathrm{I\!R}^3 \to \mathrm{I\!R}^3$ ein **Vektorfeld**.

$$\mathrm{rot}\,\vec{v} = \left(\frac{\partial v_z}{\partial y} - \frac{\partial v_y}{\partial z}\,,\ \frac{\partial v_x}{\partial z} - \frac{\partial v_z}{\partial x}\,,\ \frac{\partial v_y}{\partial x} - \frac{\partial v_x}{\partial y}\right) = \nabla \times \vec{v} \qquad \textbf{Rotation von } \vec{v}$$

Entsprechend zum Kreuzprodukt von Vektoren merkt man sich $\mathrm{rot}\,\vec{v}$ als:

$$\mathrm{rot}\,\vec{v} = \begin{vmatrix} \vec{e_x} & \vec{e_y} & \vec{e_z} \\ \frac{\partial}{\partial x} & \frac{\partial}{\partial y} & \frac{\partial}{\partial z} \\ v_x & v_y & v_z \end{vmatrix} = \left(\frac{\partial v_z}{\partial y} - \frac{\partial v_y}{\partial z}\,,\ \frac{\partial v_x}{\partial z} - \frac{\partial v_z}{\partial x}\,,\ \frac{\partial v_y}{\partial x} - \frac{\partial v_x}{\partial y}\right).$$

$\vec{v}$ heißt **wirbelfrei** in G, wenn $\mathrm{rot}\,\vec{v} = \vec{0}$ ist für alle $\vec{x} \in G$.

$\mathrm{rot}\,\vec{v} = \vec{0}$ ist die vektorielle Schreibweise der Integrabilitätsbedingung (Seite 158).

Ein in einem einfach zusammenhängenden Gebiet G wirbelfreies Feld ist dort notwendigerweise konservativ!

Darstellung der **Rotation** in

kartesischen Koordinaten: $\mathrm{rot}\,\vec{v} = \big(\frac{\partial v_z}{\partial y} - \frac{\partial v_y}{\partial z}\big)\vec{e_x} + \big(\frac{\partial v_x}{\partial z} - \frac{\partial v_z}{\partial x}\big)\vec{e_y} + \big(\frac{\partial v_y}{\partial x} - \frac{\partial v_x}{\partial y}\big)\vec{e_z}$

Zylinderkoordinaten: $\mathrm{rot}\,\vec{v} = \big(\frac{1}{r}\frac{\partial v_z}{\partial \varphi} - \frac{\partial v_\varphi}{\partial z}\big)\vec{e_r} + \big(\frac{\partial v_r}{\partial z} - \frac{\partial v_z}{\partial r}\big)\vec{e_\varphi} + \big(\frac{1}{r}\frac{\partial(r v_\varphi)}{\partial r} - \frac{1}{r}\frac{\partial v_r}{\partial \varphi}\big)\vec{e_z}$

Kugelkoordinaten:

$\mathrm{rot}\,\vec{v} = \frac{1}{\rho\sin\theta}\big(\frac{\partial(v_\varphi \sin\theta)}{\partial \theta} - \frac{\partial v_\theta}{\partial \varphi}\big)\vec{e_\rho} + \big(\frac{1}{\rho\sin\theta}\frac{\partial v_\rho}{\partial \varphi} - \frac{1}{\rho}\frac{\partial(\rho \cdot v_\varphi)}{\partial \rho}\big)\vec{e_\theta} + \big(\frac{1}{\rho}\frac{\partial(\rho v_\theta)}{\partial \rho} - \frac{1}{\rho}\frac{\partial v_\rho}{\partial \theta}\big)\vec{e_\varphi}$

Nabla–Operator ∇

Der Nabla–Operaror ∇ ist ein formaler (Differential–) Operator, mit dem sich die Operationen grad, div, rot in einheitlicher Form schreiben:

$$\nabla = (\frac{\partial}{\partial x}, \frac{\partial}{\partial y}, \frac{\partial}{\partial z}) \qquad \textbf{Nabla}$$

$f = f(x,y,z)$ sei Skalarfeld und $\vec{v} = \vec{v}(x,y,z) = (v_x, v_y, v_z)$ Vektorfeld:

$$\nabla f = (\frac{\partial f}{\partial x}, \frac{\partial f}{\partial y}, \frac{\partial f}{\partial z}) = \text{grad } f \qquad \textbf{Produkt} \qquad \text{aus } \nabla \text{ und } f,$$

$$\nabla \cdot \vec{v} = \frac{\partial v_x}{\partial x} + \frac{\partial v_y}{\partial y} + \frac{\partial v_z}{\partial z} = \text{div } \vec{v} \qquad \textbf{Skalarprodukt} \qquad \text{aus } \nabla \text{ und } \vec{v},$$

$$\nabla \times \vec{v} = \begin{vmatrix} \vec{e_x} & \vec{e_y} & \vec{e_z} \\ \frac{\partial}{\partial x} & \frac{\partial}{\partial y} & \frac{\partial}{\partial z} \\ v_x & v_y & v_z \end{vmatrix} = \text{rot } \vec{v} \qquad \textbf{Vektorprodukt} \qquad \text{aus } \nabla \text{ und } \vec{v}.$$

Der Operator ∇ ist als Vektor aufzufassen, so erklären sich folg. Regeln ($\lambda, \mu \in \mathbb{R}$):

$$\text{grad}(\lambda f + \mu g) = \nabla(\lambda f + \mu g) = \lambda \nabla f + \mu \nabla g = \lambda \,\text{grad } f + \mu \,\text{grad } g$$

$$\text{div}(\lambda \vec{u} + \mu \vec{v}) = \nabla \cdot (\lambda \vec{u} + \mu \vec{v}) = \lambda \nabla \cdot \vec{u} + \mu \nabla \cdot \vec{v} = \lambda \,\text{div } \vec{u} + \mu \,\text{div } \vec{v}$$

$$\text{rot}(\lambda \vec{u} + \mu \vec{v}) = \nabla \times (\lambda \vec{u} + \mu \vec{v}) = \lambda \nabla \times \vec{u} + \mu \nabla \times \vec{v} = \lambda \,\text{rot } \vec{u} + \mu \,\text{rot } \vec{v}$$

Laplace–Operator Δ

Ist $f : \mathbb{R}^3 \to \mathbb{R}$ ein Skalarfeld, kann man $\text{div}(\text{grad } f)$ bilden:

$$\Delta f = \text{div}(\text{grad } f) = \frac{\partial^2 f}{\partial x^2} + \frac{\partial^2 f}{\partial y^2} + \frac{\partial^2 f}{\partial z^2} \qquad \textbf{Laplace–Operator}$$

Lösungen der Laplace–Gleichung $\Delta f = 0$ heißen **harmonische Funktionen**.

Skalarfelder $f(x,y,z)$, die der **Laplace**–Gleichung $\Delta f = 0$ genügen, sind interessant, da ihre Gradientenfelder $\vec{F} = \text{grad } f$

    (1)   wegen div $\vec{F} = \text{div}(\text{grad } f) = \Delta f = 0$ **quellenfrei** sind

    (2)   wegen rot $\vec{F} = \text{rot}(\text{grad } f) = \vec{o}$ **wirbelfrei** sind

Darstellung des Laplace–Operators in

kartesische Koordinaten: $\quad \Delta f = \frac{\partial^2 f}{\partial x^2} + \frac{\partial^2 f}{\partial y^2} + \frac{\partial^2 f}{\partial z^2}$

Polarkoordinaten: $\quad \Delta f = \frac{1}{r}\frac{\partial f}{\partial r} + \frac{\partial^2 f}{\partial r^2} + \frac{1}{r^2}\frac{\partial^2 f}{\partial \varphi^2}$

Zylinderkoordinaten: $\quad \Delta f = \frac{1}{r}\frac{\partial f}{\partial r} + \frac{\partial^2 f}{\partial r^2} + \frac{1}{r^2}\frac{\partial^2 f}{\partial \varphi^2} + \frac{\partial^2 f}{\partial z^2}$

Kugelkoordinaten $\quad \Delta f = \frac{2}{\rho}\frac{\partial f}{\partial \rho} + \frac{\partial^2 f}{\partial \rho^2} + \frac{1}{\rho^2}\frac{\partial^2 f}{\partial \theta^2} + \frac{1}{\rho^2 \tan \theta}\frac{\partial f}{\partial \theta} + \frac{1}{\rho^2 \sin^2 \theta}\frac{\partial^2 f}{\partial \varphi^2}$

Rechenregeln für grad, div, rot

$$f, g \quad \text{Skalarfelder}$$
$$\vec{u}, \vec{v} \quad \text{Vektorfelder}$$

Die Operatoren sind **linear**:

$$\operatorname{grad}(f + g) = \operatorname{grad} f + \operatorname{grad} g \quad \text{und} \quad \operatorname{grad}(\lambda f) = \lambda \operatorname{grad} f \quad \text{mit } \lambda \in \mathbb{R}$$
$$\operatorname{div}(\vec{u} + \vec{v}) = \operatorname{div} \vec{u} + \operatorname{div} \vec{v} \quad \text{und} \quad \operatorname{div}(\lambda \vec{v}) = \lambda \operatorname{div} \vec{v} \quad \text{mit } \lambda \in \mathbb{R}$$
$$\operatorname{rot}(\vec{u} + \vec{v}) = \operatorname{rot} \vec{u} + \operatorname{rot} \vec{v} \quad \text{und} \quad \operatorname{rot}(\lambda \vec{v}) = \lambda \operatorname{rot} \vec{v} \quad \text{mit } \lambda \in \mathbb{R}$$

Produktregeln:

$$\operatorname{grad}(fg) = f \operatorname{grad} g + g \operatorname{grad} f$$
$$\operatorname{grad}(\vec{u} \cdot \vec{v}) = (\vec{u}\operatorname{grad})\vec{v} + (\vec{v}\operatorname{grad})\vec{u} + \vec{u} \times \operatorname{rot} \vec{v} + \vec{v} \times \operatorname{rot} \vec{u}$$
$$= \mathcal{J}_{\vec{u}}\vec{v} + \mathcal{J}_{\vec{v}}\vec{u} + \vec{u} \times \operatorname{rot} \vec{v} + \vec{v} \times \operatorname{rot} \vec{u}$$
$$\operatorname{div}(f\vec{v}) = f \operatorname{div} \vec{v} + (\operatorname{grad} f) \cdot \vec{v}$$
$$\operatorname{rot}(f\vec{v}) = f \operatorname{rot} \vec{v} + (\operatorname{grad} f) \times \vec{v}$$
$$\operatorname{div}(\vec{u} \times \vec{v}) = -\vec{u} \cdot \operatorname{rot} \vec{v} + \vec{v} \cdot \operatorname{rot} \vec{u}$$
$$\operatorname{rot}(\vec{u} \times \vec{v}) = (\vec{v}\operatorname{grad})\vec{u} - (\vec{u}\operatorname{grad})\vec{v} + \vec{u}\operatorname{div} \vec{v} - \vec{v}\operatorname{div} \vec{u}$$
$$= \mathcal{J}_{\vec{u}}\vec{v} - \mathcal{J}_{\vec{v}}\vec{u} + \vec{u}\operatorname{div} \vec{v} - \vec{v}\operatorname{div} \vec{u}$$

Vektorgradient
$(\vec{a}\operatorname{grad})\,\vec{v}$
siehe Seite 154

Wiederholte Anwendung:

$$\operatorname{div}(\operatorname{grad} f) = \Delta f \qquad \text{(Laplace–Operator)}$$
$$\operatorname{rot}(\operatorname{grad} f) = \vec{o} \qquad \text{(Potentialfelder sind wirbelfrei)}$$
$$\operatorname{div}(\operatorname{rot} \vec{v}) = 0 \qquad \text{(Wirbelfelder sind quellenfrei)}$$
$$\operatorname{rot}(\operatorname{rot} \vec{v}) = \operatorname{grad}(\operatorname{div} \vec{v}) - (\Delta v_x, \Delta v_y, \Delta v_z)$$

Maxwellsche Gleichungen

ρ	Ladungsdichte	$\vec{J} = \sigma \vec{E}, \quad \vec{D} = \varepsilon \vec{E}, \quad \vec{B} = \mu \vec{H}, \quad \sigma, \varepsilon, \mu$ Materialkonstante:
$\vec{B}$	magn. Flußdichte	σ Leitfähigkeit
$\vec{H}$	magn. Erregung	ε Dielektrizitätskonstante
$\vec{J}$	elektr. Stromdichte	μ Permeabilitätskonstante
$\vec{D}$	elektr. Flußdichte	V räumlicher Bereich mit Randfläche A,
$\vec{E}$	elektr. Feldstärke	F Fläche im Raum mit Randkurve C.

		Integralform	**Differentielle Form**
1	Ampèresches Verkettungsgesetz	$\displaystyle \int_C \vec{H}\,d\vec{x} = \int_F (\vec{J} + \dot{\vec{D}})\,d\vec{F}$	$\operatorname{rot} \vec{H} = \vec{J} + \dot{\vec{D}}$
2	Faradaysches Induktionsgesetz	$\displaystyle \int_C \vec{E}\,d\vec{x} = -\int_F \dot{\vec{B}}\,d\vec{F}$	$\operatorname{rot} \vec{E} = -\dot{\vec{B}}$
3	elektr. Ladungen als Quellen des $\vec{D}$–Feldes	$\displaystyle \int_A \vec{D}\,d\vec{A} = \int_V \rho\,dV \;\; (= Q)$	$\operatorname{div} \vec{D} = \rho$
4	Fehlen magnetischer Ladung	$\displaystyle \int_A \vec{B}\,d\vec{A} = 0$	$\operatorname{div} \vec{B} = 0$

Die differentielle Form ergibt sich aus der Integralform durch

- Anwendung des Stokeschen Integralsatzes bei Regel 1 und 2,
- Anwendung des Gaußschen Integralsatzes bei Regel 3 und 4.

Potentialfelder , Potentialfunktion

Ein Vektorfeld $\vec{v} : \mathrm{IR}^3 \to \mathrm{IR}^3$ mit $\vec{v}(\vec{x}) = \big(v_x(\vec{x})\,,\, v_y(\vec{x})\,,\, v_z(\vec{x})\big)$ heißt

$\qquad$ **Potentialfeld** oder **Gradientenfeld** oder **konservativ**, wenn

$\qquad$ ein Skalarfeld $f : \mathrm{IR}^3 \to \mathrm{IR}$ existiert mit $\quad \vec{v}(\vec{x}) = \operatorname{grad} f(\vec{x})$.

$\qquad$ f heißt dann **Potentialfunktion** oder **Stammfunktion** von $\vec{v}$.

Ist $\vec{v}$ ein Vektorfeld, so sind äquivalent :

- $\vec{v}$ ist Potentialfeld
- das Kurvenintegral $\int_K \vec{v}\, d\vec{x}$ ist wegunabhängig
- Kurvenintegrale $\oint \vec{v}\, d\vec{x}$ über geschlossene Wege sind 0

$$\frac{\partial v_y}{\partial z} = \frac{\partial v_z}{\partial y}\,,\ \frac{\partial v_x}{\partial y} = \frac{\partial v_y}{\partial x}\,,\ \frac{\partial v_x}{\partial z} = \frac{\partial v_z}{\partial x} \quad \bigg| \quad \textbf{Integrabilitätsbedingung für } \vec{v}$$

$\vec{v}$ genügt der Integrabilitätsbedingung

$$\Longleftrightarrow \quad \operatorname{rot} \vec{v} = \vec{o} \quad (\vec{v} \text{ ist wirbelfrei})$$
$$\Longleftrightarrow \quad \mathcal{J}_{\vec{v}} = \mathcal{J}_{\vec{v}}^{\top} \quad (\text{Jacobi–Matrix von } \vec{v} \text{ ist symmetrisch})$$

Ist G ein Gebiet (offen, zusammenhängend) im IR^3, so gilt:

$\vec{v}$ ist Potentialfeld in $G \quad \Longrightarrow \quad \vec{v}$ genügt der Integrabilitätsbedingung in G.

Ist G ein **einfach zusammenhängendes Gebiet**, so gilt:

$\vec{v}$ ist **Potentialfeld** in $G \Longleftrightarrow \vec{v}$ genügt der **Integrabilitätsbedingung** in G.

Ist $\vec{v}$ Potentialfeld mit Potentialfunktion f, ist also $\vec{v} = \operatorname{grad} f$, und ist K eine die Punkte P , Q verbindende Kurve, so gilt (vgl. Hauptsatz, Seite 96):

$$\int_K \vec{v}\, d\vec{x} = f(Q) - f(P) \qquad (\textbf{ Potentialdifferenz})$$

Ist $\vec{v} = (v_x, v_y, v_z)$ Potentialfeld und K eine Kurve in G, die den *festen* Anfangspunkt $\vec{x_0} = (x_0, y_0, z_0)$ mit dem *variablen* Punkt $\vec{x} = (x, y, z)$ verbindet, so ist

$$f(\vec{x}) = \int_{\vec{x_0}}^{\vec{x}} \vec{v}(\vec{x})\, d\vec{x} = \int_{x_0}^{x} v_x(t, y_0, z_0)\, dt \;+\; \int_{y_0}^{y} v_y(x, t, z_0)\, dt \;+\; \int_{z_0}^{z} v_z(x, y, t)\, dt$$

eine **Potentialfunktion** von $\vec{v}$.

Beispiel: Magnetfeld $\quad \vec{v}(x, y) = \big(\frac{-y}{x^2+y^2}, \frac{x}{x^2+y^2}\big)$ *erfüllt die Int–bed. in der gelochten*

$\quad$ *Ebene* $\mathrm{IR}^2 \setminus \{(0,0)\}$ *(nicht einfach zusammenhgd!); ist aber dort kein Potentialfeld.*

Die Int–bed. für die Ebene ist $\frac{\partial v_x}{\partial y} = \frac{\partial v_y}{\partial x}$. Man berechnet: $\frac{\partial v_x}{\partial y} = \frac{y^2 - x^2}{(x^2+y^2)^2} = \frac{\partial v_y}{\partial x}$.

Integration von $\vec{v}$ längs des geschloss. Einkeitskreises EK: $\vec{x}(\varphi) = \begin{pmatrix} \cos\varphi \\ \sin\varphi \end{pmatrix}$, $0 \le \varphi \le 2\pi$:

$\int_{EK} \vec{v}\, d\vec{x} = \int_0^{2\pi} \vec{v}(\vec{x}(\varphi)) \cdot \dot{\vec{x}}(\varphi)\, d\varphi = \int_0^{2\pi} \begin{pmatrix} -\sin\varphi \\ \cos\varphi \end{pmatrix} \cdot \begin{pmatrix} -\sin\varphi \\ \cos\varphi \end{pmatrix} d\varphi = \int_0^{2\pi} d\varphi = 2\pi \ne 0.$

Beispiel: Gravitationsfeld $\quad \vec{v}(x, y, z) = \frac{(x,y,z)}{(x^2+y^2+z^2)^{3/2}}$ *erfüllt die Int–bed. in dem*

$\quad$ *gelochten Raum* $\mathrm{IR}^3 \setminus \{(0,0,0)\}$ *(einfach zhgd!). Man berechne eine Potentialfunktion.*

Kugelkoordinaten: $\operatorname{grad} f = \frac{\partial f}{\partial \rho} \vec{e_\rho} + \frac{1}{\rho} \frac{\partial f}{\partial \theta} \vec{e_\theta} + \frac{1}{\rho \sin\theta} \frac{\partial f}{\partial \varphi} \vec{e_\varphi} = \vec{v} = \frac{1}{\rho^2} \vec{e_\rho} + 0\vec{e_\theta} + 0\vec{e_\varphi}$

Koordinatenvergleich: $\frac{\partial f}{\partial \rho} = \frac{1}{\rho^2}$, $\frac{\partial f}{\partial \theta} = \frac{\partial f}{\partial \varphi} = 0 \Longrightarrow f = -\frac{1}{\rho} = \frac{-1}{\sqrt{x^2+y^2+z^2}}$ ist Potentialfkt.

Kurvenintegrale

Das Kurvenintegral $\int_K f\,ds$

Ist $f : \mathbb{R}^3 \to \mathbb{R}$ Skalarfeld und $\vec{x} = (x, y, z)$
und $K = \{\vec{x}(t) \mid a \le t \le b\}$ eine Kurve im $\mathbb{R}^3$, so ist

$$\int_K f\,ds \;=\; \int_a^b f(\vec{x}(t)) \cdot |\dot{\vec{x}}(t)|\,dt \;=\; \int_a^b f(\vec{x}(t))\sqrt{\dot{x}^2(t) + \dot{y}^2(t) + \dot{z}^2(t)}\,dt.$$

$ds = |\dot{\vec{x}}(t)|\,dt = \sqrt{\dot{x}^2(t) + \dot{y}^2(t) + \dot{z}^2(t)}\,dt$ heißt **skalares Bogenelement**.

Für $f \equiv 1$ ergibt sich die **Bogenlänge** L des Kurvenstücks K: $\quad L = \int_a^b |\dot{\vec{x}}(t)|\,dt$.

Das Kurvenintegral $\int_K \vec{v}\,d\vec{x}$ (Arbeitsintegral)

Ist $\vec{v} = (v_x, v_y, v_z) : \mathbb{R}^3 \to \mathbb{R}^3$ Vektorfeld und $\vec{x} = (x, y, z)$
und $K = \{\vec{x}(t) \mid a \le t \le b\}$ eine Kurve im $\mathbb{R}^3$, so ist

$$\int_K \vec{v}\,d\vec{x} \;=\; \int_a^b \vec{v}(\vec{x}(t)) \cdot \dot{\vec{x}}(t)\,dt \;=\; \int_a^b \begin{pmatrix} v_x(\vec{x}(t)) \\ v_y(\vec{x}(t)) \\ v_z(\vec{x}(t)) \end{pmatrix} \cdot \begin{pmatrix} \dot{x}(t) \\ \dot{y}(t) \\ \dot{z}(t) \end{pmatrix}\,dt.$$

$d\vec{x} = \dot{\vec{x}}(t)\,dt$ heißt **vektorielles Bogenelement**.

Ist K geschlossene Kurve, ist $\oint_K \vec{v}\,d\vec{x}$ die **Zirkulation** des Vektorfeldes $\vec{v}$ längs K.

Sind $\vec{v} = (v_x, v_y, v_z)$ und $\vec{x} = (x, y, z)$ in kartesischen Koordinaten gegeben, so ist
$dx = \dot{x}\,dt$, $dy = \dot{y}\,dt$, $dz = \dot{z}\,dt$ und das Kurvenintegral schreibt sich parameterfrei:

$$\int_K \vec{v}\,d\vec{x} \;=\; \int_K v_x\,dx + v_y\,dy + v_z\,dz.$$

Bezeichnet $\vec{t}$ das Feld der Tangenteneinheitsvektoren von K, so besteht zwischen den Integraltypen folgender Zusammenhang:

$$\int_K \vec{v}\,d\vec{x} \;=\; \int_K (\vec{v} \cdot \vec{t})\,ds.$$

Um Kurvenintegrale für **ebene Kurven** zu berechnen, setzt man $z(t) \equiv 0$.

Beispiel *Man berechne die Zirkulation des Feldes $\vec{v}(x, y) = \left(\frac{-y}{x^2+y^2}, \frac{x}{x^2+y^2}\right)$*
längs des Einheitskreises K.

$\oint_K \vec{v}\,d\vec{x} = \oint_K \left(\frac{-y\,dx}{x^2+y^2} + \frac{x\,dy}{x^2+y^2}\right)$ und $K = \left\{\vec{x} \in \mathbb{R}^2 \mid \vec{x} = \begin{pmatrix} \cos t \\ \sin t \end{pmatrix},\ t \in [0, 2\pi]\right\}$ Einheitskreis

mit $\vec{x}(t) = \begin{pmatrix} \cos t \\ \sin t \end{pmatrix}$ und $\dot{\vec{x}}(t) = \begin{pmatrix} -\sin t \\ \cos t \end{pmatrix}$ ist $x^2 + y^2 = 1$, und es ergibt sich:

$$= \int_0^{2\pi} \left((-\sin t)(-\sin t) + \cos t \cdot \cos t\right)dt = \int_0^{2\pi} dt = \underline{\underline{2\pi}}.$$

Oberflächenintegrale

Das Oberflächenintegral $\displaystyle\int_F f\,dF$

Ist $f : \mathrm{IR}^3 \to \mathrm{IR}$ Skalarfeld und $F = \{\vec{x}(u,v) \mid (u,v) \in B\}$ Fläche im IR^3, so ist

$$\int_F f\,dF = \int_B f\big(\vec{x}(u,v)\big)\,|\vec{x}_u(u,v) \times \vec{x}_v(u,v)|\,d(u,v).$$

$$\vec{x}_u = \begin{pmatrix} x_u \\ y_u \\ z_u \end{pmatrix} = \begin{pmatrix} \frac{\partial x}{\partial u} \\ \frac{\partial y}{\partial u} \\ \frac{\partial z}{\partial u} \end{pmatrix}, \qquad \vec{x}_v = \begin{pmatrix} x_v \\ y_v \\ z_v \end{pmatrix} = \begin{pmatrix} \frac{\partial x}{\partial v} \\ \frac{\partial y}{\partial v} \\ \frac{\partial z}{\partial v} \end{pmatrix} \qquad \begin{array}{l}\text{sind \textbf{Tangentenvektoren} an} \\ \text{die Koordinatenlinien auf } F.\end{array}$$

$$\vec{n} = \vec{x}_u \times \vec{x}_v \qquad \text{ist \textbf{Normalenvektor} an } F.$$

$dF = |\vec{x}_u \times \vec{x}_v|\,d(u,v)$ heißt **skalares Flächenelement**.

Für $f \equiv 1$ ergibt sich der **Flächeninhalt**: $\quad A = \displaystyle\int_B |\vec{x}_u(u,v) \times \vec{x}_v(u,v)|\,d(u,v).$

Das Oberflächenintegral $\displaystyle\int_F \vec{v}\,d\vec{F}$ (Flußintegral)

Ist $\vec{v} : \mathrm{IR}^3 \to \mathrm{IR}^3$ Vektorfeld und $F = \{\vec{x}(u,v) \mid (u,v) \in B\}$ Fläche im IR^3, so ist

$$\int_F \vec{v}\,d\vec{F} = \int_B \vec{v}\big(\vec{x}(u,v)\big) \cdot \big(\vec{x}_u(u,v) \times \vec{x}_v(u,v)\big)\,d(u,v).$$

$d\vec{F} = \big(\vec{x}_u \times \vec{x}_v\big)\,d(u,v)$ heißt **vektorielles Flächenelement**.

Das Vorzeichen ist ggf. der vorgegebenen Normalenrichtung anzupassen!

Bezeichnet $\vec{n}$ das Feld der äußeren Normaleneinheitsvektoren von F, so besteht zwischen den Integraltypen folgender Zusammenhang :

$$\int_F \vec{v}\,d\vec{F} = \int_F (\vec{v} \cdot \vec{n})\,dF.$$

Beispiel Man berechne den Fluss des Feldes $\vec{v}(x,y,z) = \left(\frac{-x}{2}, -y, -z\right)$
  durch die Paraboloidkappe $F = \{(x,y,z) \mid z = x^2 + y^2,\ x^2 + y^2 \le 1\}$.

$$\vec{x} = \begin{pmatrix} x \\ y \\ x^2 + y^2 \end{pmatrix} \implies \vec{x}_x \times \vec{x}_y = \begin{pmatrix} 1 \\ 0 \\ 2x \end{pmatrix} \times \begin{pmatrix} 0 \\ 1 \\ 2y \end{pmatrix} = \begin{pmatrix} -2x \\ -2y \\ 1 \end{pmatrix}.$$

$$\vec{v}(\vec{x}) \cdot (\vec{x}_x \times \vec{x}_y) = \begin{pmatrix} -x/2 \\ -y \\ -x^2 - y^2 \end{pmatrix} \cdot \begin{pmatrix} -2x \\ -2y \\ 1 \end{pmatrix} = y^2 \implies \vec{v} \cdot d\vec{F} = y^2\,d(x,y).$$

$$\int_F \vec{v}\,d\vec{F} = \int_{x^2 + y^2 \le 1} y^2\,d(x,y) = \int_0^{2\pi} \left(\int_0^1 r^2 \cdot \sin^2 \varphi \cdot r\,dr \right) d\varphi = \underline{\underline{\tfrac{1}{4}\pi}}.$$

12.2 Wichtige Felder

Kugelsymmetrische Felder $\rho = \sqrt{x^2+y^2+z^2}$				Coulombfeld Gravitationsfeld
$\vec{v}(x,y,z)$	(x,y,z)	$\dfrac{(x,y,z)}{\sqrt{x^2+y^2+z^2}}$	$\dfrac{(x,y,z)}{x^2+y^2+z^2}$	$\dfrac{(x,y,z)}{(x^2+y^2+z^2)^{3/2}}$
$\vec{v}(\vec{x})$	$\vec{x}$	$\dfrac{\vec{x}}{\lvert\vec{x}\rvert}$	$\dfrac{1}{\lvert\vec{x}\rvert}\cdot\dfrac{\vec{x}}{\lvert\vec{x}\rvert}$	$\dfrac{1}{\lvert\vec{x}\rvert^2}\cdot\dfrac{\vec{x}}{\lvert\vec{x}\rvert}$
Kugelkoord. $\vec{v}(\rho,\theta,\varphi)$	$(\rho,0,0)$	$(1,0,0)$	$(\frac{1}{\rho},0,0)$	$(\frac{1}{\rho^2},0,0)$
Def.bereich einf. zushg.	$\mathbb{R}^3$ ja	$\mathbb{R}^3\setminus\{\vec{o}\}$ ja	$\mathbb{R}^3\setminus\{\vec{o}\}$ ja	$\mathbb{R}^3\setminus\{\vec{o}\}$ ja
Potential $\Phi(x,y,z)$	$\frac{1}{2}(x^2+y^2+z^2)$ $=\frac{1}{2}\lvert\vec{x}\rvert^2=\frac{1}{2}\rho^2$	$\sqrt{x^2+y^2+z^2}$ $=\lvert\vec{x}\rvert=\rho$	$\ln\sqrt{x^2+y^2+z^2}$ $=\ln\lvert\vec{x}\rvert=\ln\rho$	(Newton–Potential) $\dfrac{-1}{\sqrt{x^2+y^2+z^2}}$ $=\dfrac{-1}{\lvert\vec{x}\rvert}=\dfrac{-1}{\rho}$
Kurvenintegral wegunabhängig	ja	ja	ja	ja
$\operatorname{div}\vec{v}$	3	$\dfrac{2}{\sqrt{x^2+y^2+z^2}}$ $=\dfrac{2}{\lvert\vec{x}\rvert}=\dfrac{2}{\rho}$	$\dfrac{1}{x^2+y^2+z^2}$ $=\dfrac{1}{\lvert\vec{x}\rvert^2}=\dfrac{1}{\rho^2}$	0
$\operatorname{rot}\vec{v}$	$\vec{o}$	$\vec{o}$	$\vec{o}$	$\vec{o}$

Axialsymmetrische Felder $r = \sqrt{x^2+y^2}$			elektr. Feld geladener Draht	Magnetfeld stromdurchfl. Leiter
$\vec{v}(x,y,z)$	$(x,y,0)$	$\dfrac{(x,y,0)}{\sqrt{x^2+y^2}}$	$\dfrac{(x,y,0)}{x^2+y^2}$	$\dfrac{(-y,x,0)}{x^2+y^2}$
Zylinderkoord. $\vec{v}(r,\varphi,z)$	$(r,0,0)$	$(1,0,0)$	$(\frac{1}{r},0,0)$	$(0,\frac{1}{r},0)$
Def.bereich einf. zushg.	$\mathbb{R}^3$ ja	$\mathbb{R}^3\setminus\{(0,0,z)\}$ nein	$\mathbb{R}^3\setminus\{(0,0,z)\}$ nein	$\mathbb{R}^3\setminus\{(0,0,z)\}$ nein
Potential $\Phi(x,y,z)$	$\frac{1}{2}(x^2+y^2)$ $=\frac{1}{2}r^2$	$\sqrt{x^2+y^2}$ $=r$	log. Potential $\ln\sqrt{x^2+y^2}$ $=\ln r$	lokal: $\arctan\frac{y}{x},\ x\neq0$ $-\arctan\frac{x}{y},\ y\neq0$
Kurvenintegral wegunabhängig	ja	ja	ja	nein
$\operatorname{div}\vec{v}$	2	$\dfrac{1}{r}$	0	0
$\operatorname{rot}\vec{v}$	$\vec{o}$	$\vec{o}$	$\vec{o}$	$\vec{o}$

12.3   Integralsätze

GAUSSscher Integralsatz in der Ebene IR^2

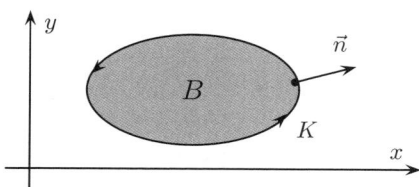

$B \subseteq \mathrm{IR}^2$ sei ein ebener Bereich mit stückweise glatter Randkurve K. K wird so durchlaufen, dass B stets *links* liegt.

Ist das Vektorfeld $\vec{v} : \mathrm{IR}^2 \to \mathrm{IR}^2$ mit $\vec{v}(x,y) = \big(P(x,y), Q(x,y)\big)$ stetig differenzierbar, so gilt:

1. Fassung $\displaystyle \int_B \left(\frac{\partial Q}{\partial x} - \frac{\partial P}{\partial y}\right) dB = \oint_K (P\,dx + Q\,dy) = \oint_K \vec{v}\,d\vec{x}$

> *Integral der Wirbeldichte ist gleich der Zirkulation längs des Randes.*

2. Fassung $\displaystyle \int_B \operatorname{div} \vec{v}\,dB = \oint_K (\vec{v}\cdot\vec{n})\,ds$ $\quad\left| \begin{array}{l} \vec{n} = \frac{(\dot{y},-\dot{x})}{|(\dot{x},\dot{y})|} \quad \text{ist} \\[2pt] \text{äußerer Normalen–} \\ \text{Einheitsvektor an } K. \end{array} \right.$

> *Integral der Quelldichte ist gleich dem Fluß durch den Rand.*

GAUSSscher Integralsatz im Raum IR^3

$B \subseteq \mathrm{IR}^3$ sei ein räumlicher Bereich mit stückweise glatter Randfläche F.

Ist das Vektorfeld $\vec{v} : \mathrm{IR}^3 \to \mathrm{IR}^3$ stetig differenzierbar, so gilt:

$$\int_B \operatorname{div} \vec{v}\,dB = \int_F \vec{v}\,d\vec{F} = \int_F (\vec{v}\cdot\vec{n})\,dF \qquad \left| \begin{array}{l} \vec{n} = \frac{\pm(\vec{x}_u \times \vec{x}_v)}{|\vec{x}_u \times \vec{x}_v|} \quad \text{ist} \\[2pt] \text{äußerer Normalen–} \\ \text{Einheitsvektor an } F. \end{array} \right.$$

> *Integral der Quelldichte ist gleich dem Fluss durch die Randfläche.*

Physikalische Deutung

$\vec{v}$ sei das Geschwindigkeitsfeld einer stationären Flüssigkeitsströmung.

$\operatorname{div} \vec{v}(\vec{x}_0)$ ist ein Maß für die im Punkte $\vec{x}_0$ entstehende Flüssigkeitsmenge:

$$(\operatorname{div} \vec{v}(\vec{x}_0) > 0 : \textbf{Quelle} \quad \text{und} \quad \operatorname{div} \vec{v}(\vec{x}_0) < 0 : \textbf{Senke})$$

Das Flußintegral $\int_F \vec{v}\,d\vec{F}$ gibt die durch die Fläche F pro Zeiteinheit hindurchtretende Flüssigkeitsmenge an.

Der durch alle Quellen und Senken im Innern von B entstehende Flüssigkeitsüberschuss (*Bereichsintegral*) ist gleich dem Unterschied zwischen der durch F herein– bzw. hinausströmenden Flüssigkeitsmenge (*Oberflächenintegral*).

Integralsatz von STOKES

Es sei F eine stückweise glatte, orientierte Fläche mit stückweise glatter, bezüglich F positiv orientierter Randkurve K.

Ist $\vec{v} : \mathbb{R}^3 \to \mathbb{R}^3$ ein stetig differenzierbares Vektorfeld, so gilt:

$$\int_F \operatorname{rot} \vec{v}\, d\vec{F} = \oint_K \vec{v}\, d\vec{x}.$$

dabei ist $d\vec{F}$ vektorielles Flächenelement Seite 160 ,
 $d\vec{x}$ vektorielles Bogenelement Seite 159.

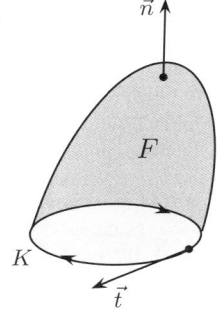

Oder:

$$\int_F (\operatorname{rot} \vec{v} \cdot \vec{n})\, dF = \oint_K (\vec{v} \cdot \vec{t})\, ds.$$

dabei ist $\vec{n}$ Einheitsnormalenvektor von F
 $\vec{t}$ Tangenteneinheitsvektor von K

Der Fluss des Rotors durch die Fläche ist gleich der Zirkulation längs des Randes.

GREENsche Formeln

Es sei $V \subseteq \mathbb{R}^3$ ein räumlicher Bereich, der von einer stückweise glatten, nach außen orientierten Fläche F berandet wird.
Sind die reellen Funktionen $f, g : \mathbb{R}^3 \to \mathbb{R}$ genügend differenzierbar, so gilt:

$$\boxed{1} \qquad \int_F (f \operatorname{grad} g)\, d\vec{F} = \int_V (\operatorname{grad} f \cdot \operatorname{grad} g + f \operatorname{div} \operatorname{grad} g)\, dV.$$

Mit Nablaoperator ∇ und Laplaceoperator Δ lautet diese Formel:

$$\boxed{1^*} \qquad \int_F f \nabla g\, d\vec{F} = \int_V (\nabla f \nabla g + f \Delta g)\, dV.$$

Vertauschen von f und g und Differenzbildung ergibt:

$$\boxed{2} \qquad \int_F (f \nabla g - g \nabla f)\, d\vec{F} = \int_V (f \Delta g - g \Delta f)\, dV.$$

Bezeichnet $\vec{n}$ das äußere Einheitsnormalenfeld, so ist $d\vec{F} = \vec{n}\, dF$ und
$\nabla f\, \vec{n} = \dfrac{\partial f}{\partial \vec{n}} = \operatorname{grad} f \cdot \vec{n}, \; \nabla g\, \vec{n} = \dfrac{\partial g}{\partial \vec{n}} = \operatorname{grad} g \cdot \vec{n}$ (Richtungsableitungen), also

$$\boxed{2^*} \qquad \int_F \left(f \frac{\partial g}{\partial \vec{n}} - g \frac{\partial f}{\partial \vec{n}} \right) dF = \int_V (f \Delta g - g \Delta f)\, dV.$$

Für $f = 1$ folgt aus $\boxed{2}$

$$\boxed{3} \qquad \int_F \operatorname{grad} g \cdot d\vec{F} = \int_V \Delta g\, dV.$$

13   Differentialgleichungen

13.1   Kurvenschar, Existenz– und Eindeutigkeitssatz

Differentialgleichungen und Kurvenscharen

Die Lösungsgesamtheit einer DGL ist im allgemeinen eine Kurvenschar.

Umgekehrt lässt sich zu gegebener Kurvenschar möglicherweise eine DGL angeben, deren Lösungsgesamtheit die Schar enthält.

DGL einer Kurvenschar

(1)   Die Kurvenschar wird mittels eines *Scharparameters* c beschrieben, z.B. in der Form: $F(x, y, c) = 0$.

(2)   Differentiation nach x liefert eine zweite Gleichung.

(3)   Elimination von c ergibt eine DGL für die Kurvenschar.

   (Die Lösungsgesamtheit der DGL ist im allgemeinen umfassender als die gegebene Kurvenschar.)

Hängt die Schar von mehreren Parametern ab, wird entsprechend oft differenziert.

Orthogonale Trajektorien einer Kurvenschar $F(x, y, c) = 0$

(1)   Man bestimmt die DGL der Kurvenschar,

(2) y' wird durch $-\dfrac{1}{y'}$ ersetzt,

(3)   Lösungen dieser neuen DGL sind die orthogonalen Trajektorien.

Isogonale Trajektorien zu $F(x, y, c) = 0$ **mit Schnittwinkel** α

(1)   Man bestimmt die DGL der Kurvenschar,

(2) y' wird durch $\dfrac{y' - \tan\alpha}{1 + y'\tan\alpha}$ ersetzt,

(3)   Lösungen dieser neuen DGL sind die isogonalen Trajektorien.

Beispiele   • *Man bestimme die DGL der Kurvenschar der Ursprungsgeraden.*

(1)   Gleichung der Kurvenschar (Geraden durch den Ursprung): $\underline{y = cx,\ c \in \mathbb{R}}$.

(2)   Differentiation liefert $y' = c$.

(3)   Elimination von c, DGL der Kurvenschar: $\boxed{y = y'x}$ (hom. lin. DGL 1.Ordnung)

• *Man bestimme die isogonalen Trajektorien ($\alpha = \frac{\pi}{4}$) zur Schar der Ursprungsgeraden.*

(1)   DGL der Kurvenschar: $y = y'x$.

(2) y' durch $\frac{y'-1}{1+y'}$ ersetzt: $y = \frac{y'-1}{1+y'}x$, DGL der Trajektorien: $\boxed{y' = \dfrac{x+y}{x-y}}$

(3)   Lösung der DGL $y' = \frac{x+y}{x-y}$ (z.B. Seite 166 als Ähnlichkeits–DGL $y' = \frac{1+y/x}{1-y/x}$).
   Vorteilhaft benutzt man hier Polarkoordinaten (siehe Seite 90, 128):

$$\begin{array}{l} x = r\cos\varphi \\ y = r\sin\varphi \end{array} \quad \text{und} \quad y' = \frac{\dot{y}}{\dot{x}} = \frac{\dot{r}\sin\varphi + r\cos\varphi}{\dot{r}\cos\varphi - r\sin\varphi}.$$

Einsetzen führt auf die hom. lineare DGL 1.Ord. $\boxed{\dot{r} = r}$

mit den Lösungen $\underline{r = c\,e^{\varphi},\ c \in \mathbb{R}}$ (logarithmische Spiralen, Seite 132).

> ### Die Anfangswertaufgabe (AWA)
> $$y' = f(x, y), \quad y(x_0) = y_0$$

$f(x, y)$ sei stetig auf dem Rechteck $R = \{(x, y) \,|\, |x - x_0| \leq a, |y - y_0| \leq b\}$.
Es sei $M := \max\{|f(x, y)| \,|\, (x, y) \in R\}$ (Maximum von $|f|$ auf R).

Existenzsatz von Peano

Dann **existiert** eine Lösung der AWA mindestens im Intervall

$$I = [x_0 - \alpha, x_0 + \alpha], \text{ wenn } \alpha := \min\{a, \tfrac{b}{M}\} \text{ ist.}$$

Eindeutigkeitssatz

Genügt f in R einer *Lipschitzbedingung*

$$|f(x, y_1) - f(x, y_2)| \leq L|y_1 - y_2| \text{ für } (x, y_1), (x, y_2) \in R,$$

so ist die Lösung $y(x)$ der AWA **eindeutig** bestimmt und lasst sich iterativ mit folgendem Verfahren gewinnen:

Iterationsverfahren von Picard–Lindelöff

$y = u_0(x)$ verlaufe in R (z.B. $u_0(x) = y_0$)

$$u_{n+1}(x) := y_0 + \int_{x_0}^{x} f(t, u_n(t))\, dt \;, \text{ für } n \in \mathbb{N}.$$

Fehlerabschätzung $\quad |y(x) - u_n(x)| \leq \frac{(\alpha L)^n}{n!}\, e^{\alpha L} \cdot \max_{x \in I} |u_1(x) - u_0(x)|.$

13.2 Spezielle Typen von DGLn 1. Ordnung

> $p(x, y) + q(x, y) \cdot y' = 0$ bzw. $p(x, y)\, dx + q(x, y)\, dy = 0$ $\;\big|\;$ **Exakte DGL**

Diese DGL heißt **exakt**, falls es eine stetig diff-bare Funktion $F(x, y)$ gibt mit

$$F_x(x, y) = p(x, y) \quad \text{und} \quad F_y(x, y) = q(x, y).$$

F heißt **Stammfunktion**.
Die Lösungen der DGL sind dann implizit durch $F(x, y) = c$, $c \in \mathbb{R}$ gegeben (Niveaulinien von F).

Sind $p = p(x, y)$ und $q = q(x, y)$ in dem einfach zusammenhängenden Gebiet G stetig differenzierbare Funktionen, so gilt:

$$p(x, y)\, dx + q(x, y)\, dy = 0 \text{ ist } \textbf{exakt} \iff p_y = q_x.$$

Eine **Stammfunktion** F gewinnt man z.B. durch Integration aus $\begin{array}{l} F_x = p \\ F_y = q \end{array}$.

Die durch den Punkt (x_0, y_0) verlaufende Lösung ist gegeben durch:

$$F(x, y) = \int_{x_0}^{x} p(t, y)\, dt + \int_{y_0}^{y} q(x_0, t)\, dt = 0$$

Integrierender Faktor (Eulerscher Multiplikator)

$\mu = \mu(x, y)$ heißt integrierender Faktor der DGL $\boxed{p(x, y)\, dx + q(x, y)\, dy = 0}$,
falls $(p \cdot \mu)\, dx + (q \cdot \mu)\, dy = 0$ eine **exakte DGL** ist.

Bedingung für μ: $p_y \cdot \mu + p \cdot \mu_y = q_x \cdot \mu + q \cdot \mu_x$.

Ansatz	Bedingung für μ	
$\mu = \mu(x)$	$\dfrac{\mu'}{\mu} = \dfrac{p_y - q_x}{q}$	hängt nur von x ab!
$\mu = \mu(y)$	$\dfrac{\mu'}{\mu} = \dfrac{q_x - p_y}{p}$	hängt nur von y ab!
$\mu = \mu(x \cdot y)$	$\dfrac{\mu'}{\mu} = \dfrac{q_x - p_y}{xp - yq}$	hängt nur von xy ab!
$\mu = \mu(x + y)$	$\dfrac{\mu'}{\mu} = \dfrac{q_x - p_y}{p - q}$	hängt nur von $x + y$ ab!

$y' = f(x)g(y)$ Trennung der Veränderlichen (TdV)

Die Lösungsgesamtheit besteht aus allen

(1)   Geraden $y = y_0$, falls y_0 eine Nullstelle der Funktion $g(y)$ ist.

(2)   Funktionen $y = y(x)$, die sich aus

$$\int \frac{dy}{g(y)} = \int f(x)\, dx, \quad g(y) \neq 0 \text{ in impliziter Form ergeben.}$$

Die durch den Punkt (x_0, y_0) verlaufende $\displaystyle \int_{y_0}^{y} \frac{dt}{g(t)} = \int_{x_0}^{x} f(t)\, dt$
Lösung ist gegeben durch:

Auf eine DGL vom Typ $y' = f(x)g(y)$ (**TdV**) lassen sich zurückführen:

$\boxed{y' = f\left(\dfrac{y}{x}\right)}$ **Ähnlichkeits–DGL** oder **homogene DGL**

Ansatz: $z(x) = \dfrac{y(x)}{x}$, dann ist $y = zx$ und $y' = z'x + z$.

$\boxed{y' = f(ax + by + c)}$ Ansatz: $z(x) = ax + b\,y(x) + c, \ z' = a + by'$.

$\boxed{y' = f\left(\dfrac{ax + by + c}{a'x + b'y + c'}\right)}$ Man betrachte die Geraden
$G_1: ax + by + c = 0$ und $G_2: a'x + b'y + c' = 0$.

<u>Fall 1</u>: G_1 und G_2 haben den Schnittpunkt (x_0, y_0):

Transformation $\xi = x - x_0$, $\eta = y - y_0$, $y' = \dfrac{d\eta}{d\xi}$ ergibt Ähnlichkeits–DGL: $\dfrac{d\eta}{d\xi} = \tilde{f}\left(\dfrac{\eta}{\xi}\right)$.

<u>Fall 2</u>: G_1 und G_2 sind parallel. Division führt auf den Typ $y' = f(ax + by + c)$.

Häufig benutzt man vorteilhaft **Polarkoordinaten** (Seite 90, 128):

$\begin{aligned} x &= r\cos\varphi \\ y &= r\sin\varphi \end{aligned}$ $y' = \dfrac{\dot{y}}{\dot{x}} = \dfrac{\dot{r}\sin\varphi + r\cos\varphi}{\dot{r}\cos\varphi - r\sin\varphi}$ siehe Beispiel Seite 164.

13.3 Die lineare DGL 1.Ordnung

$$\boxed{y' + a(x)y = r(x)} \quad \text{Lineare DGL 1.Ordnung}$$

Die Gesamtlösung ist $\boxed{y = y_S + y_H}$. Dabei ist

y_H die Gesamtlösung der **homogenen DGL** $\boxed{y' + a(x)y = 0}$

y_S eine (spezielle) Lösung der **inhomogenen DGL** $\boxed{y' + a(x)y = r(x)}$

$\boxed{\text{H}}$ Berechnung von y_H

    (1)   Raten einer Lösung $y_1 \not\equiv 0$ oder
    (2)   Formel: $y_H = c\,\mathrm{e}^{-A(x)}$, wobei $A(x) = \int a(x)\,dx$ oder
    (3)   Berechnung einer Lösung y_1 mittels T.d.V.

    Stets hat y_H die Form $y_H = c \cdot y_1, \ c \in \mathbb{R}$

$\boxed{\text{I}}$ Berechnung von y_S

    (1)   Raten einer Lösung.
    (2)   Formel: $y_S = \mathrm{e}^{-A(x)} \cdot \int r(x)\,\mathrm{e}^{A(x)}dx$, wobei $A(x) = \int a(x)\,dx$
    (3)   Berechnung mittels "Variation der Konstanten":
        Der Ansatz $y(x) = c(x) \cdot y_1$ führt auf $c'(x) = r(x)\,\mathrm{e}^{A(x)}$,
        wobei y_1 *eine* Lösung der hom. DGL ist.
        $c(x)$ ergibt sich dann durch Integration.

Um die AWA $\boxed{y' + a(x)y = r(x), \ y(x_0) = y_0}$ zu lösen, wird die Integrationskonstante c durch Einsetzen der Anfangsbedingung angepasst oder man benutzt die Formel

$$y(x) = \mathrm{e}^{-A(x)} \int_{x_0}^{x} r(t)\,\mathrm{e}^{A(t)}\,dt + y_0\,\mathrm{e}^{-A(x)} \quad \text{mit} \quad A(x) = \int_{x_0}^{x} a(t)\,dt.$$

13.4 Spezielle Typen

Auf eine lineare DGL 1.Ordnung lassen sich zurückführen:

$$\boxed{y' + f(x)y = r(x) \cdot y^a, \ (a \neq 0, 1)} \quad \textbf{Bernoulli–DGL}$$

Subst.: $\begin{aligned} u &= y^{1-a} \\ u' &= (1-a)y^{-a}y' \end{aligned}$ ergibt lin. DGL $\boxed{u' + (1-a)f(x)u = (1-a)r(x)}$

$$\boxed{y' + f(x)y = r(x) + g(x)y^2} \quad \textbf{Riccati–DGL}$$

Voraussetzung:
Eine Lösung $v(x)$ ist bekannt!

Subst.: $\begin{aligned} y &= v + \dfrac{1}{u} \\ y' &= v' - \dfrac{u'}{u^2} \end{aligned}$ ergibt lin. DGL $\boxed{u' + (2vg - f)u = -g}$

$$\boxed{y = xy' + g(y')} \quad \textbf{Clairautsche DGL}$$

Lösung: (a) $y = cx + g(c)$ Geradenschar

(b) $\begin{pmatrix} x \\ y \end{pmatrix} = \begin{pmatrix} -g'(t) \\ -tg'(t) + g(t) \end{pmatrix}$ *Einhüllende* der Geradenschar.

$$\boxed{y = xf(y') + g(y')} \quad \textbf{d'Alembertsche DGL}$$

Lösung: (a)   für $f(c) = c$ erhält man die Geraden $y = f(c)x + g(c)$.

(b)   Differenzieren und $y' = t$, $y'' = \dfrac{dt}{dx}$ ergibt:

$$\frac{dx}{dt} + \frac{f'(t)}{f(t)-t}x = -\frac{g'(t)}{f(t)-t}, \quad \text{eine lin. DGL 1.Ord. für } x(t).$$

Dann ist $y(t) = f(t)x(t) + g(t)$.

spezielle Typen

$\boxed{\begin{array}{c} x = g(y') \\ \text{Typ } "ohne" y \end{array}}$
Subst.: $y' = t \implies$
Lösung in Parameterform:

$x = g(t)$ und $y = \displaystyle\int tg'(t)\,dt$

$\boxed{\begin{array}{c} y = g(y') \\ \text{Typ } "ohne" x \end{array}}$
Subst.: $y' = t \implies$
Lösung in Parameterform:

$x = \displaystyle\int \frac{g'(t)}{t}\,dt$ und $y = g(t)$

ggf. ist $y = g(0)$ eine spez. Lsg.

$\boxed{\begin{array}{c} y'' = f(x, y') \\ \text{Typ } "ohne" y \end{array}}$
Subst.: $z = y'$, $z' = y''$

$\boxed{\begin{array}{c} y'' = f(y, y') \\ \text{Typ } "ohne" x \end{array}}$
Subst. $y' = t$ liefert die Lösung in Parameterdarstellung:

$\begin{array}{c} x = \varphi(t) \\ y = \psi(t) \end{array}$, dabei ist

(1) $\dot\psi(t) = \dfrac{t}{f(\psi(t),t)}$ DGL für $\psi(t)$

(2) $\varphi(t) = \displaystyle\int \frac{dt}{f(\psi(t),t)}$

$\boxed{\begin{array}{c} y'' = f(y) \\ \text{Typ } "ohne" x, y' \end{array}}$
Multiplikation mit $2y'$ und Integration:

$(y')^2 = 2F(y)$, wobei $F' = f$ ist.

13.5   Die lineare DGL n–ter Ordnung

Lineare Unabhängigkeit von Funktionen

Die Funktionen $f_1, \ldots, f_n$ heißen *linear unabhängig* auf I, wenn sich die Nullfunktion nur "trivial" als Linearkombination von ihnen darstellen lässt, wenn

$$c_1 f_1(x) + \cdots + c_n f_n(x) \equiv 0 \text{ auf } I \implies c_1 = \cdots = c_n = 0.$$

Lineare DGL n–ter Ordnung

$$y^{(n)} + a_{n-1}(x)y^{(n-1)} + \cdots + a_1(x)y' + a_0(x)y = r(x)$$

Die Gesamtlösung ist $\boxed{y = y_S + y_H}$. Dabei ist

y_H die Gesamtlösung der **homogenen DGL**

$$\boxed{y^{(n)} + a_{n-1}(x)y^{(n-1)} + \cdots + a_1(x)y' + a_0(x)y = 0}$$

y_S eine (spezielle) Lösung der **inhomogenen DGL**

$$\boxed{y^{(n)} + a_{n-1}(x)y^{(n-1)} + \cdots + a_1(x)y' + a_0(x)y = r(x)}$$

$\boxed{\text{H}}$ Die Berechnung von y_H ist in Spezialfällen möglich:

  (1) $n = 1$ (Seite 167) oder
  (2)   konstante Koeffizienten $a_k(x) = a_k \in \mathbb{R}$ (Seite 171) oder
  (3)   Eulersche DGL: $a_k(x) = a_k x^k$ mit $a_k \in \mathbb{R}$
  (4)   andernfalls: Spezielle Ansätze (z.B. Potenzreihen (Seite 174))
  (5)   oder d'Alembertsches Reduktionsverfahren (Seite 170)

Stets hat y_H die Form $y_H = c_1 y_1 + c_2 y_2 + \cdots + c_n y_n$, $c_k \in \mathbb{R}$, wobei $\{y_1, y_2, \ldots, y_n\}$ ein **Fundamentalsystem** der homogenen DGL ist.

Die Lösungsgesamtheit der hom. DGL ist ein $n-$ dimensionaler Vektorraum.

$\boxed{\text{I}}$ Berechnung von y_S

  (1)   **Variation der Konstanten (VDK)** (geht immer!)

  (2)   evtl. spezieller Ansatz bei **konstanten Koeffizienten** (Seite 172)

Inhomogene DGL: Variation der Konstanten

Ist $y_H = c_1 y_1 + \cdots + c_n y_n$ Gesamtlösung der homogenen DGL, dann besitzt die inhomogene DGL eine spezielle Lösung der Form $\boxed{y_S = c_1(x)y_1 + \cdots + c_n(x)y_n}$

Die Ableitungen der Koeffizienten–
funktionen $c_1'(x), \ldots, c_n'(x)$
bestimmt man aus dem LGS:

c_1'	c_2'	$\cdots$	c_n'	r. S.
y_1	y_2	$\cdots$	y_n	0
$\vdots$	$\vdots$	$\vdots$	$\vdots$	$\vdots$
$y_1^{(n-1)}$	$y_2^{(n-1)}$	$\cdots$	$y_n^{(n-1)}$	$r(x)$

$c_1, \ldots, c_n$ erhält man anschließend durch Integration. Formelmäßige Darstellung:

$$y_S(x) = \sum_{k=1}^{n} \left(\int_{x_0}^{x} \frac{W_k(t)}{W(t)} \, dt \right) y_k(x)$$

Dabei ist $W(t)$ die **Wronski–Determinante** von $y_1, \ldots, y_n$ und $W_k(t)$ entsteht aus $W(t)$, indem die k–te Spalte durch $(0, 0, \ldots, 0, r(t))^{\top}$ ersetzt wird.

Speziell für $n = 2$ gilt mit $W(t) = y_1 \cdot y_2' - y_2 \cdot y_1'$

$$y_S(x) = - \int_{x_0}^{x} \frac{r(t)y_2(t)}{W(t)} \, dt \cdot y_1(x) + \int_{x_0}^{x} \frac{r(t)y_1(t)}{W(t)} \, dt \cdot y_2(x)$$

d'Alembertsches Reduktionsverfahren

y_1 sei eine Lösung der **homogenen linearen DGL** n–ter Ordnung

$$y^{(n)} + a_{n-1}(x)y^{(n-1)} + \cdots + a_1(x)y' + a_0(x)y = 0$$

Der **Produktansatz** $\boxed{y(x) = y_1(x) \cdot u(x)}$ führt nach der Substitution $z = u'$ auf eine reduzierte homogene lineare DGL $(n-1)$–ter Ordnung für z.

Ist z eine Lösung der reduzierten DGL, so ist $\quad y_2(x) = y_1(x) \int z(x)\, dx$,
also $y_2 = y_1 u$ eine von y_1 linear unabhängige Lösung der ursprünglichen DGL.

Speziell für $n = 2$:   Ist y_1 eine Lösung von $y'' + a_1(x)y' + a_0(x)y = 0$, dann ist

$$y_2(x) = y_1(x) \int \frac{1}{y_1^2(x)}\, e^{-\int a_1(x)\, dx}\, dx \quad \text{und}$$

$$y = c_1 y_1 + c_2 y_2 \quad \text{die Gesamtlösung der DGL.}$$

Wronski–Determinante

Sind $f_1, \ldots, f_n$ auf dem Intervall I $(n-1)$–mal differenzierbar, so heißt

$$W(x) := \begin{vmatrix} f_1(x) & \cdots & f_n(x) \\ f_1'(x) & \cdots & f_n'(x) \\ \vdots & & \vdots \\ f_1^{(n-1)}(x) & \cdots & f_n^{(n-1)}(x) \end{vmatrix} \quad \begin{array}{l} \text{die } \textbf{Wronski–Determinante} \\[4pt] \text{von } f_1, \ldots, f_n. \end{array}$$

Ist $W(x_1) \neq 0$ für **eine** Stelle $x_1 \in I$, so sind $f_1, \ldots, f_n$ **lin. unabhängig** auf I

Die Umkehrung ist i. allg. falsch! Die Umkehrung gilt jedoch, wenn die n Funktionen Lösungen einer hom. lin. DGL n–ter Ordnung sind:

Wronski–Determinante der Lösungen einer hom. linearen DGL

Sind $y_1, \ldots, y_n$ auf I Lösungen der homogenen linearen DGL
(H) $y^{(n)} + a_{n-1}(x)y^{(n-1)} + \cdots + a_1(x)y' + a_0(x)y = 0$,
so sind folgende Aussagen äquivalent:

(1) $y_1, \ldots, y_n$ sind auf I linear unabhängig, das heißt,
    sie bilden auf I ein **Fundamentalsystem** (eine Lösungsbasis) von (H).

(2)   Es ist $W(x) \neq 0$ für ein (und damit für jedes) $x \in I$.

Die Wronski–Determinante $W(x)$ genügt der DGL

$$W'(x) = -a_{n-1} \cdot W(x)\,, \text{ so dass (\textbf{Liouvillesche Gleichung})}$$

$$W(x) = W(x_0) \cdot \exp\left(\int_{x_0}^{x} - a_{n-1}(t)\, dt \right) \text{ ist für ein } x_0 \in I.$$

13.6 Lineare DGL mit konstanten Koeffizienten

Homogene lineare DGL n–ter Ordnung mit konstanten Koeffizienten

$$y^{(n)} + a_{n-1}y^{(n-1)} + \cdots + a_1 y' + a_0 y = 0, \ a_k \in \mathbb{R}$$

$\boxed{\text{H}}$ Gesamtlösung: $\boxed{y_H = c_1 y_1 + \cdots + c_n y_n, \ c_k \in \mathbb{R}}$

Dabei sind $y_1, \ldots, y_n$ n linear unabhängige Funktionen,
man nennt sie ein Fundamentalsystem oder **Basislösungen**.

Der Ansatz $y = \mathrm{e}^{\lambda x}$ führt auf die **charakteristische Gleichung**

$$\lambda^n + a_{n-1}\lambda^{n-1} + \cdots + a_1 \lambda + a_0 = 0.$$

Jede k–fache Lösung der char. Gleich. liefert k lin. unabh. Lösungen der DGL:

Lösungen der char. Gleich.		Basislösungen der DGL
λ	1–fach reell	$\mathrm{e}^{\lambda x}$
λ	k–fach reell	$\mathrm{e}^{\lambda x}, \ x\,\mathrm{e}^{\lambda x}, \ldots, x^{k-1}\,\mathrm{e}^{\lambda x},$
$\lambda = a \pm bi$	1–fach kompl.	$\mathrm{e}^{ax}\cos bx$ $\mathrm{e}^{ax}\sin bx$
$\lambda = a \pm bi$	k–fach kompl.	$\mathrm{e}^{ax}\cos bx, \ x\,\mathrm{e}^{ax}\cos bx, \ldots \ x^{k-1}\,\mathrm{e}^{ax}\cos bx$ $\mathrm{e}^{ax}\sin bx, \ x\,\mathrm{e}^{ax}\sin bx, \ldots \ x^{k-1}\,\mathrm{e}^{ax}\sin bx$

Beispiele *Lösungen der charakteristischen Gleichung und Basislösungen:*

Lösungen der char. Gleichung	Basislösungen der homogenen DGL
$1, \ -2, \ 3$	$\mathrm{e}^x, \ \mathrm{e}^{-2x}, \ \mathrm{e}^{3x}$
$0, \ \sqrt{3}, \ 1+\sqrt{2}$	$1, \ \mathrm{e}^{\sqrt{3}\,x}, \ \mathrm{e}^{(1+\sqrt{2})x}$
$0, \ 0, \ 2, \ 2, \ 2,$	$1, \ x, \ \mathrm{e}^{2x}, \ x\,\mathrm{e}^{2x}, \ x^2\,\mathrm{e}^{2x}$
$1, \ 2 \pm 3i$	$\mathrm{e}^x, \ \mathrm{e}^{2x}\cos 3x, \ \mathrm{e}^{2x}\sin 3x$
$1 \pm 2i, \ 1 \pm 2i$	$\mathrm{e}^x\cos 2x, \ \mathrm{e}^x\sin 2x, \ x\,\mathrm{e}^x\cos 2x, \ x\,\mathrm{e}^x\sin 2x$
$0, 0, 0, \pm i, \pm i, \pm i$	$1, x, x^2, \ \cos x, \sin x, x\cos x, x\sin x, x^2\cos x, x^2\sin x$

Homogene Eulersche DGL

$$x^n y^{(n)} + a_{n-1}x^{n-1}y^{(n-1)} + \cdots + a_1 xy' + a_0 y = 0 \text{ mit } x > 0, \ a_k \in \mathbb{R}$$

Die Subst.: $x = \mathrm{e}^t$, $u(t) = y(\mathrm{e}^t)$ führt die DGL in eine homogene lineare DGL mit
konstanten Koeffizienten über. Mit der Kettenregel berechnet man z.B.

$$x \cdot y' = \dot{u} \qquad\qquad x^3 \cdot y''' = \dddot{u} - 3\ddot{u} + 2\dot{u}$$
$$x^2 \cdot y'' = \ddot{u} - \dot{u} \qquad\qquad x^4 \cdot y'''' = \ddddot{u} - 6\dddot{u} + 11\ddot{u} - 6\dot{u}$$

Ein weiterer Lösungsweg wird im **HM** Seite 457 beschrieben.

Inhomogene lineare DGL n–ter Ordnung mit konstanten Koeffizienten
$$y^{(n)} + a_{n-1}y^{(n-1)} + \cdots + a_1 y' + a_0 y = r(x), \quad a_k \in \mathbb{R}$$

Gesamtlösung: $\boxed{y = y_S + y_H}$ $r(x)$ heißt **Störfunktion**.

$\boxed{\text{H}}$ Gesamtlösung y_H der hom. DGL siehe vorige Seite.

$\boxed{\text{I}}$ Berechnung einer speziellen Lösung y_S der inhom. DGL:

(1)   **Variation der Konstanten** (Seite 169)
(2)   **Spezieller Ansatz** bei bestimmten Störfunktionen (ist einfacher)
evtl. **Superposition**.

spezieller Ansatz

Ist die Störfunktion vom Typ $\boxed{r(x) = P(x)\,e^{ax}\cos bx + Q(x)\,e^{ax}\sin bx}$

wobei a, b reelle Zahlen und P, Q Polynome sind, macht man den **Ansatz**:

(a)   <u>Normalfall</u> (keine **Resonanz**: $a \pm bi$ nicht Lösungen der char. Gleichung):

$\boxed{y_S = P_1(x)\,e^{ax}\cos bx + Q_1(x)\,e^{ax}\sin bx}$ **Normalansatz**

Dabei sind $P_1(x)$, $Q_1(x)$ Polynome mit unbestimmten Koeffizienten mit
Grad $P_1 = $ Grad $Q_1 = \max\{\text{Grad } P, \text{Grad } Q\}$; P, Q Polynome der Störfunktion!

(b)   <u>Resonanzfall</u> ($a \pm bi$ sind k–fache Lösungen der char. Gleichung):

Man multipliziert den Normalansatz mit x^k.

Superposition

Ist $r(x)$ Summe von Funktionen, für die man spezielle Ansätze hat, ist der Ansatz
die Summe der speziellen Ansätze (ggf. Resonanz beachten!).

Beispiele   *Spezielle Störfunktionen und Ansätze,* **Normalfall**:

Störfunktion	$a + bi$	Normalansatz y_S (wenn keine Resonanz vorliegt)
$x^2 + 1$	0	$Ax^2 + Bx + C$
$3x\,e^{2x}$	2	$(Ax + B)\,e^{2x}$
$4\sin 2x$	$2i$	$A\sin 2x + B\cos 2x$
$x\,e^{2x}\sin 3x$	$2 + 3i$	$(Ax + B)\,e^{2x}\cos 3x + (Cx + D)\,e^{2x}\sin 3x$

Beispiele   *Spezielle Störfunktionen und Ansätze,* **Resonanzfall**:

Störfunktion	$a + bi$	Lösungen char. Gl.	Ansatz y_S (Normalansatz $\times\, x^k$)
$x^2 + 1$	0	$0, 0, 1$	$x^2(Ax^2 + Bx + C)$
$3x\,e^{2x}$	2	$0, 1, 2$	$x(Ax + B)\,e^{2x}$
$4\sin 2x$	$2i$	$\pm 2i$	$x(A\sin 2x + B\cos 2x)$
$x\,e^{2x}\sin 3x$	$2 + 3i$	$0, 3, 2 \pm 3i$	$x(Ax + B)\,e^{2x}\cos 3x + x(Cx + D)\,e^{2x}\sin 3x$

Beispiele   *Superposition*:

Störfunktion $r(x)$ $r(x) = r_1(x) + r_2(x)$	$a_1 + b_1 i$ $a_2 + b_2 i$	Lösungen char. Gl.	Ansatz $y_S = y_1 + y_2$
$x + \sin x$	$\begin{cases} 0 \\ i \end{cases}$	$0, 0, 1$	$x^2(Ax + B) + D\sin x + E\cos x$
$\cosh x = \frac{1}{2}(e^x + e^{-x})$	± 1	$1, 2, 3$	$Ax\,e^x + B\,e^{-x}$

$$\boxed{\textbf{Schwingungs–DGL} \quad \text{(lin. DGL 2. Ord. mit konst. Koeffizienten)}}$$
$$y'' + 2ky' + \omega_0^2 y = r(x) \quad \text{mit} \quad k \geq 0, \ \omega_0 > 0$$

Die Gesamtlösung ist $\boxed{y = y_S + y_H}$. Dabei ist

y_H die Gesamtlösung der **homogenen** DGL $\boxed{y'' + 2ky' + \omega_0^2 y = 0}$

y_S eine (spezielle) Lösung der **inhomogenen** DGL $\boxed{y'' + 2ky' + \omega_0^2 y = r(x)}$

Charakterist. Gleichung: $\lambda^2 + 2k\lambda + \omega_0^2 = 0 \implies$ Lösungen $\boxed{\lambda_{1,2} = -k \pm \sqrt{k^2 - \omega_0^2}}$

$\boxed{\text{H}}$ Gesamtlösung y_H der **homogenen** DGL $\boxed{y'' + 2ky' + \omega_0^2 y = 0}$

$k > \omega_0$ **Starke Dämpfung** (Kriechfall) $\lambda_{1,2}$ reell, verschieden.
$y_H = c_1 \, e^{\lambda_1 x} + c_2 \, e^{\lambda_2 x}$ mit $c_{1,2} \in \mathbb{R}$

$k = \omega_0$ **Aperiodischer Grenzfall**, $\lambda_1 = \lambda_2 = -k$.
$y_H = (c_1 + c_2 x)\, e^{-kx}$ mit $c_{1,2} \in \mathbb{R}$

$k < \omega_0$ **Schwache Dämpfung**, $\lambda_{1,2}$ konjugiert komplexe Lösungen:
$\lambda_{1,2} = -k \pm i\sqrt{\omega_0^2 - k^2}$. Abkürzung $\omega_1 := \sqrt{\omega_0^2 - k^2}$
$y_H = (c_1 \cos\omega_1 x + c_2 \sin\omega_1 x)\, e^{-kx}$ mit $c_{1,2} \in \mathbb{R}$
$\quad = A\, e^{-kx} \sin(\omega_1 x + \varphi)$ mit $A = \sqrt{c_1^2 + c_2^2}$, $\tan\varphi = \frac{c_1}{c_2}$

$\boxed{\text{I}}$ Eine spezielle Lösung y_S der **inhomogenen** DGL $\boxed{y'' + 2ky' + \omega_0^2 y = r(x)}$

$k > \omega_0$ **Starke Dämpfung** (Kriechfall), Abkürzung $a := \sqrt{k^2 - \omega_0^2}$

$$y_S = \frac{1}{a} \int_{x_0}^{x} e^{-k(x-t)} \sinh a(x-t) r(t)\, dt$$

$k = \omega_0$ **Aperiodischer Grenzfall.**

$$y_S = \int_{x_0}^{x} (x-t)\, e^{-k(x-t)} r(t)\, dt$$

$k < \omega_0$ **Schwache Dämpfung**, Abkürzung $\omega_1 := \sqrt{\omega_0^2 - k^2}$

$$y_S = \frac{1}{\omega_1} \int_{x_0}^{x} e^{-k(x-t)} \sinh \omega_1 (x-t) r(t)\, dt$$

Kosinuserregte Schwingung $y'' + 2ky' + \omega_0^2 y = F\cos\omega x, \quad F \in \mathbb{R}$

$k = 0$ **ungedämpfter** harmonischer Oszillator

$\quad \omega \neq \omega_0$ keine Resonanz $y = c_1 \cos\omega_0 x + c_2 \sin\omega_0 x + \frac{F}{\omega_0^2 - \omega^2} \cos\omega x$

$\quad \omega = \omega_0$ Resonanzfall $y = c_1 \cos\omega_0 x + c_2 \sin\omega_0 x + \frac{F}{2\omega_0} x \sin\omega_0 x$

$k > 0$ **gedämpfter** harmonischer Oszillator

$\quad y = e^{-kt}(c_1 \cos\omega_1 x + c_2 \sin\omega_1 x) + \frac{F}{\sqrt{(\omega_0^2 - \omega^2)^2 + 4k^2\omega^2}} \sin(\omega x + \varphi)$

Potenzreihenansatz

Ist eine Lösung einer DGL (AWA) in eine Potenzreihe entwickelbar, erhält man die Koeffizienten auf folgende beiden Arten (ausführliche Beispiele **HM**, 458 ff.):

(1) **Einsetzen** von $y = \sum\limits_{k=0}^{\infty} a_k(x - x_0)^k$, $y' = \sum\limits_{k=1}^{\infty} k a_k(x - x_0)^{k-1}$ usw.

in die DGL, Zusammenfassen und Koeffizientenvergleich.

(2) Wiederholtes **Differenzieren** der DGL und Benutzung von $a_k = \dfrac{1}{k!} y^{(k)}(x_0)$.

Spezielle DGLn 2.Ordnung

(1)   Mit dem Potenzreihenansatz $\sum\limits_{k=0}^{\infty} c_k x^k$ behandelt man z.B. die folg. DGLn

$y'' - xy = 0$	**Airysche Dgl.**
$y'' - 2xy' + \lambda y = 0$	**Hermitesche Dgl.**
$(1 - x^2)y'' - 2xy' + \lambda(\lambda + 1)y = 0$	**Legendresche Dgl.**
$(1 - x^2)y'' - xy' + \lambda^2 y = 0$	**Tschebyschowsche Dgl.**
$xy'' + (1 - x)y' + \lambda y = 0$	**Laguerresche Dgl.**

(2)   **Methode von Frobenius:**

Mit einem Reihenansatz der Form $\sum\limits_{k=0}^{\infty} c_k x^{r+k} = x^r \sum\limits_{k=0}^{\infty} c_k x^k$ behandelt man die

DGL: $\boxed{x^2 y'' + xa(x)y' + b(x)y = 0}$ mit $a(x) = \sum\limits_{k=0}^{\infty} a_k x^k$, $b(x) = \sum\limits_{k=0}^{\infty} b_k x^k$.

$\Big[$**Beispiel:** $x^2 y'' + xy' + (x^2 - n^2)y = 0$ Besselsche DGL der Ordnung $n\Big]$

r ergibt sich aus der Indexgleichung $r(r - 1) + a_0 r + b_0 = 0$, Lösungen: r_1, r_2

Rekursionsformel für die Koeffizienten c_n:

$$\big[(r + n)(r + n - 1) + a_0(r + n) + b_0\big]c_n = -\sum\limits_{k=0}^{n-1} \big[a_{n-k}(r + k) + b_{n-k}\big]c_k$$

$r_1 - r_2$ keine ganze Zahl	Basislösung:	$y_1 = x^{r_1} \sum\limits_{k=0}^{\infty} c_k x^k$ und $y_2 = x^{r_2} \sum\limits_{k=0}^{\infty} d_k x^k$.
$r_1 - r_2$ ganze Zahl $\neq 0$	Basislösung: $\left\{\rule{0pt}{40pt}\right.$	$y_1 = x^{r_1} \sum\limits_{k=0}^{\infty} c_k x^k \qquad\qquad c_0 \neq 0$ $y_2 = a y_1(x) \ln x + x^{r_2} \sum\limits_{k=0}^{\infty} d_k x^k \quad d_0 \neq 0,\ a \in \mathbb{R}$
$r_1 = r_2$	Basislösung: $\left\{\rule{0pt}{40pt}\right.$	$y_1 = x^{r_1} \sum\limits_{k=0}^{\infty} c_k x^k \qquad\qquad c_0 \neq 0$ $y_2 = y_1(x) \ln x + x^{r_1} \sum\limits_{k=0}^{\infty} d_k x^k$

13.7   Systeme von DGLn

Systeme von DGLn

äquivalenz einer DGL n–ter Ordnung mit einem System 1–ter Ordnung

Die **DGL** n–ter Ordnung

$$\boxed{y^{(n)} = f(x, y', \ldots, y^{(n-1)})}\quad y(x_0) = \eta_0,\ y'(x_0) = \eta_1, \ldots, y^{(n-1)}(x_0) = \eta_{n-1}$$

ist äquivalent zum **System** von n DGLn 1–ter Ordnung:

$$\boxed{\vec{y}' = \vec{f}(x, \vec{y})}\quad \text{mit}\quad \vec{y}(x_0) = \vec{y}_0. \text{ Dabei ist:}$$

$$\vec{y} = \begin{pmatrix} y_1 \\ y_2 \\ \vdots \\ y_n \end{pmatrix} = \begin{pmatrix} y \\ y' \\ \vdots \\ y^{(n-1)} \end{pmatrix}, \ \vec{f}(x, \vec{y}) = \begin{pmatrix} y_2 \\ y_3 \\ \vdots \\ f(x, y_1, \ldots, y_n) \end{pmatrix}, \ \vec{y}_0 = \begin{pmatrix} \eta_0 \\ \eta_1 \\ \vdots \\ \eta_{n-1} \end{pmatrix}$$

Picard–Lindelöffsches Iterationsverfahren

für Systeme $\vec{y}' = \vec{f}(x, \vec{y})$ mit $\vec{y}(x_0) = \vec{y}_0$ $\boxed{\vec{y}_{n+1}(x) = \vec{y}_0 + \int_{x_0}^{x} \vec{f}(t, \vec{y}_n(t))\, dt}$

Beispiel   Zu der AWA $y''' = y'' \cdot y' - (y - x)^2$ mit $y(0) = 1,\ y'(0) = 2,\ y''(0) = 1$ stelle man ein äquivalentes System von 3 DGLn 1–ter Ordnung auf und führe die ersten drei Schritte des Iterationsverfahrens durch.

$$\begin{matrix} y_1 = y \\ y_2 = y' \\ y_3 = y'' \end{matrix} \implies \begin{matrix} y_1' = y_2 \\ y_2' = y_3 \\ y_3' = y_3 \cdot y_2 - (y_1 - x)^2 \end{matrix} \implies \vec{f}(x, y_1, y_2, y_3) = \begin{pmatrix} y_2 \\ y_3 \\ y_3 y_2 - (y_1 - x)^2 \end{pmatrix}$$

Das äquivalente System ist $\vec{y}' = \vec{f}(x, \vec{y})$ mit $\vec{y}(0) = \begin{pmatrix} 1 \\ 2 \\ 1 \end{pmatrix}$.

Das Picard–Lindelöffsche Iterationsverfahren ergibt:

$$\vec{y}_0 = \begin{pmatrix} 1 \\ 2 \\ 1 \end{pmatrix}, \quad \vec{y}_1 = \begin{pmatrix} 1 \\ 2 \\ 1 \end{pmatrix} + \int_0^x \begin{pmatrix} 2 \\ 1 \\ 2 - (1-t)^2 \end{pmatrix} dt = \begin{pmatrix} 1 + 2x \\ 2 + x \\ 1 + x + x^2 - \frac{1}{3}x^3 \end{pmatrix},$$

$$\vec{y}_2 = \begin{pmatrix} 1 \\ 2 \\ 1 \end{pmatrix} + \int_0^x \begin{pmatrix} 2 + t \\ 1 + t + t^2 - \frac{1}{3}t^3 \\ 1 + t + 2t^2 + \frac{1}{3}t^3 - \frac{1}{3}t^4 \end{pmatrix} dt = \begin{pmatrix} 1 + 2x + \frac{1}{2}x^2 \\ 2 + x + \frac{1}{2}x^2 + \frac{1}{3}x^3 - \frac{1}{12}x^4 \\ 1 + x + \frac{1}{2}x^2 + \frac{2}{3}x^3 + \frac{1}{12}x^4 - \frac{1}{15}x^5 \end{pmatrix}$$

Bezeichnet $\varphi_i(x)$ die 1. Koordinate von $\vec{y}_i$, so konvergiert die Folge (φ_i) gegen die Lösung der gegebenen AWA. Hier ergibt sich $\underline{\varphi_2(x) = 1 + 2x + \frac{1}{2}x^2}$ als Näherungslösung.

(Dass die Potenzreihenentwicklung der Lösung so beginnt, folgt unmittelbar aus den Anfangsbedingungen!) Lösung ist hier $y = x + e^x$.

$$\boxed{\vec{y}\,' + A(x)\vec{y} = \vec{r}(x)} \quad \Large \boxed{\text{Lineares DGL–System 1.Ordnung}}$$

Die Gesamtlösung ist $\boxed{\vec{y} = \vec{y}_S + \vec{y}_H}$. Dabei ist

$\vec{y}_H$ die Gesamtlösung der **homogenen DGL** $\boxed{\vec{y}\,' + A(x)\vec{y} = \vec{o}}$

$\vec{y}_S$ eine (spezielle) Lösung der **inhomogenen DGL** $\boxed{\vec{y}\,' + A(x)\vec{y} = \vec{r}(x)}$

$\boxed{\text{H}}$ Berechnung von $\vec{y}_H$ in Spezialfällen möglich:

(1)   konstante Koeffizientenmatrix $A(x) = A$ (Seite 178)

(2)   Spezielle Ansätze

(3)   formale Darstellung mittels der Matrixexponentialfunktion:

$$\vec{y}_H = e^{-B(x)}\vec{c} \ \text{ mit } B(x) = \int A(x)\,dx \ , \text{ falls } A \cdot A' = A' \cdot A.$$

(4)   d'Alembertsches Reduktionsverfahren (Seite 177)

Stets hat $\vec{y}_H$ die Form $\vec{y}_H = c_1\vec{y}_1 + c_2\vec{y}_2 + \cdots + c_n\vec{y}_n, \ c_k \in \mathbb{R}$, wobei $\{\vec{y}_1, \vec{y}_2, \dots, \vec{y}_n\}$ ein **Fundamentalsystem** der homogenen DGL ist.
Die Lösungsgesamtheit der hom. DGL ist ein n– dimensionaler Vektorraum.

Matrizenschreibweise:

Man fasst n Lösungen zu einer Lösungsmatrix $Y = (\vec{y}_1, \dots, \vec{y}_n)$ zusammen.

Mit $\vec{c} = \begin{pmatrix} c_1 \\ \vdots \\ c_n \end{pmatrix}$ gilt dann: $\ \vec{y}_H = (\vec{y}_1, \dots, \vec{y}_n) \cdot \begin{pmatrix} c_1 \\ \vdots \\ c_n \end{pmatrix} = Y \cdot \vec{c}.$

$$Y \text{ genügt der Matrix–DGL} \quad \boxed{Y' + AY = O}$$

$\boxed{\text{I}}$ Berechnung von $\vec{y}_S$

(1)   **Variation der Konstanten** (Seite 177)

(2)   evtl. spezieller Ansatz bei **konstanten Koeffizienten** (S. 178)

(3)   formale Darstellung mittels der **Matrixexponentialfunktion**:

$$\vec{y}_S = e^{-B(x)} \cdot \int_{x_0}^{x} e^{B(t)} \cdot \vec{r}(t)\,dt \text{ mit } B(x) = \int_{x_0}^{x} A(t)\,dt$$

$$\boxed{\textbf{Wronski–Determinante der Lösungen eines hom. linearen Systems}}$$

Sind $\vec{y}_1, \dots, \vec{y}_n$ Lösungen des hom. DGL–Systems $\boxed{\vec{y}\,' + A(x)\,\vec{y} = \vec{o}}$, so heißt die Determinante der Lösungsmatrix $Y = (\vec{y}_1, \dots, \vec{y}_n)$

$$\textbf{Wronski–Determinante}: \ \ W(x) = \det Y(x)$$

Die beiden folgenden Aussagen sind äquivalent:

(1) $\vec{y}_1, \dots, \vec{y}_n$ sind linear unabhängig, also Basislösung der hom. DGL

(2)   Es ist $W(x) \neq 0$ für ein (und damit für jedes) $x \in I$.

Die Wronski–Determinante $W(x)$ genügt der DGL

$$W'(x) = \text{spur}\,\big(A(x)\big) \cdot W(x) \ , \text{ so daß} \quad \text{(Liouvillesche Gleichung)}$$

$$W(x) = W(x_0) \cdot \exp\Big(\int_{x_0}^{x} \text{spur}\,\big(A(t)\big)\,dt\Big) \text{ ist für ein } x_0 \in I.$$

$$\boxed{\text{d'Alembertsches Reduktionsverfahren für Systeme}}$$
$$\vec{y}\,' = A(x)\vec{y} \quad | \quad \text{homogenes lineares DGL–System 1.Ordnung}$$

(1) $\vec{y}_1$ sei eine Lösung.

(2)   **Ansatz** $\vec{y}(x) = s(x)\vec{y}_1(x) + \vec{z}(x)$ mit

  $s(x)$: reelle Funktion,
  $\vec{z}(x) := \big(z_1(x), z_2(x), \dots, z_n(x)\big)$.
  In $\vec{z}$ ist eine Koordinate als 0 zu wählen, für die die entsprechende
  Koordinate bei $\vec{y}_1$ nicht verschwindet, also z.B. $\vec{z} = (0, z_2, \dots, z_n)$,
  falls $y_{11}(x) \not\equiv 0$ ist.

(3)   Einsetzen von $\vec{y}$ in die DGL ergibt $s'\vec{y}_1 + \vec{z}\,' = A\vec{z}$.

  Mittels der 1. Koordinate wird s' in den übrigen eliminiert und es
  bleibt ein reduziertes DGL–System 1.Ordnung für $(z_2, \dots, z_n)$.

  Findet man eine Lösung, bestimmt man $s(x)$ durch Integration und
  erhält schließlich $\vec{y}_2 = s\vec{y}_1 + \vec{z}$, eine von $\vec{y}_1$ linear unabhängige Lösung.

$$\boxed{\text{Inhomogenes lineares DGL–System} \quad : \quad \textbf{Variation der Konstanten}}$$

$$\boxed{\vec{y}\,' = A(x)\vec{y} + \vec{r}(x)}$$

Ist die Gesamtlösung des homogenen Systems gegeben durch

$$\vec{y}_H = \quad c_1\vec{y}_1 + \cdots + c_n\vec{y}_n \quad = Y \cdot \begin{pmatrix} c_1 \\ \vdots \\ c_n \end{pmatrix}, \qquad \begin{array}{l} \text{mit Lösungsmatrix} \\ Y = (\vec{y}_1, \dots, \vec{y}_n) \end{array}$$

so gibt es eine spezielle Lösung des inhom. DGL–Systems von der Form

$$\vec{y}_S = c_1(x)\vec{y}_1 + \cdots + c_n(x)\vec{y}_n = Y \cdot \begin{pmatrix} c_1(x) \\ \vdots \\ c_n(x) \end{pmatrix}$$

Man ersetzt also die Konstanten $c_1, \dots, c_n$ in $\vec{y}_H$ durch Funktionen $c_1(x), \dots, c_n(x)$.

Die Ableitungen der Koeff–funktionen
$c_1'(x), \dots, c_n'(x)$
bestimmt man aus dem LGS:
$$Y \cdot \begin{pmatrix} c_1' \\ \vdots \\ c_n' \end{pmatrix} = \vec{r}(x).$$

$c_1(x), \dots, c_n(x)$ erhält man dann durch Integration.

Formal: $\vec{y}_S = Y(x) \cdot \displaystyle\int_{x_0}^{x} Y^{-1}(t) \cdot \vec{r}(t)\, dt$ wobei das Integral
komponentenweise zu nehmen ist.

Aus der Cramerschen Regel folgt die Formel: $\vec{y}_S = \displaystyle\sum_{k=1}^{n} \Big(\int_{x_0}^{x} \frac{W_k(t)}{W(t)}\, dt \Big) \vec{y}_k$

dabei ist $W(x)$ die Wronski–Determinante und $W_k(x)$ entsteht aus $W(x)$, indem
die k-te Spalte der Wronski–Matrix durch den Spaltenvektor $\vec{r}(x)$ ersetzt wird.

Lineares DGL–System mit konstanten Koeffizienten
$$\vec{y}\,' = A \cdot \vec{y} + \vec{r}(x), \quad A = (a_{ij}) \text{ konstante } (n, n)\text{–Matrix}$$

Gesamtlösung: $\boxed{\vec{y} = \vec{y}_S + \vec{y}_H}$. Dabei ist

$\vec{y}_H$ Gesamtlösung der homogenen DGL $\boxed{\vec{y}\,' = A\vec{y}}$

$\vec{y}_S$ eine (spezielle) Lösung der inhomogenen DGL $\boxed{\vec{y}\,' = A\vec{y} + \vec{r}(x)}$

$\boxed{\text{H}}$ Berechnung von $y_H = c_1\vec{y}_1 + \cdots + c_n\vec{y}_n$:

Ansatz: $\vec{y} = \vec{c}\,e^{\lambda x}$ führt auf $(A - \lambda E)\vec{c} = \vec{0}$, char. Gleichung: $|A - \lambda E| = 0$.

Ist λ ein k–facher Eigenwert von A, gibt es k zugehörige Basislösungen .

Fall 1:   Der zu λ gehörige Eigenraum ist k–dimensional mit
          Basisvektoren $\vec{c}_1, \ldots, \vec{c}_k$.

          Basislösungen der hom. DGL sind $\vec{c}_1\,e^{\lambda x}, \ldots, \vec{c}_k\,e^{\lambda x}$.

Fall 2:   Der zu λ gehörige Eigenraum ist nur ℓ–dimensional ($\ell < k$) mit
          Basisvektoren $\vec{c}_1, \ldots, \vec{c}_\ell$.

          Die fehlenden $k - \ell$ Basislösungen erhält man durch den Ansatz

$$\vec{y} = \begin{pmatrix} p_1(x) \\ \vdots \\ p_n(x) \end{pmatrix} e^{\lambda x}, \text{ dabei sind } p_1, \ldots, p_n \text{ Polynome vom Grad } k - \ell.$$

Bei komplexem Eigenwert $\lambda = a + bi$ rechnet man komplex und bestimmt schließlich Real– und Imaginärteil der komplexen Basislösungen.

$\boxed{\text{I}}$ Berechnung von $\vec{y}_S$:

(1)   **Variation der Konst.:**   Ansatz $\vec{y}_S = c_1(x)\vec{y}_1 + c_2(x)\vec{y}_2 + \cdots + c_n(x)\vec{y}_n$

(2)   **spezieller Ansatz** bei einer Störfunktion von der Form
     $\vec{r}(x) = \vec{P}(x)\,e^{ax}\cos bx + \vec{Q}(x)\,e^{ax}\sin bx$

Eliminationsmethode für lineare DGL–Systeme

Mit dem **Differentialoperator** $Df = f'$ schreibt sich das DGL–System $\boxed{\vec{y}\,' = A \cdot \vec{y} + \vec{r}(x)}$ (A konstante Matrix) als ein lineares Gleichungssystem $\boxed{(D \cdot E - A)\vec{y} = \vec{r}(x)}$ (E Einheitsmatrix).

Auf dieses LGS wird der Gaußsche Algorithmus angewendet, wobei D als konstanter Parameter behandelt wird. Schlusszeile ist eine Gleichung der Form
$$P(D)y_k = F(x) \quad , P \text{ ist ein Polynom in } D.$$

Dies ist eine lineare DGL n-ter Ordnung mit konst. Koeff. für y_k.

Beispiel: $(2D^2 - 3D + 5)y_1 = x\cos x$ bedeutet $2y_1'' - 3y_1' + 5y_1 = x\cos x$

Nach Lösen dieser DGL werden sukzessive die anderen Koordinatenfunktionen y_i berechnet. Man beachte, dass nicht mehr als n Integrationskonstanten entstehen. Die Eliminationsmethode ist bei kleineren Systemen ($n = 2, 3$) schneller als die Eigenwertmethode. Auch ist sie auf allgemeinere lineare Systeme anwendbar!

14 Komplexe Zahlen und Funktionen

14.1 Komplexe Zahlen

Darstellungen komplexer Zahlen

i ist die **Imaginäre Einheit**. Es gilt $\boxed{i^2 = -1}$

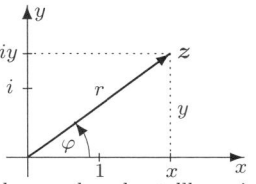

$$z = x + iy \qquad \textbf{kartesische Darstellung}$$
$$z = r(\cos\varphi + i\sin\varphi) \qquad \textbf{polare Darstellung}$$
$$z = r\,\mathrm{e}^{\mathrm{i}\,\varphi} \qquad \textbf{Eulersche Darstellung}$$

ähnlich wie die reellen Zahlen durch Punkte auf der Zahlengeraden darstellbar sind, lassen sich die komplexen Zahlen durch Punkte (Vektoren) der x,y–Ebene darstellen.

Der **komplexen Zahl** $x + iy$ entspricht dabei der **Vektor** (x, y).

Der **Addition** komplexer Zahlen entspricht die **Vektoraddition**.

Die **Multiplikation** mit einer komplexen Zahl entspricht einer **Drehstreckung**.

$\left.\begin{array}{l} x \ \textbf{Realteil} \\ y \ \textbf{Imaginärteil} \end{array}\right\}$ x, y heißen **kartesische Koordinaten** von z.

$\left.\begin{array}{l} r \ \textbf{Betrag} \\ \varphi \ \textbf{Argument} \end{array}\right\}$ r, φ heißen **Polarkoordinaten** von z.

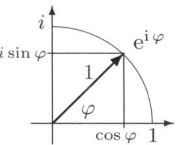

Eulersche Formel $\quad \mathrm{e}^{i\varphi} = \cos\varphi + i\sin\varphi$

$$\mathrm{e}^{i\cdot 0} = \mathrm{e}^{i\cdot 2\pi} = 1 \ , \quad \mathrm{e}^{i\cdot\pi/2} = i \ , \quad \mathrm{e}^{i\cdot\pi} = -1 \ , \quad \mathrm{e}^{i\cdot 3\pi/2} = -i \quad \Big| \quad \mathrm{e}^{i\varphi} = \mathrm{e}^{i(\varphi+2\pi)}$$

Umformung

kartesische Koordinaten x, y $\qquad \longleftrightarrow \qquad$ **Polarkoordinaten** r, φ

$$x = r\cos\varphi \qquad\qquad\qquad r = |z| = \sqrt{x^2 + y^2}$$
$$y = r\sin\varphi \qquad\qquad\qquad \tan\varphi = \frac{y}{x} \ \begin{array}{l}\text{Quadranten} \\ \text{beachten!}\end{array}$$

$$z = x + iy = r(\cos\varphi + i\sin\varphi) = r\mathrm{e}^{\mathrm{i}\,\varphi}$$

---

konjugiert komplexe Zahl $\quad \overline{z}$

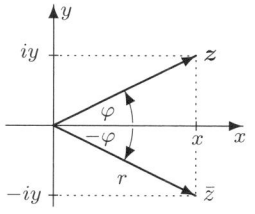

$$z = x + iy \quad \Longleftrightarrow \quad \overline{z} = x - iy$$
$$z = r\mathrm{e}^{\mathrm{i}\,\varphi} \quad \Longleftrightarrow \quad \overline{z} = r\,\mathrm{e}^{-\mathrm{i}\varphi}$$

$\overline{z}$ geht aus z durch Spiegelung an der x–Achse hervor.

Rechenregeln

$\overline{z + w} = \overline{z} + \overline{w}$	$z + \overline{z} = 2x \quad\quad z \cdot \overline{z} = r^2 = x^2 + y^2 = |z|^2$
$\overline{z \cdot w} = \overline{z} \cdot \overline{w}$	$z - \overline{z} = 2iy \quad\quad \sqrt{z \cdot \overline{z}} = r = \sqrt{x^2 + y^2} = |z|$
$\overline{\left(\dfrac{z}{w}\right)} = \dfrac{\overline{z}}{\overline{w}}$	

Rechnen mit komplexen Zahlen

Multiplikation (kartesische Koordinaten)

$z \cdot w = (x + iy)(u + iv) = (xu - yv) + i(xv + yu)$

> Klammern auflösen,
> $i^2 = -1$ beachten!

Division   (kartesische Koordinaten)

$$\frac{z}{w} = \frac{x+iy}{u+iv} = \frac{z \cdot \overline{w}}{w \cdot \overline{w}} = \frac{(x+iy)(u-iv)}{|w|^2} = \frac{xu+yv+i(yu-xv)}{u^2+v^2}$$

> Erweitern mit
> Konjugierter des Nenners!

Multiplikation   (Polarform)

$$z \cdot w = re^{i\,\varphi} \cdot se^{i\,\psi} = rse^{i\,(\varphi+\psi)}$$
$$= r(\cos\varphi + i\sin\varphi) \cdot s(\cos\psi + i\sin\psi)$$
$$= rs\big(\cos(\varphi+\psi) + i\sin(\varphi+\psi)\big)$$

> Beträge multiplizieren,
> Winkel addieren!

Division   (Polarform)

$$\frac{z}{w} = \frac{re^{i\,\varphi}}{se^{i\,\psi}} = \frac{r}{s}e^{i\,(\varphi-\psi)}$$
$$= \frac{r(\cos\varphi+i\sin\varphi)}{s(\cos\psi+i\sin\psi)} = \frac{r}{s}\big(\cos(\varphi-\psi) + i\sin(\varphi-\psi)\big)$$

> Beträge dividieren,
> Winkel subtrahieren!

Potenzieren   (Polarform), $(n \in \mathbb{N})$

$$z^n = \big(re^{i\,\varphi}\big)^n = r^n e^{i\,n\varphi}$$
$$= \big(r(\cos\varphi + i\sin\varphi)\big)^n = r^n(\cos n\varphi + i\sin n\varphi)$$

> Betrag mit n potenzieren,
> Winkel mit n multiplizieren!

Radizieren   (Polarform), $(n = 2, 3, \ldots)$

$$\sqrt[n]{z} = \sqrt[n]{re^{i\,\varphi}} = \sqrt[n]{r}\,e^{i\,\frac{\varphi+k\cdot 2\pi}{n}} \qquad (k = 0, 1, 2, \ldots, n-1)$$
$$= \sqrt[n]{r(\cos\varphi + i\sin\varphi)} = \sqrt[n]{r}\left(\cos\frac{\varphi+k\cdot 2\pi}{n} + i\sin\frac{\varphi+k\cdot 2\pi}{n}\right)$$

> Formel von
> **Moivre**

speziell
für $n = 2$: $\quad \sqrt{z} = \sqrt{re^{i\,\varphi}} = \pm\sqrt{r}\,e^{i\,\frac{\varphi}{2}} = \pm\sqrt{r}\left(\cos\frac{\varphi}{2} + i\sin\frac{\varphi}{2}\right)$

> Wurzel aus Betrag,
> halber Winkel!

Quadratwurzel   (kartesisch), $z^2 = c = x + iy$, $|c| = \sqrt{x^2 + y^2}$

$$z_{1,2} = \pm\left(\sqrt{\tfrac{|c|+x}{2}} + i\,\sigma\sqrt{\tfrac{|c|-x}{2}}\right), \text{ mit } \sigma := \begin{cases} 1, & y \geq 0 \\ -1, & y < 0 \end{cases},$$

> siehe Beispiel
> nächste Seite.

---

n–te Einheitswurzeln

sind die n Lösungen von $z^n = 1$. Sie bilden in der Gaußschen Zahlenebene ein
regelmäßiges n–Eck im Einheitskreis.

$$\sqrt[n]{1} = e^{i\,\frac{k\cdot 2\pi}{n}}, \quad k = 0, \ldots, n-1$$
$$= \cos\frac{k\cdot 2\pi}{n} + i\sin\frac{k\cdot 2\pi}{n}$$

(ergibt n Wurzeln für $k = 0, \ldots, n-1$)

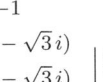

$z_0 = 1$
$z_1 = \frac{1}{2}(\ 1 + \sqrt{3}\,i)$
$z_2 = \frac{1}{2}(-1 + \sqrt{3}\,i)$
$z_3 = -1$
$z_4 = \frac{1}{2}(-1 - \sqrt{3}\,i)$
$z_5 = \frac{1}{2}(\ 1 - \sqrt{3}\,i)$

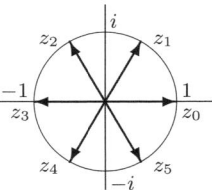

6–te Einheitswurzeln
Lösungen von $z^6 - 1 = 0$.

---

quadratische Gleichung mit komplexen Koeffizienten

$$az^2 + bz + c = 0$$

$$z_{1,2} = \frac{-b \pm \sqrt{b^2 - 4ac}}{2a}$$

bzw.

$$z^2 + pz + q = 0$$

$$z_{1,2} = -\frac{p}{2} \pm \sqrt{\frac{p^2}{4} - q}$$

wobei $\sqrt{\cdots}$ <u>eine</u> Quadratwurzel (Seite 180) der komplexen Diskriminante

$$D = b^2 - 4ac \qquad \text{bzw.} \qquad D = \frac{p^2}{4} - q \text{ ist.}$$

Polarkoordinaten: Berechnung des Arguments φ

Für $z = x + iy \neq 0$ hat man folgende Möglichkeiten, φ zwischen 0 und 2π eindeutig festzulegen:

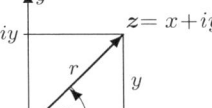

(1) $x \neq 0 \implies \tan\varphi = \frac{y}{x}$ und Quadranten beachten.

$$x = 0 \implies \varphi = \begin{cases} \pi/2 & \text{für } y > 0 \\ 3\pi/2 & \text{für } y < 0. \end{cases}$$

(2) $x \neq 0 \implies \varphi = \begin{cases} \arctan y/x & \text{für } x > 0 \text{ und } y > 0 \\ 2\pi + \arctan y/x & \text{für } x > 0 \text{ und } y < 0 \\ \pi + \arctan y/x & \text{für } x < 0. \end{cases}$

$$x = 0 \implies \varphi = \begin{cases} \pi/2 & \text{für } y > 0 \\ 3\pi/2 & \text{für } y < 0. \end{cases}$$

(3)   für alle $x \implies \cos\varphi = x/r$ und $\sin\varphi = y/r$.

Beispiel   *Man löse die quadratische Gleichung* $iz^2 + (4 - i)z - 5 - 5i = 0.$

$$z_{1,2} = \frac{-4 + i \pm \sqrt{(4-i)^2 - 4i(-5-5i)}}{2i} = \frac{-4+i \pm \sqrt{-5+12i}}{2i} \overset{*)}{=} \frac{-4+i \pm(2+3i)}{2i} \implies \begin{array}{l} z_1 = \underline{2+i} \\ z_2 = \underline{-1+3i} \end{array}$$

*) Berechnung von $\pm\sqrt{-5+12i}$ **kartesisch**, siehe Seite 180, Quadratwurzel:

Es ist $z^2 = c = -5 + 12i$, $|c| = 13$, $\sigma = 1$, also $z_{1,2} = \pm\left(\sqrt{\frac{13-5}{2}} + i\sqrt{\frac{13+5}{2}}\right) = \underline{\pm(2+3i)}$.

*) Berechnung von $\pm\sqrt{-5+12i}$ nach **Moivre**: Es ist $-5 + 12i = 13(-\frac{5}{13} + \frac{12}{13}i)$.

$$\pm\sqrt{-5+12i} = \pm\sqrt{|-5+12i|}\left(\cos\tfrac{\varphi}{2} + i\sin\tfrac{\varphi}{2}\right) = \pm\sqrt{13}\left(\cos\tfrac{\varphi}{2} + i\sin\tfrac{\varphi}{2}\right)$$

(i) Taschenrechner: Berechnung von φ aus $\tan\varphi = \frac{12}{-5}$, dann $\cos\frac{\varphi}{2}$ und $\sin\frac{\varphi}{2}$:

$$\tan\varphi = \frac{12}{-5} \implies \varphi = -67.38^0 + 180^0 = 112.62^0 \quad \text{(2. Quadrant !)}$$

$$\implies \pm\sqrt{-5+12i} = \pm\sqrt{13}\left(\cos\tfrac{112.62^0}{2} + i\sin\tfrac{112.62^0}{2}\right) = \underline{\pm(2+3i)}.$$

(ii) Berechnung von $\boxed{\cos\frac{\varphi}{2} = \pm\sqrt{\frac{1}{2}(1 + \cos\varphi)} \quad \text{und} \quad \sin\frac{\varphi}{2} = \pm\sqrt{\frac{1}{2}(1 - \cos\varphi)}}$

$-5 + 12i = 13(-\frac{5}{13} + \frac{12}{13}i) \Rightarrow \cos\varphi = -\frac{5}{13}$, $\sin\varphi = \frac{12}{13} \Rightarrow \cos\frac{\varphi}{2} = +\sqrt{\frac{1}{2}(1 - \frac{5}{13})} = \frac{2}{\sqrt{13}}$

$\sin\frac{\varphi}{2} = +\sqrt{\frac{1}{2}(1 + \frac{5}{13})} = \frac{3}{\sqrt{13}} \implies \pm\sqrt{-5+12i} = \pm\sqrt{13}\left(\frac{2}{\sqrt{13}} + \frac{3}{\sqrt{13}}i\right) = \underline{\pm(2+3i)}$

14.2   Komplexe Funktionen

Elementare komplexe Funktionen

Es gelten die aus dem Reellen bekannten Potenzreihendarstellungen :

$$\mathrm{e}^z \;=\; \sum_{n=0}^{\infty} \frac{1}{n!} z^n \qquad = \quad 1 + \frac{1}{1!}z + \frac{1}{2!}z^2 + \frac{1}{3!}z^3 + \cdots \qquad z \in \mathbb{C}$$

$$\sin z \;=\; \sum_{n=0}^{\infty} \frac{(-1)^n}{(2n+1)!} z^{2n+1} \quad = \quad z - \frac{1}{3!}z^3 + \frac{1}{5!}z^5 - \frac{1}{7!}z^7 \pm \cdots \qquad z \in \mathbb{C}$$

$$\cos z \;=\; \sum_{n=0}^{\infty} \frac{(-1)^n}{(2n)!} z^{2n} \qquad = \quad 1 - \frac{1}{2!}z^2 + \frac{1}{4!}z^4 - \frac{1}{6!}z^6 \pm \cdots \qquad z \in \mathbb{C}$$

$$\sinh z \;=\; \sum_{n=0}^{\infty} \frac{1}{(2n+1)!} z^{2n+1} \quad = \quad z + \frac{1}{3!}z^3 + \frac{1}{5!}z^5 + \frac{1}{7!}z^7 \cdots \qquad z \in \mathbb{C}$$

$$\cosh z \;=\; \sum_{n=0}^{\infty} \frac{1}{(2n)!} z^{2n} \qquad = \quad 1 + \frac{1}{2!}z^2 + \frac{1}{4!}z^4 + \frac{1}{6!}z^6 \cdots \qquad z \in \mathbb{C}$$

trigonometrische Funktionen | **Hyperbelfunktionen**

$$\tan z = \frac{\sin z}{\cos z} \quad \Big| \quad \cot z = \frac{1}{\tan z} \qquad \qquad \tanh z = \frac{\sinh z}{\cosh z} \quad \Big| \quad \coth z = \frac{1}{\tanh z}$$

$$\boxed{\cos^2 z + \sin^2 z = 1} \qquad\qquad \boxed{\cosh^2 z - \sinh^2 z = 1}$$

$$\sin z = -i \sinh iz \;\Big|\; \sin iz = i \sinh z \qquad \sinh z = -i \sin iz \;\Big|\; \sinh iz = i \sin z$$

$$\cos z = \cosh iz \;\Big|\; \cos iz = \cosh z \qquad\qquad \cosh z = \cos iz \;\Big|\; \cosh iz = \cos z$$

Additionstheoreme

$$\sin(z+w) = \sin z \cos w + \cos z \sin w \quad\Big|\quad \sinh(z+w) = \sinh z \cosh w + \cosh z \sinh w$$

$$\cos(z+w) = \cos z \cos w - \sin z \sin w \quad\Big|\quad \cosh(z+w) = \cosh z \cosh w + \sinh z \sinh w$$

Darstellungen durch die Exponentialfunktion

$$\sin z \;=\; \frac{\mathrm{e}^{iz} - \mathrm{e}^{-iz}}{2i} \qquad\qquad\qquad \sinh z \;=\; \frac{\mathrm{e}^z - \mathrm{e}^{-z}}{2}$$

$$\cos z \;=\; \frac{\mathrm{e}^{iz} + \mathrm{e}^{-iz}}{2} \qquad\qquad\qquad \cosh z \;=\; \frac{\mathrm{e}^z + \mathrm{e}^{-z}}{2}$$

$$\tan z \;=\; -i \frac{\mathrm{e}^{iz} - \mathrm{e}^{-iz}}{\mathrm{e}^{iz} + \mathrm{e}^{-iz}} \qquad\qquad \tanh z \;=\; \frac{\mathrm{e}^z - \mathrm{e}^{-z}}{\mathrm{e}^z + \mathrm{e}^{-z}}$$

Zerlegung in Real– und Imaginärteil

$$\boxed{\mathrm{e}^{x+iy} \;=\; \mathrm{e}^x (\cos y + i \sin y)}$$

$$\sin(x+iy) = \sin x \cosh y + i \cos x \sinh y \quad\Big|\quad \sinh(x+iy) = \sinh x \cos y + i \cosh x \sin y$$

$$\cos(x+iy) = \cos x \cosh y - i \sin x \sinh y \quad\Big|\quad \cosh(x+iy) = \cosh x \cos y + i \sinh x \sin y$$

$$\tan(x+iy) = \frac{\sin 2x + i \sinh 2y}{\cos 2x + \cosh 2y} \quad\Big|\quad \tanh(x+iy) = \frac{\sinh 2x + i \sin 2y}{\cosh 2x + \cos 2y}$$

Logarithmus , Arcus– und Areafunktionen

Die komplexe e–Funktion hat die Periode $2\pi i$.

Zur Definition der Umkehrfunktion ln beschränkt man die Argumente auf einen Periodenstreifen $-\pi \leq \varphi = \arg(z) < \pi$ (vergleiche auch **HM** Seite $112, 113$).

> Ist $z = r\,e^{i\varphi}$ mit $-\pi \leq \varphi = \arg(z) < \pi$, so ist $\ln z := \ln r + \varphi i$.

Definitionsbereich von ln ist die "gelochte Ebene" $\mathbb{C} \setminus \{0\}$
Wertebereich von ln ist der Streifen $-\pi \leq \varphi = \arg(z) < \pi$.

$$\arcsin z = -i\ln(iz + \sqrt{1-z^2}\,)$$
$$\arccos z = -i\ln(z + \sqrt{z^2-1}\,)$$
$$\arctan z = \frac{1}{2i}\ln\frac{1+iz}{1-iz}$$
$$\text{arccot } z = -\frac{1}{2i}\ln\frac{iz+1}{iz-1}$$

$$\text{arsinh } z = \ln(z + \sqrt{z^2+1}\,)$$
$$\text{arcosh } z = \ln(z + \sqrt{z^2-1}\,)$$
$$\text{artanh } z = \frac{1}{2}\ln\frac{1+z}{1-z}$$
$$\text{arcoth } z = \frac{1}{2}\ln\frac{z+1}{z-1}$$

Komplexe Differenzierbarkeit

f ist in a **differenzierbar**, wenn $\lim\limits_{z\to a}\dfrac{f(z)-f(a)}{z-a} = f'(a)$ existiert.

f ist in a **holomorph**, wenn f in einer Umgebung von a differenzierbar ist.

f ist in a **analytisch**, wenn f um a in eine Potenzreihe $\sum\limits_{n=0}^{\infty} a_n(z-a)^n$ mit positivem Konvergenzradius entwickelbar ist. Es gilt dann :

$$a_n = \frac{f^{(n)}(a)}{n!}$$

> f ist in a **holomorph** $\iff$ f ist in a **analytisch**

Es sei $z = x + iy$ und $f(z) = u(x,y) + iv(x,y)$.

f ist genau dann differenzierbar, wenn u und v stetige partielle Ableitungen besitzen, die den Cauchy–Riemannschen–DGLn genügen:

> **Cauchy–Riemannsche–DGLn** $\quad \dfrac{\partial u}{\partial x} = \dfrac{\partial v}{\partial y} \;,\; \dfrac{\partial u}{\partial y} = -\dfrac{\partial v}{\partial x}$

Beispiel $\quad f : \begin{cases} \mathbb{R}^2 \longrightarrow \mathbb{R}^2 \\ (x,y) \longrightarrow (x,-y) \end{cases}$ ist überall differenzierbar!

Bei Deutung als komplexe Funktion $\quad f : \begin{cases} \mathbb{C} \longrightarrow \mathbb{C} \\ z \longrightarrow \overline{z} \end{cases}$, also $f(z) = \overline{z}$

ist $u(x,y) = x$ und $v(x,y) = -y$ und folglich $\frac{\partial u}{\partial x} = 1 \neq -1 = \frac{\partial v}{\partial y}$, $\frac{\partial u}{\partial y} = 0 = -\frac{\partial v}{\partial x}$.
Die Cauchy–R–DGLn sind nirgends erfüllt, f ist also nirgends komplex differenzierbar.

Kurvenintegrale

Es sei $z = x + iy$ und $f(z) = u(x,y) + i\,v(x,y)$.
$C:\ \gamma(t) = a(t) + i\,b(t),\ t \in [t_0, t_1]$ sei eine stückweise glatte Kurve in $\mathbb{C}$. Dann ist:

$$\int_C f(z)\,dz = \int_C (u(x,y) + i\,v(x,y))(dx + i dy)$$

$$= \int_C (u(x,y)\,dx - v(x,y)\,dy) + i \int_C (v(x,y)\,dx + u(x,y)\,dy)$$

$$= \int_{t_0}^{t_1} \left[u\big(a(t), b(t)\big) a'(t) - v\big(a(t), b(t)\big) b'(t) \right] dt$$

$$+ i \int_{t_0}^{t_1} \left[v\big(a(t), b(t)\big) a'(t) + u\big(a(t), b(t)\big) b'(t) \right] dt$$

Beispiel: *Man berechne* $\displaystyle\int_C \overline{z}\,dz$ *für die Kurven* $\quad\begin{array}{l} C_1:\ \gamma(t) = t + it^2, \quad 0 \le t \le 1 \\ C_2:\ \gamma(t) = t + it, \quad\ \ 0 \le t \le 1 \end{array}$

$$\int_{C_1} f(z)\,dz = \int_{C_1} (x - iy)(dx + i dy) = \int_{C_1} (x\,dx + y\,dy) + i \int_{C_1} (-y\,dx + x\,dy)$$

$$= \int_0^1 (t + 2t^3)\,dt + i \int_0^1 (-t^2 + 2t^2)\,dt = \frac{1}{2} + \frac{1}{2} + i\frac{1}{3} = \underline{1 + \frac{1}{3}i}.$$

$$\int_{C_2} f(z)\,dz = \int_{C_2} (x - iy)(dx + i dy) = \int_{C_2} (x\,dx + y\,dy) + i \int_{C_2} (-y\,dx + x\,dy)$$

$$= \int_0^1 (t + t)\,dt + i \int_0^1 (-t + t)\,dt = 1 + i0 = \underline{1}.$$

Cauchyscher Integralsatz und Satz von Morera

Ist G ein einfach zusammenhängendes beschränktes Gebiet, C eine stückweise glatte geschlossene Kurve in G und ist f in G holomorph , so gilt

$$\oint_C f(z)\,dz = 0.$$

Der **Satz von Morera** besagt die Umkehrung: Ist f in einem einfach zusammenhängenden beschränkten Gebiet G stetig und gilt $\oint_C f(z)\,dz = 0$ für jede stückweise glatte geschlossene Kurve C in G, so ist f holomorph in G.

Cauchysche Integralformel

Ist G ein einfach zusammenhängendes beschränktes Gebiet, C eine stückweise glatte geschlossene doppelpunktfreie Kurve in G und ist f in G holomorph,

so gilt für jeden Punkt z aus dem Innern von C $\quad f(z) = \dfrac{1}{2\pi i} \oint_C \dfrac{f(w)}{w - z}\,dw.$

f ist in z beliebig oft differenzierbar und es gilt: $\quad f^{(n)}(z) = \dfrac{n!}{2\pi i} \oint_C \dfrac{f(w)}{(w-z)^{n+1}}\,dw.$

Laurentreihen und Singularitäten

Die Funktion f sei **analytisch** im Kreisring $0 \leq r_1 < |z - a| < r_2$.
Dann ist f um a in eine **Laurentreihe** entwickelbar :

$$f(z) = \sum_{k=-\infty}^{\infty} a_k(z-a)^k = \underbrace{\sum_{k=1}^{\infty} \frac{a_{-k}}{(z-a)^k}}_{\text{Hauptteil}} + \underbrace{\sum_{k=0}^{\infty} a_k(z-a)^k}_{\text{regulärer Teil (Potenzreihe)}}$$

Für die **Koeffizienten der Laurentreihe** gilt $a_k = \dfrac{1}{2\pi i} \oint \dfrac{f(z)}{(z-a)^{k+1}}\, dz$.

a heißt **isolierte Singularität** von f, wenn f in einem Gebiet $0 < |z - a| < \varepsilon$ differenzierbar ist.

Die **isolierte Singularität** a der Funktion f heißt:

- **hebbare Singularität**, falls der Hauptteil verschwindet ($a_k = 0$ für alle $k < 0$).

- **n–facher Pol**, falls der Hauptteil endlich ist, also $a_k = 0$ für alle $k < -n$.

- **wesentliche Singularität** ,
  falls der Hauptteil unendlich ist, also $a_k \neq 0$ ist für unendlich viele $k < 0$.

Residuen

a sei eine isolierte Singularität von f und $f(z) = \sum_{k=-\infty}^{\infty} a_k(z-a)^k$.

Das **Residuum** von f im Punkt a
ist der Koeffizient a_{-1} der
Laurententwicklung von f um a:
   $\boxed{\operatorname{Res}(f,a) = a_{-1} = \dfrac{1}{2\pi i} \oint_{|z-a|=\varepsilon} f(z)\, dz}$

Residuensatz

Es sei K eine stückweise glatte geschlossene Kurve in $\mathbb{C}$ und f sei analytisch innerhalb von K mit Ausnahme der isolierten Singularitäten $a_1, a_2, \ldots, a_n$.
Dann gilt (Umlaufzahlen jeweils 1):

$$\oint_K f(z)\, dz = 2\pi i \sum_{k=1}^{n} \operatorname{Res}(f, a_k)$$

Berechnung des Residuums in Spezialfällen

(1) a Polstelle 1.Ordnung $\Longrightarrow$ $\operatorname{Res}(f,a) = \lim_{z \to a}(z-a)f(z)$

(2) $f(z) = \dfrac{g(z)}{h(z)}$ mit $g(a) \neq 0$, $h(a) = 0$, $h'(a) \neq 0$ $\Longrightarrow$ $\operatorname{Res}(f,a) = \dfrac{g(a)}{h'(a)}$

(3) a Polstelle n.Ordnung $\Longrightarrow$ $\operatorname{Res}(f,a) = \dfrac{1}{(n-1)!} \lim_{z \to a} \dfrac{d^{n-1}}{dz^{n-1}}\big[(z-a)^n f(z)\big]$

Beispiel   *Man berechne das Residuum von $f(z) = \tan z$ bei $a = \dfrac{\pi}{2}$*
   und von $g(z) = \dfrac{1}{z^2(z+1)}$ bei $b = 0$.

$\operatorname{Res}(f,a) = \operatorname{Res}(\tan z, \tfrac{\pi}{2}) = \operatorname{Res}(\tfrac{\sin z}{\cos z}, \tfrac{\pi}{2}) \overset{(2)}{=} \big(\tfrac{\sin z}{(\cos z)'}\big)_{z=\pi/2} = \tfrac{\sin \pi/2}{-\sin \pi/2} = \underline{\underline{-1}}$, siehe (2).

$\operatorname{Res}(g,b) = \operatorname{Res}(\tfrac{1}{z^2(z+1)}, 0) \overset{(3)}{=} \tfrac{1}{1!}\lim_{z \to 0}\big(\tfrac{1}{1+z}\big)' = \lim_{z \to 0} \tfrac{-1}{(1+z)^2} = \underline{\underline{-1}}$, siehe (3).

15   Numerische Verfahren

15.1   Normierte Räume

Normierte Räume

Wenn jedem Vektor $\vec{x}$ eines reellen Vektorraums V eine reelle Zahl $\|\vec{x}\|$ zugeordnet ist, so dass für alle $\vec{x}, \vec{y} \in V$ und alle $\alpha \in \mathbb{R}$ gelten

(1) $\|\vec{x}\| \geq 0$ und $\left(\|\vec{x}\| = 0 \Longleftrightarrow \vec{x} = \vec{o}\right)$ **Definitheit**

(2) $\|\alpha \cdot \vec{x}\| = |\alpha| \cdot \|\vec{x}\|$ **Homogenität**

(3) $\|\vec{x} + \vec{y}\| \leq \|\vec{x}\| + \|\vec{y}\|$ **Dreiecksungleichung**

so heißt $\|\cdot\|$ eine **Norm** auf V und $(V, \|\cdot\|)$ ein **normierter Raum**.
Mit einer Norm wird der **Abstand** zweier Vektoren $\vec{x}, \vec{y}$ definiert als

$$\mathrm{d}\,(\vec{x}, \vec{y}) := \|\vec{x} - \vec{y}\|.$$

Prä–Hilberträume

Wenn je zwei Vektoren $\vec{x}, \vec{y}$ eines reellen Vektorraums V eine reelle Zahl $\langle \vec{x}, \vec{y} \rangle$ zugeordnet ist, so dass für alle $\vec{x}, \vec{y}, \vec{z} \in V$ und alle $\alpha \in \mathbb{R}$ gelten

(1) $\langle \vec{x}, \vec{x} \rangle \geq 0$ und $\left(\langle \vec{x}, \vec{x} \rangle = 0 \Longleftrightarrow \vec{x} = \vec{o}\right)$ **Definitheit**

(2) $\langle \vec{x}, \vec{y} \rangle = \langle \vec{y}, \vec{x} \rangle$ **Symmetrie**

(3) $\langle \vec{x} + \alpha \cdot \vec{z}, \vec{y} \rangle = \langle \vec{x}, \vec{y} \rangle + \alpha \cdot \langle \vec{z}, \vec{y} \rangle$ **Linearität**

so heißt $\langle \cdot, \cdot \rangle$ ein **Skalarprodukt** auf V und $(V, \langle \cdot, \cdot \rangle)$ ein **Prä–Hilbertraum**.

Ein Skalarprodukt erzeugt eine **Norm** gemäß

$$\|\vec{x}\| := \sqrt{\langle \vec{x}, \vec{x} \rangle}\,.$$

Zwei Vektoren $\vec{x}, \vec{y}$ heißen **orthogonal** $\Longleftrightarrow$ $\langle \vec{x}, \vec{y} \rangle = 0$.

Konvergenz

Eine Folge $(\vec{x}^{(k)})$ von Elementen des normierten Raumes $(V, \|\cdot\|)$ konvergiert gegen ein Element $\vec{x} \in V$, falls die Folge reeller Zahlen $(\|\vec{x}^{(k)} - \vec{x}\|)$ gegen Null konvergiert:

$$\lim_{k \to \infty} \vec{x}^{(k)} = \vec{x} \quad \Longleftrightarrow \quad \lim_{k \to \infty} \|\vec{x}^{(k)} - \vec{x}\| = 0.$$

Beispiele für Vektornormen auf $V = \mathbb{R}^n$

$\|\vec{x}\|_p = \sqrt[p]{|x_1|^p + \cdots + |x_n|^p}$ ℓ^p- Norm, $p \geq 1$

$\|\vec{x}\|_2 = \sqrt{|x_1|^2 + \cdots + |x_n|^2}$ **Euklidische Norm (Betrag)**

$\|\vec{x}\|_1 = |x_1| + \cdots + |x_n|$ ℓ^1- oder **Summennorm**

$\|\vec{x}\|_\infty = \max\limits_{1 \leq i \leq n} |x_i| = \lim\limits_{p \to \infty} \|\vec{x}\|_p$ $\ell^\infty-$ oder **Maximumnorm**

Beispiel

$\vec{x} = (1, -2, 2)^\top$

$\|\vec{x}\|_2 = \sqrt{1+4+4} = 3$

$\|\vec{x}\|_1 = 5$

$\|\vec{x}\|_\infty = 2$

Beispiele für Integralnormen auf

$V = L^p(a,b) := \{f : (a,b) \to \mathbb{R} \mid \int_a^b |f(x)|^p \, dx < \infty\}$

$\|f\|_p = \left(\int_a^b |f(x)|^p \, dx\right)^{1/p}$ L^p-Norm $(1 \leq p < \infty)$

Beispiel

$[a,b] = [-1, 1], \ f(x) = x$

$\|f\|_2 = \sqrt{\int_{-1}^1 x^2 \, dx} = \sqrt{\frac{2}{3}}$

Beispiele für Skalarprodukte

(a)   auf $V = \mathbb{R}^n$: $\langle \vec{x}, \vec{y} \rangle = x_1 y_1 + \cdots + x_n y_n$

           euklidisches Skalarprodukt,
           erzeugt die euklidische Norm.

(b)   auf $L^2(a,b)$: $\langle f, g \rangle = \int_a^b f(x) g(x) \, dx$

           L^2-Skalarprodukt, erzeugt die L^2-Norm

Beispiel

$A = \begin{pmatrix} 1 & 0 \\ -2 & 2 \end{pmatrix}$

Beispiele für Matrixnormen auf $\mathbb{R}^{m \times n}$

$\|A\|_2 = \max\limits_{\vec{x} \neq \vec{o}} \sqrt{\dfrac{\vec{x}^\top A^\top A \, \vec{x}}{\vec{x}^\top \cdot \vec{x}}} = \sqrt{\lambda_{\max}(A^\top A)}$ **Spektralnorm**

$\|A\|_1 = \max\limits_{1 \leq j \leq n} \sum\limits_{i=1}^m |a_{ij}|$ **Spalten–Summennorm**

$\|A\|_\infty = \max\limits_{1 \leq i \leq m} \sum\limits_{j=1}^n |a_{ij}|$ **Zeilen–Summennorm**

$\|A\|_2 = 2.92$

$\|A\|_1 = 3$

$\|A\|_\infty = 4$

$\rho(A) = $ Maximum der Beträge der Eigenwerte von $A \in \mathbb{R}^{n \times n}$ **Spektralradius**

Bemerkung: Ist A symmetrisch, so ist $\rho(A) = \|A\|_2$

$\rho(A) = 2$

Für jede Matrixnorm gilt:

$\|A \cdot B\| \leq \|A\| \cdot \|B\|$ Submultiplikativität

$\|A \cdot \vec{x}\| \leq \|A\| \cdot \|\vec{x}\|$ Verträglichkeit mit der zugehörigen gleichbezeichneten Vektornorm

Ist $\|\cdot\|$ eine Vektornorm auf $\mathbb{R}^n$, so ist die **zugeordnete Matrixnorm**

$$\|A\| := \max_{\vec{x} \neq \vec{o}} \frac{\|A\vec{x}\|}{\|\vec{x}\|} = \max_{\|\vec{x}\|=1} \|A\vec{x}\|$$

Zugeordnete Normen werden üblicherweise gleich bezeichnet.

15.2 Interpolation

<u>Gegeben:</u> **Wertetabelle** $\dfrac{x_i \;\big|\; x_0 \quad x_1 \quad \cdots \quad x_n}{y_i \;\big|\; y_0 \quad y_1 \quad \cdots \quad y_n}$

mit $(x_i, y_i) \in \mathbb{R}^2$ und x_i paarw. verschieden.

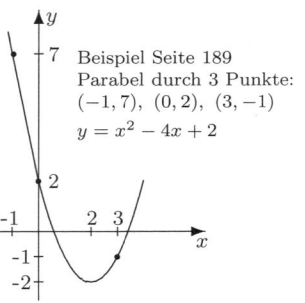

Beispiel Seite 189
Parabel durch 3 Punkte:
$(-1, 7)$, $(0, 2)$, $(3, -1)$
$y = x^2 - 4x + 2$

<u>Gesucht:</u> Ein **Polynom** p höchstens n–ten Grades, das den Interpolationsbedingungen

$\boxed{p(x_i) = y_i \;\; (i = 0, \ldots, n)}$ genügt, d.h. das durch die gegebenen Punkte (x_i, y_i) geht.

LAGRANGEsche Interpolationsformel

$$p(x) = \sum_{i=0}^{n} y_i \cdot \ell_i(x), \quad \ell_i(x) = \prod_{\substack{j=0 \\ j \neq i}}^{n} \frac{x - x_j}{x_i - x_j}$$

NEWTONsche Interpolationsformel

$$p(x) = \sum_{i=0}^{n} [x_0, \ldots, x_i]\,p \cdot (x - x_0) \cdots (x - x_{i-1})$$

Die NEWTON–Koeffizienten $[x_0, \ldots, x_i]\,p$ (**dividierte Differenzen**) werden rekursiv berechnet:

$$[x_i]\,p := p(x_i) = y_i, \qquad [x_i, \ldots, x_{i+k}]\,p = \frac{[x_{i+1}, \ldots, x_{i+k}]\,p - [x_i, \ldots, x_{i+k-1}]\,p}{x_{i+k} - x_i}$$

Tafel der dividierten Differenzen:

x_i	$[x_i]\,p = y_i$	$[x_i, x_{i+1}]\,p$	$[x_i, x_{i+1}, x_{i+2}]\,p$	$\cdots$
x_0	$[x_0]\,p = y_0$			
		$[x_0, x_1]\,p = \dfrac{[x_1]\,p - [x_0]\,p}{x_1 - x_0}$		
x_1	$[x_1]\,p = y_1$		$[x_0, x_1, x_2]\,p = \dfrac{[x_1, x_2]\,p - [x_0, x_1]\,p}{x_2 - x_0}$	$\cdots$
		$[x_1, x_2]\,p = \dfrac{[x_2]\,p - [x_1]\,p}{x_2 - x_1}$		
x_2	$[x_2]\,p = y_2$			
$\vdots$	$\vdots$	$\vdots$	$\vdots$	

CAUCHYsche Restgliedformel

$$f(x) - p(x) = \frac{f^{(n+1)}(\xi)}{(n+1)!}(x - x_0) \ldots (x - x_n)$$

für ein $\xi \in [a, b]$, wenn $f \in C^{n+1}[a, b]$, $y_i = f(x_i)$, $x, x_i \in [a, b] \;\; (i = 0, \ldots, n)$

Vorteile der NEWTONschen Interpolationsformel:

1.) nachträgliches Hinzufügen von Interpolationsbedingungen $p(x_{n+1}) = y_{n+1}, \ldots$:

    a) berechne $[x_0, \ldots, x_{n+1}]\,p$ aus einer weiteren Zeile der Tafel der dividierten Differenzen

    b) und $p_{n+1}(x) = p(x) + [x_0, \ldots, x_{n+1}]\,p \cdot (x - x_0) \cdots (x - x_n)$.

2.) Sie gilt unverändert bei HERMITE–Interpolation.

3.) Sie ist numerisch leicht auszuwerten.

Beispiel   *Man bestimme ein Polynom p höchstens 2–ten Grades, das durch die drei Punkte $(-1, 7)$, $(0, 2)$, $(3, -1)$ geht (siehe Skizze vorige Seite). Zusatzaufgabe: Bestimme ein Polynom q höchstens 3–ten Grades, das zusätzlich durch den Punkt $(2, -14)$ geht.*

• LAGRANGEsche Interpolationsformel:

$$p(x) = 7\frac{(x-0)(x-3)}{(-1-0)(-1-3)} + 2\frac{(x-(-1))(x-3)}{(0-(-1))(0-3)} - 1\frac{(x-(-1))(x-0)}{(3-(-1))(3-0)} = \cdots = \underline{\underline{x^2 - 4x + 2}}.$$

• NEWTONsche Interpolationsformel:

x_i	$[x_i]p = y_i$	$[x_i, x_{i+1}]p$	$[x_i, x_{i+1}, x_{i+2}]p$	$[x_0, x_1, x_2, x_3]p$
-1	$\boxed{7}$			
		$\frac{2-7}{0-(-1)} = \boxed{-5}$		
0	2		$\frac{-1-(-5)}{3-(-1)} = \boxed{1}$	
		$\frac{-1-2}{3-0} = -1$		$\frac{7-1}{2-(-1)} = \boxed{2}$
3	-1		$\frac{13-(-1)}{2-0} = 7$	
		$\frac{-14-(-1)}{2-3} = 13$		
2	-14			

$$\implies \quad p(x) = \boxed{7} + \boxed{-5} \cdot (x-(-1)) + \boxed{1} \cdot (x-(-1))(x-0) = \underline{\underline{x^2 - 4x + 2}}.$$

Die Zusatzaufgabe löst man vorteilhaft mit NEWTON (mit LAGRANGE müsste q völlig neu berechnet werden!): Man ergänzt nur die für p erstellte Tabelle und erhält:

$$\implies \quad q(x) = p(x) + \boxed{2} \cdot (x-(-1))(x-0)(x-3) = 2x^3 - 3x^2 - 10x + 2.$$

15.3 Numerische Behandlung von Anfangswertaufgaben

Anfangswertaufgabe (AWA)

Gesucht ist eine Lösung der Gleichung DGL $\boxed{y' = f(x, y)}$ mit der Anfangsbedingung AB $\boxed{y(x_0) = y_0}$

x reelle Variable, $y = y(x)$ reell– oder vektorwertige Funktion. Im zweiten Fall liegt ein System von DGLn 1. Ordnung vor, das ausgeschrieben lautet:

$$\text{DGL} \quad \begin{cases} y_1' = f_1(x, y_1, \ldots, y_n) \\ \vdots \qquad\qquad \vdots \\ y_n' = f_n(x, y_1, \ldots, y_n) \end{cases} \qquad \text{AB} \quad \begin{cases} y_1(x_0) = y_{01} \\ \vdots \qquad \vdots \\ y_n(x_0) = y_{0n} \end{cases}$$

Voraussetzungen, die Existenz, Eindeutigkeit und numerische Berechenbarkeit (bei genügend kleiner Schrittweite) sichern, sind:

(1) f ist eine in einem Gebiet G des (x, y)–Raumes **stetige** Funktion, die
(2)   in G bzgl. y einer **Lipschitzbedingung** genügt:
        $|f(x, y_1) - f(x, y_2)| \le L|y_1 - y_2|$ für eine Konstante L und alle $(x, y_1), (x, y_2) \in G$.
(3) $(x_0, y_0) \in G$.

Die numerische Lösung der AWA erfolgt mit **Diskretisierungsverfahren**:
Durch Fortschreiten auf einem Gitter $\{x_0, x_1, \ldots, x_n\}$ mit $x_n = x$ berechnet man
Näherungswerte $y_i \approx y(x_i)$ $(i = 1, \ldots, n)$, die für $h \to 0$ $(h := \max\limits_i h_i)$ mit der Konvergenzordnung p konvergieren: $\max\limits_i |y_i - y(x_i)| \leq \operatorname{const} h^p$.

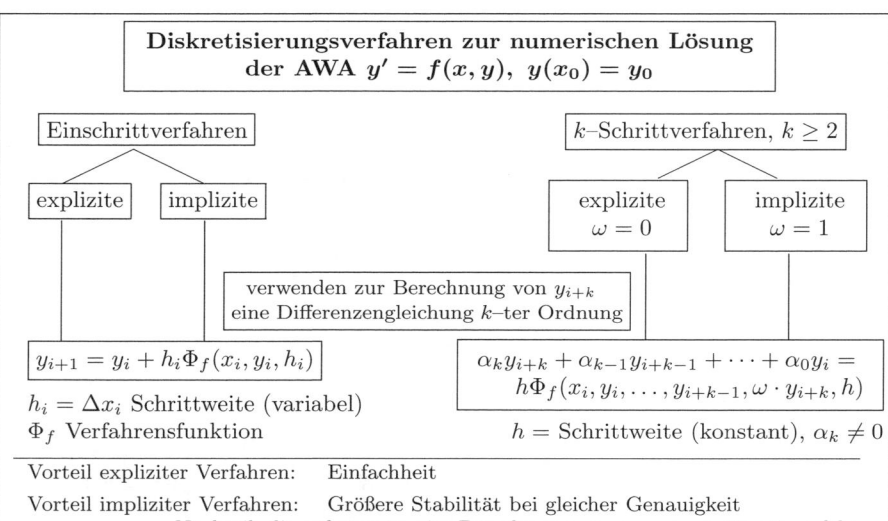

**Diskretisierungsverfahren zur numerischen Lösung
der AWA $y' = f(x, y)$, $y(x_0) = y_0$**

Einschrittverfahren

explizite | implizite

k–Schrittverfahren, $k \geq 2$

explizite $\omega = 0$ | implizite $\omega = 1$

verwenden zur Berechnung von y_{i+k}
eine Differenzengleichung k–ter Ordnung

$$y_{i+1} = y_i + h_i \Phi_f(x_i, y_i, h_i)$$

$h_i = \Delta x_i$ Schrittweite (variabel)
Φ_f Verfahrensfunktion

$$\alpha_k y_{i+k} + \alpha_{k-1} y_{i+k-1} + \cdots + \alpha_0 y_i = h \Phi_f(x_i, y_i, \ldots, y_{i+k-1}, \omega \cdot y_{i+k}, h)$$

$h = $ Schrittweite (konstant), $\alpha_k \neq 0$

Vorteil expliziter Verfahren: Einfachheit

Vorteil impliziter Verfahren: Größere Stabilität bei gleicher Genauigkeit
                Nachteil: die näherungsweise Berechnung von y_{i+k} muss iterativ erfolgen.

Einige Einschrittverfahren der Konvergenzordnung p

explizite | implizite

EULER–Verfahren $(p = 1)$

$$\Phi_f(x, y, h) = f(x, y)$$

EULER–Verfahren $(p = 1)$

$$\Phi_f(x, y, h) = k_1 \qquad k_1 = f(x + h, y + hk_1)$$

EULER–CAUCHY–Verf. $(p = 2)$

$$\Phi_f(x, y, h) = \tfrac{1}{2}k_1 + \tfrac{1}{2}k_2$$
$k_1 = f(x, y), \; k_2 = f(x+h, \; y+hk_1)$

BUTCHER–Verfahren $(p = 2)$

$$\Phi_f(x, y, h) = k_1 \qquad k_1 = f(x + \tfrac{1}{2}h, \; y + \tfrac{1}{2}hk_1)$$

RUNGE–KUTTA–Verf. RK4 $(p=4)$

$$\Phi_f(x, y, h) = \tfrac{1}{6}k_1 + \tfrac{1}{3}k_2 + \tfrac{1}{3}k_3 + \tfrac{1}{6}k_4$$
$k_1 = f(x, y)$
$k_2 = f(x + \tfrac{1}{2}h, y + \tfrac{1}{2}hk_1)$
$k_3 = f(x + \tfrac{1}{2}h, \; y + \tfrac{1}{2}hk_2)$
$k_4 = f(x + h, \; y + hk_3)$

BUTCHER–Verfahren $(p=4)$

$$\Phi_f(x, y, h) = \tfrac{1}{2}k_1 + \tfrac{1}{2}k_2$$
$k_1 = f\big(x + (\tfrac{1}{2} - \tfrac{\sqrt{3}}{6})h, \; y + \tfrac{1}{4}hk_1 + (\tfrac{1}{4} - \tfrac{\sqrt{3}}{6})hk_2\big)$
$k_2 = f\big(x + (\tfrac{1}{2} + \tfrac{\sqrt{3}}{6})h, \; y + (\tfrac{1}{4} + \tfrac{\sqrt{3}}{6})hk_1 + \tfrac{1}{4}hk_2\big)$

Einige lineare Mehrschrittverfahren der Konvergenzordnung p

explizites A–B–Verfahren von ADAMS–BASHFORTH ($p = 4$)

$$y_{i+4} = y_{i+3} + \frac{h}{24}\left[55f(x_i+3h,\,y_{i+3}) - 59f(x_i+2h,\,y_{i+2}) + 37f(x_i+h,\,y_{i+1}) - 9f(x_i,\,y_i)\right]$$

implizites M–Verfahren von MOULTON ($p = 5$)

$$y_{i+4}^{(j+1)} = y_{i+3} + \frac{h}{720}\left[251f(x_i+4h,\,y_{i+4}^{(j)}) + 646f(x_i+3h,\,y_{i+3}) - 264f(x_i+2h,\,y_{i+2})\right.$$
$$\left. + 106f(x_i+h,\,y_{i+1}) - 19f(x_i,\,y_i)\right]$$

Prädiktor–Korrektor–Verfahren ($p = 5$)

1. berechne Startnäherung $y_{i+4}^{(0)}$ mit dem A–B–Verfahren (Prädiktor),

2. berechne $f\left(x_i + 4h,\, y_{i+4}^{(0)}\right)$,

3. berechne $y_{i+4}^{(1)}$, $y_{i+4}^{(2)}$ (2 Iterationen) mit dem M–Verfahren (Korrektor).

Nachteile linearer Mehrschrittverfahren:

(1) Zur Berechnung der Startwerte $y_0, \ldots, y_{k-1}$ Anlaufrechnung nötig z.B. mit RK4,

(2) Schrittweitenänderung komplizierter.

Vorteile: höhere Genauigkeit bei weniger Funktionsauswertungen.

Beispiel   *Es sei $y' = 1 - 2xy$, $y(0) = 0$. Mit dem expliziten EULER–Verfahren bestimme man näherungsweise $y(1)$.*

Die exakte Lösung ist $y(x) = e^{-x^2} \int_0^x e^{t^2}\,dt$.

Eingabe: $x_0 = 0$, $y_0 = 0$, $h = \frac{1}{n}$ ($n = 10,\,100,\,1000$)

$\longrightarrow$ für $j = 0, 1, \ldots, n-1$ berechne

$$y_{j+1} = y_j + h(1 - 2x_j y_j)$$
$$x_{j+1} = x_j + h$$

Ausgabe	$n = 10$ ($h = \frac{1}{10}$)	$n = 100$ ($h = \frac{1}{100}$)	$n = 1000$ ($h = \frac{1}{1000}$)
EULER-Näh. $y_n \approx y(1)$	0.570 016	0.541 116	0.538 382
Fehler: $y_n - y(1)$	$+3.2 \cdot 10^{-2}$	$+3 \cdot 10^{-3}$	$+3 \cdot 10^{-4}$

15.4   Numerische Integration

Wenn möglich, berechnet man ein bestimmtes Integral mit dem **Hauptsatz**:

$$\int_a^b f(x)\,dx = \Big[F(x)\Big]_a^b = F(b) - F(a)$$

$F' = f$, also F Stammfunktion von f.

Beispiel (Sehnen–Trapez–Verf. siehe unten!)

$I = \int_0^{\pi/2} \frac{\sin x}{\cos x + 2}\,dx = \Big[-\ln|\cos x + 2|\Big]_0^{\pi/2}$

$= -\ln 2 + \ln 3 \approx \underline{0.405465}$

Quadraturverfahren

Ist f auf dem Intervall $[a,b]$ stetig, also $f \in \mathcal{C}[a,b]$,

so setzt man

$$Q(f) = \sum_{i=1}^{n} \alpha_i \cdot f(x_i) \qquad h = \frac{b-a}{n}$$

Restglied :=

$$\int_a^b f(x)\,dx - Q(f)$$

es gibt ein

$\xi \in [a,b]$ mit

Restglied =

| Stützstellen | Gewichte |

h : x_1, x_2, $\cdots$, $x_n \leftarrow$ Stützstellen

$a \vdash\!\!-\!\!\bullet\!\!-\!\!\bullet\!\!-\!\!\cdots\!\!-\!\!\bullet\!\!-\!\dashv b$

α_1, α_2, $\cdots$, $\alpha_n \leftarrow$ Gewichte

$$Q^{Mi}(f) = h[f(x_1) + f(x_2) + \cdots + f(x_n)]$$

$x_i = a + (i - \tfrac{1}{2})h$

$\dfrac{b-a}{24}h^2 f''(\xi)$

Mittelpunkts–Verfahren

$$Q^{ST} = h\Big[\tfrac{1}{2}f(x_0) + f(x_1) + \cdots + f(x_{n-1}) + \tfrac{1}{2}f(x_n)\Big]$$

$x_i = a + ih$

$-\dfrac{b-a}{12}h^2 f''(\xi)$

Sehnen–Trapez–Verfahren

$$Q^{Si}(f) = \frac{h}{6}\Big[f(x_0) + 4\sum_{i=1}^{n} f(x_{2i-1}) + 2\sum_{i=1}^{n-1} f(x_{2i}) + f(x_{2n})\Big]$$

$x_{2i-1} = a + (i - \tfrac{1}{2})h$, $x_{2i} = a + ih$

$-\dfrac{b-a}{2880}h^4 f^{(4)}(\xi)$

SIMPSON–Verfahren

$$Q^{GL}(f) = \frac{h}{2}\Big[f(x_1) + f(x_2) + \cdots + f(x_{2n-1}) + f(x_{2n})\Big]$$

$x_{2i-1} = a + (i - \tfrac{1}{2} - \tfrac{1}{6}\sqrt{3})h$, $x_{2i} = a + (i - \tfrac{1}{2} + \tfrac{1}{6}\sqrt{3})h$

$\dfrac{b-a}{4320}h^4 f^{(4)}(\xi)$

GAUSS–LEGENDRE–Verfahren

Beispiel   Man berechne $I = \int_0^{\pi/2} \frac{\sin x}{\cos x + 2}\,dx$ mit dem Sehnen–Trapez–Verf. $(n = 4)$.

$f(x) = \frac{\sin x}{\cos x + 2} \implies Q^{ST}(f) = \frac{\pi}{8}\big[\tfrac{1}{2}f(0) + f(\tfrac{\pi}{8}) + f(\tfrac{\pi}{4}) + f(\tfrac{3\pi}{8}) + \tfrac{1}{2}f(\tfrac{\pi}{2})\big] = 0.404415 \approx I.$

und $|\,\text{Restglied}\,| \le \frac{\pi}{24}(\tfrac{\pi}{8})^2 \tfrac{5}{4} \le 0.025$, weil $\max|f''(x)| \le \tfrac{5}{4}$ auf $[0, \tfrac{\pi}{2}]$.

15.5   Lineare Gleichungssysteme

Lineare Gleichungssysteme: Aufgabenstellung

Ein **lineares Gleichungssystem LGS** besteht aus m linearen Gleichungen

für n Unbekannte, in Matrizenschreibweise: $\boxed{A \cdot \vec{x} = \vec{b}}$ Dabei heißen

$A = (a_{ij}) \in \mathrm{IR}^{m \times n}$ **Koeffizientenmatrix**, eine (m, n)–Matrix,

$\vec{b} = (b_i) \in \mathrm{IR}^m$ **Zielvektor** oder **Vektor der rechten Seite**,

$\vec{x} = (x_i) \in \mathrm{IR}^n$ **Lösung** oder **Lösungsvektor**,

$(A, \vec{b}) \in \mathrm{IR}^{m \times (n+1)}$ **Systemmatrix**.

$A\vec{x} = \vec{b}$ heißt ein **inhomogenes LGS**, wenn $\vec{b} \neq \vec{0}$ ist.

$A\vec{x} = \vec{o}$ heißt das **zugehörige homogene LGS**. Ausgeschrieben:

$$A\vec{x} = \vec{b} \iff \begin{array}{ccc} a_{11} \cdot x_1 + \cdots + a_{1n} \cdot x_n = b_1 \\ \vdots \qquad \vdots \qquad \vdots \\ a_{m1} \cdot x_1 + \cdots + a_{mn} \cdot x_n = b_m \end{array}$$

ein **System** von m linearen Gleichungen für n Unbekannte $x_1, \ldots, x_n$.

Geometrische Interpretation eines LGSs

Jede Gleichung $\vec{a}_i \cdot \vec{x} = b_i$ ($\vec{a}_i =$ i–ter Zeilenvektor von A, $i = 1, \ldots, m$) stellt eine Hyperebene des IR^n dar. Gesucht sind alle Punkte $\vec{x} \in \mathrm{IR}^n$, die in allen Hyperebenen zugleich liegen (= Durchschnittsmenge der Hyperebenen).

Lösbarkeit linearer Gleichungssysteme
$A \cdot \vec{x} = \vec{b}$ ist lösbar $\iff$ $\operatorname{rg} A = \operatorname{rg}(A, \vec{b})$

$\operatorname{rg} A = \operatorname{rg}(A, \vec{b}) = n$ $\implies$ es existiert genau eine Lösung,

$\operatorname{rg} A = \operatorname{rg}(A, \vec{b}) = r < n \implies$ es existiert eine $(n - r)$–parametrige Lösungsschar.

Lösbarkeit quadratischer LGSe
A quadratische $(n \times n)$–Matrix

Homogenes LGS : $A\vec{x} = \vec{o}$

$\det A \neq 0 \iff A\vec{x} = \vec{o}$ hat nur die triviale Lösung $\vec{x} = \vec{o}$.

Inhomogenes LGS : $A\vec{x} = \vec{b}$, $\vec{b} \neq \vec{o}$

$\det A \neq 0 \iff A\vec{x} = \vec{b}$ hat genau eine Lösung: $\vec{x} = A^{-1}\vec{b}$.

$\det A = 0 \begin{cases} \operatorname{rg} A < \operatorname{rg}(A, \vec{b}) \iff A\vec{x} = \vec{b} \text{ ist unlösbar.} \\ \operatorname{rg} A = \operatorname{rg}(A, \vec{b}) \iff A\vec{x} = \vec{b} \text{ hat unendlich viele Lösungen.} \end{cases}$

Ausführliche Beispiele im **HM** Seite 244–259

GAUSSscher Algorithmus zur Lösung LGSe

Durch sukzessive Elimination von Unbekannten leitet man eine Folge von linearen Gleichungssystemen her, die alle dieselben Lösungen haben, mit dem Ziel, zuletzt ein LGS in **Zeilenstufenform** zu erhalten.

Am Anfang ist das gegebene LGS das **aktuelle Restsystem**.
Sind die Unbekannten $x_1, \ldots, x_{k-1}$ aus den Gleichungen des aktuellen Restsystems bereits eliminiert, nicht jedoch x_k, so wählt man eine dieser Gleichungen, in der x_k **vorkommt** (d.h. in der der Koeffizient von x_k ungleich 0 ist).
Sie heißt **aktuelle Pivotgleichung**.
Man addiert zu jeder weiteren Gleichung des aktuellen Restsystems, in der x_k vorkommt, ein geeignetes Vielfaches der aktuellen Pivotgleichung, so dass in der Summe x_k nicht mehr vorkommt.
Das **neue Restsystem** entsteht durch Weglassen der Pivotgleichung.

Nach Durchlaufen des Eliminationsprozesses ist das **Endsystem** erreicht.
Es besteht aus allen im Eliminationsprozess verwendeten Pivotgleichungen und eventuell weiteren Gleichungen der Form $0 = b$, die im Falle $b \neq 0$ anzeigen, dass das geg. LGS keine Lösung besitzt, und die für $b = 0$ wegzulassen sind. Nach geeigneter Vertauschung der Gleichungen hat das Endsystem **Zeilenstufenform**. Aus ihm lassen sich rückwärts alle Lösungen des gegebenen LGS einfach ermitteln.

Bemerkung: Für **Handrechnung** ist es bequem, nur das Koeffizientenschema hinzuschreiben und darin die Eliminationen durchzuführen. Der Koeffizient $\neq 0$ von x_k wird markiert und mit ihm werden in der entsprechenden Spalte Nullen erzeugt. Die markierten Gleichungen (Pivotgleichungen) ergeben das Endsystem.

Beispiel: *Man löse das LGS*

$$
\begin{aligned}
3x_2 &+& x_3 &= 3 \\
x_1 &-& x_2 &+& x_3 &= 0 \\
x_1 &+& 2x_2 &+& 2x_3 &= 3
\end{aligned}
$$

Eliminationsverfahren: Endsystem: Lösung ("Rückwärts Einsetzen"):

x_1	x_2	x_3	
0	3	1	3
$\boxed{1}$	-1	1	0
1	2	2	3
0	3	$\boxed{1}$	3
0	3	1	3
0	0	0	0

x_1	x_2	x_3	
$\boxed{1}$	-1	1	0
0	3	$\boxed{1}$	3

$$x_2 = t$$
$$x_3 = 3 - 3t$$
$$x_1 = x_2 - x_3 = -3 + 4t$$

Lösung in vektorieller Schreibweise:

$$
\vec{x} = \begin{pmatrix} x_1 \\ x_2 \\ x_3 \end{pmatrix} = \begin{pmatrix} -3 \\ 0 \\ 3 \end{pmatrix} + t \begin{pmatrix} 4 \\ 1 \\ -3 \end{pmatrix}
$$

Ausführliche Beispiele und Erklärungen (auch für LGSe mit Parameter) siehe

HM, Seite 244–259.

15.6   Nichtlineare Gleichungen

Nichtlineare Gleichungen: Fixpunktproblem

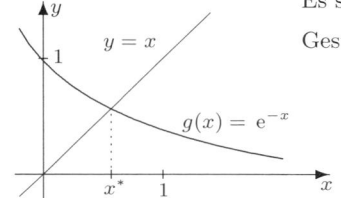

Es sei $B \subset \mathbb{R}$ und $g : B \to \mathbb{R}$ eine reelle Funktion.

Gesucht ist eine Lösung der Gleichung $\boxed{x = g(x)}$

Beispiel 1 (Seite 196):

$$x = e^{-x}$$

Nichtlineare Gleichungen: Nullstellenproblem

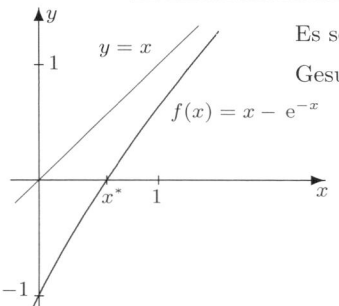

Es sei $B \subset \mathbb{R}$ und $f : B \to \mathbb{R}$ eine reelle Funktion.

Gesucht ist eine Lösung der Gleichung $\boxed{f(x) = 0}$

Beispiel 2 (Seite 196):

$$x - e^{-x} = 0$$

Das Iterationsverfahren zur Lösung des Fixpunktproblems

Ist $B \subset \mathbb{R}$ abgeschlossen und ist $g : B \to B$ eine **Kontraktion**, d.h. g genügt auf B einer Lipschitzbedingung mit einer Lipschitzkonstanten $\alpha < 1$:

$$|g(x) - g(y)| \leq \alpha \cdot |x - y| \text{ , für alle } x, y \in B,$$

so besitzt g in B genau einen **Fixpunkt** $\boxed{x^* = g(x^*)}$.

Für jede Wahl eines Startpunktes $x^{(0)} \in B$ konvergiert die Folge der ''Iterierten''

$$\boxed{x^{(k+1)} = g(x^k), \quad k = 0, 1, \dots}$$

gegen x^*, wobei folgende **Fehlerabschätzung** gilt:

$$|x^{(k)} - x^*| \leq \tfrac{\alpha}{1-\alpha} \cdot |x^{(k)} - x^{(k-1)}| \leq \tfrac{\alpha^k}{1-\alpha}|x^{(1)} - x^{(0)}|.$$

Bemerkung: Wenn g auf B differenzierbar ist und wenn mit einer Konstanten α für alle $x \in B$ $\boxed{|g'(x)| \leq \alpha}$ ist, genügt g auf B einer Lipschitzbedingung mit der Konstanten α (nach dem Mittelwertsatz, Seite 91).

Beispiel 1   *Das Intervall $B = [0.4; 0.7]$ ist abgeschlossen und $g : B \to B$ mit $g(x) = e^{-x}$ ist eine Kontraktion mit der Lipschitzkonstanten $\alpha = 0.68$, weil $g'(x) = -e^{-x}$ ist und auf B gilt $|g'(x)| \leq e^{-0.4} \leq 0.68$. Die Funktion g besitzt also in B genau einen Fixpunkt x^*, der mit dem Iterationsverfahren berechnet werden kann.*

Startwert $x^{(0)} = 0.4$ ergibt:

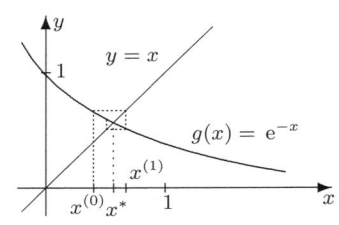

k	$x^{(k)}$	k	$x^{(k)}$
0	0.4	14	0.567 081
1	0.670 320	15	0.567 179
2	0.511 545	16	0.567 123
3	0.599 569	17	0.567 155
4	0.549 048	18	0.567 137
5	0.577 499	19	0.567 147
6	0.561 300	20	0.567 141
7	0.570 467	21	0.567 144
8	0.565 262	22	0.567 143
9	0.568 212	23	0.567 144
10	0.566 538	24	0.567 143
11	0.567 487	25	0.567 143
12	0.566 949	26	0.567 143
13	0.567 254		

Fehlerabschätzung:

$$|x^{(13)} - x^*| \leq \frac{0.68}{0.32}|x^{(13)} - x^{(12)}| = \frac{0.68}{0.32} \cdot 0.000\,305 \leq \underline{0.000\,65}.$$

Newtonsches Verfahren zur Lösung des Nullstellenproblems

Wähle eine Startnäherung $x^{(0)}$
und berechne für $k = 0, 1, \ldots$ (bis ein Abbruchkriterium erfüllt ist)

$$x^{(k+1)} = x^{(k)} - \frac{f(x^{(k)})}{f'(x^{(k)})}$$

Beim **vereinfachten Newtonschen Verfahren** wird das Argument der Ableitung in allen Iterationsschritten festgehalten:

$$x^{(k+1)} = x^{(k)} - \frac{f(x^{(k)})}{f'(x^{(0)})}$$

Beispiel 2   *Man bestimme eine Nullstelle von $f(x) = x - e^{-x} = x - \exp(-x)$.*

$f(x) = x - \exp(-x), \quad f'(x) = 1 + \exp(-x), \quad x^{(k+1)} = x^{(k)} - \dfrac{x^{(k)} - \exp(-x^{(k)})}{1 + \exp(-x^{(k)})}.$

Startwert: $x^{(0)} = 0.4$ ergibt:

k	$x^{(k)}$	$\exp(-x^{(k)})$	$x^{(k)} - \exp(-x^{(k)})$	$1 + \exp(-x^{(k)})$
0	0.4	0.670 320	-0.270 320	1.670 320
1	0.561 865	0.570 145	-0.009 280	1.570 145
2	0.567 138	0.567 146	-0.008 323	1.570 161
3	0.567 143	0.567 143	-0.000 000	1.567 146
4	0.567 143			

15.7   Nichtlineare Gleichungssysteme

Nichtlineare Gleichungssysteme: Fixpunktproblem

Es sei $B \subset \mathbb{R}^n$ und $\vec{g} : B \to \mathbb{R}^n$.

Gesucht sind Lösungen von $\boxed{\vec{x} = \vec{g}(\vec{x})}$

$\vec{x} = \vec{g}(\vec{x})$ ist ein System von n nichtlinearen Gleich. für n Unbekannte $x_1, \ldots, x_n$:

$$
\begin{aligned}
x_1 &= g_1(x_1, \ldots, x_n) \\
x_2 &= g_2(x_1, \ldots, x_n) \\
&\vdots \\
x_n &= g_n(x_1, \ldots, x_n)
\end{aligned}
$$

Beispiel 3 $(n = 2)$, Lösung Seite 198

$$
\begin{aligned}
x_1 &= 0.1x_1^2 + 0.1x_2^2 + 0.8 \\
x_2 &= 0.1x_1 + 0.1x_1 x_2 + 0.8
\end{aligned}
$$

Nichtlineare Gleichungssysteme: Nullstellenproblem

Es sei $B \subset \mathbb{R}^n$ und $\vec{f} : B \to \mathbb{R}^n$.

Gesucht sind Lösungen von $\boxed{\vec{f}(\vec{x}) = \vec{o}}$

$\vec{f}(\vec{x}) = \vec{o}$ ist ein System von n nichtlinearen Gleich. für n Unbekannte $x_1, \ldots, x_n$:

$$
\begin{aligned}
f_1(x_1, \ldots, x_n) &= 0 \\
f_2(x_1, \ldots, x_n) &= 0 \\
&\vdots \\
f_n(x_1, \ldots, x_n) &= 0
\end{aligned}
$$

Beispiel 4 $(n = 2)$, Lösung Seite 199

$$
\begin{aligned}
0.1x_1^2 - x_1 + 0.1x_2^2 + 0.8 &= 0 \\
0.1x_1 + 0.1x_1 x_2 - x_2 + 0.8 &= 0
\end{aligned}
$$

Nichtlineare Gleichungssysteme
Das Iterationsverfahren zur Lösung des Fixpunktproblems

Ist $B \subset \mathbb{R}^n$ abgeschlossen und ist $\vec{g} : B \to B$ eine **Kontraktion**, d.h. genügt $\vec{g}$ auf B einer Lipschitzbedingung mit einer Lipschitzkonstanten $\alpha < 1$ bzgl. einer beliebigen Vektornorm $\| \cdot \|$:

$$\|\vec{g}(\vec{x}) - \vec{g}(\vec{y})\| \leq \alpha \cdot \|\vec{x} - \vec{y}\| \text{ für alle } \vec{x}, \vec{y} \in B,$$

so besitzt $\vec{g}$ in B genau einen Fixpunkt $\vec{x}^*$ $\boxed{\vec{x}^* = \vec{g}(\vec{x}^*)}$

Für jede Wahl eines Startvektors $\vec{x}^{(0)} \in B$ konvergiert die Folge der "Iterierten"

$$\boxed{\vec{x}^{(k+1)} = \vec{g}(\vec{x}^{(k)}), \quad k = 0, 1, \dots}$$

gegen $\vec{x}^*$, wobei folgende **Fehlerabschätzung** gilt:

$$\|\vec{x}^{(k)} - \vec{x}^*\| \leq \frac{\alpha}{1-\alpha} \cdot \|\vec{x}^{(k)} - \vec{x}^{(k-1)}\| \leq \frac{\alpha^k}{1-\alpha}\|\vec{x}^{(1)} - \vec{x}^{(0)}\|$$

Beispiel 3 $B = \{\vec{x} = \begin{pmatrix} x \\ y \end{pmatrix} \in \mathbb{R}^2 \mid \|\vec{x} - \begin{pmatrix} 1 \\ 1 \end{pmatrix}\|_\infty \leq 0.5\}$ *ist abgeschlossen und*

$\vec{g} : B \to B, \quad \vec{g} = \vec{g}(\vec{x}) = \begin{pmatrix} g_1(x,y) \\ g_2(x,y) \end{pmatrix} = \begin{pmatrix} 0.1x^2 + 0.1y^2 + 0.8 \\ 0.1x + 0.1xy + 0.8 \end{pmatrix}$ *eine*

Kontraktion mit einer Lipschitzkonstanten $\alpha = 0.6$ *bzgl.* $\| \cdot \|_\infty$.

Also besitzt $\vec{g}$ *in* B *genau einen Fixpunkt* $\vec{x}^*$, *der mit dem Iterationsverfahren berechnet werden kann.*

Startvektor: $\vec{x}^{(0)} = \begin{pmatrix} 0.5 \\ 0.5 \end{pmatrix} \in B.$

k	$x^{(k)}$	$y^{(k)}$	
0	0.5	0.5	Startnäherung
1	0.85	0.862 5	
2	0.946 64	0.948 23	
3	0.979 53	0.979 78	
4	0.991 82	0.991 96	
$\vdots$	$\vdots$	$\vdots$	
∞	1	1	exakte Lösung

Fehlerabschätzung:

$$\|\vec{x}^{(4)} - \vec{x}^*\|_\infty \leq \frac{0.6}{0.4} \cdot \|\vec{x}^{(4)} - \vec{x}^{(3)}\|_\infty = \frac{0.6}{0.4} \max \begin{pmatrix} 0.012\,29 \\ 0.012\,18 \end{pmatrix} = \underline{0.018\,5}$$

Nichtlineare Gleichungssysteme
Newtonsches Verfahren zur Lösung des Nullstellenproblems

Wähle eine Startnäherung $\vec{x}^{(0)}$
und berechne für $k = 0, 1, \ldots$ (bis ein Abbruchkriterium erfüllt ist)

$$\vec{x}^{(k+1)} = \vec{x}^{(k)} - \left(\vec{f}'(\vec{x}^{(k)})\right)^{-1} \cdot \vec{f}(\vec{x}^{(k)})$$

wobei $\vec{f}'(\vec{x}^{(k)}) = \dfrac{\partial(f_1, \ldots, f_n)}{\partial(x_1, \ldots, x_n)} = \begin{pmatrix} \dfrac{\partial f_1}{\partial x_1} & \cdots & \dfrac{\partial f_1}{\partial x_n} \\ \vdots & & \vdots \\ \dfrac{\partial f_n}{\partial x_1} & \cdots & \dfrac{\partial f_n}{\partial x_n} \end{pmatrix}$

die **Jacobi–Matrix** (siehe Seite 147) von $\vec{f}$ an der Stelle $\vec{x}^{(k)}$ ist.

Vereinfachtes Newton–Verfahren

Beim vereinfachten Newtonschen Verfahren wird das Argument der Jacobi–Matrix in allen Iterationsschritten festgehalten:

$$\vec{x}^{(k+1)} = \vec{x}^{(k)} - [\vec{f}'(\vec{x}^{(0)})]^{-1} \cdot \vec{f}(\vec{x}^{(k)})$$

Bemerkungen:

- Wenn $n \geq 2$ ist, löst man bei der praktischen Durchführung eines Newton– Schrittes das LGS

  $$\vec{f}'(\vec{x}^{(k)}) \cdot \vec{d}^{(k)} = \vec{f}(x^{(k)})$$ und setzt $$\vec{x}^{(k+1)} = \vec{x}^{(k)} - \vec{d}^{(k)}$$

- Wenn $\vec{f}$ nach allen Variablen zweimal stetig differenzierbar ist und wenn eine Startnäherung $\vec{x}^{(0)}$ genügend nahe bei einer "einfachen Nullstelle" $\vec{x}^*$ von $\vec{f}$ ($:\Leftrightarrow \vec{f}'(\vec{x}^*)$ ist invertierbar) gewählt wird, konvergieren das Newtonsche Verfahren und seine vereinfachte Version: $\lim\limits_{k \to \infty} \vec{x}^{(k)} = \vec{x}^*$.

Beispiel 4   *Mit dem Newtonschen Verfahren löse man das nichtlineare*

$$\text{Gleichungssystem} \quad \begin{aligned} f_1(x_1, x_2) &= 0.1x_1^2 - x_1 + 0.1x_2^2 + 0.8 &= 0 \\ f_2(x_1, x_2) &= 0.1x_1 + 0.1x_1x_2 - x_2 + 0.8 &= 0 \end{aligned}$$

Startvektor: $\vec{x}^{(0)} = (0.5, 0.5)$

Jacobi–Matrix: $\vec{f}'(\vec{x}) = \begin{pmatrix} 0.2x_1 - 1 & 0.2x_2 \\ 0.1(1 + x_2) & 0.1x_1 - 1 \end{pmatrix}$

k	$x_1^{(k)}$	$x_2^{(k)}$	
0	0.5	0.5	Startnäherung
1	0.940 476	0.964 286	
2	0.992 911	0.998 228	
3	0.999 172	0.999 815	
4	0.999 902	0.999 977	
5	1.0	1.0	exakte Lösung

16   Wahrscheinlichkeitsrechnung, Statistik

16.1   Kombinatorik, Wahrscheinlichkeit

Anzahl der	ohne Wiederholung	mit Wiederholung
Permutationen	bijektive Abbildungen bzw. Anordnungen einer k–elementigen Menge. $\boxed{1}$ $k!$ **Bsp:** *Anordnungen einer 3–elementigen Menge:* Es gibt $3! = \underline{6}$ Anordnungen	k–tupel, unter deren Komponenten ℓ verschiedene sind mit Häufigkeiten $k_1, \ldots, k_\ell$ und $$k_1 + \cdots + k_\ell = k$$ $\boxed{2}$ $\dfrac{k!}{k_1! \cdots k_\ell!}$ **Bsp:** *5–stellige Zahlen aus den Ziffern 2,2,3,3,3:* $k=5$, $k_1=2$, $k_2=3$, $\dfrac{5!}{2!3!} = \underline{10}$
k–Permutationen (Variationen) $(x_1, \ldots, x_k)$	**k–tupel** aus einer n–elementigen Menge $\boxed{3}$ $\binom{n}{k} \cdot k! = n \cdots (n-k+1)$ **Bsp:** *Wörter mit 4 Buchstaben aus einem Alphabet mit 26 Buchstaben,* *keine gleichen Buchstaben:* $\binom{26}{4} \cdot 4! = \dfrac{26!}{22!} = \underline{358\,800}$ Wörter	(spans) $\boxed{4}$ n^k *gleiche Buchstaben erlaubt:* $26^4 = \underline{456\,976}$ Wörter
k–Kombinationen $(x_1, \ldots, x_k)$ $x_1 \leq \cdots \leq x_k$	wie k–Permutationen, **ohne** Berücksichtigung der Anordnung $\boxed{5}$ $\binom{n}{k} = \dfrac{n!}{(n-k)!k!}$ **Bsp:** *Zahlenlotto: 6 aus 49 : (ohne Zurücklegen)* $\binom{49}{6} = \dfrac{49\cdot48\cdot47\cdot46\cdot45\cdot44}{1\cdot2\cdot3\cdot4\cdot5\cdot6}$ $= \underline{13\,983\,816}$	$\boxed{6}$ $\binom{n+k-1}{k}$ **Bsp:** *Zahlenlotto: 6 aus 49 : (mit Zurücklegen)* $\binom{49+6-1}{6} = \binom{54}{6} = \underline{25\,827\,165}$

Beispiel $M = \{1, 2, 3\}$, $n = 3$, $k = 2$

	Menge aller			Anzahl der
$\boxed{4}$ 2–Perm. mit Wiederhol.	(1,1) (1,2) (1,3)	(2,1) (2,2) (2,3)	(3,1) (3,2) (3,3)	$3^2 = 9$
$\boxed{3}$ 2–Perm. ohne Wiederh.	(1,2) (1,3)	(2,1) (2,3)	(3,1) (3,2)	$3 \cdot 2 = 6$
$\boxed{2}$ 2–Perm. mit $k_1 = 1$ fach. Wiederh. von 1 $k_2 = 0$ fach. Wiederh. von 2 $k_3 = 1$ fach. Wiederh. von 3	(1,3)		(3,1)	$\dfrac{2!}{1!0!1!} = 2$
$\boxed{6}$ 2–Komb. mit Wiederh.	(1,1) (1,2) (1,3)	(2,2) (2,3)	(3,3)	$\binom{3+2-1}{2} = 6$
$\boxed{5}$ 2–Komb. ohne Wiederh.	(1,2) (1,3)	(2,3)		$\binom{3}{2} = 3$

k–Permutation	n–Partition	$\boxed{4}$
von $\{1,\dots,n\}$	von $\{1,\dots,k\}$	$\displaystyle\sum_{\substack{0\le k_i\le k \\ k_1+\cdots+k_n=k}} \frac{k!}{k_1!\cdots k_n!}$
k–Tupel aus $\{1,\dots,n\}$ mit k_i–facher Wiederhlg. von $i\in\{1,\dots,n\}$ mit $0\le k_i\le k$ $k_1+\cdots+k_n=k$	$\longleftrightarrow^{1)}$ Einteilung von $\{1,\dots,k\}$ in n Teilmengen B_i $i=1,\dots,n$ mit$^{2)}$ $\#B_i=k_i,\ 0\le k_i\le k$ $k_1+\cdots+k_n=k$	$=n^k$
$(x_1,\dots,x_k)$	$(B_1,\dots,B_n)$	$\boxed{2}$
$x_j=i\in\{1,\dots,n\}$ tritt k_i–fach auf, k_i fest vorgegeben.	$\longleftrightarrow^{1)}$ $B_1\cup\cdots\cup B_n=\{1,\dots,k\}$ $B_i\cap B_j=\emptyset$ für $i\ne j$ $\#B_i=k_i$ fest vorgegeben.	$\dfrac{k!}{k_1!\cdots k_n!}$

$^{1)}$umkehrbar eindeutige Zuordnung $^{2)}$lies $\#$: Anzahl der Elemente von

Beispiele	Anzahl
Verteilung von 32 Spielkarten (Skatkarten) auf 3 Spieler und den Skat: $k=32,\ \ k_1=10,\ \ k_2=10,\ \ k_3=10,\ \ k_4=2$	$\boxed{2}$ $\dfrac{32!}{10!10!10!2!}$
Verteilung von 32 Spielkarten (Skatkarten), Spieler A erhält 4 Asse: $k=28,\ \ k_1=6,\ \ k_2=10,\ \ k_3=10,\ \ k_4=2$	$\boxed{2}$ $\dfrac{28!}{6!10!10!2!}$
Verteilung von 5 Personen auf 2 Autos: 2–Partition von $\{1,2,3,4,5\}$	$\boxed{4}$ $2^5=32$
Additive Zerlegung der Zahl 10 in 3 ganzzahlige positive Summanden ≤ 6: $10\ \ =\ 6{+}3{+}1 = 6{+}2{+}2 = 5{+}4{+}1 = 5{+}3{+}2 = 4{+}4{+}2 = 4{+}3{+}3$ $\text{Anzahl}\ =\ \frac{3!}{1!1!1!}\ +\ \frac{3!}{1!2!}\ +\ \frac{3!}{1!1!1!}\ +\ \frac{3!}{1!1!1!}\ +\ \frac{3!}{2!1!}\ +\ \frac{3!}{1!2!}$	$\boxed{2}$ 27

Wahrscheinlichkeitsräume

Es sei Ω eine nichtleere Menge, die **Ergebnisraum** (**Stichprobenraum**) genannt wird. $\mathcal{P}\Omega := \{A \mid A\subseteq\Omega\}$ sei die **Potenzmenge** von Ω.

Ein System $\mathcal{A}\subseteq\mathcal{P}\Omega$ von Teilmengen von Ω heißt **Ereignisfeld** über Ω und die Elemente $A\in\mathcal{A}$ heißen **Ereignisse**, wenn

(1)	$\emptyset,\Omega\in\mathcal{A}$	$\emptyset$ **unmögliches**, Ω **sicheres Ereignis**.
(2)	$A\in\mathcal{A}\implies \bar A=\Omega\setminus A\in\mathcal{A}$	$\bar A$ ist das zu A **komplementäre** Ereignis.
(3)	$A_i\in\mathcal{A}\implies \bigcap A_i,\ \bigcup A_i\in\mathcal{A}$	Ω **abgeschlossen** bzgl. abzählbarer Durchschnitts– und Vereinigungsbildung.

Eine Funktion $P:\Omega\to[0,1]$ heißt eine **Wahrscheinlichkeitsbelegung** von $\mathcal{A}$, und $P(A)$ die **Wahrscheinlichkeit** ($\mathcal{W}$) des Ereignisses A, wenn

(1) $P(\emptyset)=0$ und $P(\Omega)=1$

(2) **σ–Additivität**: Aus $A_i\in\mathcal{A}$ $(i=1,2,\dots)$ und $A_i\cap A_j=\emptyset$ für $i\ne j$ folgt

$$P(A_1\cup A_2\cup\cdots)=P(A_1)+P(A_2)+\cdots \quad \text{kurz:}\quad P(\bigcup A_i)=\sum P(A_i)$$

$(\Omega,\mathcal{A},P)$	heißt ein **Wahrscheinlichkeitsraum** ($\mathcal{WR}$), er beschreibt idealisiert ein (reales oder gedachtes) **Zufallsexperiment**.

Bezeichnungen		Sprechweisen
$A_1 \cup A_2$	**Summe** der Ereignisse A_1, A_2	A_1 **oder** A_2
$A_1 \cap A_2$	**Produkt** der Ereignisse A_1, A_2	A_1 **und** A_2
$A_1 \cap A_2 = \emptyset$		A_1, A_2 **unvereinbar**
$A_1 \cup \cdots \cup A_n = \Omega$ $A_i \cap A_j = \emptyset$ für $i \neq j$	**Partition** von Ω	$A_1, \ldots, A_n$ vollständige Fallunterscheidung

---

Elementare Wahrscheinlichkeitsräume

Ist $\Omega = \{w_1, w_2, \ldots\}$ endlich oder abzählbar unendlich und ist $p_1, p_2, \ldots$ eine Folge nicht negativer reeller Zahlen mit $p_1 + p_2 + \cdots = 1$, so heißt

$(\Omega, \mathcal{A}, P)$	elementarer Wahrscheinlichkeitsraum ($\mathcal{WR}$),
$\{w_i\}$	i–tes **Elementarereignis**,
$P(A) := \displaystyle\sum_{w_i \in A} p_i$	**Wahrscheinlichkeit** ($\mathcal{W}$) des Ereignisses A.

Speziell für $\Omega = \{w_1, \ldots, w_n\}$ und $p_1 = \cdots = p_n = \frac{1}{n}$ heißt

$(\Omega, \mathcal{P}\Omega, P)$ **Laplacescher** $\mathcal{WR}$.

In einem Laplaceschen ($\mathcal{WR}$) gilt für jedes Ereignis $A \subseteq \Omega$:

Laplacescher Wahrscheinlichkeitsraum

$$P(A) = \frac{\#A}{\#\Omega} = \frac{\text{Anzahl der für } A \text{ günstigen Fälle}}{\text{Anzahl der gleichmöglichen Fälle}}$$

Beispiele

Zufallsexperiment	Ereignis	Wahrscheinlichkeit
Verteilung von Skatkarten	Spieler A erhält 4 Asse	$\dfrac{\frac{28!}{6!10!10!2!}}{\frac{32!}{10!10!10!2!}} = \dfrac{10 \cdot 9 \cdot 8 \cdot 7}{32 \cdot 31 \cdot 30 \cdot 29}$ $= 0.0058$
Werfen von 3 Würfeln	3 Sechsen	$\dfrac{1}{6^3} = \dfrac{1}{216} = 0.0046$
	Augensumme $= 10$	$\dfrac{27}{6^3} = \dfrac{1}{8} = 0.125$

Urnenmodelle

Urne: enthalte n Kugeln ①, ②, ..., ⓝ

Zufallsexperiment: Zufällige Ziehung von k Kugeln unter den folgenden
                        Bedingungskombinationen:

Ω = Menge der **Elementarereignisse**	Ziehung von k aus n Kugeln	
	ohne Zurücklegen	**mit** Zurücklegen

Ziehung der Kugel $\widehat{x_j}$ im j–ten Zug: $(\widehat{x_1}, ..., \widehat{x_k})$:

k–Permutation von n Elementen

mit Berücksichtigung der Anordnung (Ziehungsreihenfolge)	**ohne** Wiederholung $\boxed{3}$ $\begin{aligned}\#\Omega &= n\cdots(n-k+1)\\ &= \binom{n}{k}k!\end{aligned}$	**mit** Wiederholung $\boxed{4}\quad \#\Omega = n^k$

Ziehung der Kugeln $(\widehat{x_1}, ..., \widehat{x_k})$
nach wachsender Nummer geordnet: $x_1 \le \cdots \le x_k$:

k–Kombination von n Elementen

ohne Berücksichtigung der Anordnung (Ziehungsreihenfolge)	**ohne** Wiederholung $\boxed{5}\quad \#\Omega = \binom{n}{k}$ Lotto k aus n	**mit** Wiederholung $\boxed{6}\ \#\Omega = \binom{n+k-1}{k}$

Beispiele

Zufallsexperiment	Ereignis	Wahrschein–lichkeit
Lotto 6 aus 49	6 richtige	$\dfrac{1}{\binom{49}{6}} = \dfrac{7}{10^8}$
	keine Zahl richtig	$\dfrac{\binom{43}{6}}{\binom{49}{6}} = 0.44$
	mind. eine Zahl richtig	$1 - 0.44 = 0.56$
Ziehung von k aus n Kugeln mit Zurücklegen und mit Berücksicht. der Anord.	Kugel $\widehat{i}$ wird k_i–mal gezogen, $k_1 + \cdots + k_n = k$ k–Permutation von n Elementen mit k_i–facher Wiederhlg. von $i \in \{1, ..., n\}$.	$\dfrac{k!}{k_1!\cdots k_n!\, n^k}$
3–maliges Würfeln, d.h. Ziehung von 3 Kugeln aus 6 mit Zurücklegen und mit Berücksicht. der Anordnung	3 Sechsen	$\dfrac{1}{6^3} = 0.0046$
	2 Sechsen 1 Eins	$\dfrac{3!}{2!1!}\dfrac{1}{6^3} = 0.014$
	Augensumme = 10 (siehe Bsp S. 202)	$\dfrac{27}{6^3} = 0.125$

Zuordnungsmodelle: Kugeln in Fächer

Zufallsexperiment: Zufällige Verteilung von k Kugeln in n numerierte Fächer unter den folgenden Bedingungskomb.:

Ω = Menge der **Elementarereignisse**	Jedes Fach faßt	
	höchstens eine Kugel	**beliebig viele** Kugeln
Kugeln sind unterscheidbar	Verteilungsliste $(x_1, \ldots, x_k)$, dabei ist x_j die Nr. des Faches, in das die j–te Kugel kommt: *k–Permutation* von n Elementen	
	ohne Wiederholung	**mit** Wiederholung
	$\boxed{3}$ $\#\Omega = n \cdots (n-k+1)$	$\boxed{4}$ $\#\Omega = n^k$
Kugeln sind nicht unterscheidbar	Besetzungszahlenliste der Länge n vom Gewicht k: $(k_1, \ldots, k_n)$, dabei sind k_i Kugeln im Fach Nr. i mit $k_1 + \cdots + k_n = k$. *k–Kombination* von n Elementen	
	$k_i = 0$ oder 1	$0 \le k_i \le k$
	$\boxed{5}$ $\#\Omega = \binom{n}{k}$	$\boxed{6}$ $\#\Omega = \binom{n+k-1}{k}$

k–Kombination	Besetzungszahlenliste	$\boxed{6}$ $\displaystyle\sum_{\substack{0 \le k_i \le k \\ k_1 + \cdots + k_n = k}} 1$
von n Elementen mit k_i–facher Wiederholung von $i \in \{1, \ldots, n\}$	$\longleftrightarrow^{1)}$ $(k_1, \ldots, k_n)$ der Länge n vom Gewicht k	$= \binom{n+k-1}{k}$
$(x_1, \ldots, x_k)$	$(k_1, \ldots, k_n)$	
$x_1 \le \cdots \le x_k$ $x_j = i \in \{1, \ldots, n\}$ tritt k_i–fach auf, k_i fest vorgegeben.	$\longleftrightarrow^{1)}$ $k_i \in \{0, 1, \ldots, k\}$ $k_1 + \cdots + k_n = k$ k_i fest vorgegeben.	1

$^{1)}$umkehrbar eindeutige Zuordnung

Beispiele		
Zufallsexperiment	**Ereignis**	**Wahrschein–lichkeit**
Zufällige Verteilung von k unterscheidbaren Kugeln in n Fächer[1]	Besetzungszahlenliste $= (k_1, \ldots, k_n)$ $0 \leq k_i \leq k$ und $k_1 + \cdots + k_n = k$	$\dfrac{k!}{k_1! \cdots k_n!\, n^k}$
Zufällige Verteilung von k nicht unterscheidb. Kugeln in n Fächer[2]	Besetzungszahlenliste $= (k_1, \ldots, k_n)$ $0 \leq k_i \leq k$ und $k_1 + \cdots + k_n = k$	$\dfrac{1}{\binom{n+k-1}{k}}$
$k = 8$ Unfälle ereignen sich an $n = 7$ Kreuzungen: Kreuzungen $=$ Fächer Unfälle $=$ Kugeln Annahme: Unfälle unterscheidbar alle Kreuz. gleichwahrsch.	A: an der Kreuzung 1 passieren 2 Unfälle und an andereren je einer. 7–Partitionen von 8 Kugeln mit $k_1 = 2$, $k_2, \ldots, k_7 = 1$	$\dfrac{8!}{2!1! \cdots 1!\, 7^8}$ $= 0.003$
	B: an der Kreuzung 1 passieren 3 Unfälle Kreuzung 2 passieren 3 Unfälle Kreuzung 3 passieren 2 Unfälle 7–Partitionen von 8 Kugeln mit $k_1 = 3$, $k_2 = 3$, $k_3 = 2$, $k_4 = \cdots = k_7 = 0$	$\dfrac{8!}{3!3!2!0! \cdots 0!\, 7^8}$ $= 0.0001$
	C: es gibt eine Kreuzung mit 3 Unfällen andere Kreuz. mit 3 Unfällen andere Kreuz. mit 2 Unfällen 3–Partitionen von 7 Kugeln mit $k_1 = 2$, $k_2 = 1$, $k_3 = 4$	$\dfrac{8!}{3!3!2!}\, \dfrac{7!}{2!1!4!\, 7^8}$ $= 0.01$
Geburtstag eines Menschen 365 Tage d. Jahres$=$ Fächer Menschen $=$ Kugeln Annahme: Menschen unterscheidbar alle Tage gleichwahrscheinl.	A: k Menschen haben alle an ver–schiedenen Tagen Geburtstag speziell: 22 / 23 Menschen	$\dfrac{365 \cdot 364 \cdots (365{-}k{+}1)}{365^k}$ $0.52\ /\ 0.49$
	B: von k Menschen haben mind. 2 an demselben Tag Geburtstag speziell: 22 / 23 Menschen	$1 - \dfrac{365 \cdots (365{-}k{+}1)}{365^k}$ $0.48\ /\ 0.51$

[1]   Maxwell–Boltzmann–Statistik der statistischen Thermodynamik
[2]   Bose–Einstein–Statistik der statistischen Mechanik

Elementare Formeln zur Wahrscheinlichkeit

$$P(A \cup B) \quad = P(A) + P(B) - P(A \cap B) \qquad\qquad \textbf{Additionsformel}$$

$$P(A \cup B \cup C) = P(A) + P(B) + P(C) - P(A \cap B) - P(A \cap C) - P(B \cap C) + P(A \cap B \cap C)$$

$$P\left(\bigcup_{i=1}^{n} A_i\right) = \sum_{k=1}^{n} (-1)^{k+1} \sum_{1 \le i_1 < \cdots < i_k \le n} P(A_{i_1} \cap \cdots \cap A_{i_k}) \qquad \textbf{Sieb–Formel von}$$
$$\textbf{Poincaré–Sylvester}$$

Unabhängige Ereignisse

Zwei Ereignisse A, B heißen (stochastisch) **unabhängig**, wenn gilt:

$$\boxed{P(A \cap B) = P(A) \cdot P(B)}$$

n Ereignisse $A_1 \ldots, A_n$ heißen **unabhängig**,
wenn für $k = 2, \ldots, n$ und $1 \le j_1 < \cdots < j_k \le n$ gilt:

$$\boxed{P(A_{j_1} \cap \cdots \cap A_{j_k}) = P(A_{j_1}) \cdots P(A_{j_k})}$$

Sind $A_1 \ldots, A_n$ unabhängige Ereignisse,

so ist	die Wahrscheinlichkeit dafür, dass
$P(A_1 \cap \cdots \cap A_n) = P(A_1) \cdots P(A_n)$	diese Ereignisse zugleich eintreten,
$P(\bar{A}_1 \cap \cdots \cap \bar{A}_n) = P(\bar{A}_1) \cdots P(\bar{A}_n)$	keines dieser Ereignisse eintritt,
$P(A_1 \cup \cdots \cup A_n) = 1 - P(\bar{A}_1) \cdots P(\bar{A}_n)$	mindest. eines dieser Ereignisse eintritt.

Bedingte Wahrscheinlichkeiten

$$P(A|B) = \frac{P(A \cap B)}{P(B)}$$
für $P(B) > 0$

$P(A|B)$ heißt **bedingte Wahrscheinlichkeit**. $P(A|B)$ ist die $\mathcal{W}$ für A unter der Hypothese, dass B eingetroffen ist.

Multiplikationsformel / Produktformel

$$P(A \cap B) \qquad = P(A|B) \cdot P(B)$$

$$P(A_1 \cap \cdots \cap A_n) = P(A_1) \cdot P(A_2|A_1) \cdots P(A_n|A_1 \cap \cdots \cap A_{n-1})$$

Es sei $A_1 \cup \cdots \cup A_n = \Omega$, $A_i \cap A_j = \emptyset$ für $i \ne j$: Partition von Ω.

$$P(B) = \sum_{i=1}^{n} P(B|A_i) \cdot P(A_i) \qquad\qquad \textbf{Formel von der totalen } \mathcal{W}$$

$$P(A_k|B) = \frac{P(A_k) \cdot P(B|A_k)}{\sum_{i=1}^{n} P(B|A_i) \cdot P(A_i)}, \quad P(B) > 0 \quad \textbf{Formel von Bayes}$$

16.2   Verteilungen

$$\boxed{\textbf{Das Bernoullische Versuchsschema}}$$

In einem Zufallsexperiment werde ein Ereignis A (Treffer) mit der $\mathcal{W}$ $P(A) = p$ realisiert und $\bar{A}$ mit $P(\bar{A}) = 1 - p$. N sei die Anzahl der Treffer bei n–maliger unabhängiger Wiederholung des Experimentes. Dann ist

$$P(N = k) = \binom{n}{k} p^k (1 - p)^{n-k}, \text{ für } 0 \leq k \leq n \quad \left| \begin{array}{l} \textbf{Bernoulli– oder} \\ \textbf{Binomialverteilung} \end{array} \right.$$

Es sei $A_1 \cup \cdots \cup A_s = \Omega$ eine Partition mit $P(A_1) = p_1, \ldots, P(A_s) = p_s$. A_i heiße "Treffer i–ter Art". Es bezeichne N_i die Anzahl der Treffer i–ter Art bei n–maliger, unabhängiger Wiederholung des Experimentes. Dann ist

$$\boxed{\textbf{Multinomial– oder Polynomialverteilung}}$$

$$P(N_1 = k_1, \ldots, N_s = k_s) = \frac{n!}{k_1! \cdots k_s!} \, p_1^{k_1} \cdots p_s^{k_s} \text{ für } \begin{array}{l} 0 \leq k_1, \ldots, k_s \leq n \\ k_1 + \cdots + k_s = n \end{array}$$

Beispiel   *Ein regelmäßiger Würfel werde 12 mal geworfen. Wie groß ist die $\mathcal{W}$ für das Ereignis A: jede Augenzahl erscheint zweimal?*

$$P(A) = P(N_1 = 2, \ldots, N_6 = 2) = \frac{12!}{2!^6} \left(\frac{1}{6}\right)^{2+2+2+2+2+2} = \underline{0.00344}.$$

$$\boxed{\textbf{Zufallsvariable}}$$

Es sei $(\Omega, \mathcal{A}, \mathcal{P})$ ein Wahrscheinlichkeitsraum ($\mathcal{WR}$).
Eine **Zufallsvariable** ($\mathcal{ZV}$) ist eine Abbildung $X : \Omega \to \mathbb{R}$, so dass für jedes $x \in \mathbb{R}$ gilt $X^{-1}(-\infty, x] \in \mathcal{A}$ $\left(\Leftrightarrow : X \leq x \text{ ist ein Ereignis} \right)$.

(kumulative) Verteilungsfunktion

$$F(x) := F_X(x) := P(X \leq x) := P(X^{-1}(-\infty, x])$$

diskrete Zufallsvariable: nimmt nur endlich oder abzählbar unendlich viele Werte $x_1, x_2, \ldots$ mit $\mathcal{W}$en $W(X = x_i) = p_i$ an, $p_1 + p_2 + \cdots = 1$.

Verteilung:

$$f(x) = \begin{cases} p_i & , \text{ wenn } x = x_i, \ i = 1, 2, \ldots \\ 0 & , \text{ sonst} \end{cases}$$

stetige Zufallsvariable: besitzt eine **integrierbare Dichtefunktion** f ($f(x) := F'(x)$, wenn F differenzierbar ist)

$$F(x) = \begin{cases} \sum\limits_{x_i \leq x} p_i & , \ X \text{ diskrete } \mathcal{ZV} \\ \int\limits_{-\infty}^{x} f(t)\,dt, & X \text{ stetige } \mathcal{ZV} \end{cases} \quad \left| \begin{array}{l} P(a < X \leq b) = F(b) - F(a) \\[2mm] P(a \leq X \leq b) = F(b) - F(a) + P(X = a) \end{array} \right.$$

X Zufallsvariable und g Funktion $\implies g \circ X = g(X)$ Zufallsvariable

Parameter einer Verteilung

Erwartungswert: $\mu = E[X]$,

Varianz oder **Streuung:** $\sigma^2 = V[X] := E[(X - E[X])^2] = E[X^2] - (E[X])^2$

Standardabweichung: $\sigma = \sqrt{V[X]}$

	$E[X]$	$E[g(X)]$	$V[X]$	
X diskr.	$\sum_i x_i \cdot p_i$, wenn $\sum_i |x_i| \cdot p_i < \infty$	$\sum_i g(x_i) \cdot p_i$, wenn $\sum_i |g(x_i)| \cdot p_i < \infty$	$\sum_i (x_i - E[X])^2 p_i$	$p_i = $ $P(X = x_i)$
X stetig	$\int\limits_{-\infty}^{\infty} x f(x)\, dx$, wenn $\int\limits_{-\infty}^{\infty} |x| f(x)\, dx < \infty$	$\int\limits_{-\infty}^{\infty} g(x) f(x)\, dx$, wenn $\int\limits_{-\infty}^{\infty} |g(x)| f(x)\, dx < \infty$	$\int\limits_{-\infty}^{\infty} (x - E[X])^2 f(x)\, dx$	$f(x)$ Dichte, $g(X)$ Funktion von X.

Quantil von F zur $\mathcal{W}$ p: x_p mit $F(x_p - 0) := \lim\limits_{x \to x_p^-} F(x) \leq p \leq F(x_p)$

Median: $x_{\frac{1}{2}}$

Moment k–ter Ordnung: $m_k = E[X^k]$, $\mu_1 = \mu$

k–tes **zentrales Moment:** $\mu_k = E[(X - E[X])^k]$, $\mu_2 = \sigma^2$

Rechenregeln für Erwartungswerte

a, b Konstante; X, Y Zufallsvariable

$E[aX + bY] = aE[X] + bE[Y]$ **Linearität**
                                      des Erwartungswertes

$V[X] = E[(X - a)^2] - (E[X] - a)^2$ **Steiner–Formel**

$V[aX + b] = a^2 V[X]$

$X^* := \dfrac{1}{\sqrt{V[X]}}(X - E[X]) \Rightarrow \begin{cases} E[X^*] = 0 \\ V[X^*] = 1 \end{cases}$ **Standardisierung von X**

$V[aX + bY] = a^2 V[X] + b^2 V[Y] + 2ab \operatorname{cov}(X, Y)$

$P(|X - E[X]| \geq \varepsilon) \leq \dfrac{V[X]}{\varepsilon^2}$ **Tschebyschow-Ungleichung**

Übersicht über einige wichtige Verteilungen				
Diskrete Verteilungen Zufallsvar. $= N$	**Wertmenge von N**	$P(N = k)$	$E[N]$	$V[N]$
Null–Eins–Verteilung	$1, 0$	$\begin{aligned} p \\ q := 1 - p \end{aligned}$	p	$p \cdot q$
Binomial–Verteilung $B(n, p)$	$0, 1, \ldots, n$	$\binom{n}{k} p^k q^{n-k}$	np	nqp
hypergeometr. Verteilung $H(N, r, n)$	$\begin{aligned} \max\{0, n - (N - r)\} \\ \leq k \leq \\ \min\{n, r\} \end{aligned}$	$\dfrac{\binom{r}{k}\binom{N-r}{n-k}}{\binom{N}{n}}$	$n\dfrac{r}{N}$	$n\dfrac{r}{N}\dfrac{N-r}{N}\dfrac{N-n}{N-1}$
Poisson–Verteilung $P(\lambda)$	$0, 1, 2, \ldots$	$\dfrac{\lambda^k}{k!}\,\mathrm{e}^{-\lambda}$	λ	λ
geometrische Verteilung mit dem Parameter p	$0, 1, 2, \ldots$	$p \cdot q^k$	$\dfrac{q}{p}$	$\dfrac{q}{p^2}$
negative Binomial–Verteilung mit den Parametern r, p	$0, 1, 2, \ldots$	$\begin{aligned} \binom{r+k-1}{k} p^r q^k \\ = \\ \binom{-r}{k} p^r (-q)^k \end{aligned}$	$r\dfrac{q}{p}$	$r\dfrac{q}{p^2}$

Normal– oder Gaußverteilung $N(0,1)$	Erwartungswert	$\mu = 0$
	Standardabweichung	$\sigma = 1$

Dichtefunktion $\qquad \varphi(x) = \dfrac{1}{\sqrt{2\pi}}\,\mathrm{e}^{-\frac{x^2}{2}}$

Verteilungsfunktion $\quad \Phi(x) = \dfrac{1}{\sqrt{2\pi}} \displaystyle\int_{-\infty}^{x} \mathrm{e}^{-\frac{t^2}{2}}\,dt$

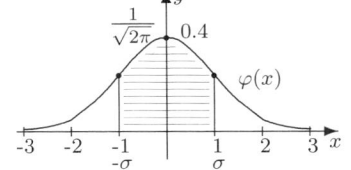

Grenzwertsatz

Die Summe von n unabhängigen, identisch verteilten Zufallsvariablen ist asymptotisch ($n \to \infty$) normalverteilt.

$\displaystyle\int_{-1}^{1} \varphi(x)\,dx = 68.3\,\%$

$\displaystyle\int_{-2}^{2} \varphi(x)\,dx = 95.5\,\%$

$\displaystyle\int_{-3}^{3} \varphi(x)\,dx = 99.7\,\%$

Normalverteilung $N(\mu, \sigma^2)$ Seite 210
Normalverteilung $N(0, 1)$ Seite 220, 221
Grenzwertsätze   Seite 212

Verteilungen

Verteilung	Wert–menge $W(X)$	Dichte $f: W(X) \to \mathbb{R}$ $x \mapsto f(x)$	$E[X]$	$V[X]$	Diagramm der Dichte
Gleich–Verteilung in $[a,b]$ (Rechtecks–verteilung)	(a,b)	$\dfrac{1}{b-a}$	$\dfrac{a+b}{2}$	$\dfrac{(b-a)^2}{12}$	
Normal–Verteilung $N(\mu,\sigma^2)$	$\mathbb{R}$	$\dfrac{e^{-\frac{1}{2}(\frac{x-\mu}{\sigma})^2}}{\sqrt{2\pi}\sigma}$	μ	σ^2	
Gamma–Verteilung $\gamma(k,\lambda)$	$(0,\infty)$	$\dfrac{\lambda^k x^{k-1}\,e^{-\lambda x}}{\Gamma(k)}$	$\dfrac{k}{\lambda}$	$\dfrac{k}{\lambda^2}$	
χ^2 – Verteilung mit n Freiheitsgraden $\chi_n^2 = \Gamma(\frac{n}{2},\frac{1}{2})$	$(0,\infty)$	$\dfrac{x^{n/2-1}\,e^{-x/2}}{2^{n/2}\Gamma(n/2)}$	n	$2n$	

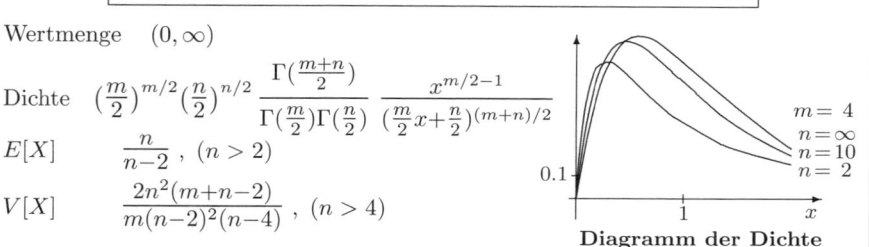

t–Verteilung t_n mit n Freiheitsgraden

Wertmenge $\quad (-\infty,\infty)$

Dichte $\quad \dfrac{1}{\sqrt{n\pi}} \cdot \dfrac{\Gamma(\frac{n+1}{2})}{\Gamma(\frac{n}{2})} \cdot \dfrac{1}{\left(1+\frac{x^2}{n}\right)^{(n+1)/2}}$

$E[X] \quad 0 \,, (n>1)$

Diagramm der Dichte

F–Verteilung $F_{m,n}$ mit $\quad m$ Zähler–Freiheitsgraden $\quad n$ Nenner–Freiheitsgraden

Wertmenge $\quad (0,\infty)$

Dichte $\quad \left(\dfrac{m}{2}\right)^{m/2}\left(\dfrac{n}{2}\right)^{n/2} \dfrac{\Gamma(\frac{m+n}{2})}{\Gamma(\frac{m}{2})\Gamma(\frac{n}{2})} \dfrac{x^{m/2-1}}{(\frac{m}{2}x+\frac{n}{2})^{(m+n)/2}}$

$E[X] \quad \dfrac{n}{n-2} \,, (n>2)$

$V[X] \quad \dfrac{2n^2(m+n-2)}{m(n-2)^2(n-4)} \,, (n>4)$

Diagramm der Dichte

16.3   Mehrdimensionale Zufallsvariable

| **Mehrdimensionale Zufallsvariable** |

Sei $(\Omega, \mathcal{A}, \mathcal{P})$ ein $\mathcal{WR}$ und $n \in \mathrm{IN}$. Eine

n–dimensionale Zufallsvariable oder ein n–dimensionaler Zufallsvektor ist eine Abbildung $X : \Omega \to \mathrm{IR}^n$, so daß für jedes $x \in \mathrm{IR}^n$ gilt $X^{-1}(-\infty, x] \in \mathcal{A}$.

Gemeinsame Verteilungsfunktion des Zufallsvektors X

$$X = (X_1, \ldots, X_n), \; X \text{ stetig mit der Dichte } f$$

$$F(x_1, \ldots, x_n) = F_X(x) = P(X_1 \leq x_1, \ldots, X_n \leq x_n) = P\left(X^{-1}(-\infty, x]\right)$$

$$= \int_{-\infty}^{x_1} \cdots \int_{-\infty}^{x_n} f(t_1, \ldots, t_n)\, dt_1 \cdots dt_n$$

Randverteilungen: $F_{X_i}(x_i) = P(X_i \leq x_i) = F_X(\infty, \ldots, \infty, x_i, \infty, \ldots, \infty)$.

Unabhängigkeit von Zufallsvariablen $X_1, \ldots, X_n$:
Für alle $x_1, \ldots, x_n \in \mathrm{IR}$ sind die Ereignisse $X_1 \leq x_1, \ldots, X_n \leq x_n$ unabhängig.

$$X_1, \ldots, X_n \text{ unabhängig} \iff F_{(X_1, \ldots, X_n)}(x_1, \ldots, x_n) = F_{X_1}(x_1) \cdots F_{X_n}(x_n)$$
$$\iff f_{(X_1, \ldots, X_n)}(x_1, \ldots, x_n) = f_{X_1}(x_1) \cdots f_{X_n}(x_n)$$
$$\text{(bei Existenz von Dichten)}$$

| **Parameter zweidimensionaler Zufallsvariablen (X, Y)** |

$E[(X, Y)] = (E[X], E[Y])$ — Vektor des Erwartungswertes der Randverteilungen

$E[g(X, Y)] = \sum_i \sum_k g(x_i, y_k) \cdot p_{i,k}$ — (X, Y) **diskret**, $p_{i,k} = P(X = x_i, \; Y = y_k)$

$\displaystyle = \int_{-\infty}^{\infty} \int_{-\infty}^{\infty} g(x, y) \cdot f(x, y)\, dx\, dy$ — (X, Y) **stetig** mit Dichte f, absolute Konvergenz der Reihen/Integrale vorausgesetzt.

$\mathrm{cov}\,(X, Y) = E[(X - E[X])(Y - E[Y])]$
$\qquad\qquad = E[XY] - E[X] \cdot E[Y]$ — **Kovarianz** von X, Y

$\rho(X, Y) = \dfrac{\mathrm{cov}\,(X,Y)}{\sqrt{V[X] \cdot V[Y]}}$ — **Korrelationskoeffizient** von X, Y

$-1 \leq \rho(X, Y) \leq 1$ — **Cauchy–Schwarzsche Ungleichung**

$\rho(X, Y) = 0$ — X, Y "**unkorreliert**", wenn X, Y unabhängig;

$\iff |\rho(X, Y)| = 1 \iff P(Y = aX + b) = 1$ — ρ^2 : ein Maß für die lineare Abhängigkeit von Y und X

Summen von unabhängigen Zufallsvariablen

$X_1 \sim$	$X_2 \sim$	$S = X_1 + X_2 \sim$
$B(n_1, p)$	$B(n_2, p)$	$B(n_1 + n_2, p)$
$P(\lambda_1)$	$P(\lambda_2)$	$P(\lambda_1 + \lambda_2)$
neg. Bin. r_1, p	neg. Bin. r_2, p	neg. Bin. $r_1 + r_2, p$
$N(\mu_1, \sigma_1^2)$	$N(\mu_2, \sigma_2^2)$	$N(\mu_1 + \mu_2, \sigma_1^2 + \sigma_2^2)$
$\gamma(k_1, \lambda)$	$\gamma(k_2, \lambda)$	$\gamma(k_1 + k_2, \lambda)$

$X_1 \sim B(n_1, p) \quad :\Longleftrightarrow \quad X_1$ besitzt eine $B(n_1, p)$–Verteilung

Zentraler Grenzwertsatz

Es seien $X_1, X_2, \ldots$ unabhängige, identisch verteilte Zufallsvariablen mit $E[X_i] = \mu, V[X_i] = \sigma^2$ für alle $i = 1, 2, \ldots$. Dann gilt:

(1) $\quad \bar{X}_n := \dfrac{X_1 + \cdots + X_n}{n} \sim N(\mu, \frac{\sigma^2}{n})$ \hfill asymptotisch, für $n \to \infty$

(2) $\quad Z_n := \dfrac{\bar{X} - \mu}{\frac{\sigma}{\sqrt{n}}} \sim N(0, 1),$ \hfill asymptotisch, für $n \to \infty$ d.h.

(3) $\quad P(Z_n \leq z) \xrightarrow[n \to \infty]{} \Phi(z) = \dfrac{1}{\sqrt{2\pi}} \displaystyle\int_{-\infty}^{z} \mathrm{e}^{-\frac{t^2}{2}} \, dt$

(4) $\quad P(Z_n \leq z) = \Phi(z),$ wenn $X_i \sim N(\mu, \sigma^2)$ \hfill $\sqrt{n}$–Gesetz

Grenzwertsatz von Moivre–Laplace

$X_n \sim B(n, p) \Longrightarrow X_n \sim N(np, np(1 - p))$ \quad asymptotisch ist, für $n \to \infty$

$\Longrightarrow \quad Z_n = \dfrac{X_n - np}{\sqrt{np(1 - p)}} \sim N(0, 1)$ \hfill asymptotisch für $n \to \infty$

$P(Z_n \leq z) \approx \Phi(z)$ **Faustregel**		
gute	Näherung, wenn $\quad n \cdot p(1 - p)$	> 9 ist.
brauchbare		> 4

Gesetz seltener Ereignisse

$X_n \sim B(n, p_n)$ mit $\lim\limits_{n \to \infty} n \cdot p_n = \lambda \quad \Longrightarrow \quad \lim\limits_{n \to \infty} P(X_n = k) = \mathrm{e}^{-\lambda} \dfrac{\lambda^k}{k!}, \; k \in \mathbb{N}_0$

16.4   Stichproben

Stichproben

Wird ein Zufallsexperiment, das durch eine Zufallsvariable X mit unbekannter Verteilung F beschrieben wird, unter identischen Bedingungen n–mal unabhängig durchgeführt, und nimmt X dabei die Werte $x_1, \ldots, x_n$ (**Urliste**) an, so heißt $(x_1, \ldots, x_n)$ eine **konkrete Stichprobe vom Umfang n für X** bzw. **für F**.
Sie ist eine Realisierung des Zufallsvektors $(X_1, \ldots, X_n)$, der **mathematische Stichprobe vom Umfang n für X** heißt und dessen Komponenten unabhängig und identisch verteilt sind mit der Verteilung F von X.

$m_n(x)$ = Anzahl der Stichprobenwerte $\leq x$

empirische Verteilungsfunktion zur Urliste $F_n^*(x) = \dfrac{m_n(x)}{n}$.

$$P\left(\lim_{n\to\infty}\left[\sup_{-\infty < x < \infty}|F_n^*(x) - F(x)|\right] = 0\right) = 1 \qquad \begin{array}{l}\textbf{Hauptsatz der Statistik}\\ \textbf{(GLIVENKO)}\end{array}$$

Bei sehr umfangreichen Urlisten erfolgt eine **Klasseneinteilung**:

m Anzahl der Klassen ($=$ Intervalle $I_1, \ldots, I_m$)

$\tilde{x}_k$ Klassenmitte der k–ten Klasse I_k

h_k absolute Häufigkeit der Stichprobenwerte in $I_k : \displaystyle\sum_{k=1}^{m} h_k = n$

$r_k = \dfrac{h_k}{n}$ relative Häufigkeit der Elemente der k–ten Klasse: $\displaystyle\sum_{k=1}^{m} r_k = 1$.

Histogramm (graphische Darstellung):
r_k wird über dem Intervall I_k aufgetragen

empirische Verteilungsfunktion:

$$F_n^*(x) = \sum_{\tilde{x}_k \leq x} r_k.$$

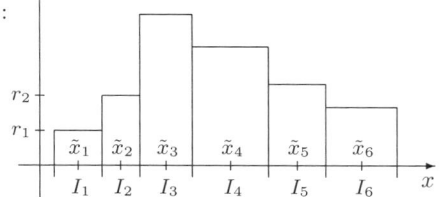

Stichprobenfunktionen

$T_n = T(X_1, \ldots, X_n)$ Fkt. von einer math. Stichprobe $(X_1, \ldots, X_n)$ für X
$t_n = T(x_1, \ldots, x_n)$ Realisierung von T_n.

wichtige Beispiele für Stichprobenfunktionen

$\bar{X} = \frac{1}{n}(X_1 + \cdots + X_n)$ 　　　　　**Stichprobenmittel**

$S^2 = S^2_{X,n} = \frac{1}{n-1}\sum_{i=1}^{n}(X_i - \bar{X})^2$ 　　　**Stichprobenstreuung**

$\tilde{S}^2 = \frac{1}{n}\sum_{i=1}^{n}(X_i - \bar{X})^2$ 　　　**modifizierte Stichprobenstreuung**

$S = \sqrt{S^2}$ 　　　　　**Stichprobenstandardabweichung**

$M^*_k = \frac{1}{n}\sum_{i=1}^{n}X_i^k \ (k=1,2,\ldots)$ 　　**empirisches Moment**　k–ter Ordnung

praktische Berechnung der Realisierungen $\bar{x}$ bzw. s^2

$\bar{x} = \frac{1}{n}\sum_{i=1}^{n} x_i = a + \frac{1}{n}\sum_{i=1}^{n}(x_i - a)$ 　　a vorläufiger Mittelwert 　　　(Urliste)

$\bar{x} = \frac{1}{n}\sum_{k=1}^{m} \tilde{x}_k \cdot h_k = \sum_{k=1}^{m} \tilde{x}_k \cdot r_k = a + \frac{1}{n}\sum_{k=1}^{m}(\tilde{x}_k - a)h_k$ 　　　(Klasseneinteilung)

$s^2 = \frac{1}{n-1}\sum_{i=1}^{n}(x_i - \bar{x})^2 = \frac{1}{n-1}\Big[\sum_{i=1}^{n} x_i^2 - \bar{x}\sum_{i=1}^{n} x_i\Big] = \frac{1}{n-1}\Big[\sum_{i=1}^{n}(x_i - a)^2 - n(\bar{x}-a)^2\Big]$ (Urliste)

$s^2 = \frac{1}{n-1}\sum_{k=1}^{m}(\tilde{x}_k - \bar{x})^2 h_k = \frac{1}{n-1}\Big[\sum_{k=1}^{m}\tilde{x}_k^2 h_k - \bar{x}\sum_{k=1}^{m}\tilde{x}_k h_k\Big]$

$\quad = \frac{1}{n-1}\Big[\sum_{k=1}^{m}(\tilde{x}_k - a)^2 h_k - \frac{1}{n}\Big(\sum_{k=1}^{m}\tilde{x}_k h_k\Big)^2\Big]$ 　　　(Klasseneinteilung)

Einige Verteilungen von Stichprobenfunktionen

$X_1, \ldots, X_n$ unabhängig identisch verteilt, U, V unabhängig

Verteilung von X_1	Prüfgröße Stichprobenfunktion	hat die **Verteilung,** tabelliert auf	Seite
$B(1,p)$	$n \cdot \bar{X}$	$B(n,p)$	
	$P^* = (\bar{X} - p)/(\sqrt{\frac{p(1-p)}{n}})$	asymptotisch $N(0,1)$	220, 221
$P(\lambda)$	$n\bar{X}$	$P(n \cdot \lambda)$	
$N(\mu, \sigma^2)$	$\bar{X}$	$N(\mu, \frac{\sigma^2}{n})$	
	$\bar{Z} = (\bar{X} - \mu)/(\sigma/\sqrt{n})$	$N(0,1)$	220, 221
	$C = (n-1)\cdot S^2/\sigma^2$	χ^2_{n-1}	223, 224
	$\bar{T} = (\bar{X} - \mu)/(S/\sqrt{n})$	t_{n-1}	222
$N(0,1)$	$\chi = \sum_{i=1}^{n} X_i^2$	χ^2_n	223, 224
$U \sim \chi^2_m$ $V \sim \chi^2_n$	$Q = \dfrac{n}{m} \cdot \dfrac{U}{V}$	$F_{m,n}$	
$X_1 \sim N(\mu_1, \sigma_1^2)$ $Y_1 \sim N(\mu_2, \sigma_2^2)$ $\sigma_1^2 = \sigma_2^2$	2 unabhängige Stichproben: $(X_1, \ldots, X_{n_1})$ und $(Y_1, \ldots, Y_{n_2})$ $Q = S^2_{X,n_1}/S^2_{Y,n_2}$	F_{n_1-1, n_2-1}	
beliebig mit $E[X_1] = \mu$ $V[X_1] = \sigma^2$	$\bar{Z} = (\bar{X} - \mu)/(S/\sqrt{n})$	asymptotisch $N(0,1)$	220, 221

Punktschätzung

X sei eine Zufallsvariable mit einer (dem Typ nach) bekannten Verteilungsfunktion F_Θ ("Verteilung der Grundgesamtheit"), die von einem unbekannten Parameter $\Theta \in \mathcal{T}$ abhängt: $F_\Theta(x) = P_\Theta(X \le x)$ ("Verteilungsannahme", z.B. $X \sim B(1,p)$, $\Theta = p$). Eine Stichprobenfunktion $\hat{\Theta}_n = \hat{\Theta}(X_1, \ldots, X_n) \approx \Theta$ heißt **Schätzer** für Θ. Jede Realisierung $\hat{\vartheta}_n = \tilde{\Theta}(x_1, \ldots, x_n) \approx \Theta$ ist eine **Punktschätzung** für Θ.

Eigenschaften: **erwartungstreu** $E_\Theta[\hat{\Theta}_n] = \Theta$

asymptotisch erwartungstreu $\lim\limits_{n\to\infty} E_\Theta[\hat{\Theta}_n] = \Theta$

konsistent $\lim\limits_{n\to\infty} P_\Theta(|\hat{\Theta}_n - \Theta| > \epsilon) = 0$ für jedes $\epsilon > 0$; d.h.

bei genügend großem Umfang der Stichprobe sind große Abweichungen des Schätzwertes $\hat{\Theta}_n$ von Θ beliebig unwahrscheinlich.

Von zwei erwartungstreuen Schätzungen $\hat{\Theta}_n^{(1)}, \hat{\Theta}_n^{(2)}$ für Θ heißt $\hat{\Theta}_n^{(1)}$ **wirksamer** als $\hat{\Theta}_n^{(2)}$, wenn $V_\Theta[\hat{\Theta}_n^{(1)}] < V_\Theta[\hat{\Theta}_n^{(2)}]$. Bei der Punktschätzung gibt es eine Genauigkeitsschranke, die nicht unterschritten werden kann: RAO–CRAMER–Schranke $= 1/(n \cdot I(\Theta))$, $I(\Theta) = V_\Theta[\frac{\partial}{\partial\Theta} \ln f_\Theta(X)]$, f_Θ Dichte bzw. Verteilung von X.

Effizienz von $\hat{\Theta}_n$: $\mathrm{Eff}_\Theta(\hat{\Theta}_n) = 1/(n \cdot I(\Theta) \cdot V_\Theta[\hat{\Theta}_n])$
wirksamste oder 100%–**effiziente** Schätzung: $\mathrm{Eff}_\Theta(\hat{\Theta}_n) = 1$.
asymptotisch effizient: $\lim\limits_{n\to\infty} \mathrm{Eff}_\Theta(\hat{\Theta}_n) = 1$.

Gebräuchliche Punktschätzungen

Verteilungs–annahme F_Θ	unbekannter Parameter Θ	Schätzer $\hat{\Theta}_n$	Eigenschaften
$B(1,p)$	p	$\hat{p} = \bar{X} =$ rel. Häufigkeit von A mit $P(A) = p$	erwartungstreu konsistent effizient
$P(\lambda)$	λ	$\hat{\lambda} = \bar{X}$	erwartungstreu konsistent effizient
$N(\mu, \sigma^2)$ σ^2 bekannt	μ	$\hat{\mu} = \bar{X}$	erwartungstreu konsistent effizient
$N(\mu, \sigma^2)$	(μ, σ^2)	$(\hat{\mu}, \hat{\sigma}^2) = (\bar{X}, S^2)$	erwartungstreu konsistent asympt. effizient
$N(\mu, \sigma^2)$ μ bekannt	σ^2	$\hat{\sigma}^2 = \tilde{S}^2$, $\bar{X} = \mu$ ges.	erwartungstreu konsistent effizient
$\gamma(1, \lambda)$	λ	$\hat{\lambda} = 1/\bar{X}$	asympt. erw.treu konsistent
F beliebig mit $E[X] = \mu$ $V[X] = \sigma^2$	(μ, σ^2)	$(\hat{\mu}, \hat{\sigma}^2) = (\bar{X}, S^2)$	erwartungstreu konsistent

16.5   Konfidenzintervalle

Konfidenzintervalle

X sei eine Zufallsvariable mit einer (dem Typ nach) bekannten Verteilungsfunktion F_Θ , die jedoch von einem unbekannten Parameter $\Theta \in \mathcal{T}$ abhängt: $F_\Theta(x) = P_\Theta(X \le x)$. Ein zufälliges Intervall $[L^-, L^+]$ mit Stichprobenfunktionen (''**Vertrauensgrenzen**'')

$$\infty \le L^- = L^-(X_1, \ldots, X_n) \le L^+ = L^+(X_1, \ldots, X_n) \le \infty$$

heißt ein **Konfidenzintervall** oder eine **Bereichsschätzung** für Θ zur **Irrtumswahrscheinlichkeit** α bzw. zum **Konfidenzniveau** $1 - \alpha$ wenn

$$\boxed{P_\Theta(L^- \le \Theta \le L^+) \ge 1 - \alpha}$$

Einige Konfidenzintervalle zum Konfidenzniveau $1 - \alpha$

Verteilung F_Θ Voraussetzung	Θ	$\hat{\Theta}_n{}^{1)}$	Prüfgröße $T = T(\hat{\Theta}_n)$	Zweiseitiges [2] Konfidenzintervall für Θ zum Konfidenzniveau $1 - \alpha$: $P(L^- \le \Theta \le L^+) \ge 1-\alpha$	Quantil $\mathcal{Q}$ zur Wahrscheinlkt. $\mathcal{W}$ der Verteilung $\mathcal{V}$. $\mathcal{Q}^{3)}$	$\mathcal{W}$	$\mathcal{V}$
$B(1,p)$ n groß	p	$\bar{X}$	$\dfrac{\bar{X}-p}{\sqrt{\frac{p(1-p)}{n}}}$	$L^\pm(X_1,\ldots,X_n) = \frac{n}{n+z^2}\Big[\bar{X} + \frac{1}{2n}z^2 \pm z\sqrt{\frac{\bar{X}(1-\bar{X})}{n} + (\frac{1}{2n}z)^2}\Big]$	z	$1 - \frac{\alpha}{2}$	$N(0,1)$
$N(\mu,\sigma^2)$ σ^2 bekannt	μ	$\bar{X}$	$\dfrac{\bar{X}-\mu}{\frac{\sigma}{\sqrt{n}}}$	$L^\pm(X_1,\ldots,X_n) = \bar{X} \pm \frac{\sigma}{\sqrt{n}}z$	z	$1 - \frac{\alpha}{2}$	$N(0,1)$
$N(\mu,\sigma^2)$	μ	$\bar{X}$	$\dfrac{\bar{X}-\mu}{\frac{S}{\sqrt{n}}}$	$L^\pm(X_1,\ldots,X_n) = \bar{X} \pm \frac{S}{\sqrt{n}}t$	t	$1 - \frac{\alpha}{2}$	t_{n-1}
$N(\mu,\sigma^2)$	σ^2	S^2	$\dfrac{(n-1)S^2}{\sigma^2}$	$L^\pm(X_1,\ldots,X_n) = \frac{(n-1)S^2}{\chi^2_\pm}$	χ^2_- χ^2_+	$1 - \frac{\alpha}{2}$ $\frac{\alpha}{2}$	χ^2_{n-1} χ^2_{n-1}
$N(\mu,\sigma^2)$ μ bekannt	σ^2	$\tilde{S}^2$	$\dfrac{n\cdot\tilde{S}^2}{\sigma^2}$	$L^\pm(X_1,\ldots,X_n) = \frac{n\tilde{S}^2}{\chi^2_\pm}$, $\bar{X}=\mu$ ges.	χ^2_- χ^2_+	$1 - \frac{\alpha}{2}$ $\frac{\alpha}{2}$	χ^2_n χ^2_n

[1]   Schätzfunktion zur Punktschätzung von Θ, siehe S. 215: Gebräuchliche Punktschätzungen

[2]   **Einseitige Konfidenzintervalle** der Form $-\infty < \Theta \le L^+$ bzw. $L^- \le \Theta < \infty$ erhält man, indem man $L^+[L^-]$ mit dem Quantil z / t / χ^2_+ / χ^2_- zur $\mathcal{W}$ $1 - \alpha$ (Normal– bzw. t–Verteilung) bzw. zur $\mathcal{W}$ α oder $1 - \alpha$ (χ^2–Verteilung) bestimmt.

[3]   Tabellen Seite 220–224.

$\boxed{\textbf{Parametertests mit einer Verteilungsannahme}}$

X sei eine Zufallsvariable mit einer (dem Typ nach) bekannten Verteilungsfunktion F_Θ, die jedoch von einem unbekannten Parameter $\Theta \in \mathcal{T}$ abhängt:

$$F_\Theta(x) = P_\Theta(X \le x).$$

Es sei $\mathcal{T} = \mathcal{T}_0 \cup \mathcal{T}_1$ eine disjunkte Zerlegung.

Nullhypothese: $H = H_0 :\Leftrightarrow \Theta \in \mathcal{T}_0$.

Alternativhypothese: $H = H_1 :\Leftrightarrow \Theta \in \mathcal{T}_1$.

Auf Grund einer konkreten Stichprobe $(x_1, \dots, x_n)$ für X ist zwischen H_0 und H_1 zu entscheiden.

Fehler 1. Art: Ablehnung einer richtigen Hypothese
Fehler 2. Art: Nichtablehnung einer falschen Hypothese

Signifikanzniveau: vorgegebene Schranke α für die $\mathcal{W}$, einen Fehler 1. Art zu begehen. [z.B. $\alpha = 0.05,\ 0.01$ oder 0.001]

$\boxed{\text{Allgemeiner Ablauf eines Parametertests}}$

1.)	Aufstellen einer Nullhypoth. H_0:	Alternativhypoth. H_1	Verwerfungsbereich K
	einseitig: $\Theta \le \Theta_0$	$\Theta > \Theta_0$	einseitig
	einseitig: $\Theta \ge \Theta_0$	$\Theta < \Theta_0$	einseitig
	zweiseitig: $\Theta = \Theta_0$	$\Theta \ne \Theta_0$	zweiseitig

f Dichte der Prüfgröße, $\alpha_1 + \alpha_2 = \alpha$

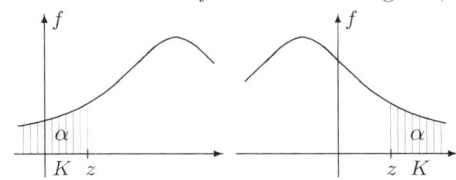 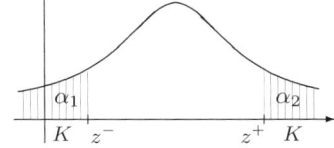

einseitige Verwerfungsbereiche   zweiseit. Verwerfungsber.

2.) Konstruktion einer **Prüfgröße** $T = T(X_1, \dots, X_n, H_0)$ (Stichprobenfunktion), deren Verteilungsfunktion unter der Annahme, dass H_0 wahr ist, zumindest (für große n) näherungsweise bekannt ist.

3.) Wahl von α und Wahl eines **kritischen Bereiches (Verwerfungsbereiches)** K (abhängig von H_1, einseitiger oder zweiseitiger, möglichst großer Teil des Wertebereiches von T), so dass

$\boxed{P(T \in K \,|\, H_0 \text{ ist wahr }) \le \alpha}$ und $\boxed{P(T \in K \,|\, H_1 \text{ ist wahr }) = \max}$

$\mathcal{W}$ für Fehler 1. Art   **Güte des Tests**

4.) **Entscheidungsregel**:
Fällt für eine konkrete Stichprobe $(x_1, \dots, x_n)$ der beobachtete Wert t der Prüfgröße in den Verwerfungsbereich K, so wird H_0 **abgelehnt**, andernfalls ist $\boldsymbol{H_0}$ **mit der Stichprobe verträglich** und es wird $\boldsymbol{H_0}$ **angenommen**.

Einige Parametertests zum Signifikanzniveau α							
Verteilung F_Θ Vorraussetzung	H_0	H_1	**Prüfgröße** $T =$ $T(X_1,..,X_n,H_0)$	**Annahme** wenn	$\mathcal{Q}$	$\mathcal{W}$	$\mathcal{V}$
$B(1,p)$ n groß	$p \le p_0$	$p > p_0$	$P^* = \dfrac{\bar{X}-p_0}{\sqrt{\dfrac{p_0(1-p_0)}{n}}}$	$p^* \le z$	z	$1-\alpha$	$N(0,1)$
	$p \ge p_0$	$p < p_0$		$p^* \ge -z$	z	$1-\alpha$	
	$p = p_0$	$p \ne p_0$		$|p^*| \le z$	z	$1-\dfrac{\alpha}{2}$	
$N(\mu,\sigma^2)$ σ^2 bekannt	$\mu \le \mu_0$	$\mu > \mu_0$	$\bar{Z} = \dfrac{\bar{X}-\mu_0}{\dfrac{\sigma}{\sqrt{n}}}$	$\bar{z} \le z$	z	$1-\alpha$	$N(0,1)$
	$\mu \ge \mu_0$	$\mu < \mu_0$		$\bar{z} \ge -z$	z	$1-\alpha$	
	$\mu = \mu_0$	$\mu \ne \mu_0$		$|\bar{z}| \le z$	z	$1-\dfrac{\alpha}{2}$	
$N(\mu,\sigma^2)$	$\mu \le \mu_0$	$\mu > \mu_0$	$\bar{T} = \dfrac{\bar{X}-\mu_0}{\dfrac{S}{\sqrt{n}}}$	$\bar{t} \le t$	t	$1-\alpha$	t_{n-1}
	$\mu \ge \mu_0$	$\mu < \mu_0$		$\bar{t} \ge -t$	t	$1-\alpha$	
	$\mu = \mu_0$	$\mu \ne \mu_0$		$|\bar{t}| \le t$	t	$1-\dfrac{\alpha}{2}$	
$N(\mu,\sigma^2)$	$\sigma^2 = \sigma_0^2$	$\sigma^2 \ne \sigma_0^2$	$C = \dfrac{(n-1)S^2}{\sigma_0^2}$	$\chi^2_- \le c \le \chi^2_+$	χ^2_- χ^2_+	$\dfrac{\alpha}{2}$ $1-\dfrac{\alpha}{2}$	χ^2_{n-1}
	$\sigma \le \sigma_0^2$	$\sigma^2 > \sigma_0^2$		$c \le \chi^2$	χ^2	$1-\alpha$	
	$\sigma \ge \sigma_0^2$	$\sigma^2 < \sigma_0^2$		$c \ge \chi^2$	χ^2	α	
$N(\mu,\sigma^2)$ μ bekannt	$\sigma^2 = \sigma_0^2$	$\sigma^2 \ne \sigma_0^2$	$\tilde{C} = \dfrac{n\tilde{S}^2}{\sigma_0^2}$ $\bar{X}=\mu$ ges.	$\chi^2_- \le \tilde{c} \le \chi^2_+$	χ^2_- χ^2_+	$\dfrac{\alpha}{2}$ $1-\dfrac{\alpha}{2}$	χ^2_n
	$\sigma \le \sigma_0^2$	$\sigma^2 > \sigma_0^2$		$\tilde{c} \le \chi^2$	χ^2	$1-\alpha$	
	$\sigma \ge \sigma_0^2$	$\sigma^2 < \sigma_0^2$		$\tilde{c} \ge \chi^2$	χ^2	α	
$X_1 \sim$ [1] $N(\mu_1,\sigma_1^2),n_1$ $Y_1 \sim$ $N(\mu_2,\sigma_2^2),n_2$	$\sigma_1^2 = \sigma_2^2$	$\sigma_1^2 \ne \sigma_2^2$	$Q = \dfrac{S^2_{X,n_1}}{S^2_{Y,n_2}}$ $(S^2_{X,n_1} \ge S^2_{Y,n_2})$	$q \le f$	f	$1-\dfrac{\alpha}{2}$	F_{n_1-1,n_2-1}
$X_1 \sim$ [1] $N(\mu_1,\sigma_1^2),n_1$ $Y_1 \sim$ $N(\mu_2,\sigma_1^2),n_2$	$\mu_1 = \mu_2$	$\mu_1 \ne \mu_2$	$D =$ siehe unten	$|d| \le t$	t	$1-\dfrac{\alpha}{2}$	$t_{n_1+n_2-2}$

$$D = (\bar{X} - \bar{Y})\dfrac{\sqrt{\dfrac{n_1 n_2 (n_1+n_2-2)}{n_1+n_2}}}{\sqrt{(n_1-1)S^2_{X,n_1} + (n_2-1)S^2_{Y,n_2}}}$$

[1] unabhängige Stichproben vom Umfang n_1 bzw. n_2

Kolmogorov–Test

Voraussetzung: X ist eine stetige Zufallsvariable
Nullhypothese H_0: X besitzt die Verteilungsfunktion F_0

1.) Ermittle die empirische Verteilungsfunktion F_n^* der Stichprobe.

2.) Berechne $\boxed{D_n := \sup\limits_{-\infty < x < \infty} |F_n^*(x) - F_0(x)| = \max\{\delta_1, \delta_2\}}$

$$\delta_1 = \max_{x_i} |F_n^*(x_i) - F_0(x_i)| \text{ und } \delta_2 = \max_{x_i} |\lim_{x \to x_i^-} F_n^*(x) - F_0(x_i)|,$$

wobei x_i die der Größe nach geordneten Stichprobenwerte durchläuft.

3.) Wähle das Signifikanzniveau α [z.B. $\alpha = 0.05$ oder $\alpha = 0.01$] und ermittle den kritischen Wert $K_{n,\alpha}$.

4.) H_0 annehmen für $d_n < K_{n,\alpha}$ (mit einer Irrtums–$\mathcal{W} \leq \alpha$ für Fehler 1. Art).

5.) Kritische Werte $K_{n,\alpha}$:

$\alpha \backslash^n$	5	10	15	20	25	30	40	50	100	$n \to \infty$
0.05	0.563	0.409	0.338	0.294	0.264	0.242	0.210	0.188	0.134	$1.36/\sqrt{n}$
0.01	0.669	0.486	0.404	0.352	0.317	0.292	0.252	0.226	0.161	$1.63/\sqrt{n}$

χ^2–Anpassungstest

1.) Fertige ein **Histogramm** der Stichproben an und ermittle
m = Anzahl der Klassen $I_1, \ldots, I_m$
h_k = absolute Häufigkeit der Stichprobenwerte in I_k (≥ 5), $n = \sum_{k=1}^m h_k$.

2.) Schätze gegebenenfalls unbekannte **Parameter** in F_0 wie unten angegeben (Maximum–Likelihood–Schätzungen) aus der in Klassen eingeteilten Stichprobe. (Nur bei großer Zahl m der Klassen können Parameter aus der Urliste geschätzt werden, Seite 215: "Gebräuchliche Punktschätzungen".)

3.) Berechne die **Prüfgröße** mit $e_k = nP_{F_0}(x \in I_k)$.

4.) Wähle das Signifikanzniveau α und ermittle das **Quantil** $u_{1-\alpha}$ zur $\mathcal{W}$ $1-\alpha$ wie unten angegeben.

5.) H_0 annehmen, wenn $u_m^2 < u_{1-\alpha}$ ist.

Verteilung F_0	Para-meter	Schätzer	Prüfgröße $U_m^2 =$	Annahme von H_0 wenn	Quantil zur Verteilung
F_0					χ^2_{m-1}
$B(1,p)$	p	$\hat{p} = \bar{X}$			
$P(\lambda)$	λ	$\hat{\lambda} = \bar{X}$			
$N(\mu, \sigma^2)$ σ^2 bekannt	μ	$\hat{\mu} = \bar{X}$	$\sum\limits_{k=1}^m \dfrac{(h_k - e_k)^2}{e_k}$	$u_m^2 < u_{1-\alpha}$	χ^2_{m-2}
$N(\mu, \sigma^2)$ μ bekannt	σ^2	$\hat{\sigma}^2 = \tilde{S}^2$ $\bar{X} = \mu$ ges.			
$N(\mu, \sigma^2)$	μ, σ^2	$\hat{\mu} = \bar{X}$ $\hat{\sigma}^2 = \tilde{S}^2$			χ^2_{m-3}

16.6   Wertetabelle der $N(0,1)$–Verteilung

> **Kumulative Verteilungsfunktion Φ der $N(0,1)$–Verteilung**
>
> $$\Phi(z) = \frac{1}{\sqrt{2\pi}} \int_{-\infty}^{z} e^{-x^2/2}\, dx \, , \quad \Phi(-z) = 1 - \Phi(z)$$

z	$\Phi(z)$	z	$\Phi(z)$	z	$\Phi(z)$	z	$\Phi(z)$	z	$\Phi(z)$
0.00	0.50000	0.50	0.69146	1.00	0.84134	1.50	0.93319	2.00	0.97725
0.01	0.50399	0.51	0.69497	1.01	0.84375	1.51	0.93448	2.01	0.97778
0.02	0.50798	0.52	0.69847	1.02	0.84614	1.52	0.93574	2.02	0.97831
0.03	0.51197	0.53	0.70194	1.03	0.84849	1.53	0.93699	2.03	0.97882
0.04	0.51595	0.54	0.70540	1.04	0.85083	1.54	0.93822	2.04	0.97932
0.05	0.51994	0.55	0.70884	1.05	0.85314	1.55	0.93943	2.05	0.97982
0.06	0.52392	0.56	0.71226	1.06	0.85543	1.56	0.94062	2.06	0.98030
0.07	0.52790	0.57	0.71566	1.07	0.85769	1.57	0.94179	2.07	0.98077
0.08	0.53188	0.58	0.71904	1.08	0.85993	1.58	0.94295	2.08	0.98124
0.09	0.53586	0.59	0.72240	1.09	0.86214	1.59	0.94408	2.09	0.98169
0.10	0.53983	0.60	0.72575	1.10	0.86433	1.60	0.94520	2.10	0.98214
0.11	0.54380	0.61	0.72907	1.11	0.86650	1.61	0.94630	2.11	0.98257
0.12	0.54776	0.62	0.73237	1.12	0.86864	1.62	0.94738	2.12	0.98300
0.13	0.55172	0.63	0.73565	1.13	0.87076	1.63	0.94845	2.13	0.98341
0.14	0.55567	0.64	0.73891	1.14	0.87286	1.64	0.94950	2.14	0.98382
0.15	0.55962	0.65	0.74215	1.15	0.87493	1.65	0.95053	2.15	0.98422
0.16	0.56356	0.66	0.74537	1.16	0.87698	1.66	0.95154	2.16	0.98461
0.17	0.56749	0.67	0.74857	1.17	0.87900	1.67	0.95254	2.17	0.98500
0.18	0.57142	0.68	0.75175	1.18	0.88100	1.68	0.95352	2.18	0.98537
0.19	0.57535	0.69	0.75490	1.19	0.88298	1.69	0.95449	2.19	0.98574
0.20	0.57926	0.70	0.75804	1.20	0.88493	1.70	0.95543	2.20	0.98610
0.21	0.58317	0.71	0.76115	1.21	0.88686	1.71	0.95637	2.21	0.98645
0.22	0.58706	0.72	0.76424	1.22	0.88877	1.72	0.95728	2.22	0.98679
0.23	0.59095	0.73	0.76730	1.23	0.89065	1.73	0.95818	2.23	0.98713
0.24	0.59483	0.74	0.77035	1.24	0.89251	1.74	0.95907	2.24	0.98745
0.25	0.59871	0.75	0.77337	1.25	0.89435	1.75	0.95994	2.25	0.98778
0.26	0.60257	0.76	0.77637	1.26	0.89617	1.76	0.96080	2.26	0.98809
0.27	0.60642	0.77	0.77935	1.27	0.89796	1.77	0.96164	2.27	0.98840
0.28	0.61026	0.78	0.78230	1.28	0.89973	1.78	0.96246	2.28	0.98870
0.29	0.61409	0.79	0.78524	1.29	0.90147	1.79	0.96327	2.29	0.98899
0.30	0.61791	0.80	0.78814	1.30	0.90320	1.80	0.96407	2.30	0.98928
0.31	0.62172	0.81	0.79103	1.31	0.90490	1.81	0.96485	2.31	0.98956
0.32	0.62552	0.82	0.79389	1.32	0.90658	1.82	0.96562	2.32	0.98983
0.33	0.62930	0.83	0.79673	1.33	0.90824	1.83	0.96638	2.33	0.99010
0.34	0.63307	0.84	0.79955	1.34	0.90988	1.84	0.96712	2.34	0.99036
0.35	0.63683	0.85	0.80234	1.35	0.91149	1.85	0.96784	2.35	0.99061
0.36	0.64058	0.86	0.80511	1.36	0.91309	1.86	0.96856	2.36	0.99086
0.37	0.64431	0.87	0.80785	1.37	0.91466	1.87	0.96926	2.37	0.99111
0.38	0.64803	0.88	0.81057	1.38	0.91621	1.88	0.96995	2.38	0.99134
0.39	0.65173	0.89	0.81327	1.39	0.91774	1.89	0.97062	2.39	0.99158
0.40	0.65542	00.90	0.81594	1.40	0.91924	1.90	0.97128	2.40	0.99180
0.41	0.65910	0.91	0.81859	1.41	0.92073	1.91	0.97193	2.41	0.99202
0.42	0.66276	0.92	0.82121	1.42	0.92220	1.92	0.97257	2.42	0.99224
0.43	0.66640	0.93	0.82381	1.43	0.92364	1.93	0.97320	2.43	0.99245
0.44	0.67003	0.94	0.82639	1.44	0.92507	1.94	0.97381	2.44	0.99266
0.45	0.67364	0.95	0.82894	1.45	0.92647	1.95	0.97441	2.45	0.99286
0.46	0.67724	0.96	0.83147	1.46	0.92785	1.96	0.97500	2.46	0.99305
0.47	0.68082	0.97	0.83398	1.47	0.92922	1.97	0.97558	2.47	0.99324
0.48	0.68439	0.98	0.83646	1.48	0.93056	1.98	0.97615	2.48	0.99343
0.49	0.68793	0.99	0.83891	1.49	0.93189	1.99	0.97670	2.49	0.99361

z	$\Phi(z)$	z	$\Phi(z)$	z	$\Phi(z)$	z	$\Phi(z)$	z	$\Phi(z)$
2.50	0.99379	2.80	0.99744	3.10	0.99903	3.40	0.99966	3.70	0.99989
2.51	0.99396	2.81	0.99752	3.11	0.99906	3.41	0.99968	3.71	0.99990
2.52	0.99413	2.82	0.99760	3.12	0.99910	3.42	0.99969	3.72	0.99990
2.53	0.99430	2.83	0.99767	3.13	0.99913	3.43	0.99970	3.73	0.99990
2.54	0.99446	2.84	0.99774	3.14	0.99916	3.44	0.99971	3.74	0.99991
2.55	0.99461	2.85	0.99781	3.15	0.99918	3.45	0.99972	3.75	0.99991
2.56	0.99477	2.86	0.99788	3.16	0.99921	3.46	0.99973	3.76	0.99992
2.57	0.99492	2.87	0.99795	3.17	0.99924	3.47	0.99974	3.77	0.99992
2.58	0.99506	2.88	0.99801	3.18	0.99926	3.48	0.99975	3.78	0.99992
2.59	0.99520	2.89	0.99807	3.19	0.99929	3.49	0.99976	3.79	0.99992
2.60	0.99534	2.90	0.99813	3.20	0.99931	3.50	0.99977	3.80	0.99993
2.61	0.99547	2.91	0.99819	3.21	0.99934	3.51	0.99978	3.81	0.99993
2.62	0.99560	2.92	0.99825	3.22	0.99936	3.52	0.99978	3.82	0.99993
2.63	0.99573	2.93	0.99831	3.23	0.99938	3.53	0.99979	3.83	0.99994
2.64	0.99585	2.94	0.99836	3.24	0.99940	3.54	0.99980	3.84	0.99994
2.65	0.99598	2.95	0.99841	3.25	0.99942	3.55	0.99981	3.85	0.99994
2.66	0.99609	2.96	0.99846	3.26	0.99944	3.56	0.99981	3.86	0.99994
2.67	0.99621	2.97	0.99851	3.27	0.99946	3.57	0.99982	3.87	0.99995
2.68	0.99632	2.98	0.99856	3.28	0.99948	3.58	0.99983	3.88	0.99995
2.69	0.99643	2.99	0.99861	3.29	0.99950	3.59	0.99983	3.89	0.99995
2.70	0.99653	3.00	0.99865	3.30	0.99952	3.60	0.99984	3.90	0.99995
2.71	0.99664	3.01	0.99869	3.31	0.99953	3.61	0.99985	3.91	0.99995
2.72	0.99674	3.02	0.99874	3.32	0.99955	3.62	0.99985	3.92	0.99996
2.73	0.99683	3.03	0.99878	3.33	0.99957	3.63	0.99986	3.93	0.99996
2.74	0.99693	3.04	0.99882	3.34	0.99958	3.64	0.99986	3.94	0.99996
2.75	0.99702	3.05	0.99886	3.35	0.99960	3.65	0.99987	3.95	0.99996
2.76	0.99711	3.06	0.99889	3.36	0.99961	3.66	0.99987	3.96	0.99996
2.77	0.99720	3.07	0.99893	3.37	0.99962	3.67	0.99988	3.97	0.99996
2.78	0.99728	3.08	0.99896	3.38	0.99964	3.68	0.99988	3.98	0.99997
2.79	0.99736	3.09	0.99900	3.39	0.99965	3.69	0.99989	3.99	0.99997

Quantil z zur Wahrscheinlichkeit $1-\frac{\alpha}{2}$ der $N(0,1)$–Verteilung

$$\Phi(z) = 1 - \frac{\alpha}{2}$$

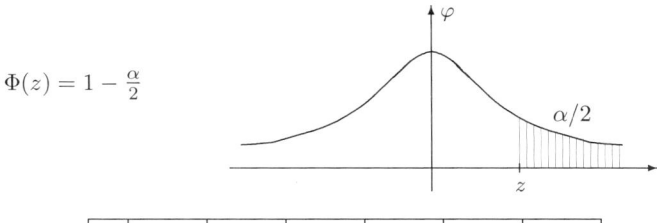

α	10 %	5 %	2 %	1 %	0.2 %	0.1 %
z	1.645	1.960	2.326	2.576	3.090	3.291

Quantil z zur Wahrscheinlichkeit $1-\frac{\alpha}{2}$ der t_n–Verteilung

mit n Freiheitsgeraden

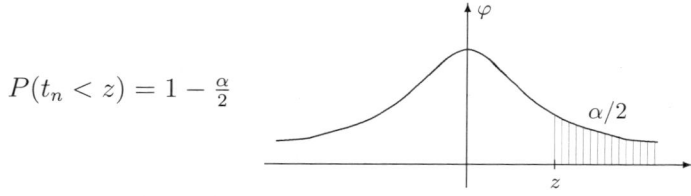

$$P(t_n < z) = 1 - \frac{\alpha}{2}$$

n	$\alpha = 10\,\%$	$\alpha = 5\,\%$	$\alpha = 2\,\%$	$\alpha = 1\,\%$	$\alpha = 0.1\,\%$
1	6.314	12.706	31.821	63.657	636.619
2	2.920	4.303	6.965	9.925	31.598
3	2.353	3.182	4.541	5.841	12.921
4	2.132	2.776	3.747	4.604	8.610
5	2.015	2.571	3.365	4.032	6.859
6	1.943	2.447	3.143	3.707	5.959
7	1.895	2.365	2.998	3.499	5.405
8	1.860	2.306	2.896	3.355	5.041
9	1.833	2.262	2.821	3.250	4.781
10	1.812	2.228	2.764	3.169	4.587
11	1.796	2.201	2.718	3.106	4.437
12	1.782	2.179	2.681	3.055	4.318
13	1.771	2.160	2.650	3.012	4.221
14	1.761	2.145	2.624	2.977	4.140
15	1.753	2.131	2.602	2.947	4.073
16	1.746	2.120	2.583	2.921	4.015
17	1.740	2.110	2.567	2.898	3.965
18	1.734	2.101	2.552	2.878	3.922
19	1.729	2.093	2.539	2.861	3.883
20	1.725	2.086	2.528	2.845	3.850
21	1.721	2.080	2.518	2.831	3.819
22	1.717	2.074	2.508	2.819	3.792
23	1.714	2.069	2.500	2.807	3.767
24	1.711	2.064	2.492	2.797	3.745
25	1.708	2.060	2.485	2.787	3.725
26	1.706	2.056	2.479	2.779	3.707
27	1.703	2.052	2.473	2.771	3.690
28	1.701	2.048	2.467	2.763	3.674
29	1.699	2.045	2.462	2.756	3.659
30	1.697	2.042	2.457	2.750	3.646
40	1.684	2.021	2.423	2.704	3.551
50	1.676	2.009	2.403	2.678	3.495
60	1.671	2.000	2.390	2.660	3.460
80	1.664	1.990	2.374	2.639	3.415
100	1.660	1.984	2.364	2.626	3.389
200	1.653	1.972	2.345	2.601	3.339
500	1.648	1.965	2.334	2.586	3.310
∞	1.645	1.960	2.326	2.576	3.291

(unteres) Quantil z zur Wahrscheinlichkeit α der χ_n^2–Verteilung mit n Freiheitsgeraden

$$P(\chi_n^2 \leq z) = \alpha$$

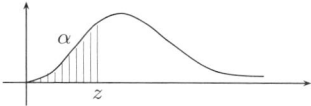

n	$\alpha=0.5\%$	$\alpha=1\%$	$\alpha=2.5\%$	$\alpha=5\%$	n	$\alpha=0.5\%$	$\alpha=1\%$	$\alpha=2.5\%$	$\alpha=5\%$
1			0.001	0.004	51	28.7	30.5	33.2	35.6
2	0.010	0.020	0.051	0.103	52	29.5	31.2	34.0	36.4
3	0.072	0.115	0.216	0.352	53	30.2	32.0	34.8	37.3
4	0.207	0.297	0.484	0.711	54	31.0	32.8	35.6	38.1
5	0.412	0.554	0.831	1.15	55	31.7	33.6	36.4	39.0
6	0.676	0.872	1.24	1.64	56	32.5	34.3	37.2	39.8
7	0.989	1.24	1.69	2.17	57	33.2	35.1	38.0	40.6
8	1.34	1.65	2.18	2.73	58	34.0	35.9	38.8	41.5
9	1.73	2.09	2.70	3.33	59	34.8	36.7	39.7	42.3
10	2.16	2.56	3.25	3.94	60	35.5	37.5	40.5	43.2
11	2.60	3.05	3.82	4.57	61	36.3	38.3	41.3	44.0
12	3.07	3.57	4.40	5.23	62	37.1	39.1	42.1	44.9
13	3.56	4.11	5.01	5.89	63	37.8	39.9	43.0	45.7
14	4.07	4.66	5.63	6.57	64	38.6	40.6	43.8	46.6
15	4.60	5.23	6.26	7.26	65	39.4	41.4	44.6	47.4
16	5.14	5.81	6.91	7.96	66	40.2	42.2	45.4	48.3
17	5.70	6.41	7.56	8.67	67	40.9	43.0	46.3	49.2
18	6.26	7.01	8.23	9.39	68	41.7	43.8	47.1	50.0
19	6.84	7.63	8.91	10.1	69	42.5	44.6	47.9	50.9
20	7.43	8.26	9.59	10.8	70	43.3	45.4	48.8	51.7
21	8.03	8.90	10.3	11.6	71	44.1	46.2	49.6	52.6
22	8.64	9.54	11.0	12.3	72	44.8	47.1	50.4	53.5
23	9.26	10.2	11.7	13.1	73	45.6	47.9	51.3	54.3
24	9.89	10.9	12.4	13.8	74	46.4	48.7	52.1	55.2
25	10.5	11.5	13.1	14.6	75	47.2	49.5	52.9	56.0
26	11.2	12.2	13.8	15.4	76	48.0	50.3	53.8	56.9
27	11.8	12.9	14.6	16.2	77	48.8	51.1	54.6	57.8
28	12.5	13.6	15.3	16.9	78	49.6	51.9	55.5	58.7
29	13.1	14.3	16.0	17.7	79	50.4	52.7	56.3	59.5
30	13.8	15.0	16.8	18.5	80	51.2	53.5	57.2	60.4
31	14.5	15.7	17.5	19.3	81	52.0	54.4	58.0	61.3
32	15.1	16.4	18.3	20.1	82	52.8	55.2	58.8	62.1
33	15.8	17.1	19.0	20.9	83	53.6	56.0	59.7	63.0
34	16.5	17.8	19.8	21.7	84	54.4	56.8	60.5	63.9
35	17.2	18.5	20.6	22.5	85	55.2	57.6	61.4	64.7
36	17.9	19.2	21.3	23.3	86	56.0	58.5	62.2	65.6
37	18.6	20.0	22.1	24.1	87	56.8	59.3	63.1	66.5
38	19.3	20.7	22.9	24.9	88	57.6	60.1	63.9	67.4
39	20.0	21.4	23.6	25.7	89	58.4	60.9	64.8	68.2
40	20.7	22.2	24.4	26.5	90	59.2	61.8	65.6	69.1
41	21.4	22.9	25.2	27.3	91	60.0	62.6	66.5	70.0
42	22.1	23.6	26.0	28.1	92	60.8	63.4	67.4	70.9
43	22.9	24.4	26.8	29.0	93	61.6	64.2	68.2	71.8
44	23.6	25.1	27.6	29.8	94	62.4	65.1	69.1	72.6
45	24.3	25.9	28.4	30.6	95	63.2	65.9	69.9	73.5
46	25.0	26.7	29.2	31.4	96	64.1	66.7	70.8	74.4
47	25.8	27.4	30.0	32.3	97	64.9	67.6	71.6	75.3
48	26.5	28.2	30.8	33.1	98	65.7	68.4	72.5	76.2
49	27.2	28.9	31.6	33.9	99	66.5	69.2	73.4	77.0
50	28.0	29.7	32.4	34.8	100	67.3	70.1	74.2	77.9

(oberes) Quantil z zur Wahrscheinlichkeit $1 - \alpha$ der χ_n^2–Verteilung mit n Freiheitsgeraden

$$P(\chi_n^2 \leq z) = 1 - \alpha$$

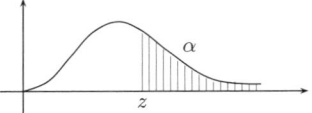

n	$\alpha=0.5\%$	$\alpha = 1\%$	$\alpha=2.5\%$	$\alpha = 5\%$	n	$\alpha=0.5\%$	$\alpha = 1\%$	$\alpha=2.5\%$	$\alpha = 5\%$
1	7.88	6.63	5.02	3.84	51	80.7	77.4	72.6	68.7
2	10.6	9.21	7.38	5.99	52	82.0	78.6	73.8	69.8
3	12.8	11.3	9.35	7.82	53	83.3	79.8	75.0	71.0
4	14.9	13.3	11.1	9.49	54	84.5	81.1	76.2	72.1
5	16.8	15.1	12.8	11.1	55	85.7	82.3	77.4	73.3
6	18.5	16.8	14.4	12.6	56	87.0	83.5	78.6	74.5
7	20.3	18.5	16.0	14.1	57	88.2	84.7	79.8	75.6
8	22.0	20.1	17.5	15.5	58	89.5	86.0	80.9	76.8
9	23.6	21.7	19.0	16.9	59	90.7	87.2	82.1	77.9
10	25.2	23.2	20.5	18.3	60	92.0	88.4	83.3	79.1
11	26.8	24.7	21.9	19.7	61	93.2	89.6	84.5	80.2
12	28.3	26.2	23.3	21.0	62	94.4	90.8	85.7	81.4
13	29.8	27.7	24.7	22.4	63	95.6	92.0	86.8	82.5
14	31.3	29.1	26.1	23.7	64	96.9	93.2	88.0	83.7
15	32.8	30.6	27.5	25.0	65	98.1	94.4	89.2	84.8
16	34.3	32.0	28.8	26.3	66	99.3	95.6	90.3	86.0
17	35.7	33.4	30.2	27.6	67	100.6	96.8	91.5	87.1
18	37.2	34.8	31.5	28.9	68	101.8	98.0	92.7	88.3
19	38.6	36.2	32.8	30.1	69	103.0	99.2	93.9	89.4
20	40.0	37.6	34.2	31.4	70	104.2	100.4	95.0	90.5
21	41.4	38.9	35.5	32.7	71	105.4	101.6	96.2	91.7
22	42.8	40.3	36.8	33.9	72	106.6	102.8	97.4	92.8
23	44.2	41.6	38.1	35.2	73	107.9	104.0	98.5	93.9
24	45.6	43.0	39.4	36.4	74	109.1	105.2	99.7	95.1
25	46.9	44.3	40.6	37.6	75	110.3	106.4	100.8	96.2
26	48.3	45.6	41.9	38.9	76	111.5	107.6	102.0	97.4
27	49.6	47.0	43.2	40.1	77	112.7	108.8	103.2	98.5
28	51.0	48.3	44.5	41.3	78	113.9	110.0	104.3	99.6
29	52.3	49.6	45.7	42.6	79	115.1	111.1	105.5	100.7
30	53.7	50.9	47.0	43.8	80	116.3	112.3	106.6	101.9
31	55.0	52.2	48.2	45.0	81	117.5	113.5	107.8	103.0
32	56.3	53.5	49.5	46.2	82	118.7	114.7	108.9	104.1
33	56.7	54.8	50.7	47.4	83	119.9	115.9	110.1	105.3
34	59.0	56.1	52.0	48.6	84	121.1	117.1	111.2	106.4
35	60.3	57.3	53.2	49.8	85	122.3	118.2	112.4	107.5
36	61.6	58.6	54.4	51.0	86	123.5	119.4	113.5	108.6
37	62.9	59.9	55.7	52.2	87	124.7	120.6	114.7	109.8
38	64.2	61.2	56.9	53.4	88	125.9	121.8	115.8	110.9
39	65.5	62.4	58.1	54.6	89	127.1	122.9	117.0	112.0
40	66.8	63.7	59.3	55.8	90	128.3	124.1	118.1	113.1
41	68.0	65.0	60.6	56.9	91	129.5	125.3	119.3	114.3
42	69.3	66.2	61.8	58.1	92	130.7	126.5	120.4	115.4
43	70.6	67.5	63.0	59.3	93	131.9	127.6	121.6	116.5
44	71.9	68.7	64.2	60.5	94	133.1	128.8	122.7	117.6
45	73.2	70.0	65.4	61.7	95	134.2	130.0	123.9	118.8
46	74.4	71.2	66.6	62.8	96	135.4	131.1	125.0	119.9
47	75.7	72.4	67.8	64.0	97	136.6	132.3	126.1	121.0
48	77.0	73.7	69.0	65.2	98	137.8	133.5	127.3	122.1
49	78.2	74.9	70.2	66.3	99	139.0	134.6	128.4	123.2
50	79.5	76.2	71.4	67.5	100	140.2	135.8	129.6	124.3

17 Finanzmathematik

$$\boxed{\text{Zinssatz } p\% \text{ jährlich,} \quad \text{Zinsfaktor } q \ = \ 1 + p\% \ = \ 1 + \tfrac{p}{100}}$$

1. Einmalige Zahlung: Anfangskapital K

Kapital nach n Jahren: $\qquad\qquad\qquad\qquad K_n \ = \ K \cdot q^n$

Barwert einer in n Jahren fälligen Zahlung: $\quad K \ = \ K_n \cdot q^{-n}$

Anzahl der Jahre: $\qquad\qquad\qquad\qquad\quad n \ = \ \dfrac{\ln(K_n/K)}{\ln q}$

Faustformel: *Eine Verdoppelung tritt nach etwa $\tfrac{70}{p}$ Jahren ein.*

2. Periodische Zahlungsraten R (Zinsgutschrift am Jahresende)

Zahlungsperiode:
Monat ($k = 12$), Vierteljahr ($k = 4$), Halbjahr ($k = 2$), Jahr ($k = 1$)

Zahlung von R am Anfang der Zahlungsperiode: $\quad K_1 \ = \ R(k + \tfrac{p}{100} \cdot \tfrac{k+1}{2})$

Zahlung von R am Ende der Zahlungsperiode: $\quad K_1 \ = \ R(k + \tfrac{p}{100} \cdot \tfrac{k-1}{2})$

Kapital nach n Jahren: $\qquad\qquad\qquad\qquad K_n \ = \ K_1 \dfrac{q^n-1}{q-1}$

Im Fall $k = 1$ (jährliche Zahlung) heißt R die **Annuität** und es gilt
$K_n = R\dfrac{q^n-1}{q-1}q$ (vorschüssige Zahlung), $K_n = R\dfrac{q^n-1}{q-1}$ (nachschüssige Zahlung).

3. Startkapital S und periodische Entnahme oder Einlage R

Kapital nach n Jahren, K_1 wie in 2.: $\quad K_n \ = \ S \cdot q^n \pm K_1\dfrac{q^n-1}{q-1}$

Ein Schuldbetrag S ist abgetragen bzw.

ein Startkapital S ist verbraucht, falls $\quad Sq^n \ = \ K_1\dfrac{q^n-1}{q-1}$

$$\boxed{\begin{array}{c}\textbf{Annuitätenformel}\\ \text{(nachschüssig)}\\ R = S\dfrac{(q-1)q^n}{q^n-1}\end{array}}$$

die benötigte Anzahl an Jahren ist $\qquad n \ = \ \dfrac{\ln K_1 - \ln(K_1 - S(q-1))}{\ln q}$

> **Beispiel:** *Durch welche monatliche Sparrate R (Zahlung am Monatsanfang) kann eine Schuld von $20\,000$ € bei $p\% = 6\%$ in 5 Jahren abgetragen werden?*
> **Lösung:** $20\,000 \cdot 1,06^5 = R(12 + \tfrac{6}{100} \cdot \tfrac{13}{2}) \cdot \dfrac{1,06^5-1}{0,06} \implies \underline{R = 383,21\text{ €}.}$

4. Barwert B einer Ratenzahlung (Rente) R

Erfolgt die Zahlung R jeweils am Ende der Zahlungsperiode, gilt (vgl. mit 2.):
$$K_1 \ = \ R(k + \tfrac{p}{100} \cdot \tfrac{k-1}{2}) \quad \text{und} \quad K_n \ = \ K_1 \cdot \dfrac{q^n-1}{q-1}$$
Der Barwert ist $\quad B \ = \ K_1\dfrac{q^n-1}{q-1} \cdot q^{-n}$

Der Barwert B einer **ewigen Rente** ($n \to \infty$) ist $B = \dfrac{K_1}{q-1}$.

> **Beispiel:** *Welches Kapital B sichert eine ewige monatliche Rente von $1\,000$ € bei einem Zinssatz von $p\% = 5\%$ jährlich?*
> **Lösung:** $B = \dfrac{K_1}{q-1} = 1\,000\,(12 + \tfrac{5}{100} \cdot \tfrac{11}{2})/0,05 \implies \underline{B = 245\,500\text{ €}.}$

18 Dual– und Hexadezimalsystem

18.1 Dualsystem 0 , 1

Dezimal	0	1	2	3	4	5	6	7	8	9	10	11	12
Dual	0	1	10	11	100	101	110	111	1000	1001	1010	1011	1100

Umwandeln einer natürlichen Dezimalzahl in eine Dualzahl:

$53_{10} = 1 \cdot 2^5 + 1 \cdot 2^4 + 1 \cdot 2^2 + 1 \cdot 2^0 = 110101_2$

$$
\begin{aligned}
53 : 2 &= 26 \text{ Rest } 1 \\
26 : 2 &= 13 \text{ Rest } 0 \\
13 : 2 &= 6 \text{ Rest } 1 \\
6 : 2 &= 3 \text{ Rest } 0 \\
3 : 2 &= 1 \text{ Rest } 1 \\
1 : 2 &= 0 \text{ Rest } 1
\end{aligned}
$$

Dies ergibt sich auch durch wiederholte Division mit Rest:

Reste von unten nach oben notieren!

$\underline{53_{10} = 110101_2}.$

Umwandeln einer gebrochenen Dezimalzahl in eine Dualzahl:

$0,35 = 1 \cdot 2^{-2} + 1 \cdot 2^{-4} + \cdots$ (*Man sieht nicht so einfach, wie es weitergeht*)

$$
\begin{aligned}
0,35 \cdot 2 &= 0,7 + 0 \\
0,7 \ \cdot 2 &= 0,4 + 1 \\
0,4 \ \cdot 2 &= 0,8 + 0 \\
0,8 \ \cdot 2 &= 0,6 + 1 \\
0,6 \ \cdot 2 &= 0,2 + 1 \\
0,2 \ \cdot 2 &= 0,4 + 0 \\
0,4 \ \cdot 2 &= 0,8 + 0
\end{aligned}
$$

Wiederholtes Multiplizieren mit 2 und Abspalten des ganzzahligen Anteils.

Reste von oben nach unten notieren!

$\underline{0,35_{10} = 0,01\overline{0110}_2}.$

$0,58\overline{3}$ Zunächst $x = 0,58\overline{3}$ in einen gewöhnlichen Bruch verwandeln:

$$
\begin{aligned}
1000x &= 583,\overline{3} \\
-\quad 100x &= 58,\overline{3} \\
\hline
900x &= 525
\end{aligned}
$$

$x = \dfrac{525}{900}{\scriptstyle(10)} = \dfrac{7}{12}{\scriptstyle(10)}.$

Nun wie oben oder Dividieren im Dualsystem:

$$
\begin{aligned}
7/12 \cdot 2 &= 2/12 + 1 \\
2/12 \cdot 2 &= 4/12 + 0 \\
4/12 \cdot 2 &= 8/12 + 0 \\
8/12 \cdot 2 &= 4/12 + 1 \\
4/12 \cdot 2 &= 8/12 + 0
\end{aligned}
$$

oder $\dfrac{7}{12}{\scriptstyle(10)} = \dfrac{111}{1100}{\scriptstyle(2)}$, und

$\underline{0,58\overline{3}_{10} = 0,10\overline{01}_2}.$

```
111:1100= 0,10 01
1110
1100
----
 100
1000
10000
 1100
 ----
 1000
```

Umwandeln einer ganzen Dualzahl in eine Dezimalzahl:

$1100101_2 = 1 \cdot 2^6 + 1 \cdot 2^5 + 1 \cdot 2^2 + 1 \cdot 2^0 = 64 + 32 + 4 + 1 = 101_{10}$

	1	1	0	0	1	0	1
$x = 2$		2	6	12	24	50	100
	1	3	6	12	25	50	$\underline{101}$

Die Umwandlung kann auch mit dem Hornerschema durchgeführt werden!

$\underline{1100101_2 = 101_{10}}.$

Umwandeln einer gebrochenen Dualzahl in einen Dezimalzahlbruch:

$x = 0,1011_2 = 1 \cdot 2^{-1} + 1 \cdot 2^{-3} + 1 \cdot 2^{-4} = \frac{1}{2} + \frac{1}{8} + \frac{1}{16} = \frac{11}{16} = \underline{0,6875_{10}}.$

$x = 0,10\overline{01}_2 \implies$

$$
\begin{aligned}
16x &= 1001,\overline{01}_2 \\
-\quad 4x &= 10,\overline{01}_2 \\
\hline
12x &= 111,00_2 \quad = 7_{10}
\end{aligned}
$$

$\implies x = \dfrac{7}{12} = 0,58\overline{3}_{10}$

$\underline{0,10\overline{01}_2 = 0,58\overline{3}_{10}}.$

18.2   Hexadezimalsystem: $0, 1, 2, 3, 4, 5, 6, 7, 8, 9, A, B, C, D, E, F$

Dezimal	0	1	2	3	4	5	6	7	8	9	10	11	12	13	14	15	16	17
Hexadezimal	0	1	2	3	4	5	6	7	8	9	A	B	C	D	E	F	10	11

Umwandeln einer natürlichen Dezimalzahl in eine Hexadezimalzahl:

$$3885_{10} = 15 \cdot 16^2 + 2 \cdot 16 + 13 = F2D_{16}$$

$$
\begin{aligned}
3885 : 16 &= 242 \ \text{Rest} \ 13_{10} = D_{16} \\
242 : 16 &= \ \ 15 \ \text{Rest} \ \ 2_{10} = 2_{16} \\
15 : 16 &= \ \ \ \ 0 \ \text{Rest} \ 15_{10} = F_{16}
\end{aligned}
$$

Division mit Rest und notieren
der Reste (hexadezimal)
von unten nach oben!

$$\underline{3885_{10} = F2D_{16}}.$$

Umwandeln einer gebrochenen Dezimalzahl in eine Hexadezimalzahl:

$$0,35 = 5 \cdot 16^{-1} + 9 \cdot 16^{-2} + \cdots \qquad (\textit{Man sieht nicht so einfach, wie es weitergeht})$$

$$
\begin{aligned}
0,35 \cdot 16 &= 0,6 + 5 \\
0,6 \ \cdot 16 &= 0,6 + 9 \\
0,6 \ \cdot 16 &= 0,6 + 9
\end{aligned}
$$

Wiederholtes Multiplizieren mit 16 und
Abspalten des ganzzahligen Anteils.

Reste von oben nach unten notieren!

$$\underline{0,35_{10} = 0,5\overline{9}_{16}}.$$

$0,58\overline{3}$ Zunächst $x = 0,58\overline{3}$ in einen gewöhnlichen Bruch verwandeln:

$$
\begin{aligned}
1000x &= 583,\overline{3} \\
- \quad 100x &= \ 58,\overline{3} \\
\hline
900x &= 525
\end{aligned}
\qquad x = \frac{525}{900}{}_{(10)} = \frac{7}{12}{}_{(10)}.
$$

$$
\begin{aligned}
7/12 \cdot 16 &= 4/12 + 9 \\
4/12 \cdot 16 &= 4/12 + 5 \\
4/12 \cdot 16 &= 4/12 + 5
\end{aligned}
\qquad 0,58\overline{3}_{10} = 0,9\overline{5}_{16}.
$$

Umwandeln einer ganzen Hexadezimalzahl in eine Dezimalzahl:

$$3A4B_{16} = 3 \cdot 16^3 + 10 \cdot 16^2 + 4 \cdot 16 + 11 = 14\,923_{10}$$

$$
x = 16 \ \bigg| \
\begin{array}{cccc}
3 & 10 & 4 & 11 \\
 & 48 & 928 & 14912 \\
\hline
3 & 58 & 932 & \underline{14923}
\end{array}
$$

Die Umwandlung kann auch mit dem
Hornerschema durchgeführt werden!

$$\underline{3A4B_{16} = 14\,923_{10}}.$$

Umwandeln einer gebroch. Hexadezimalzahl in einen Dezimalzahlbruch:

$$x = 0,A8_{16} = 10 \cdot 16^{-1} + 8 \cdot 16^{-2} = \frac{10}{16} + \frac{8}{256} = \frac{21}{32} = \underline{0,65625_{10}}.$$

$$
x = 0,A\overline{8}_{16} \implies
\begin{aligned}
16^2 x &= \quad A8,\overline{8}_{16} \\
- \quad 16x &= \quad\ A,\overline{8}_{16} \\
\hline
240x &= (A8 - A),0_{16}
\end{aligned}
= (168 - 10)_{10} = 158_{10}
$$

$$\implies \ x = \frac{158}{240} = \frac{79}{120} = 0,658\overline{3}_{10}, \ \text{also} \ \underline{0,A\overline{8}_{16} = 0,658\overline{3}_{10}}.$$

Umwandeln einer Dualzahl in eine Hexadezimalzahl:

$$
1738_{10} = \underbrace{110}_{6} \underbrace{1100}_{C} \underbrace{1010}_{A}{}_{2} = 6CA_{16}
$$

Dualzahl zu Viererblöcken zusammenfassen!

Index

Timmann

Repetitorium   Analysis – Teil 1

Sätze, Methoden und **Beispiele** der **Analysis I.**

350 Aufgaben mit Lösungen. Reelle Zahlen, Intervalle, Ungleichungen, Folgen, Reihen, Stetige Funktionen, Funktionen–Folgen u. –Reihen, Differenzierbarkeit, Potenzreihen, Taylorreihen, Elementare Funktionen, Riemann Integral.

ISBN 978–3–923923–50–2   328 Seiten   **LP 16,95 €**

ISBN 978–3–923923–75–5   **Ebook 12,95 €**

Timmann

Repetitorium   Analysis – Teil 2

Sätze, Methoden und **Beispiele** der **mehrdimensionalen Analysis.**

260 Aufgaben mit Lösungen. Metrische norm. lin. Räume, Impliz. Funktn, Extremwerte, Kurven und Flächen im $\mathbb{R}^n$, Kurvenintegrale, Jordan Inhalt und Riemann Integral, Lebesgue Maß und Integral, Vektoranalysis, Integralsätze.

ISBN 978–3–923923–52–6   336 Seiten   **LP 16,95 €**

ISBN 978–3–923923–76–2   **Ebook 12,95 €**

Timmann

Repetitorium   Gewöhnliche Differentialgleichungen

Sätze, Methoden, Beispiele zur Theorie der **Gewöhnlichen DGLn.**

280 Aufgaben mit Lösungen. Existenz- und Eindeutigkeitssätze, Parameter, Elementare Typen, Systeme höh. Ordnung, Autonome Systeme, Stabilitätstheorie, Lineare Probleme, Laplace–Transformation, Rand- u. Eigenwertprobleme.

ISBN 978–3–923923–53–3   320 Seiten   **LP 16,95 €**

ISBN 978–3–923923–78–6   **Ebook 12,95 €**

Timmann

Repetitorium   Funktionentheorie

Sätze, Methoden, Beispiele zur Funktionentheorie einer Variablen.

400 Aufgaben mit Lösungen. Holomorphe und meromorphe Funktn, Geometrische Funktionentheorie, Konforme Abbildungen, Harmonische Funktionen.

ISBN 978–3–923923–56–4   352 Seiten   **LP 16,95 €**

ISBN 978–3–923923–79–3   **Ebook 12,95 €**

Timmann

Repetitorium   Topologie und Funktionalanalysis

Sätze, Methoden, Beispiele zu topolog. und metrischen Räumen.

400 Aufgaben mit Lösungen, 50 Abbildungen. Konvergenz, Stetigkeit, Kompaktheit, Hilberträume, Lin. Funktionale und Operatoren, Spektraltheorie, Mengenlehre, Ordinal- und Kardinalzahlen, Maß- und Integrationstheorie.

ISBN 978–3–923923–59–5   385 Seiten   **LP 16,95 €**

ISBN 978–3–923923–77–9   **Ebook 12,95 €**

Feldmann

Repetitorium   Numerische Mathematik

Numerische Verfahren und ca. **250 ausführlich behandelte Beispiele.**

Lineare Gleichungssysteme, Eigenwertaufgaben, Interpolation, Integration, Lineare Optimierung, Variationsrechnung, Anfangswertaufgaben, Rand- und Eigenwertaufgaben, Partielle Differentialgleichungen, Laplace–Transformation.

ISBN 978–3–923923–07–6   400 Seiten   **LP 16,95 €**

Zu beziehen im Buchhandel oder portofrei direkt bei:

Binomi Verlag

E–Mail   verlag@binomi.de
Internet   www.binomi.de

30890 Barsinghausen
Schützenstr. 9
Tel   05105 6624000

Probeseiten, Fehlerverzeichnisse auf www.binomi.de

| Ebooks nur direkt beim Binomi Verlag |

Merziger / Mühlbach / Wille / Wirth

Formeln + Hilfen   Höhere Mathematik

Kompakte Formelsammlung mit Hilfen, Hinweisen und Beispielen.

ISBN 978–3–923923–36–6   247 Seiten   **LP 18,95 €**

ISBN 978–3–923923–86–1   **Ebook 14,95 €**

Merziger / Wirth

Repetitorium   Höhere Mathematik

Standardarbeitsbuch zur Höheren Mathematik.
kein Lehrbuch, keine Formelsammlung, obwohl die wichtigsten Formeln und
Integrale übersichtlich zusammengestellt sind. Die mathemat. Verfahren werden
an mehr als **1200 durchgerechneten Beispielen und Aufgaben** erklärt.

ISBN 978–3–923923–32–8 (30–4)   578 Seiten   **LP 19,95 €**

ISBN 978–3–923923–67–0   **Ebook 16,95 €**

Merziger / Holz / Wille

Repetitorium   Elementare Mathematik – Teil 1

Wiederholung von Schulwissen, Vorbereitung auf ein Studium.
Brüche, Potenzen, Wurzeln, Logarithmen, binomische Formeln, Geometrie,
Kreis, Ellipse, Hyperbel, Parabel, Gleichungen, Ungleichungen, Lineare Gleichungssysteme, Matrizen, Determinanten, Vektorrechnung, Dualsystem, Fi-
nanzmathematik. Mehr als **500 durchgerechnete Beispiele und Aufgaben.**

ISBN 978–3–923923–37–3   354 Seiten   **LP 16,95 €**

ISBN 978–3–923923–65–6   **Ebook 12,95 €**

Merziger / Holz / Wille

Repetitorium   Elementare Mathematik – Teil 2

Wiederholung von Schulwissen, Vorbereitung auf ein Studium.
Folgen, Reihen, Polynome, Rationale Funktn, Trigonometr. Funktn, Expontial-
und Logarithmusfunktn., Differential– und Integralrechnung, Komplexe Zahlen,
Stochastik. Mehr als **500 durchgerechnete Beispiele und Aufgaben.**

ISBN 978–3–923923–38–0   403 Seiten   **LP 16,95 €**

ISBN 978–3–923923–60–3   **Ebook 12,95 €**

Mühlbach

Repetitorium   Stochastik

Wahrscheinlichkeit, Zufallsvariablen, Verteilungen, Grenzwertsätze, Korrelatio-
nen, Regressionen, Statistik, Parameterschätzungen, Konfidenzintervalle, Tests.

ISBN 978–3–923923–27–4   202 Seiten   **LP 16,95 €**

ISBN 978–3–923923–81–6   **Ebook 12,95 €**

[Preisänderungen vorbehalten]

Überlagerung von Schwingungen

$$A_1 \sin(\omega t + \varphi_1) + A_2 \sin(\omega t + \varphi_2) = A \sin(\omega t + \varphi)$$

$$A = \sqrt{A_1^2 + A_2^2 + 2A_1 A_2 \cos(\varphi_1 - \varphi_2)}$$

$$\tan \varphi = \frac{A_1 \sin \varphi_1 + A_2 \sin \varphi_2}{A_1 \cos \varphi_1 + A_2 \cos \varphi_2} \quad \text{(Quadranten beachten!)}$$

Spezialfall:

$$B \cos \omega t + C \sin \omega t = A \sin(\omega t + \varphi)$$

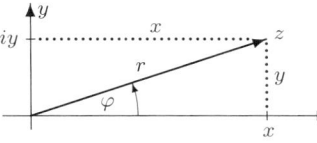

$$B = A \sin \varphi$$
$$C = A \cos \varphi$$

$$A = \sqrt{B^2 + C^2}$$

$$\tan \varphi = \frac{B}{C} \quad \text{Quadranten beachten!}$$

Quadratische Gleichung $x^2 + px + q = 0$

$$x_{1,2} = -\frac{p}{2} \pm \sqrt{\frac{p^2}{4} - q}$$

allgemeine Binomialkoeffizienten

$r \in \mathrm{IR}$ und $k = 1, 2, 3 \ldots$

$$\binom{r}{k} = \frac{r(r-1)\cdots(r-k+1)}{k!}$$

$$\binom{r}{0} = \binom{r}{r} = 1, \quad \binom{r}{1} = r$$

Polarkoordinaten

$$x = r \cos \varphi \qquad r = \sqrt{x^2 + y^2}$$
$$y = r \sin \varphi$$
$$dF = r\, dr\, d\varphi \qquad \tan \varphi = \frac{y}{x} \quad \text{Quadranten beachten!}$$

$$z = x + iy = r(\cos \varphi + i \sin \varphi) = re^{i\varphi}$$

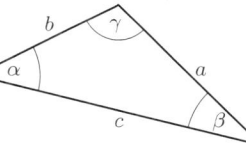

Rechnen mit Potenzen und Logarithmen

a: Basis, mit $0 < a \neq 1$

$a^{x+y} = a^x a^y$	$\log_a xy = \log_a x + \log_a y$
$a^{-x} = \dfrac{1}{a^x}$	$\log_a \dfrac{1}{x} = -\log_a x$
$a^0 = 1$	$\log_a 1 = 0$
$(a^x)^r = a^{xr}$	$\log_a x^r = r \log_a x$

Logarithmen zu verschiedenen Basen:

$$\log_a x = \frac{\log_b x}{\log_b a}, \quad \text{speziell: } \log_a x = \frac{\ln x}{\ln a}$$

Kosinussatz

$$c^2 = a^2 + b^2 - 2ab \cos \gamma$$

Pythagoras

$$c^2 = a^2 + b^2, \text{ falls } \gamma = 90^0$$

Sinussatz

$$\frac{a}{\sin \alpha} = \frac{b}{\sin \beta} = \frac{c}{\sin \gamma}$$

Kugelkoordinaten
θ : Polabstand

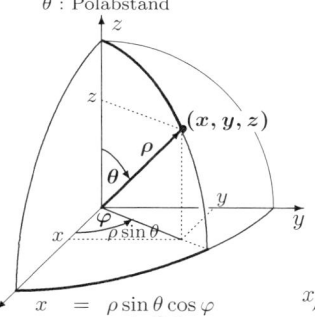

$$x = \rho \sin \theta \cos \varphi$$
$$y = \rho \sin \theta \sin \varphi$$
$$z = \rho \cos \theta$$
$$dV = \rho^2 \sin \theta\, d\rho\, d\theta\, d\varphi$$

Kugelkoordinaten
θ : geographische Breite

$$x = \rho \cos \theta \cos \varphi$$
$$y = \rho \cos \theta \sin \varphi$$
$$z = \rho \sin \theta$$
$$dV = \rho^2 \cos \theta\, d\rho\, d\theta\, d\varphi$$

Zylinderkoordinaten

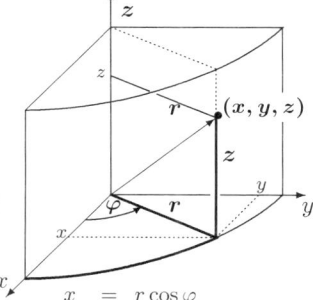

$$x = r \cos \varphi$$
$$y = r \sin \varphi$$
$$z = z$$
$$dV = r\, dr\, d\varphi\, dz$$

Potenzreihen

$$e^x = \sum_{n=0}^{\infty} \frac{1}{n!} x^n = 1 + \frac{1}{1!}x + \frac{1}{2!}x^2 + \frac{1}{3!}x^3 + \cdots \qquad \text{für } x \in \mathbb{R}$$

$$\sin x = \sum_{n=0}^{\infty} \frac{(-1)^n}{(2n+1)!} x^{2n+1} = x - \frac{1}{3!}x^3 + \frac{1}{5!}x^5 - + \cdots \qquad \text{für } x \in \mathbb{R}$$

$$\cos x = \sum_{n=0}^{\infty} \frac{(-1)^n}{(2n)!} x^{2n} = 1 - \frac{1}{2!}x^2 + \frac{1}{4!}x^4 - + \cdots \qquad \text{für } x \in \mathbb{R}$$

$$\sinh x = \sum_{n=0}^{\infty} \frac{1}{(2n+1)!} x^{2n+1} = x + \frac{1}{3!}x^3 + \frac{1}{5!}x^5 + \cdots \qquad \text{für } x \in \mathbb{R}$$

$$\cosh x = \sum_{n=0}^{\infty} \frac{1}{(2n)!} x^{2n} = 1 + \frac{1}{2!}x^2 + \frac{1}{4!}x^4 + \cdots \qquad \text{für } x \in \mathbb{R}$$

$$\arctan x = \sum_{n=0}^{\infty} \frac{(-1)^n}{2n+1} x^{2n+1} = x - \frac{1}{3}x^3 + \frac{1}{5}x^5 - \frac{1}{7}x^7 + - \cdots \qquad \text{für } |x| \le 1$$

$$\ln(1+x) = \sum_{n=1}^{\infty} \frac{(-1)^{n+1}}{n} x^n = x - \frac{1}{2}x^2 + \frac{1}{3}x^3 - \frac{1}{4}x^4 + - \cdots \qquad \text{für } -1 < x \le 1$$

$$\ln(1-x) = -\sum_{n=1}^{\infty} \frac{1}{n} x^n = -(x + \frac{1}{2}x^2 + \frac{1}{3}x^3 + \frac{1}{4}x^4 + \cdots) \qquad \text{für } -1 \le x < 1$$

$$\sqrt{1+x} = \sum_{n=0}^{\infty} \binom{\frac{1}{2}}{n} x^n = 1 + \frac{1}{2}x - \frac{1}{8}x^2 + \frac{1}{16}x^3 - \frac{5}{128}x^4 + - \cdots \qquad \text{für } |x| \le 1$$

$$\frac{1}{\sqrt{1+x}} = \sum_{n=0}^{\infty} \binom{-\frac{1}{2}}{n} x^n = 1 - \frac{1}{2}x + \frac{3}{8}x^2 - \frac{5}{16}x^3 + \frac{35}{128}x^4 - + \cdots \qquad \text{für } |x| < 1$$

---

endliche geom. Reihe	$\displaystyle\sum_{n=0}^{k} x^n$	$= 1 + x + x^2 + \cdots + x^k$	$= \dfrac{1-x^{k+1}}{1-x} \qquad \text{für } x \ne 1$
geometrische Reihe	$\displaystyle\sum_{n=0}^{\infty} x^n$	$= 1 + x + x^2 + x^3 + \cdots$	$= \dfrac{1}{1-x} \qquad \text{für } |x| < 1$
harmonische Reihe	$\displaystyle\sum_{n=1}^{\infty} \dfrac{1}{n^x}$	$= 1 + \dfrac{1}{2^x} + \dfrac{1}{3^x} + \cdots$	konvergent $\iff$ $x > 1$
binomische Reihe	$\displaystyle\sum_{n=0}^{\infty} \binom{r}{n} x^n$	$= 1 + rx + \binom{r}{2}x^2 + \binom{r}{3}x^3 + \cdots$	$= (1+x)^r, \quad \begin{array}{l} |x| \le 1, \ r > 0 \\ |x| < 1, \ r < 0 \end{array}$

$$1 + \frac{1}{2} + \frac{1}{3} + \frac{1}{4} + \cdots = \infty$$

$$1 - \frac{1}{2} + \frac{1}{3} - \frac{1}{4} + - \cdots = \ln 2$$

$$1 + \frac{1}{1!} + \frac{1}{2!} + \frac{1}{3!} + \cdots = e$$

$$1 - \frac{1}{1!} + \frac{1}{2!} - \frac{1}{3!} + - \cdots = \frac{1}{e}$$

$$1 + \frac{1}{2} + \frac{1}{4} + \frac{1}{8} + \cdots = 2$$

$$1 - \frac{1}{3} + \frac{1}{5} - \frac{1}{7} + - \cdots = \frac{\pi}{4}$$

$$1 + \frac{1}{2^2} + \frac{1}{3^2} + \frac{1}{4^2} + \cdots = \frac{\pi^2}{6}$$

$$1 - \frac{1}{2^2} + \frac{1}{3^2} - \frac{1}{4^2} + - \cdots = \frac{\pi^2}{12}$$

$$1 + \frac{1}{3^2} + \frac{1}{5^2} + \frac{1}{7^2} + \cdots = \frac{\pi^2}{8}$$

wichtige Grenzwerte
$(n \to \infty, \ a > 0)$

$$\sqrt[n]{a} \to 1 \qquad \left(\frac{n+1}{n}\right)^n \to e$$

$$\sqrt[n]{n} \to 1 \qquad \left(1+\frac{1}{n}\right)^n \to e$$

$$\sqrt[n]{n!} \to \infty \qquad \left(1-\frac{1}{n}\right)^n \to e^{-1}$$

$$\frac{n}{\sqrt[n]{n!}} \to e \qquad \left(1+\frac{x}{n}\right)^n \to e^x$$

$$\frac{1}{n}\sqrt[n]{n!} \to \frac{1}{e} \qquad \left(1-\frac{x}{n}\right)^n \to e^{-x}$$

$$\binom{a}{n} \to 0, \ a > -1$$

$$\frac{a^n}{n!} \to 0$$

$$\frac{n^n}{n!} \to \infty$$

$$\frac{a^n}{n^k} \to \infty \ \begin{cases} a > 1 \\ k \text{ fest} \end{cases}$$

$$a^n n^k \to 0 \ \begin{cases} |a| < 1 \\ k \text{ fest} \end{cases}$$

$$n(\sqrt[n]{a} - 1) \to \ln a, \ a > 0$$